Leben

1
Die Erde im Weltraum.

Zwischen diesen beiden Sphären spielt sich

2
Mycoplasma, Stamm Aphragmabacteria, Reich Monera. Eine der kleinsten Bakterienformen (10 000fach vergrößert).

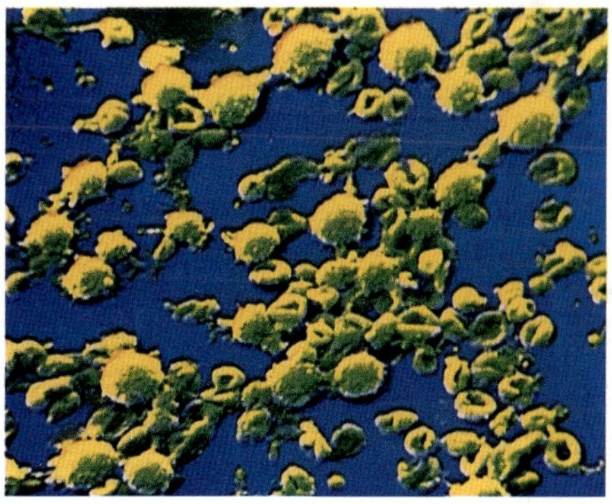

das gesamte uns bekannte Leben ab.

Lynn Margulis, Dorion Sagan

Leben

Vom Ursprung zur Vielfalt

Mit einem Vorwort von Niles Eldredge

Ein Peter N. Nevraumont Buch

Aus dem Englischen übersetzt von
Kurt Beginnen, Friedrich Griese, Eberhard Kiefer, Bettina Klare, Ralph Klein,
Bruno P. Kremer, Susanne Kuhlmann-Krieg, Sebastian Vogel

Spektrum Akademischer Verlag Heidelberg · Berlin

Originaltitel: What is life?

Aus dem Englischen übersetzt von Kurt Beginnen, Friedrich Griese, Eberhard Kiefer, Bettina Klare, Ralph Klein, Bruno P. Kremer, Susanne Kuhlmann-Krieg, Sebastian Vogel

Amerikanische Originalausgabe bei Simon & Schuster, New York.
A Peter N. Nevraumont Book.

Die Deutsche Bibliothek – CIP-Einheitsaufnahme

Margulis, Lynn:
Leben : vom Ursprung zur Vielfalt / Lynn Margulis ; Dorion Sagan.
Mit einem Vorw. von Niles Eldredge. Aus dem Engl. übers. von Kurt
Beginnen ... – Heidelberg ; Berlin : Spektrum, Akad. Verl., 1999
(Ein Peter N. Nevraumont Buch)
Einheitssacht.: What is life? <dt.>
ISBN 3-8274-0524-6

Lektorat: Frank Wigger, Marion Handgrätinger (Ass.)
Redaktion: Bruno P. Kremer
Umschlaggestaltung: Künkel & Lopka, Heidelberg
Satz: Hagedorn Kommunikation, Viernheim
Druck: Editoriale Bortolazzi-Stei, Verona

Das Titelbild zeigt Kolonien des Cyanobakteriums *Microcystis*
(Photo: Klaus Hausmann).

Inhalt

Vorwort

Gedanken jenseits aller Träume

Warum hat die Evolution eine vernunftbegabte Spezies hervorgebracht? Warum hat sich unser Bewußtsein entwickelt, die Wahrnehmung unserer eigenen Existenz? Welchem Zweck dient es? Nach meiner Überzeugung hat der Behaviorist Nicholas Humphries mit seiner Vermutung recht: Mit der Fähigkeit, ihr inneres Ich zu befragen, gewannen unsere Vorfahren Einblicke auch in das Denken ihrer Paarungspartner, ihrer Kinder und der anderen Mitglieder ihrer sozialen Gruppen. Sich selbst zu kennen, ist der beste Weg, um andere kennenzulernen, und damit ein Vorteil bei der Bewältigung der täglichen Verwicklungen sozialen Zusammenlebens.

Wir Menschen sind natürlich Tiere. Ich bin schon seit langem davon überzeugt, daß man die besten Erkenntnisse darüber, was es heißt, ein lebendes, atmendes Tier zu sein, einfach durch Betrachtung des eigenen Lebens gewinnt. Soweit wir uns mit unseren kognitiven und kulturellen Fähigkeiten auch von der hergebrachten Lebensweise in begrenzten Ökosystemen entfernt haben mögen, so nehmen wir doch nach wie vor Energie und Nährstoffe auf, um uns zu entwickeln, zu wachsen und unser körperliches Dasein zu erhalten. Viele von uns (vielleicht zu viele) pflanzen sich auch fort. Wie Lynn Margulis und Dorion Sagan in ***Leben*** darlegen, sind die Sorge um Aufrechterhaltung der körperlichen Existenz und Fortpflanzung unverzichtbare Leistungen, ja sogar die entscheidenden Merkmale des Lebendigen. Sich selbst als Lebewesen zu erkennen, bedeutet also, die Grundlagen aller lebenden Systeme kennenzulernen.

Andererseits machen Menschen natürlich nicht das ganze biologische Universum aus. Wir sind nur eine von vielen Millionen Arten, die heute den Planeten Erde bewohnen. Wir können also nicht damit rechnen, alle Rätsel des Lebens, alle vielfältigen Nuancen des lebendigen Zustands zu ergründen, indem wir einfach unser eigenes Ich erforschen. Das Prinzip, wonach Selbsterkenntnis das Verständnis der Welt offenbart, hat seine Grenzen. Aber selbst ich, ein altgedienter Praktiker der Evolutionsbiologie, war überrascht, welch üppiges Spektrum des Lebendigen Lynn Margulis und Dorion Sagan in ihrem Buch vor uns ausbreiten. Auf den folgenden Seiten begegnen uns Lebewesen, die völlig anders sind als wir selbst. Und wir stoßen auf Gedanken über das Leben, die sich durch Introspektion allein nie ergeben hätten.

Leben ist eine wahre Orgie biologischer und intellektueller Vielfalt. Wir treffen auf Mikroorganismen, für die Sauerstoff ein Gift ist, und auf andere, die Schwefelverbindungen veratmen. Wieder andere ernähren sich von Wasserstoff und Kohlendioxid, ohne jemals Energie direkt aus dem Sonnenlicht oder aus der Substanz anderer Lebewesen aufzunehmen. Bakterien werden uns begegnen, die ständig genetisches Material mit anderen Arten austauschen – noch Jahrmilliarden nach der entwicklungsgeschichtlichen Trennung. Wir sehen, wie die Haut der Erde sich als überzeugendes Bild eines einzigen Überlebewesens darstellt. Und wir erfahren, daß die Evolution, die diese üppige Fülle hervorgebracht hat, auf erstaunlichen Wegen vorgegangen ist: Mehr als einmal sind einfache Organismen zu komplexeren Folgearten verschmolzen. Darin liegt eine besonders interessante Geschichte von intellektueller Tiefe und Tollkühnheit.

Darwin hat uns gelehrt, daß wir alle von einem gemeinsamen Vorfahren abstammen. In ***Leben*** erzählen Margulis und Sagan etwas noch Erstaunlicheres: Unsere eigenen kernhaltigen („eukaryotischen") Säugerzellen stammen nicht nur von uralten Bakterien ab, sondern sind sogar buchstäblich ein Gemenge aus mehreren verschiedenen Bakterienstämmen. Verblüffend seltsam und jenseits aller herkömmlichen biologischen Vorstellung – bis vor rund einem Vierteljahrhundert Lynn Margulis mit ihren Forschungen begann.

Lynn Margulis hat erreicht, wovon jeder Wissenschaftler träumt und was nur wenigen vergönnt ist: Sie hat die Lehrbücher neu geschrieben. Sie entwickelte eine logische, aber gewagte Erklärung für eine auffällige Tatsache. In menschlichen Zellen wie in denen aller Tiere, Eukalyptusbäume und Pilze ist der größte Teil der DNA – aber eben nicht alle – in einem Zellkern eingeschlossen, säuberlich abgetrennt von den verschiedenen Organellen, die sich in einer typischen Zelle überall im Cytoplasma verteilen. Dieser fatale Rest weckte ihre besondere Aufmerksamkeit: Manche Organellen – beispielsweise die Mitochondrien, die in allen Zellen als „Kraftwerke" dienen – besitzen bekanntermaßen ihre eigene DNA. In Pflanzen haben außer den Mitochondrien auch die Chloroplasten, in denen die Photosynthese abläuft, ihre eigene DNA-Ausstattung. Das war die Ausgangslage zu einer einfachen Frage: Warum findet sich in diesen cytoplasmatischen Organellen eine eigene Gengarnitur, wo doch das „normale" genetische Material ansonsten als doppelter Chromosomensatz innerhalb des abgegrenzten Zellkerns liegt?

Biologische Strukturen sind Dokumente früherer Evolutionsereignisse. Die fünf Finger unserer Hand verdanken wir nicht etwa einer entwicklungsgeschichtlichen Neuerung, die vielleicht vor einer Million Jahren in der afrikanischen Savanne entstand, sondern sie sind bereits ein Bauplanmerkmal der ersten vierfüßigen Landwirbeltiere, die vor etwa 370 Millionen Jahren entstanden.

Auch die mitochondriale DNA ist ein solches Erbstück, die alte Spur eines lange zurückliegenden Evolutionsereignisses, aber ein Signal von neuer Qualität in den Annalen der Evolution. Lynn Margulis kommt das bleibende Verdienst zu, erkannt zu haben, was die getrennten DNA-Ausstattungen bedeuten: Mindestens zwei verschiedene Arten von Lebewesen, jede mit ihrer eigenen DNA-Ausstattung, verschmolzen zu einer neuen, komplexeren, eben „eukaryotischen" Zelle. Zunächst als Ketzerei verdammt, fand diese bestechende Vorstellung in der modernen Biologie unterdessen weithin Anerkennung. Es bietet sich schlicht und einfach keine andere plausible Erklärung dafür an, warum sich in einer „einzigen" Zelle getrennte DNA-Ausstattungen befinden.

In ***Leben*** erklären uns Lynn Margulis und Dorion Sagan, welche Bakterien zu den ersten kernhaltigen Zellen verschmolzen – zu *unseren* Zellen. Aber das ist bei weitem nicht alles, denn der stets rastlose Geist von Margulis blieb weiteren Rätseln auf der Spur. ***Leben*** führt überzeugende Argumente dafür an, daß früher in der Evolution schon einmal eine Verschmelzung verschiedener Bakterienarten stattgefunden hat. Margulis ist mittlerweile überzeugt, daß die symbiontische Entstehung neuer Lebensformen („Symbiogenese") viel häufiger vorkam, als es sich die in der darwinistischen Tradition verhafteten Evolutionsbiologen träumen lassen. Deren Denkweise legt auf die Konkurrenz im Evolutionsprozeß weit mehr Gewicht als auf die Kooperation. Die Symbiogenese ist Margulis' entscheidender Beitrag zur evolutionstheoretischen Diskussion. Durch ihre Bemühungen erkennen wir, welche beachtlichen Folgen sich aus der Vergangenheit der Mikroorganismen ableiten.

Aber selbst diese zutiefst neuartigen Überlegungen, die jenseits aller bisherigen Vorstellungen liegen, sind nicht der einzige Beitrag von Margulis und Sagan. Beide sind unermüdliche Fürsprecher der Mikrobenwelt und haben sich erfolgreich darum bemüht, die unglaubliche Vielfalt der Kleinstlebewesen bekannt zu machen. Mikroorganismen werden nämlich nicht nur die Erde erben (wenn wir komplizierten Vielzeller dem nächsten Massenaussterben zum Opfer fallen sollten), sondern waren auch schon lange vor uns da. In einem sehr realen Sinne „besitzen" sie weltweit die Ökosysteme. Nur sie halten die globalen Stoffzyklen in Gang, sorgen für die Fixierung und Wiederverwertung von Stickstoff, Kohlenstoff und anderen lebenswichtigen Elementen, die unserem Organismus sonst nicht zur Verfügung stünden. Sie produzieren auch Sauerstoff, Biogas (Methan) und vieles mehr. Ohne die Welt der Mikroben könnte es Leben, wie wir selbst es erfahren, schlicht und einfach nicht geben.

Damit erweitert sich Margulis' Thema vom Mikroskopischen zum Globalen: Die Erde ist tatsächlich ein lebendes System, ein weltweit pulsierendes Gefüge aus Lebewesen und ihrer physischen, „unbelebten" Umwelt. Ob man dieses System nun als „Gaia" bezeichnet und es für so lebendig hält wie ein Lebewesen, spielt in einem tieferen Sinn eigentlich keine Rolle: Beim Lesen von ***Leben*** erkennt man hinreichend klar, daß es tatsächlich ein globales System gibt, das Leben und Physisches verbindet, und daß wir Menschen entgegen dem ersten Anschein und trotz aller Beteuerungen des Gegenteils immer noch ein Teil davon sind.

Damit sind wir wieder bei der Frage, was es letztlich bedeutet, daß wir uns unserer Existenz bewußt sind. Wenn wir ***Leben*** lesen, erfahren wir die fast unbegrenzte Vielfalt des Lebens und die überbordende Üppigkeit der Evolution. Wir erkennen zudem, daß das globale System, all dieses vielfältige Leben und am Ende auch unsere eigene Existenz stark bedroht sind – und zwar durch uns selbst. ***Leben*** durchdringt die alle Phantasie übersteigende Realität des Lebendigen mit einer intellektuellen Kraft, die jenseits der Träume neue Gedanken offenbart. Es liefert die nötigen Kenntnisse, um uns der wachsenden Bedrohung bewußt zu werden, die wir Menschen zur Jahrtausendwende für das weltweite Ökosystem darstellen. Wissen ist Macht, und ***Leben*** liefert das Verständnis, ohne das wir – und das weltweite Ökosystem – nicht überleben können.

Niles Eldredge
Amerikanisches Museum für Naturgeschichte, New York

1

Leben: Das ewige Geheimnis

Leben ist etwas Eßbares, Liebenswertes oder Tödliches.

James E. Lovelock

Leben ist ebensowenig ein Gegenstand oder eine Flüssigkeit wie Wärme. Was wir beobachten, sind einige ungewöhnliche Anordnungen von Objekten, die sich von der übrigen Welt durch gewisse sonderbare Eigenschaften abheben, etwa durch Wachstum, Fortpflanzung und besondere Formen der Energieverwertung. Diese Objekte haben wir mit der Bezeichnung „Lebewesen" versehen.

Robert Morison

Im Geiste Schrödingers

Vor einem halben Jahrhundert, noch bevor die eigentliche Bedeutung der DNA erkannt wurde, inspirierte der österreichische Physiker und Philosoph Erwin Schrödinger eine ganze Wissenschaftlergeneration, indem er für sie eine zeitlose philosophische Frage neu formulierte: *Was ist Leben?* (ABB. 3). In seinem 1944 erschienenen Essay mit diesem Titel argumentierte er, man werde das Leben trotz unserer „offenkundigen Unfähigkeit", es zu definieren, eines Tages mit Physik und Chemie erklären können. Leben, so Schrödinger, ist Materie, die ihre Struktur wie ein Kristall – und zwar ein seltsamer, „aperiodischer Kristall" – während ihres Wachstums ständig wiederholt. Aber Leben ist viel faszinierender und weniger vorhersagbar als irgendein kristallisierendes Mineral:

> »Es ist ein Strukturunterschied wie der zwischen einer normalen Tapete mit immer wiederkehrendem Muster und einem Meisterwerk der Stickkunst, beispielsweise einer Wirktapete von Raphael, ohne stumpfsinnige Wiederholung, sondern mit einem raffinierten, zusammenhängenden, bedeutungstragenden Design, das ein großer Meister entworfen hat.«[1]

Der Nobelpreisträger Schrödinger verehrte das Leben in seiner ganzen staunenswerten Komplexität. Und obwohl er die Wellengleichung entwickelte und so dazu beitrug, die Quantenmechanik auf eine sichere mathematische Grundlage zu stellen, verstand er Leben nie als einfaches mechanisches Phänomen.

Unser Buch, das sich mit der Fülle des Lebens beschäftigt und dabei nichts an wissenschaftlicher Genauigkeit opfern will, kehrt nicht nur am Ende jedes Kapitels zu Schrödingers Frage zurück, sondern nimmt auch, so hoffen wir, den Geist seines Buches wieder auf. Wir haben versucht, der Biologie das Leben zurückzugeben.

Was ist Leben? Das ist sicher eine der ältesten Fragen überhaupt. Wir leben. Wir – Menschen, Vögel, Blütenpflanzen, selbst die winzigen Algen, die nachts im Ozean leuchten – sind anders als Stahl oder Steine.

Wir sind lebendig. Aber was bedeutet es, zu leben, lebendig zu sein, ein abgegrenztes Etwas zu sein, das einerseits zum Universum gehört, andererseits aber durch unsere Haut von ihm getrennt ist? Was ist Leben?

3
Der Physiker Erwin Schrödinger trug mit seinem Interesse für die physikalisch-chemischen Eigenschaften des Lebendigen zur Entdeckung der DNA und zur molekularbiologischen Revolution bei.

Eine bewundernswerte, allerdings literarische Antwort gab Thomas Mann in seinem Roman *Der Zauberberg*:

»Was war das Leben? Man wußte es nicht. Es war sich seiner bewußt, unzweifelhaft, sobald es Leben war, aber es wußte nicht, was es sei ... Es war nicht materiell, und es war nicht Geist. Es war etwas zwischen beidem, ein Phänomen, getragen von Materie, gleich dem Regenbogen auf dem Wasserfall und gleich der Flamme. Aber wiewohl nicht materiell, war es sinnlich bis zur Lust und zum Ekel, die Schamlosigkeit der selbstempfindlich-reizbar gewordenen Materie, die unzüchtige Form des Seins. Es war ein heimlich-fühlsames Sichregen in der keuschen Kälte des Alls, eine wollüstig-verstohlene Unsauberkeit von Nährsaugung und Ausscheidung, ein exkretorischer Atemhauch von Kohlensäure und üblen Stoffen verborgener Herkunft und Beschaffenheit.«[2]

Unsere Vorfahren sahen überall Geister und Götter die gesamte Natur beseelen. Für sie waren nicht nur die Bäume lebendig, sondern auch der Wind, der über die Savanne heulte. Platon sagt in seinem Dialog *Die Gesetze*, jene vollkommenen Geschöpfe, die Planeten, liefen freiwillig in Kreisen um die Erde. Im Europa des Mittelalters glaubte man, der Mikrokosmos, die kleine Welt des Einzelnen, spiegele den Makrokosmos, das Universum, wider; beide seien zum Teil Materie und zum Teil Geist. Diese alte Vorstellung lebt in den Tierkreiszeichen ebenso fort wie in der Astrologie, die irdische Körper von den Himmelskörpern beeinflußt sieht.

Im 17. Jahrhundert berechnete der deutsche Astrologe und Astronom Johannes Kepler (1571–1630), daß sich die Planeten auf ellipsenförmigen Bahnen um die Sonne bewegen. Dennoch glaubte Kepler (der die erste Science-fiction-Geschichte schrieb und dessen Mutter man als Hexe einsperrte), die Sterne lägen in einer drei Kilometer dicken Hülle weit außerhalb des Sonnensystems. In der Erde sah er ein atmendes, zum Erinnern fähiges Monstrum mit eigenen Lebensgewohnheiten. Heute erscheint Keplers Ansicht über die lebendige Erde verschroben, aber sie erinnert daran, daß Wissenschaft immer asymptotisch ist: Nie erreicht sie ganz das ersehnte Ziel endgültigen Wissens, sondern nähert sich ihm bestenfalls an. Die Astrologie räumte der Astronomie den Platz, und aus der Alchemie ging die Chemie hervor. Die Wissenschaft eines Zeitalters wird zur Mythologie des nächsten. Wie werden die Denker zukünftiger Zeiten unsere heutigen Ideen beurteilen? Der Wandel des Denkens – von Lebewesen, die Fragen über sich selbst und ihre Umgebung stellen – berührt den Kern des alten Problems, was es bedeutet, lebendig zu sein.

Leben – vom Bakterium bis zur Biosphäre – erhält sich, indem es mehr von seinesgleichen herstellt. Die Selbsterhaltung steht im Mittelpunkt des ersten Kapitels. Danach zeichnen wir Ansichten über das Leben nach, von den Anfängen über den europäischen Leib-Seele-Dualismus bis zum modernen naturwissenschaftlichen Materialismus. Im Kapitel 3 untersuchen wir die Entstehung des Lebens und sein gedächtnishaftes Bewahren der Vergangenheit. Unsere Vorfahren – die Bakterien, die der Erdoberfläche Leben einhauchten – sind das zentrale Thema von Kapitel 4.

Die Bakterien entwickelten sich durch symbiontische Verschmelzung zu den Protisten von Kapitel 5. Protisten sind Einzeller – Algen, Amöben, Wimpertiere und andere Zellen der nachbakteriellen Zeit, deren erotische Gewohnheiten unsere eigenen vorwegnehmen. Aus ihnen entwickelten sich die Vielzeller, die Sexualität und Tod erleben. Wir bezeichnen die einzelligen Protisten und ihre nahen vielzelligen Verwandten (von denen manche sehr groß sind) zusammenfassend als Protoctisten. Den Bakterien, aus denen die Protoctisten hervorgingen, war eine aufsehenerregende Zukunft beschieden. Sie wurden zu Tieren (Kapitel 6), Pilzen (Kapitel 7) und Pflanzen (Kapitel 8). Im letzten Kapitel gehen wir der unorthodoxen, aber dem gesunden Menschenverstand entsprechenden Vorstellung nach, daß Leben – und zwar nicht nur menschliches, sondern alles Leben – in seinem Handeln frei ist und für seine eigene Evolution eine unerwartet große Rolle gespielt hat.

Leben ist Körper

Leben ist zwar Materie, aber nicht vom Verhalten des Lebendigen zu trennen. Lebende Zellen entziehen sich buchstäblich der Definition – das Wort bedeutet „Grenzen ziehen oder markieren" –, denn sie sind in ständiger Bewegung und Ausdehnung begriffen. Sie wachsen über ihre Grenzen hinaus; aus einer werden viele. Obwohl Lebewesen höchst vielfältige Substanzen austauschen und sich gegenseitig eine Riesenmenge an Information vermitteln, teilen sie letztlich alle die gleiche Vergangenheit.

Vielleicht noch mehr als Schrödingers „aperiodischem Kristall" ähnelt das Leben einem Fraktal, einer Gestaltung, die sich in größerem und kleinerem Maßstab ständig wiederholt (ABB. 4). Fraktale, wunderschön in ihrer Zartheit und staunenswert in ihrer offenkundigen Komplexität, sind das Produkt von Computern, in denen ein Graphikprogramm die gleiche mathematische Operation viele tausendmal wiederholt. Die „Fraktale" des Lebens sind Zellen, Zellverbände, vielzellige Organismen, Lebensgemeinschaften und Ökosysteme aus Lebensgemeinschaften. Die Lebensvorgänge, über Jahrmilliarden hinweg millionenfach wiederholt, haben wunderbare räumliche Gefüge hervorgebracht, wie man sie an Lebewesen, Bienenstöcken, Städten und dem Leben unseres Planeten als Ganzem beobachten kann.

Der Körper des Lebens ist eine Lage aus wachsender, mit sich selbst interagierender Materie, die unsere Erde einhüllt. Sie ist maximal zwanzig Kilometer dick, mit der Atmosphäre als oberer und den Kontinenten beziehungsweise dem Meeresboden als unterer Grenze. Der Körper des Lebens ist wie ein Baumstamm, in dem nur die äußersten Gewebeschichten wachsen. Ohne technischen Schutz, der selbst eine Ausweitung des Lebens darstellt, geht jedes Individuum außerhalb der angestammten Lebenssphäre zugrunde.

Soweit wir wissen, ist Leben auf die Oberfläche dieses dritten Planeten unserer Sonne beschränkt. Außerdem ist die lebende Materie völlig auf diese Sonne angewiesen, einen mittelgroßen Stern in den Außenbezirken der Milchstraße. Nicht einmal ein Prozent der Sonnenenergie, die auf die Erde trifft, wird in Lebensvorgänge umgesetzt. Aber was das Leben damit anfängt, ist überaus erstaunlich. Aus Wasser, Sonnenenergie und Luft schafft es Gene und Nachkommen; muntere, aber auch gefährliche Formen mischen und entmischen, verwandeln und vergiften, morden und nähren, bedrohen und besiegen sich. Unterdessen lebt die Biosphäre, die sich mit dem Kommen und Gehen einzelner Arten kleinschrittig wandelt, fort, wie seit über drei Milliarden Jahren.

Animismus kontra Mechanismus

Wenn wir wollen, können wir nach einem Glas Wasser greifen oder dieses Buch zuschlagen. Aus der Erfahrung, daß wir unseren Körper willentlich bewegen können, erwuchs der Animismus, die Ansicht, daß der Wind kommt und geht, Flüsse fließen und Himmelskörper das Firmament bewachen, weil etwas in ihnen die Bewegung will. In der Sicht des Animismus sind nicht nur Tiere, sondern die Dinge überhaupt von einem inneren Geist beseelt („animiert"). Die Vorstellung von vielen Göttern polytheistischer Religionen – Mondgott, Erdgott, Sonnengott, Windgott und so weiter – wurde in Islam, Juden- und Christentum abgelöst von einem einzigen Gott, der die Welt erschaffen hat. Winde, Flüsse und Himmelskörper verloren ihren Willen, aber den Lebewesen – und insbesondere dem Menschen – blieb er erhalten.

Schließlich fielen auch die letzten Bastionen des Animismus – die Lebewesen – der mechanistischen Philosophie zum Opfer. Jetzt war Bewegung nicht mehr gleichbedeutend mit innerem Bewußtsein. Aufziehspielzeug und automatisierte Modelle des Sonnensystem führten zu der Vorstellung, man könne auch Lebewesen zusammensetzen aus leblosen Mechanismen, aus raffiniert getarnten Federn, winzigen, unsichtbaren Rollen, Hebeln, Zahnrädern und Getrieben. Der englische Arzt William Harvey (1578–1647), der das Blut erstmals mit einem Hydrauliksystem und das Herz mit einer Pumpe verglich, entdeckte den Blutkreislauf. Die Wissenschaftler schnüffelten in den geheimsten Mechanismen der Welt herum und faßten

4
Wie das Julia- und das Mandelbrot-Muster, so macht auch Peter Allports Doppelfraktal eine entscheidende Eigenschaft des Lebendigen deutlich: die wiederholte Entstehung komplexer Gebilde aus Bestandteilen, deren Gestalt sich in immer größerem Maßstab wiederholt. In der Computergraphik entstehen solche Muster durch die Wiederholung eines Algorithmus, bei „lebenden Fraktalen" dagegen ist die Fortpflanzung der Zellen die treibende Kraft.

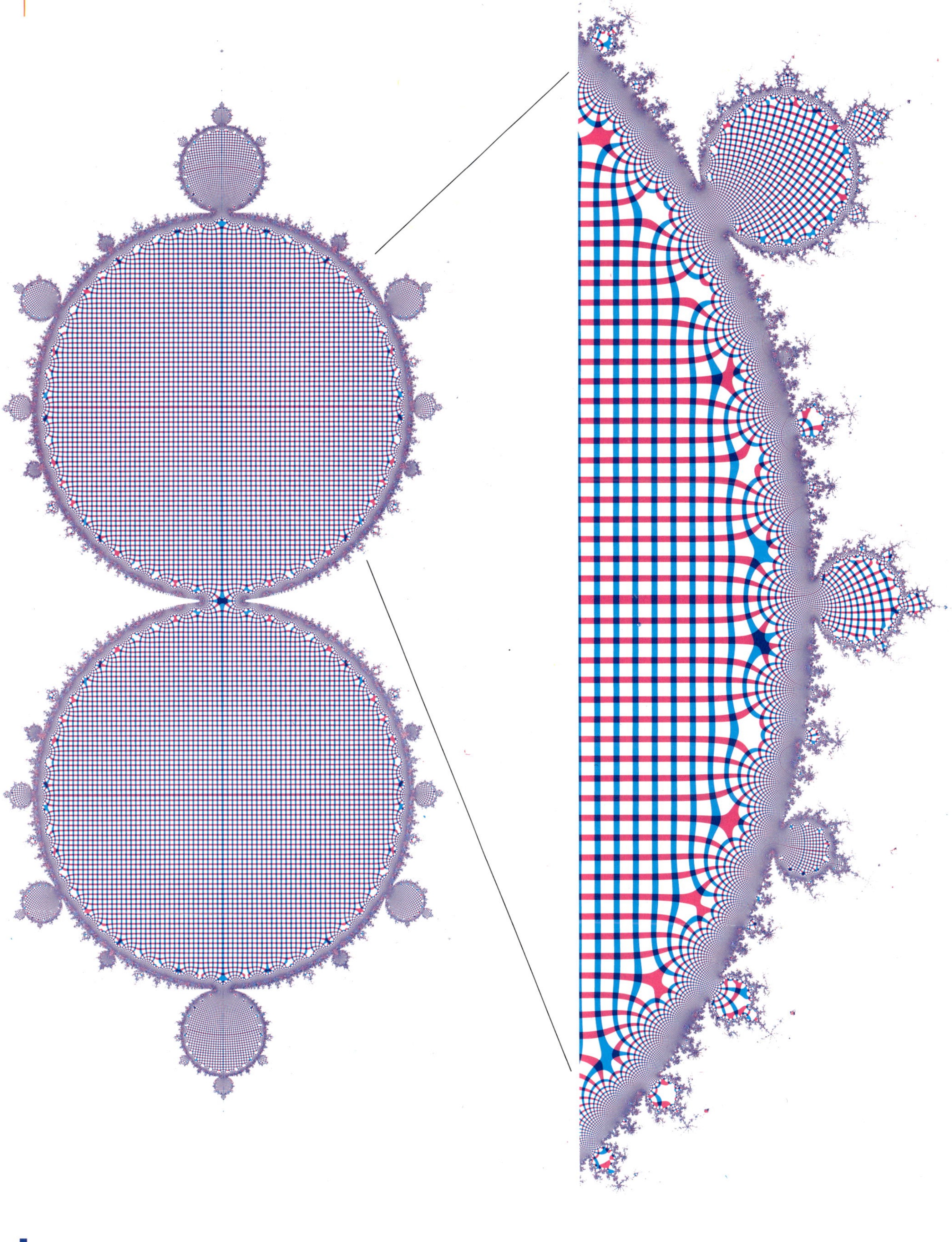

sie alle als Teile einer großen Gesamtkonstruktion auf. Die Naturgeschichte beschrieb die Welt als riesigen Mechanismus, der nach Gottes Geist geformt war.

Der Hohepriester der neuen mechanistischen Lehre wurde Isaac Newton (1642–1727). Hingebungsvoll studierte er die Alchemie, die Bibel und den Okkultismus, aber es gelangen ihm unvergleichliche Entdeckungen in Optik, Physik und Mathematik. Damit half er die Kluft zwischen dem mittelalterlichen und dem neuzeitlichen Kosmos zu überbrücken. Mit seinen Gleichungen, die Planetenbewegungen mit der Schwerkraft erklärten, zeigte Newton, daß die Welt der Himmel und die Welt der Erde ein und dieselbe ist. Die Kraft, die den Mond auf seine Bahn zwingt, ist die gleiche, die auch einen Apfel zu Boden fallen läßt. Newtons Entdeckung von „Gesetzen", die das gesamte Universum beherrschen, war so aufschlußreich, daß es manchen Leuten schien, als habe er, wie Kepler es formulierte, »einen Blick auf Gottes Geist geworfen«. Von Newtons Analysen angeregt, spekulierte Pierre Simon Marquis de Laplace (1749–1827), man könne mit ausreichenden Informationen die gesamte Zukunft des Universums und selbst die kleinsten Handlungen der Menschen vorhersagen. Die Himmelskörper wurden keineswegs von verborgenen Geistern bewegt, sondern schienen jetzt unter der Lenkung seit jeher vorhandener mathematischer Gesetze zu stehen. Göttliche Eingriffe wurden zunehmend entbehrlich. Gott hatte ihn für alle Zeiten konstruiert, jetzt funktionierte der Kosmos von selbst.

Nachdem die Wissenschaftler begriffen hatten, wie die Gravitation das Universum durchtränkt, wagten sie sich an die Untersuchung von Naturerscheinungen, die zuvor jenseits menschlicher Verständnismöglichkeit gelegen hatten. Elektrizität und Magnetismus, Stoffe und Farben, Strahlung und Wärme, Explosionen und chemische Umsetzungen beschrieb man jetzt mit Blick auf ihre grundlegende Einheitlichkeit. Optische Instrumente, Teleskope und Mikroskope, boten zuvor unerkannte Welten des ganz Fernen und des ganz Nahen dar. Experiment und Kritik traten an die Stelle blinden Hinnehmens klassisch-literarischer Autoritäten und göttlich offenbarter Wahrheit. Die Wissenschaftler entrissen der Natur einige ihrer bestgehüteten Geheimnisse. Die Bedeutung des Sauerstoffs für das Feuer, Blitze als elektrische Entladungen, Gravitation als unsichtbare Kraft, die für Gezeiten sorgt und den Mond in die Erdumlaufbahn zieht – die Natur mußte eine Karte nach der anderen auf den Tisch legen.

Im Banne der mechanistischen Weltsicht wurde der alte Traum der Alchemisten, die Natur nach dem Willen des Menschen zu gestalten, technische Realität. Nachdem man jahrhundertelang im faustischen Bestreben nach Gottgleichheit mit dampfendem Gebräu herumgespielt hatte, schien erstmals im Jahre 1953 eine Entdeckung das Geheimnis des Lebens selbst offenzulegen. Leben war etwas Chemisches, die materielle Grundlage der Vererbung war die DNA, deren schraubenförmige Wendeltreppenstruktur erkennen ließ, wie Moleküle sich selbst kopieren. Tatsächlich hatte der von Schrödinger vorhergesagte „aperiodische Kristall" eine verblüffende Ähnlichkeit mit der Doppelhelix, die der englische Chemiker Francis Crick und das amerikanische Wunderkind James Watson als erste beschrieben. Jetzt war die Verdoppelung keinem geheimnisvollen „Lebensprinzip" mehr zuzuschreiben, sondern das folgerichtige Ergebnis der Wechselwirkungen von Molekülen. Die Erklärung, wie DNA aus einfachen Kohlenstoff-, Stickstoff- und Phosphoratomen eine Kopie von sich selbst herstellt, war vielleicht der spektakulärste Erfolg der mechanistischen Methode. Aber paradoxerweise schien dieser Erfolg, der zielgerichtetem Denken entsprungen war, das Leben einschließlich der Wissenschaftler selbst als Wirkung von Atomen zu zeigen, die unwillkürlich und nach unveränderlichen chemischen Gesetzen zusammenwirkten.

Zwischen diesen beiden Extremen – das gesamte Universum beseelt und Lebewesen als chemisch-physikalische Maschinen – liegt das ganze Meinungsspektrum. Aber ist nicht an beiden etwas falsch, sowohl an der Mechanisierung des Lebens als auch an der Belebung der Materie?

Mit der Welt als gewaltiger Maschine kann man weder unsere Selbstwahrnehmung noch unseren freien Willen erklären, denn eine mechanistische Weltanschauung verneint die Möglichkeit des Auswählens. Mechanismen agieren nicht, sondern reagieren. Außerdem entstehen Mechanismen nicht von selbst. Die Annahme, das Universum sei ein Mechanismus, setzt voraus, daß es nach etwas Ähnlichem wie einem menschlichen Plan gemacht wurde, das heißt, von einem lebenden Schöpfer. Mit anderen Worten: Die mechanistische Weltsicht ist bei allen ihren Erfolgen zutiefst metaphysisch; sie wurzelt in religiösen Annahmen.

Die animistische Sicht des Kosmos als eines riesigen Lebewesens ist ebenfalls falsch. Sie verwischt die Grenzen zwischen dem, was lebt, was tot ist und was nie gelebt hat. Wäre alles lebendig, gäbe es kein Interesse am Leben, und die Wissenschaftler hätten nie die Chemie seiner Vervielfältigung entdeckt.

Wir lehnen die mechanistische Weltsicht als naiv und den Animismus als unwissenschaftlich ab. Aber selbst als neu entstehendes („emergentes") Verhalten von Materie und Energie ist Leben am besten durch Wissenschaft zu verstehen. Als Schrödinger sich dafür einsetzte, man solle nach den physikalisch-chemischen Grundlagen des Lebens suchen, hatte er recht. Das gleiche gilt für Watson und Crick sowie für die anderen Physiker und Molekularbiologen, die in der DNA begeistert den Schlüssel für die Geheimnisse des Lebens sehen. Wie eine Spiralfeder, die sich entrollt und das sanfte Getriebe des Lebens hervorbringt, kopiert sich die DNA und läßt gleichzeitig die Proteine zusammenbauen, die gleichermaßen die Flecken des Leopardenfells, die Zapfen der Fichten und das Lebewesen im allgemeinen steuern. Zu verstehen, wie die DNA funktioniert, war vielleicht der größte wissenschaftliche Durchbruch aller Zeiten. Dennoch bietet weder die DNA noch irgendein anderes Molekül allein die Erklärung für das Leben.

Janus unter den Kentauren

Der amerikanische Architekt Buckminster Fuller beschrieb mit dem Begriff „Synergie" (vom griechischen *synergos*, Zusammenarbeit) Gebilde, die in ihrem Verhalten mehr sind als die Summe ihrer Teile. Aus wissenschaftlicher Sicht scheinen Leben, Liebe und Verhalten synergistische Phänomene zu sein. Als vor langer Zeit bestimmte Chemikalien – in Wasser und in Öl – zusammentrafen, war Leben das Ergebnis. Synergie kennzeichnet auch die Entstehung der Protistenzellen aus Bakterien und der vielzelligen Tiere aus Protisten.

Nach allgemeinener Ansicht besteht die Evolution des Lebens aus zufälligen Veränderungen, die öfter schädlich als nützlich sind. Blinde, ungerichtete Zufallsmutationen sollen den lautstarken Behauptungen zufolge zu entwicklungsgeschichtlichen Durchbrüchen führen. Wir (und eine wachsende Zahl ähnlich Denkender, die ebenfalls das Leben erforschen) sind nicht ganz dieser Ansicht. Große Brückenschläge gelangen der Evolution, indem komplizierte Teile symbiontisch ineinander aufgingen – Bestandteile, die zuvor in getrennten Abstammungslinien verfeinert wurden. Wenn eine neue Lebensform auftaucht, beginnt die Evolution nicht jedesmal wieder beim Nullpunkt. Vorhandene Bausteine (wie sich herausstellte, vorwiegend Bakterien), die bereits durch Mutation entstanden waren und durch natürliche Selektion erhalten blieben, treffen aufeinander und schließen sich zusammen. Sie bilden Bündnisse, verschmelzen und werden zu neuen Lebewesen, völlig neuen Ganzheiten, die an der natürlichen Selektion mitwirken und ihr unterliegen.

Die natürliche Selektion allein kann jedoch, wie auch Darwin sehr wohl wußte, keine entwicklungsgeschichtlichen Neuerungen hervorbringen. Unterschiedslos behält sie vielmehr frühere Verbesserungen und neue Entwicklungen bei, indem sie alles ausmerzt, was weniger lebens- oder fortpflanzungsfähig ist. Den Rest erledigt das biotische Potential, das Bestreben der Lebewesen, sich so erfolgreich wie möglich fortzupflanzen. Zunächst einmal müssen jedoch von irgendwoher Neuentwicklungen kommen. Synergie führt zwei unterschiedliche Formen zueinander und bildet daraus eine überraschende dritte.

Als zum Beispiel Cowboys den amerikanischen Westen besiedelten, sahen einige Ureinwohner in den berittenen menschlichen Eindringlingen eine Art Kentauren – zweiköpfige Wesen mit vielen Gliedmaßen. Der Romancier und Philosoph Arthur Koestler (1905–1983) bezeichnete die Koexistenz kleiner Lebewesen in einem größeren Ganzen als „Holarchie".[3] Die meisten Menschen dagegen meinen, das Leben auf der Erde sei „hierarchisch" aufgebaut, eine große Seinspyramide mit dem Menschen an der Spitze. Koestlers Wortprägung beinhaltet weder ein „höher" noch die Vorstellung, daß ein Bestandteil der Holarchie die anderen in irgendeiner Form beherrscht. Auch den Bestandteilen gab Koestler einen Namen. Er nannte sie nicht einfach Teile, sondern „Holons" – Ganzheiten, die auch als Teile funktionieren.

In seinen neuartigen metaphysischen und terminologischen Gedanken beschwor Koestler den zweigesichtigen Janus, in der römischen Mythologie der Gott der Tore und der Schutzheilige von Anfang und Ende. So wie Janus gleichzeitig rückwärts und vorwärts blickt, stehen auch die Menschen nicht auf dem Höhepunkt der Schöpfung, sondern weisen einerseits in das Reich sehr kleiner Zellen und andererseits in das größere der

Biosphäre. Das Leben auf der Erde ist keine erschaffene Hierarchie, sondern eine emergente Holarchie, entstanden aus der sich selbst anregenden Synergie von Zusammenbau, Wechselwirkung und Neukombination.

Ein blauer Edelstein

Oft ist der beste Teil einer Reise die Heimkehr. Nachdem wir Affen und Katzen in Erdumlaufbahnen, Menschen auf den Mond und Roboter zu Venus und Mars geschickt haben, entwickelten viele Menschen größeren Respekt und ein neues Verständnis für das Leben auf der Erde.

Im Jahre 1961 trug die sowjetische *Wostok I* den ersten Menschen in eine Erdumlaufbahn. Seit jener Zeit blicken Astronauten und Kosmonauten – später auf Weltraumspaziergängen, als wollten sie vom höchsten Sprungbrett der Welt hinunterspringen – auf den türkisfarbenen Ball herab und ringen nach Worten, um ihr Erlebnis angemessen zu beschreiben. Eugene A. Cernan, Astronaut bei den *Gemini*- und *Apollo*-Missionen, der als bisher letzter Mensch auf dem Mond spazierenging, beschrieb den Anblick so:

> »Wenn man aus der Erdumlaufbahn hinabblickt, sieht man Seen, Flüsse, Halbinseln ... Man fliegt schnell über wechselnde Topographien hinweg, über schneebedeckte Gebirge, Wüsten oder Tropengürtel, und alles ist gut zu sehen. Alle neunzig Minuten erlebt man einen Sonnenauf- und -untergang. Verläßt man die Umlaufbahn, ... sieht man von Pol zu Pol und von Ozean zu Ozean, ohne auch nur den Kopf zu drehen ... Man sieht buchstäblich, wie Nord- und Südamerika um die Ecke verschwinden, während die Erde sich um ihre unsichtbare Achse dreht; dann erscheinen wie durch ein Wunder Australien und Asien, bis schließlich Amerika an ihre Stelle tritt. Allmählich sieht man, wie wenig wir von der Zeit verstehen ... Man fragt sich: Wo bin ich eigentlich in Raum und Zeit? Man erkennt, wie die Sonne über Amerika unter- und über Australien wieder aufgeht. Man blickt zurück „nach Hause" ... und sieht nichts von den Schranken der Hautfarbe, der Religion und der Politik, die unsere Welt teilen.«[4]

Stellen wir uns vor, wir wären in der Erdumlaufbahn. Wenn man die Erde alle neunzig Minuten umrundet, wandelt sich die irdische Erfahrung von Raum und Zeit. Die Schwerkraft läßt nach, oben und unten werden relativ, Tag und Nacht folgen in mosaikartikem Wechsel. Sonnenstrahlen zerschneiden das dünne Band der Atmosphäre und tauchen die Kabine der Raumkapsel in ein Licht, das von rot über grün bis violett alle Regenbogenfarben durchläuft. Dann ist man von Schwärze eingehüllt. Die Erde wird zu einem Bereich, wo keine Sterne zu sehen sind, und wenn man überhaupt etwas erkennt, dann allenfalls ein schwaches Glimmen – Städte – auf der Oberfläche des Globus, der die Sonne verdeckt. Wieder bricht der „Tag" an und enthüllt einen von Wolken gesprenkelten blauen Ozean. In den umgekehrten Blickwinkel geworfen, erkennen wir den Himmel jetzt unter uns. Als ob wir im Traum vom eigenen Körper wegtreiben, erleben wir den Planeten, mit dem uns jetzt nur noch die unsichtbare Nabelschnur von Gravitation und Funkwellen verbindet.

Im Anblick der Erde vom Weltraum aus hallt das Erleben eines Babys wider, das zum ersten Mal in einen Spiegel blickt und sich selbst erkennt (ABB. 5). Astronauten haben den Körper des Lebens als ganzes vor Augen. Der französische Psychoanalytiker Jacques Lacan postuliert in der menschlichen Entwicklung eine Phase, die er als „Spiegelstadium" bezeichnet.[5] Der Säugling, der seine Bewegungen noch nicht kontrollieren kann, blickt in den Spiegel und nimmt seinen ganzen Körper wahr. Die begeisterte Wahrnehmung der globalen Umwelt durch die Menschheit ist das Spiegelstadium unserer gesamten Spezies. Zum ersten Mal haben wir einen Blick auf unsere ganze, globale Form geworfen. Allmählich wird uns klar, daß wir zu einer weltweiten „Holarchie" gehören, die über unsere eigene Haut und sogar über die Menschheit als Ganzes hinausreicht.

Im Jahre 1969 zeigte das Fernsehen, wie Astronauten über den Mondstaub hüpften. Der Mond, einst Inbegriff des Unerreichbaren, war plötzlich in Reichweite gerückt. Aber seine kraterübersäte, staubtrockene Einöde blieb in ihrer Leblosigkeit eine Bedrohung. Als der kosmische Anblick über die Fernsehsender ging, war es für uns Daheimgebliebene ein Ausflug in die Zukunft; er bot uns eine neue Sicht für die Welt, und diese hatte die Macht, die Menschen um ein Symbol zu scharen, das zugkräftiger war als jede Fahne. Jetzt konnten die Angehörigen der verschiedensten religiösen und geistigen Traditionen sich als Erdenbürger zusammentun. Wer das erlebte und die neuen Möglichkeiten erkannte, der wußte auch, daß alles bisherige Streben nach Verständ-

5
Das zusammengesetzte Satellitenphoto zeigt, woran man nachts das Leben auf der Erde erkennt: an den Lichtern der Städte. In der Umlaufbahn wird deutlich, daß Nacht gleichbedeutend mit Schatten ist.

nis für das Leben zu kleinräumig war, gleichsam eine vom Tellerrand begrenzte Wahrnehmung. Sogar die Zeit war durcheinander: Nacht wurde zum Schatten.

Stammeskonflikte, nationale Politik und die auf Landkarten bunt wiedergegebenen geographischen Regionen sind vom Weltraum aus nicht zu sehen. Natürlich hat die Naturwissenschaft uns gelehrt, daß dieser blaue Edelstein einen unauffälligen Stern in den Außenbezirken einer Spiralgalaxie umkreist, die mit ihren unzähligen Sternen Bestandteil eines Universums mit unzähligen Galaxien ist. Unsere gesamte Geschichte und Zivilisation fand unter der Gashülle eines wirklich mittelmäßigen Planeten in einem einzigen Sonnensystem statt. Auf der Reise in den Weltraum haben wir die Erde als Heimat erlebt. Aber sie ist mehr als nur Heimat: Sie ist ein Teil von uns. Im Gegensatz zum fahlen Mond im toten Sonnensystem unserer galaktischen Vorstadt sieht der dritte Planet der Sonne, unsere blauweiß gefleckte Erde, lebendig aus.

Gibt es Leben auf dem Mars?

Die Suche nach Leben auf dem Mars lieferte unerwartet auch wissenschaftliche Bestätigung dafür, daß das Leben auf der Erde als Ganzes ein „Körper" ist. Im Rahmen der 1975 gestarteten *Viking*-Mission schickte man zwei Sonden in eine Umlaufbahn um den Mars, und zwei weitere landeten auf dem Planeten. Die gelandeten Sonden lieferten zwar aufsehenerregende Bilder der Marslandschaft, zeigten jedoch in einer Reihe von Experimenten, die sie durchführten, keinerlei Indizien dafür, daß es Leben auf dem Mars gibt. Man sah Kanäle, die Flüsse vor langer Zeit gegraben haben, und das beflügelte die Hoffnungen, man werde auf dem roten Planeten Hinweise auf früheres Leben finden.

Ein Wissenschaftler konnte allerdings auf dem Mars nach Leben suchen, noch ehe die *Viking*-Mission begann. Die National Aeronautics and Space Administration (NASA) fragte 1967 im Zusammenhang mit der Suche nach extraterrestrischem Leben bei dem Engländer James E. Lovelock an, der ein Gerät zur Messung der das Ozonloch mitverursachenden Fluorchlorkohlenwasserstoffe entwickelt hatte. Bei der NASA interessierte man sich dafür, was man mit Lovelocks Erfindung – einem Gasmeßgerät, das für manche Atmosphärenbestandteile mehrere tausend Mal empfindlicher war als alle bisherigen Apparate – über den Mars herausfinden könne. Lovelock war Atmosphärenchemiker; er vermutete, man könne Leben auf fremden Planeten anhand der chemischen Spuren nachweisen, die es in der jeweiligen Atmosphäre hinterläßt. Da man bereits die Zusammensetzung der Marsatmosphäre aus der Spektralanalyse des reflektierten Lichtes kannte, hielt Lovelock die Daten für ausreichend, um festzustellen, ob der Mars ein belebter Planet ist. Seine Schlußfolgerung lautete: Es gibt kein Leben auf dem Mars. Mit der ihm eigenen und fast ein wenig ketzerischen Beharrlichkeit behauptete er sogar, man brauche überhaupt keine Sonde zum Mars zu schicken, und das könne der NASA eine gewaltige Geldsumme ersparen.

Lovelock hatte auch die Gaszusammensetzung der Erdatmosphäre mit einem Chromatographen gemessen, der mit seinem neuentwickelten, hochempfindlichen „Elektroneneinfangdetektor" ausgestattet war. Er war verblüfft: Die Lufthülle der Erde ist chemisch völlig anders zusammengesetzt als die Atmosphäre von Mars oder Venus, und ihr Stoffbestand ist sogar ziemlich unwahrscheinlich. Methan, Hauptbestandteil im Erdgas, das sich auch in der Atmosphäre der vier großen Planeten (Jupiter, Saturn, Uranus und Neptun) findet, kommt in der Erdatmosphäre zusammen mit Sauerstoff vor, und zwar in einer Konzentration, die 1035mal höher ist als erwartet.

Methan ist in der Erdatmosphäre nur mit ein bis zwei ppm (ein Teil auf eine Million Teile) enthalten, aber schon dieser winzige Anteil ist viel zu hoch. Methan (ein Kohlenstoffatom, das von vier Wasserstoffatomen umgeben ist) und zweiatomiges Sauerstoffgas reagieren nämlich explosionsartig miteinander, wobei Wärme, Kohlendioxid und Wasser entstehen. Deshalb sollte der Sauerstoff, das zweithäufigste Gas in der Atmosphäre, eigentlich sofort mit dem Methan reagieren, so daß dieses nicht mehr nachweisbar wäre. Vielleicht stirbt jemand im nächsten Augenblick den Erstickungstod, weil alle Sauerstoffatome sich in der anderen Ecke des Zimmers sammeln, so daß das Gehirn dieses lebensnotwendige Gas nicht mehr bekommt. Ein solches Unglück ist unwahrscheinlich bis zur Absurdität. Aber ebenso unglaublich ist die Mischung von Methan und Sauerstoff in der Lufthülle der Erde. Neben Methan sollten nach den chemischen Reaktionsgesetzen auch andere Gase in der Erdatmosphäre nicht nachweisbar sein. Angesichts ihrer Neigung, mit Sauerstoff zu reagieren, sind manche Bestandteile der Atmosphäre – Methan, Ammoniak, Schwefelgase, Methylchlorid und Methyliodid – weit vom chemischen Gleichgewicht entfernt. Kohlenmonoxid, Stickstoff und Stickoxide sind in der Atmosphäre in zehn-, zehnmilliarden- und zehnbillionen Mal höherer Menge enthalten, als es sich allein mit den Gesetzen der Chemie erklären ließe.

Des Rätsels Lösung heißt Biologie. Wie Lovelock erkannte, setzen methanproduzierende Bakterien dieses Gas weltweit in beträchtlichen Mengen frei. Kühe tragen durch Aufstoßen zum Methangehalt der Atmosphäre bei. Das so ausgeschiedene Methan reagiert tatsächlich mit dem Sauerstoff, aber bevor es verschwindet, wird es nachgeliefert. Protisten und Bakterien im Pansen, einem besonderen Magen der Kuh, stellen das Methan aus Gras her.

Das Leben hat unsere Atmosphäre zu einer chemisch reaktionsfreudigen, geordneten Mischung gemacht; Wärme und Unordnung werden in den Weltraum abgegeben. Nach Lovelock ist die Atmosphäre ebenso geordnet wie der Panzer einer gemusterten Schildkröte oder wie eine Sandburg am einsamen Strand. Der Hang des Lebens zur Ordnung hat seine Spuren auch auf anderen Planeten hinterlassen. Am 20. Juli 1976 setzte die 3,6 Tonnen schwere Raumsonde *Viking I* ein Landefahrzeug auf dem Mars ab (ABB. 6). Dieser Apparat, der 571 Millionen Kilometer entfernt auf dem roten Sand des Planeten steht, ist bisher das einzige Anzeichen von Leben auf dem Mars – vom Menschen geschaffene Technologie, die das Sonnensystem erkundet.

Leben als Verb

Lovelocks Befunde zwangen die Biologen zu der Erkenntnis, daß Leben nicht auf die Gefüge beschränkt sein muß, die wir heute Lebewesen nennen. Das sich verwandelnde, holarchische Leben „bricht aus" und bildet neue Formen, in denen zuvor selbständige Individuen zu integralen Bestandteilen größerer Einheiten werden. Die oberste derartige Ebene ist die des gesamten Planeten, die Biosphäre. Auf jeder Ebene zeigt sich eine andere Art des „organischen Wesens". Diesen Begriff verwendete Darwin in seinem Werk *Die Entstehung der Arten*. (Das Wort „Organismus" hatte man ebenso wie „Naturwissenschaftler" und „Biologie" noch nicht geprägt.) Der Begriff „organisches Wesen" verdient es, wiederbelebt zu werden, beinhaltet er doch die Erkenntnis, daß eine „Zelle" und die „Biosphäre" nicht weniger lebendig sind als ein „Organismus".

Leben – sowohl das räumlich begrenzte in Form des Körpers von Tieren, Pflanzen und Mikroorganismen als auch die Biosphäre – ist eine höchst verwickelte Erscheinungsform der Materie. Es besitzt ihre normalen chemischen und physikalischen Eigenschaften, aber mit einem besonderen Dreh. Der Sand am Strand besteht in der Regel ebenso aus Siliciumdioxid wie die Innereien eines Supercomputers – aber ein Computer ist kein Sandhaufen. Auch Leben ist nicht wegen seiner chemischen Bestandteile etwas Besonderes, sondern wegen ihres Verhaltens. Die Frage „Was ist Leben?" ist also eine sprachliche Falle. Um sie nach den Regeln der Grammatik zu beantworten, müßte man ein Substantiv nennen, eine Sache.

Die Utopia-Ebene auf dem Mars, aufgenommen von der Sonde *Viking II*, die dort am 3. September 1976 landete. Das blaue Feld mit den Sternen und die roten Streifen in der Flagge der USA bestätigen die richtige Farbwiedergabe des lachsfarbenen Himmels; die Farbe entsteht durch Staubteilchen, die in der Marsatmosphäre schweben.

Aber das Leben auf der Erde gleicht eher einem Verb. Es erhält, repariert, erholt sich und übertrifft sich selbst.

Diese Fülle von Aktivitäten, die nicht nur Zellen und Tiere, sondern die gesamte Erdatmosphäre betreffen, ist eng verknüpft mit zwei der berühmtesten naturwissenschaftlichen Gesetze: mit den Hauptsätzen der Thermodynamik. Nach dem ersten Hauptsatz nimmt die Gesamtenergie eines Systems und seiner Umgebung bei jeder beliebigen Umsetzung weder zu noch ab. Die Energie – ob als Licht, Bewegung, Strahlung, Radioaktivität, chemische oder andere Energie – bleibt erhalten.

Aber nicht alle Formen der Energie sind gleichwertig, und nicht alle haben die gleiche Wirkung. Alle Energieformen haben das Bestreben, sich in Wärme zu verwandeln, und Wärme führt in der Materie zu einer Zunahme der Unordnung. Der zweite Hauptsatz der Thermodynamik besagt, daß physikalische Systeme dazu neigen, Wärme an ihre Umgebung abzugeben.

Der zweite Hauptsatz wurde während der industriellen Revolution formuliert, als die Dampfmaschine den neuesten Stand der Technik verkörperte. Der französische Physiker Nicolas Carnot (1796–1832) wollte die Effizienz der Dampfmaschine (deren Reglermechanismus James Watt erfunden hatte) verbessern und gelangte dabei zu der Erkenntnis, daß Wärme mit der Bewegung kleinster Teilchen zu tun hat. Daraus leitete er das Prinzip ab, das heute als zweiter Hauptsatz bekannt ist: In jedem System, das sich bewegt oder Energie verbraucht, nimmt die Entropie zu.

In Systemen, die Veränderungen erfahren wie Dampfmaschinen oder Elektromotoren, liegt ein Teil der Gesamtenergie bereits in einer Form vor, die nicht mehr für Arbeit nutzbar ist, und ein weiterer Teil wird in eine solche Form überführt. Die Gesamtmenge der Energie im System und seiner Umgebung bleibt zwar gleich (das heißt, der erste Hauptsatz der Thermodynamik, der die Energieerhaltung fordert, stimmt), aber die Energiemenge, die für Arbeit zur Verfügung steht, nimmt ab. In der Computerwissenschaft versteht man unter Entropie die Unsicherheit im Informationsgehalt einer Nachricht. Der zweite Hauptsatz behauptet eindeutig, daß die Entropie in Systemen zunimmt, die sich verändern, und daraus folgt, daß die Menge an Wärme, Rauschen, Unsicherheit und anderen nicht nutzbaren Energieformen anwächst. Die Wärme, die räumlich begrenzte Systeme abgeben, nimmt das Universum auf. Die Vorstellung ist heute nicht mehr sonderlich beliebt, aber früher prophezeiten Physiker und Chemiker, das Universum werde wegen der ständig zunehmenden Entropie schließlich in einem „Wärmetod" versinken. In jüngerer Zeit haben sie den Begriff „Negentropie" für das Leben erfunden, das mit seinem Streben nach mehr Information und Sicherheit dem zweiten Hauptsatz zu widersprechen scheint. In Wirklichkeit ist das nicht der Fall; der zweite Hauptsatz stimmt, wenn man das System (Leben) zusammen mit seiner Umwelt betrachtet.

In Dampfmaschinen wird Kohle verbrannt; Kohlenstoff verbindet sich mit Sauerstoff, und bei dieser Reaktion entsteht Wärme, welche die Teile der Maschine in Bewegung setzt. Die dabei freigesetzte überschüssige Wärme kann man nicht nutzen. Auch in einer Hütte auf schneebedecktem Berggipfel sucht sich die Wärme scheinbar zielsicher jede Ritze oder Öffnung, um sich mit der kalten Außenluft zu vermischen. Wärme verteilt sich von Natur aus, und darin zeigt sich der zweite Hauptsatz der Thermodynamik: Das Universum strebt auf immer größere Entropie zu, auf eine überall gleiche Temperatur, bei der die gesamte Energie in nutzlose Wärme umgewandelt ist und sich so gleichmäßig verteilt hat, daß sie keine Arbeit mehr verrichten kann. Gewöhnlich sagt man uns, die Wärme verteile sich durch die zufälligen Bewegungen der Teilchen. Aber es gibt auch andere Interpretationen.

Mittlerweile sehen manche Wissenschaftler in der Vorliebe des zweiten Hauptsatzes für Wärmeenergie ein Anzeichen für einen offenbar zielgerichteten Ablauf. Der belgische Nobelpreisträger Ilya Prigogine betrachtete als einer der ersten das Leben als Bestandteil einer größeren Klasse dissipativer Strukturen („Zerstreuungsstrukturen"), zu der auch eindeutig unbelebte Aktivitätszentren wie Flüssigkeitswirbel, Wirbelstürme und Flammen gehören.[6] Dissipation ist ein seltsamer Begriff, denn er legt das Schwergewicht auf das, was die Strukturen – die eigentlich keine Strukturen, sondern Systeme sind – wegwerfen, und nicht darauf, was sie erhalten und aufbauen. Ein Zerstreuungssystem erhält sich selbst (und wächst unter Umständen sogar), indem es „nützliche" Energieformen aufnimmt und weniger nützliche – insbesondere Wärme – abgibt. Diese thermodynamische Betrachtungsweise für das Leben geht letztlich auf Schrödinger zurück, der Lebewesen ebenfalls mit Flammen verglich, „Ordnungsströmen", die ihre Form beibehalten.

Nach Ansicht des amerikanischen Wissenschaftlers Rod Swenson ist der scheinbare Zweck, der sich in dem Bestreben der Wärme zur Zerstreuung äußert, eng verknüpft mit dem Verhalten der Lebewesen, die sich fortpflanzen wollen. Danach ist das entropische Universum übersät mit begrenzten Bereichen hoher Ordnung (sogar mit Leben), denn nur durch die geordneten dissipativen Systeme ergibt sich im Universum die größtmögliche Geschwindigkeit der Entropieentstehung. Je mehr Leben es im Universum gibt, desto schneller werden die verschiedenen Energieformen in Wärme umgewandelt.[7]

Swensons Überlegung zeigt, wie der scheinbare Zweck des Lebens – sein Suchen, seine Zielgerichtetheit, die die Philosophen als Teleologie bezeichnen – mit dem Verhalten der Wärme verknüpft ist. Gewöhnlich berufen sich Naturwissenschaftler nicht auf Teleologie. Sie gilt als unwissenschaftlich, als Relikt aus Zeiten des primitiven Animismus. Aber Teleologie ist in Sprache gekleidet – man kann und muß sie nicht aus der Naturwissenschaft ausmerzen. Die Präpositionen „zu" und „für", die in der Sprache die Teleologie – die Zielgerichtetheit – ausdrücken, sprechen für eine Zukunftsorientierung, die offenbar in allen Lebewesen in gewissem Umfang vorhanden ist. Man sollte nicht annehmen, daß nur Menschen auf die Zukunft ausgerichtet sind. Unsere eigenen hektischen Versuche (und die anderer Lebewesen), zu überleben und zu gedeihen, sind vielleicht ein besonderer, vier Milliarden Jahre alter Weg, auf dem das Universum sich organisiert hat, „damit" es dem zweiten Hauptsatz der Thermodynamik gehorchen kann.

Selbsterhaltung

Als Inseln der Ordnung in einem Meer des Chaos sind Lebewesen den vom Menschen konstruierten Maschinen weit überlegen. Anders als beispielsweise James Watts Dampfmaschine baut der lebende Organismus Ordnung auf. Er repariert sich ständig selbst. Alle fünf Tage bekommen wir eine neue Magenschleimhaut, und die Leber wird innerhalb von zwei Monaten ausgetauscht. Die Haut erneuert sich alles sechs Wochen. Jedes Jahr werden 98 Prozent der Atome in unserem Körper ersetzt. Dieser ständige chemische Austausch, Stoffwechsel genannt, ist ein sicheres Anzeichen für Leben. Die „Maschine" muß ununterbrochen mit chemischer Energie und Material (Nahrung) gefüttert werden.

Die chilenischen Biologen Humberto Maturana und Francisco Varela verstehen den Stoffwechsel als grundlegende Besonderheit des Lebendigen. Sie sprechen von „Autopoiese". Der Begriff stammt aus dem Griechischen (*auto* = selbst und *poiein* = machen, wie in „Poesie") und bezeichnet die ständige Selbstproduktion des Lebendigen.[8] Ohne autopoietische Tätigkeit erhalten organische Wesen sich nicht selbst – sie sind nicht lebendig.

Ein autopoietisches Gebilde betreibt ständig Stoffwechsel; es erhält sich durch chemische Aktivität, durch die Bewegung von Molekülen. Zur Autopoiese gehören Energieverbrauch und die Zunahme von Unordnung. Sie läßt sich anhand jener ununterbrochenen biochemischen und energetischen Abläufe nachweisen, die den Stoffwechsel ausmachen. Nur Zellen, Lebewesen aus Zellen und Biosphären aus Lebewesen sind autopoietisch und können Stoffwechsel betreiben.

Die DNA ist für das Leben auf der Erde zweifellos ein wichtiges Molekül, aber sie ist selbst nicht lebendig. DNA-Moleküle verdoppeln sich, aber sie haben keinen Stoffwechsel und sind demnach nicht autopoietisch. Verdoppelung ist bei weitem kein so grundlegendes Merkmal des Lebendigen wie Autopoiese. Überlegen wir: Das Maultier, ein Mischling aus Pferd und Esel, kann sich nicht „verdoppeln". Es ist unfruchtbar, aber sein Stoffwechsel ist ebenso aktiv wie der seiner Eltern; es ist autopoietisch, es lebt. Ein noch näher liegendes Beispiel sind Menschen, die sich nicht mehr fortpflanzen, sich nie fortpflanzen konnten oder sich einfach nicht fortpflanzen wollten: Auch sie kann man nicht nach einer säuberlichen, aber eingeschränkten biologischen Definition in den Bereich des Unbelebten abschieben. Sie sind ebenfalls lebendig.

Viren leben nach unserer Sichtweise nicht. Sie sind nicht autopoietisch. Sie haben keinen eigenen Stoffwechsel und sind zu klein, um sich selbst zu erhalten. Viren tun nichts, solange sie nicht in ein autopoietisches Gebilde gelangen: in eine Bakterienzelle, die Zelle eines Tieres oder eines anderen Lebewesens. Biologische Viren vermehren sich in ihrem Wirt genauso wie digitale Viren in einem Computer. Ohne ein autopoietisches, organisches Wesen ist ein biologisches Virus nur ein Gemisch chemischer Verbindungen; und ohne Computer ist ein digitales Virus eben nur ein Programm.

Viren sind kleiner als Zellen und besitzen nicht genügend Gene, um sich allein zu erhalten. Die autopoietischen Minimaleinheiten sind, soweit man heute weiß, winzige Bakterien, die kleinsten Zellen, mit einem Durchmesser von etwa einem zehnmillionstel Meter. Wie Sprache, nackte DNA und Computerprogramme unterliegen auch Viren Mutationen und der Evolution; für sich betrachtet sind sie bestenfalls chemische Zombies. Die kleinste Einheit des Lebens ist die Zelle.

Wenn ein DNA-Molekül ein zweites als genaue Kopie seiner selbst hervorbringt, sprechen wir von Replikation. Bringt lebende Materie, eine Zelle oder ein Organismus aus Zellen, ein ähnliches Lebewesen hervor (mit Unterschieden infolge von Mutationen, genetischer Rekombination, symbiontischer Vereinigung, Entwicklungsabweichungen und anderen Ereignissen), nennen wir das Fortpflanzung (ABB. 7). Wenn lebende Materie bei der Fortpflanzung weiterhin veränderte Formen hervorbringt, aus denen wiederum veränderte Nachkommen entstehen, sprechen wir von Evolution: Populationen von Lebensformen wandeln sich im Laufe der Zeit. Wie Darwin und seine Anhänger immer wieder betonen, entstehen durch Knospung, Zellteilung, Schlüpfen, Geburt oder Sporenbildung weitaus mehr fortpflanzungsfähige Zellen und Organismen, als jemals überleben können. Wer lange genug durchhalten kann, um sich fortzupflanzen, wurde von der „natürlichen Selektion" ausgewählt. Oder auch unumwundener: Die Überlebenden werden eigentlich nicht wegen ihres Erfolges selektioniert, sondern die Selektion verdrängt diejenigen, die es nicht schaffen, sich fortzupflanzen.

Identität und Selbsterhaltung erfordern einen Stoffwechsel. Die Stoffwechselchemie (oft auch Physiologie genannt) kommt vor Fortpflanzung und Evolution. Damit es in einer Population Evolution geben kann, müssen sich ihre Mitglieder fortpflanzen. Aber bevor sich ein organisches Wesen fortpflanzen kann, muß es sich erst einmal selbst erhalten. Während ihrer Lebenszeit tauscht eine Zelle jedes ihrer ungefähr fünftausend Proteine mehrere tausend Mal vollständig mit der Umgebung aus. Bakterienzellen produzieren DNA und RNA (Ribonucleinsäuren), Enzymproteine, Fette, Kohlenhydrate und andere komplexe Kohlenstoffverbindungen. Auch Protisten, Pilze, Tiere und Pflanzen bauen diese und noch zahlreiche weitere Substanzen auf. Aber am wichtigsten und verblüffendsten ist, daß jeder lebende Organismus sich selbst produziert.

Diese entschlossene Aufrechterhaltung der Einheit, während die Bestandteile ständig oder vorübergehend

7
***Pachnoda*, Stamm Arthropoda, Reich Animalia. Die Nahaufnahme vom Darm dieser Käferlarve zeigt ein baumartiges Organ, das methanproduzierende Bakterien beherbergt. Diese Methanogene, die schon seit Tausenden von Generationen im Darm leben, haben dort nicht nur eine Heimat gefunden, sondern auch für die Ausbildung dieses symbiontischen „Käfer"organs gesorgt.**

umgeordnet, ab- und aufgebaut, zerstört und repariert werden, ist der Stoffwechsel, und der erfordert Energie. Nach dem zweiten Hauptsatz der Thermodynamik ist die innere Ordnung bei der autopoietischen Selbsterhaltung zu bewahren oder zu vermehren, wenn gleichzeitig die „Unordnung" der Außenwelt zunimmt, weil die Lebewesen Abfallstoffe ausscheiden und Wärme abgeben. Alle Lebewesen haben einen Stoffwechsel und müssen deshalb räumlich begrenzte Unordnung schaffen: nutzlose Wärme, Rauschen und Unsicherheit. Das ist autopoietisches Verhalten. Darin spiegeln sich die Erfordernisse der Autopoiese aller lebenden organischen Gebilde wider, die weiterhin funktionieren.

Die Betrachtung des Lebens als autopoietisches System weicht von der üblichen biologischen Lehre ab. Manche Autoren biologischer Lehrbücher tun so, als existiere ein Organismus unabhängig von seiner Umgebung; die Umwelt kommt nur als unveränderlicher, lebloser Hintergrund vor. Organische Wesen und ihre Umwelt sind jedoch miteinander verwoben. Boden beispielsweise ist durchaus nicht leblos. Er ist ein Gemisch aus Gesteinstrümmern, Pollen, Sporen, Pilzfäden, Cysten von Ciliaten, Bakerien, Nematoden und anderen mikroskopisch kleinen Tieren oder ihrer Teile. »Die Natur«, so beobachtete Aristoteles, »schreitet nach und nach von leblosen Dingen zum Leben der Tiere fort, und zwar so, daß man die Grenzlinie unmöglich genau feststellen kann.«[9] Unabhängigkeit ist kein naturwissenschaftlicher, sondern ein politischer Begriff.

Seit Anbeginn des Lebens sind alle Lebewesen direkt oder auf Umwegen verbunden, wenn ihre Körper und Populationen gewachsen sind. Wechselwirkungen treten auf, wenn die Organismen über Wasser und Luft in Verbindung treten. Darwin verglich die Komplexität dieser Wechselwirkungen in seiner Entstehung der Arten mit einer „verfilzten Zusammenballung", die so komplex sei, daß wir Menschen sie nicht einmal ansatzweise entwirren können: »Wirf eine Handvoll Federn in die Luft, und sie fallen nach fest umrissenen Gesetzen zu Boden; aber wie einfach ist das Problem, wohin sie fallen, im Vergleich mit den Aktionen und Reaktionen der unzähligen Pflanzen und Tiere.« Und doch ergibt gerade die Summe dieser unzähligen Wechselwirkungen die höchste Ebene des Lebendigen: die blaue Biosphäre mit ihrer holarchischen Einheitlichkeit, die sich in rätselhafter Erhabenheit im und vom Kosmos abschnürt.

Der autopoietische Planet

Die Biosphäre als Ganzes ist autopoietisch in dem Sinne, daß sie sich selbst erhält. Eines ihrer lebenswichtigen „Organe", die Atmosphäre, wird eindeutig gepflegt und ernährt. Die Lufthülle der Erde, die etwa zu einem Fünftel aus Sauerstoff besteht, unterscheidet sich grundlegend von der Mars- oder Venusatmosphäre. In der Gashülle unserer Nachbarplaneten macht Kohlendioxid neun Zehntel der Gesamtmenge aus, ein Gas, das auf der Erde nur drei von zehntausend Anteilen bildet. Bestünde die Biosphäre der Erde nicht aus Lebewesen, die Kohlendioxid verbrauchen, hätte unsere Atmosphäre schon längst ein Gleichgewicht mit einem hohen Anteil dieser Verbindung erreicht. Jedes Molekül, das mit einem anderen reagieren kann, hätte wahrscheinlich bereits reagiert. Statt dessen hat die Aktivität autopoietischen Lebens auf der Oberfläche eine Atmosphäre entstehen lassen, in der seit mindestens 700 Millionen Jahren ein Sauerstoffanteil von ungefähr zwanzig Prozent aufrechterhalten wird (GRAPHIK A).

Weitere Indizien für das planetarische Ausmaß des Lebens stammen aus der Astronomie. Nach dem astrophysikalischen Standardmodell der Evolution von Sternen war die Sonne früher kühler als heute. Seit das Leben auf der Erde begann, hat ihre Leuchtkraft um mindestens 30 Prozent zugenommen. Lebewesen können nur im begrenzten Temperaturbereich, in dem Wasser flüssig ist, wachsen und sich fortpflanzen. Fossilien von über 300 Millionen Jahre alten Lebensformen bestätigen, daß die Temperatur zu jener Zeit nicht wesentlich anders war als heute. Wie man aus anderen geologischen Befunden weiß, ist Wasser auf der Erde seit mindestens vier Milliarden Jahren weit verbreitet. Die wachsende Leuchtkraft der Sonne hätte auf der Erde seit jener Frühzeit zu einem dramatischen Anstieg der Oberflächentemperaturen führen können. Da das nicht geschehen ist – insgesamt dürfte die Tendenz eher abnehmend gewesen sein –, scheint es, als habe die Temperatur der gesamten Biosphäre sich selbst aufrechterhalten. Dem Leben ist es mit seinen Reaktionen offenbar gelungen, der immer stärkeren Sonneneinstrahlung auf der Erdoberfläche entgegenzuwirken und den Effekt vielleicht sogar mehr als auszugleichen. Vor allem durch Entfernen von Treibhausgasen (wie Methan und Kohlendioxid), die Wärme festhalten, aber auch mit Veränderungen von Oberflächenfarbe und -form (durch Fest- halten von Wasser und die Ansammlung von Schlamm) verlängerte das Leben seine Selbsterhaltung.

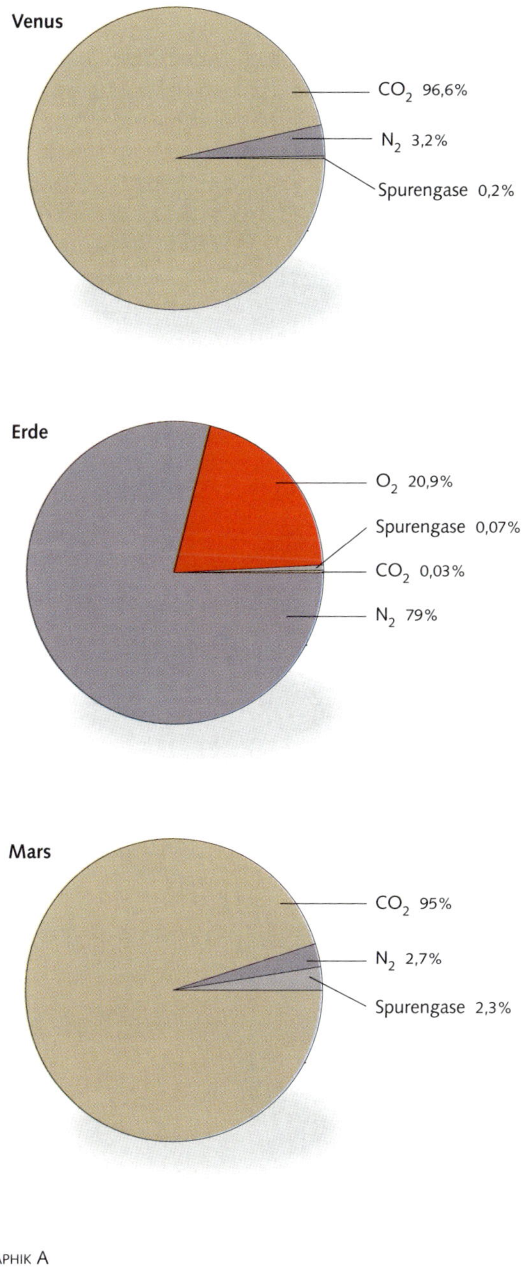

GRAPHIK A

Die Atmosphären der Erde und ihrer beiden Nachbarplaneten im Vergleich. Man beachte die relativ hohe Konzentration des explosionsgefährlichen Gases Sauerstoff und die sehr geringe Kohlendioxidkonzentration auf der Erde. Diese ungewöhnliche Zusammensetzung ist die Folge der ständigen Tätigkeit gasaustauschender Lebewesen. Die Physiologie winzig kleiner Zellen überträgt sich in geologischen Zeiträumen auf die globale Physiologie der Biosphäre.

Einen weiteren Blick auf den Organismus des Lebens als Ganzes ermöglicht die Ozeanographie. Nach chemischen Berechnungen sollten sich die Salze in den Meeren zu Konzentrationen aufsummieren, die für alle nichtbakteriellen Lebensformen gefährlich sind. Ständig werden Natriumchlorid, Magnesiumsulfat und andere Salze auf den Kontinenten ausgewaschen und von den Flüssen ins Meer gespült. Dennoch sind die Ozeane der Erde seit mindestens zwei Milliarden Jahren eine durchaus freundliche Umwelt auch für salzempfindliche Lebewesen. Vermutlich spüren und stabilisieren die meeresbewohnenden Mikroorganismen also weltweit den Säure- und Salzgehalt der Meere. Wie Lebewesen es schaffen, dem Meerwasser das Salz zu entziehen, bleibt ein Rätsel. Vielleicht werden Konzentrationen, die für die meisten Organismen zu hoch sind, zum Teil dadurch gesenkt, daß Natrium, Calcium und Chlorid energisch aus den Zellen gepumpt werden, zum Teil aber auch durch die Bildung von Verdunstungsräumen. Diese einkrustenden Gebiete sind reich an Meersalz und salzliebenden Mikroorganismen. Sie bilden sich beispielsweise in Lagunen, die durch Korallen und ähnliche Riffbildner entstehen oder durch vom Wind verwehten Sand, den die Schleimprodukte von Mikroben-Lebensgemeinschaften festhalten. Wenn eine solche ständige Meerwasserentsalzung stattfindet, dürfte sie ein Teil der weltweiten Physiologie sein.

Manche Evolutionsbiologen vertreten die Ansicht, das Leben in seiner Gesamtheit könne kein lebender Organismus, kein Lebewesen sein, weil ein solcher sich nicht in Konkurrenz zu anderen, gleichartigen Organismen – vermutlich anderen Biosphären – entwickeln konnte. Aber nach unserer Vorstellung ist die Autopoiese des ganzen Planeten eine kombinierte, emergente Eigenschaft der vielen gasaustauschenden, genaustauschenden, wachsenden und sich entwickelnden Organismen auf ihm. So wie sich die Regulation von Körpertemperatur und Blutzusammensetzung im menschlichen Organismus aus den Beziehungen zwischen den Körperzellen ergibt, entwickelte sich auch die planetare Regulation in der unglaublich langen Zeit der Wechselwirkungen zwischen den lebendigen Bewohnern der Erde.

Mit Hilfe der Sonnenenergie können nur grüne Pflanzen, Algen sowie manche grünen oder purpurroten Bakterien die Verbindungen aus Wasser und Luft in die lebende Substanz ihres Körpers umwandeln. Dieser von der Sonne angetriebene Vorgang, die Photosynthese, ist die Ernährungsgrundlage für das gesamte restliche

Leben. Tiere, Pilze und die meisten Bakterien ernähren sich von den Stoffbeiträgen der purpurroten und grünen Primärproduzenten. Die Photosynthese entstand in Bakterien schon kurz nach dem Beginn des Lebens. Auf allen Ebenen, vom Mikroorganismus bis zum Planeten, nutzen die organischen Wesen Luft und Wasser oder andere organische Wesen, um ihr fortpflanzungsfähiges Selbst aufzubauen. Lokale Ökologie wird globale Ökologie. Und dementsprechend existiert das Leben eigentlich nicht *auf* der Erdoberfläche, sondern es ist die Erdoberfläche.

Das Leben überzieht unseren Planeten als zusammenhängende, aber bewegliche Hülle und nimmt die Gestalt der darunterliegenden Erde an. Außerdem belebt es den Planeten; die Erde ist in einem sehr realen Sinne selbst lebendig. Das ist keine unscharfe philosophische Behauptung, sondern eine physiologische Wahrheit über unser Leben. Die Lebewesen sind nicht so sehr in sich geschlossene, selbständige Individuen, sondern eher Gemeinschaften von Organismen, die Materie, Energie und Information mit anderen Organismen austauschen. Jeder Atemzug verbindet uns mit der übrigen Biosphäre, die ebenfalls „atmet", wenn auch in einem anderen, langsameren Rhythmus. Das Atmen der Biosphäre zeigt sich in steigender Kohlendioxidkonzentration auf der Nachtseite des Globus und abnehmender Konzentration auf der sonnenbeschienenen Seite. Im Jahresrhythmus schwankt die Atmung im Wechsel der Jahreszeiten; die Photosyntheseaktivität geht auf der Nordhalbkugel gerade dann nach oben, wenn sie auf der südlichen Hemisphäre absinkt.

In seinen größten physiologischen Auswirkungen betrachtet, ist das Leben die Oberfläche unseres Planeten. Die Erde ist ebensowenig ein planetengroßer Felsbrocken, auf dem Lebewesen wohnen, wie unser Körper ein von Zellen besiedeltes Knochengerüst ist (GRAPHIK B).

Der Stoff, aus dem das Leben ist

Als der deutsche Chemiker Friedrich Wöhler (1800–1882) durch Erhitzen von Ammoniumisocyanat zum ersten Mal zufällig Harnstoff herstellte, konnte er nicht begreifen, daß er eine Verbindung, die so eindeutig zu den Lebewesen gehörte, von Grund auf neu erzeugt hatte. Harnstoff ist immerhin die kohlenstoff- und stickstoffhaltige Abfallsubstanz im Urin der Tiere. Zu Wöhlers Zeit glaubte man, Lebewesen bestünden aus einer merkwürdigen, wundersamen „organischen Materie", die nur in den Lebewesen vorkommt und nirgendwo sonst. Seither hat man Dutzende von kohlenstoffhaltigen Verbindungen, darunter Ameisensäure, Ethylen und Blausäure, nicht nur in Lebewesen, sondern sogar im Weltraum gefunden. Allein in einer interstellaren Wolke im Sternbild des Orion befindet sich eine Menge an Ethanol (CH_3CH_2OH), die schätzungsweise zehn Trillionen (10 000 000 000 000 000 000) Gläsern Whisky entspricht.

Jahreszeitliche Schwankungen der Kohlendioxidkonzentration auf der Nordhalbkugel
(in Teilen von einer Million Teile, ppm)

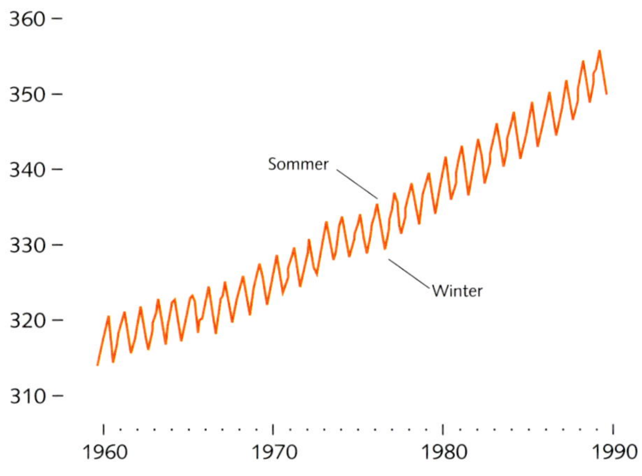

GRAPHIK B
Die Spitzen der roten Zickzacklinie markieren den Anstieg der Kohlendioxidkonzentration in der Atmosphäre der nördlichen Erdhalbkugel; der Anstieg der Kurve zeigt die Zunahme der CO_2-Konzentration durch industrielle Tätigkeit. Die jahreszeitliche Schwankungen der Kohlendioxidmenge in der Atmosphäre belegen, daß es eine „Atmung" im globalen Maßstab gibt. Der Gesamtanstieg kann über den Treibhauseffekt dazu führen, daß die Temperatur weltweit auf einen für Menschen unverträglichen Wert steigt – ein geophysiologisches „Fieber".

Trotz der Anreicherung auch von anderen Verbindungen bestehen wir wie alle lebende Materie vorwiegend aus Wasser, das heißt aus Sauerstoff und Wasserstoff. Wasserstoff macht nach seinem Masseanteil nahezu 75 Prozent aller Atome im Kosmos aus. Er ist das Element, das sich unter starker Schwerkrafteinwirkung in der Kernverschmelzungsreaktion, die unsere Sonne scheinen läßt, in Helium umwandelt. Wesentlich ältere und größere Sterne sterben in riesigen Explosionen als Supernovae und erzeugen dabei Kohlenstoff, Sauerstoff, Stickstoff und die anderen schwereren Elemente. Aus solchem Sternenmaterial besteht das Leben. Im Universum dürfte Leben selten oder sogar einmalig sein. Aber der Stoff, aus dem es besteht, ist leicht verfügbar.

Im Laufe der Zeit ist immer mehr unbelebte Materie buchstäblich zum Leben erwacht. Mineralstoffe aus dem Meer sind jetzt Bestandteil von Lebewesen und schützen oder stützen sie als Samenhülle, Panzer oder Knochen. Unser eigenes Skelett besteht aus Calciumphosphat, einem Salz aus dem Meer, das für unsere sehr entfernten Vorfahren ursprünglich einmal lästig oder sogar gefährlich war. Irgendwann fanden diese meeresbewohnenden Protistenzellen jedoch einen Weg, ihre Gewebe von solchen Mineralstoffen freizuhalten und diese zu etwas Nützlichem zu verwenden. Sowohl die Zahl als auch die Menge der chemischen Elemente in den Lebewesen hat im Laufe der Evolution zugenommen. Alle Zellen benötigen strukturgebende Verbindungen aus Kohlenstoff, Wasserstoff, Sauerstoff, Stickstoff, Schwefel und Phosphor. Diese Elemente waren für das Leben von Anfang an unentbehrlich, andere wie Silicium und Calcium kamen erst relativ spät hinzu.

Heinz Lowenstam (1913–1993), ein in Schlesien geborener Geologe, der in der Nazizeit aus Deutschland geflohen war, stellte eine Liste der Mineralstoffe in den Hartteilen der Tiere zusammen. In seiner Jugend hatte man geglaubt, lebende Gewebe produzierten als einzige Hartsubstanzen das Calciumphosphat unserer Knochen und Zähne, das Calciumcarbonat der Molluskenschalen und das Siliciumdioxid in so ungewöhnlichen Strukturen wie den Kristallnadeln mancher Schwämme (ABB. 8, 9). Lowenstam und seine Kollegen entdeckten aber noch viele weitere von Lebewesen produzierte Mineralstoffe. Die Liste der Hartsubstanzen, die lebende Zellen herstellen, darunter manche mit verblüffend schönen Kristallen, umfaßt heute mehr als 50 Verbindungen (GRAPHIK C).

Die Wiederverwertung harter Materialien und das Umformen fester Abfallstoffe hat das Leben schon praktiziert, lange bevor der Mensch mit seiner Technik auf der Bildfläche erschien. Bakterien vereinigten sich zu Protoctisten, die Calcium, Silicium und Eisen aus den Weltmeeren gewinnen und nutzbar machten. Aus den Protoctisten entwickelten sich Tiere mit Schalen und Knochen. Einzeln oder zu mehreren konstruierten die Tiere aus leblosem Material Tunnel, Nester, Stöcke, Dämme und vieles andere. Sogar manche Pflanzen bauen Mineralstoffe ein. Die mit Silicium durchsetzten Schachtelhalme können beim Camping gut als Topfreiniger dienen, aber sie entwickelten sich vermutlich zur Abwehr pflanzenfressender Tiere. Spezialisierte Blattzellen von *Dieffenbachia* schleudern ihren unvorsichtigen, hungrigen Opfern Bündel von Calciumoxalatkristallen entgegen.

Der Hang, die Umgebung „zurechtzubiegen", ist uralt. Heute bauen Menschen die Umwelt im globalen Ausmaß um. Bekleidet und bebrillt in einem Auto, über Telefondrähte und Radiowellen mit Modems, Handys und Bankautomaten verbunden, versorgt mit Elektrizität, fließendem Wasser und anderen nützlichen Dingen, wandeln wir uns von Individuen zu spezialisierten Teilen eines globalen, übermenschlichen Wesens. Dieser Metamensch ist dennoch untrennbar verbunden mit der viel älteren Biosphäre, aus der er hervorgegangen ist. Metalle und Kunststoffe bilden den neuesten Bereich von Materie, die „zum Leben erwacht".

Geist und Natur

Das biologische Ich nimmt nicht nur Nährstoffe, Wasser und Luft auf, also sein physisches Material, sondern auch Tatsachen, Erfahrungen und Sinneseindrücke, die zu Erinnerungen werden. Nicht nur Tiere und Pflanzen, sondern alle Lebewesen nehmen wahr. Ein organisches Wesen muß wahrnehmen, um zu überleben – es muß Nahrung suchen oder zumindest erkennen und Gefahren aus der Umgebung meiden.

Um wahrzunehmen, muß ein Lebewesen kein Bewußtsein haben. Aber denken wir einmal nach: Unsere meisten alltäglichen Aktivitäten (Atmen, Verdauen, sogar das Umblättern von Buchseiten oder das Autofahren) laufen zu einem großen Teil oder vollständig unbewußt ab. Aus evolutionsbiologischer Sicht ist die Annahme vernünftig, daß die empfind-

8
Oxalsäurekristalle aus dem Nierensack einer Seescheide; dieses Organ gilt als Niere ohne Ausführungsgang. Offenbar bildet *Nephromyces*, ein Protist, der vermutlich in Symbiose mit Bakterien lebt, die Kristalle aus der Harnsäure und dem Calciumoxalat des Tiers. Heute kennt man mehr als 50 solche Mineralstoffe, die in lebenden Zellen gebildet werden.

9
Seescheiden, Stamm Chordata, Reich Animalia. Manche dieser sessilen Meeresbewohner produzieren Calciumoxalatkristalle, wie man sie in der Abbildung oben erkennt.

Graphik C

Im Gegensatz zur üblichen Einschätzung gehören Minerale und Tiere nicht zu getrennten Reichen. Viele Mineralstoffe werden – zum Teil in kristalliner Form – von Lebewesen gebildet. So produzieren zum Beispiel Muscheln und andere Meerestiere eines der häufigsten Minerale, Calciumcarbonat. Eine weitere Verbindung, Calciumphosphat, wird von bestimmten Zellen unserer Knochen ausgeschieden. Wie die Tabelle zeigt, gibt es in allen fünf Organismenreichen mineralproduzierende Vertreter. Die Auflistung berücksichtigt nur einige der über 50 Mineralstoffe, die nach heutiger Kenntnis von lebenden Zellen hergestellt werden.

Mineral	**Bakterien**	**Protoctisten**	**Pilze**	**Tiere**	**Pflanzen**
CALCIUM					
Calciumcarbonat ($CaCO_3$; Aragonit, Calcit, Vaterit)	Scheiden und andere extrazelluläre Ablagerungen	Gehäuse der Amöben und Foraminiferen	extrazelluläre Ablagerungen; Ständerpilze	Korallen; Gehäuse der Weichtiere; Skelett der Stachelhäuter; Kalkschwämme; manche Nierensteine	extrazelluläre Ablagerungen
Calciumphosphat ($CaPO_4$)			extrazelluläre Ablagerungen; Ständerpilze	Gehäuse der Brachiopoden; Zähne und Knochen der Wirbeltiere; manche Nierensteine	
Calciumoxalat (CaC_2O_4)				die meisten Nierensteine	*Dieffenbachia* (Blütenpflanze)
SILICIUM					
Silikat (SiO_2)	Ablagerungen	Gehäuse der Radiolarien und Diatomeen; Schuppen der Mastigoten		Nadeln der Glasschwämme	Phytolithen von Gräsern; Stengel der Schachtelhalme
EISEN					
Magnetit (Fe_3O_4)	Magnetosomen			Gliederfüßer; Weichtiere; Wirbeltiere	
Greigit (Fe_3S_4)	Magnetosomen				
Siderit ($FeCO_3$)	extrazelluläre Ablagerungen				
Vivianit ($Fe[PO_4]_2 \times 8H_2O$)	extrazelluläre Ablagerungen				
Goethit (xxFeO x OH)	extrazelluläre Ablagerungen		extrazelluläre Ablagerungen	Käferschnecken	
Lepidocrocit (xxFe x OH)	extrazelluläre Ablagerungen		extrazelluläre Ablagerungen; Pilze	Käferschnecken	
Ferrihydrit ($5\ Fe_2O_3 \times 9\ H_2O$)				Weichtiere	Blütenpflanzen
MANGAN					
Mangandioxid (MnO_2)		intra- oder extrazelluläre Ablagerungen bei Sporen			
BARIUM					
Bariumsulfat ($BaSO_4$)		Schwerkraftsensoren in Plastiden der Algen; Skelett meeresbewohnender Protisten		Sinnesorgane: Statolithen (Otolithen)	
STRONTIUM					
Strontiumsulfat ($SrSO_4$)		Skelett meeresbewohnender Protisten		Gehäuse von Weichtieren	

lichen körperlichen Tätigkeiten der Pflanzen und Bakterien zum gleichen zusammenhängenden Spektrum von Wahrnehmung und Handeln gehören, welches seinen Höhepunkt in unseren eigenen hochgepriesenen geistigen Eigenschaften findet. „Geist" ist wahrscheinlich das Ergebnis interagierender Zellen.

Geist ist ganz und gar ein Evolutionsphänomen. Hunderte von Millionen Jahren, bevor organische Wesen das Leben in Worte fassen konnten, erkannten sie es. Zu unterscheiden, was man essen konnte, was einen umbrachte und mit wem man sich paaren konnte, war – ungefähr in dieser Reihenfolge – für das Überleben der Tiere entscheidend. Ein Richter des Obersten Gerichtshofes der USA gestand einmal, er könne Obszönität vielleicht nicht definieren, aber er werde sie sicher erkennen, wenn er sie sehe. Ähnliche Fähigkeiten haben wir alle in bezug auf das Leben. Leben erkannte sich selbst, lange bevor die ersten Biologiebücher geschrieben wurden.

Jetzt sickern auf das Überleben gerichtete psychologische Tendenzen in die bisher rein naturwissenschaftlichen Überlegungen ein. Das Erkennen von Gesetzmäßigkeiten war für unsere Vorfahren eine derart nützliche Fähigkeit, daß das Aha-Erlebnis des Entdeckens auch dann verstärkt wurde, wenn gelegentlich Irrtümer vorkamen. Wenn die ästhetische Bewertung von Eleganz und Schönheit in der Physik ein Grund ist, warum man bestimmte Gleichungen gegenüber anderen bevorzugt, dann zeigt das, daß auch wissenschaftliche Korrektheit manchmal Intuition einschließt. Was wir wissen, was wir sehen und erkennen können, haben wir als Überlebende unserer eigenen Evolution gestaltet. Selbst törichte und skurrile Vorstellungen wären erhalten geblieben und verstärkt worden, wenn sie unseren Vorfahren in irgendeiner Form beim Überleben geholfen hätten.

Neurowissenschaftler können subjektive Gefühle der Freude auf Endorphine und Enkephaline zurückführen, zwei Klassen von Neuropeptiden, die im Gehirn gebildet werden. Die Freude beim Anblick von etwas Schönem einschließlich wissenschaftlicher „Wahrheit" dürfte ebenso im Laufe der Evolution entstanden sein wie Liebe oder Biophilie – ein angenehmes Gefühl, das wir in Gegenwart anderer Lebewesen empfinden –, die uns dazu anregen, Partner und die für unser Überleben günstigste natürliche Umwelt zu suchen. Hätten wir keine Angst vor dem Tod, würden wir uns wahrscheinlich zu schnell umbringen, wenn uns Ärger oder Unbequemlichkeiten drohen, und wir würden als Spezies zugrunde gehen. Der Glaube an den hohen Wert des Lebens ist vielleicht keine Widerspiegelung der Realität, sondern eine von der Evolution verstärkte Phantasie, die den Betreffenden veranlaßt, alles Notwendige zu tun und alle Mühen auf sich zu nehmen, um zu überleben.

Wir alle erben von unseren Vorfahren eine gemeinsame Einstellung. Die Hoffnung des Physikers, eine entscheidende Gruppe von Gleichungen ein für allemal und für den ganzen Kosmos zu lösen, ist möglicherweise nur das Glitzern einer immer weiter zurückweichenden Fata Morgana. Am Ende gibt es, wie Charles Peirce und William James erkannten, vielleicht kein besseres Maß für die „Wahrheit" als die Frage, was funktioniert – was uns beim Überleben hilft.

Geist und Körper, Wahrnehmung und Leben, sind gleichermaßen selbstbezogene, reflexive Vorgänge, die bereits bei den ersten Bakterien vorhanden waren. Der Geist entstammt wie der Körper der Autopoiese. Bei Menschen, die sich hinreichend gut ausdrücken können, manifestiert sich die Autopoiese, die der Organisation des Lebendigen zugrunde liegt, auch außerhalb des Körpers. Der abstrakte Maler Willem de Kooning schrieb:

> »Wenn man einen Satz niederschreibt, und er gefällt einem nicht, drückt aber genau das aus, was man sagen will, so formuliert man ihn noch einmal auf andere Weise. Wenn man damit anfängt und merkt, wie schwierig es ist, wächst das Interesse. Man hat es, dann verliert man es wieder, und dann hat man es aufs neue. Man muß sich ändern, um derselbe zu bleiben.«[10]

Sich verändern, um derselbe zu bleiben – das ist das Wesen der Autopoiese. Es trifft auf die Biosphäre ebenso zu wie auf die Zelle. Auf Arten angewandt, führt es zur Evolution.

Was also ist Leben?

Es ist ein materieller Vorgang, der die Materie siebt und über sie hinwegrollt wie eine sonderbare, langsame Welle. Es ist ein kontrolliertes, künstlerisches Chaos, eine Ansammlung chemischer Reaktionen von so verblüffender Komplexität, daß sie vor über 80 Millionen Jahren das Gehirn der Säugetiere hervorbringen konnten, ein Gehirn, das heute in seiner menschlichen Form Liebesbriefe verfaßt und mit siliciumhaltigen Computern die Temperatur der Materie am Anbeginn des Universums ausrechnet. Und das Leben steht offenbar zum ersten Mal kurz davor, seinen seltsamen, aber wahren Platz in einem sich unaufhaltsam weiterentwickelnden Kosmos zu begreifen.

Leben, ein räumlich begrenztes Phänomen auf der Erdoberfläche, ist tatsächlich nur in seinem kosmischen Zusammenhang zu verstehen. Es bildete sich aus Sternenstoff, kurz nachdem die Erde sich vor 4,6 Milliarden Jahren aus den Überresten einer Supernova-Explosion zusammenballte. Und es kann schon in wenigen hundert Millionen Jahren zu Ende sein, wenn die Systeme der globalen Temperaturregulation, von schwindenden Reserven der Atmosphäre zerrüttet und von der Sonne immer weiter aufgeheizt, endgültig versagen.[11] Oder aber das Leben kann, in ökologische Systeme eingeschlossen, entkommen und von einem sicheren Ort aus zusehen, wie die Sonne, deren Wasserstoffvorräte erschöpft sind, explodiert und zu einem Roten Riesen wird, der in fünf Milliarden Jahren die Ozeane der Erde verdampfen läßt. ■

2 Verlorene Seelen

Ja, aber sterben! Gehn, wer weiß, wohin;
daliegen, kalt, eng eingesperrt und faulen.

William Shakespeare

Liebe, nur einen Atemzug lang:
Nacht, der Schatten des Lichts,
und Leben, der Schatten des Todes.

Algernon Swinburne

Der Tod: Das große Rätsel

Dem wissenschaftlichen Geheimnis des Lebens in einem beinahe leblosen, mechanischen Universum steht wie ein Spiegelbild das Rätsel des Todes in einer höchst lebendigen, beseelten Welt gegenüber. Unsere Vorfahren wurden immer wieder Zeuge, wie Körper, die eben noch warm und beweglich waren, erstarrten, erkalteten und verfielen. Für sie war der Tod so verwirrend wie für uns das Leben. Und noch heute spüren wir modernen Menschen den Nachhall der Lösungen, welche unsere Ahnen für das Rätsel des Todes gefunden haben.

Bis zum 17. Jahrhundert folgten die Bewegungen von Sonne und Mond nicht den Newtonschen Gesetzen; vielmehr wohnten diesen Himmelskörpern häufig Geister inne, die sie belebten. Das Pfeifen des Windes, die wechselnden Mondphasen, die funkelnden, wandernden

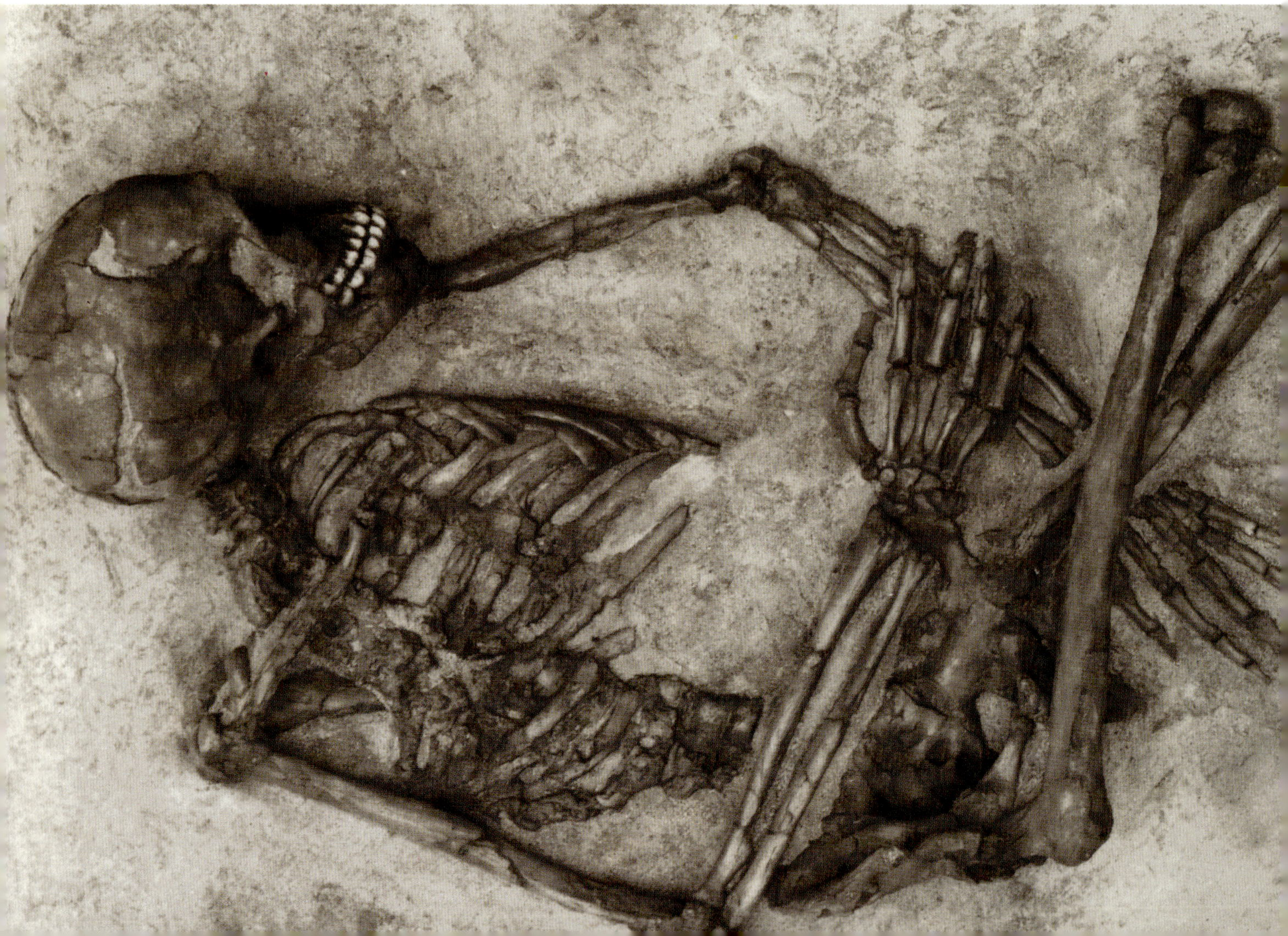

10
Grab zweier Menschen (*Homo sapiens*) – möglicherweise einer jungen Frau und eines Kindes – in der Höhle von Qafzeh im heutigen Israel. Solche Grabstätten, die oft zahlreiche Schmuckgegenstände, Arzneien und andere Besitztümer enthalten, welche für verwesende Körper nicht mehr von Nutzen sein können, verweisen auf einen uralten Glauben an eine Welt der Geister. Diese körperlichen Überreste sind 100 000 Jahre alt.

Sterne – diese ewigen himmlischen Gestalten bewegten sich, so wie wir es tun, nach ihrem eigenen Willen. Doch was geschieht mit dem Willen des Kriegers, dessen Herz noch bis vor einem Augenblick so heiß geschlagen hat und jetzt stillsteht und erkaltet? Stiehlt sich das Leben vom Speer getroffen, in einer Blutlache davon? Wechselt der belebende Geist, wenn der Körper erstarrt, in das Gras über? Oder steigt er auf und verschwindet in der dünner werdenden Luft?

Ursprünglich gab der Tod, nicht das Leben, den Menschen das größte Rätsel auf.

Was bedeutet „Tod“ in einem lebenden Universum? Wohin gehen „wir“, wenn wir sterben? Während die Goldmünze in der rechten Hand des Magiers verschwindet, erscheint in seiner linken eine andere, die der ersten völlig gleicht. Der Betrachter schließt, daß das Gold von der einen Hand in die andere gewandert ist. Ebenso folgert der logische Verstand, daß die Seele mit dem Tod aus dem Körper entweicht. Jedes Lebewesen in der Nähe könnte die verlorene Seele einfangen. Ob Kind, Ziege oder Schlange – oder ein Rabe am Schauplatz des Verbrechens – ihnen allen wäre es gegeben, die Essenz, ohne die ein Körper leblos bleibt, an sich zu reißen.

Schon die frühesten menschlichen Überreste zeigen, mit welcher Achtung man dem Mysterium des Todes begegnete. Vor 60 000 Jahren wurde in der Höhle von Shanidar im Irak ein Neandertaler beerdigt – auf einer geflochtenen Matte aus Kiefernzweigen und mit Blumen, die der Traubenhyazinthe, der Kornblume, der Malve und dem Kreuzkraut verwandt sind.[1] Grabbeigaben wie Blüten, Pollen, Amulette, Perlen, Kopf-

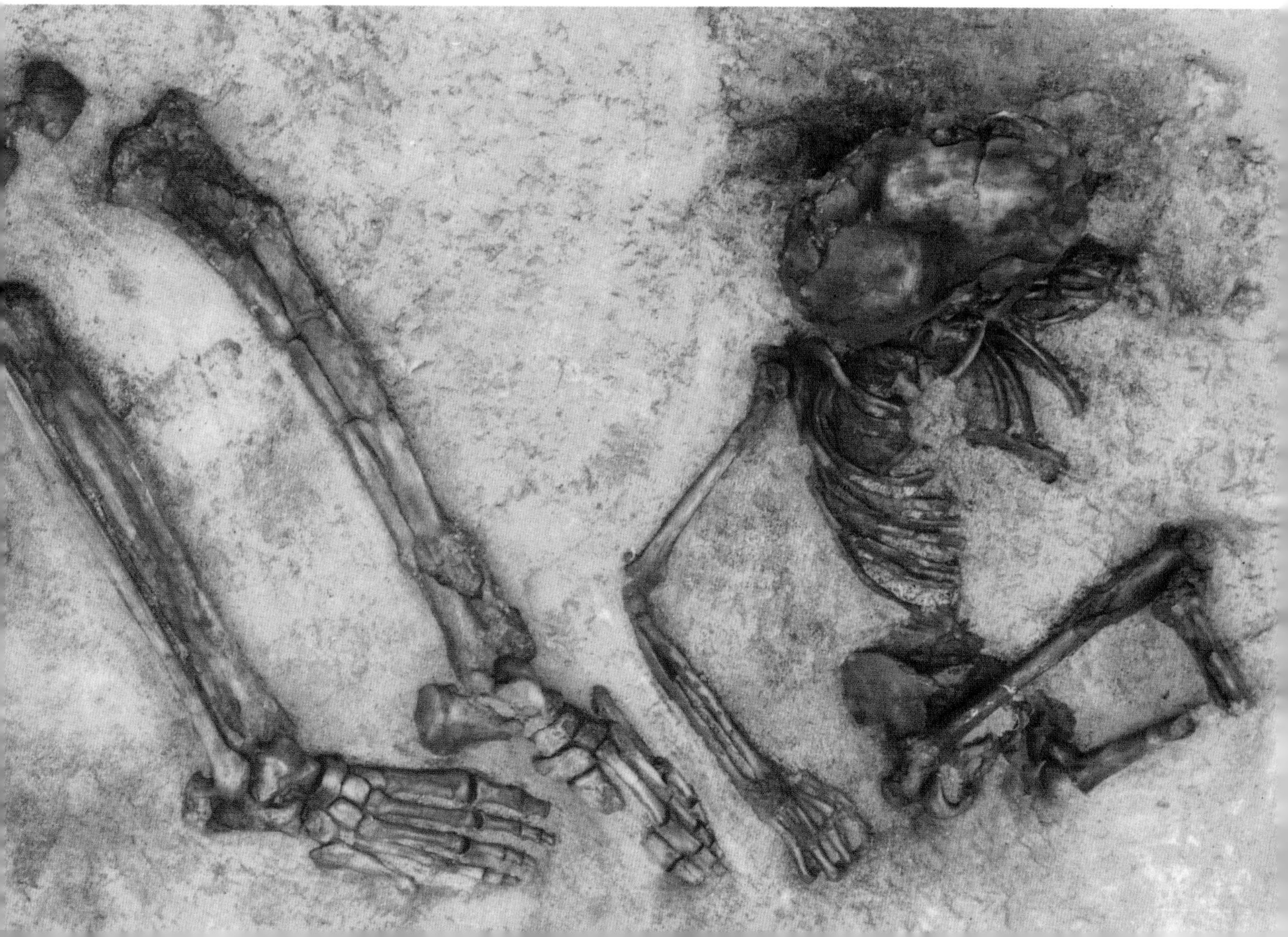

schmuck aus Fuchszähnen, Waffen, Werkzeuge und Nahrungsmittel deuten auf Bestattungsriten, die offensichtlich darauf abzielten, der Seele Ruhe zu geben – und sie mit den notwendigen Gütern für ein Leben nach dem Tode zu versorgen (ABB.10).

Der Atem des Lebens

Viele alte Kulturen lassen erkennen, wie sich frühe Fragen, die sich um den toten Körper ranken, in religiösen Vorstellungen von Geist und Seele niedergeschlagen haben. Für die Irokesen Nordamerikas war der Geist ein über die Maßen verfeinertes Ebenbild mit winzigkleinem Körper, aber vollständig ausgestattet mit Kopf, Zähnen und Gliedern. Die Karo Battak von Sumatra stellten sich ein *tendi* vor, eine Kopie des Besitzers (ein anderes Selbst), die sich beim Tod verflüchtigt. Die Bewohner Papuas und Malaysias glaubten an ein braunes, maiskorngroßes *semangat* oder *semungi*, das Krankheiten auslöste, wenn es vorübergehend verschwand, und den Tod, wenn es für immer ausblieb. Selbst der Erfinder der Mikroskops, Antoni van Leeuwenhoek (1632–1723), sah in den Spermien, die er im Mikroskop betrachtete, Homunculi – kleine Samenkörner in Menschengestalt.

Einige Kulturen vermuteten den Sitz des Lebens im Blut, andere im Fleisch – die Australier im Nierenfett. Die Maori Neuseelands beharrten auf der Vorstellung, das Menstruationsblut sei die Quelle allen Lebens. Auch Schatten, Flammen, Bäume, Säulen, Puppen, Tümpel, Kinder und sogar Polaroid-Bilder wurden schon als Aufenthaltsort oder Dauergefängnis für Seelen angesehen.

Aussichtsreichster Kandidat für die Essenz des Lebens ist der Atem. Die alten Chinesen verwendeten stabile, luftdicht verschlossene Särge aus Zypressen- oder Kiefernholz; sie stopften die Münder ihrer Toten mit Jade, Gold, Silber, Perlen und Kaurimuscheln und umwickelten sie dann fest, um den Geist im Körper zu halten. Worte wie „spirituell" oder das englische *spirit* haben ihren Ursprung im lateinischen *spiritus*, was „Geist" und „Atem" bedeutet. Ein Schrei – der erste Atemzug – zeigt die Geburt an. Solange etwas lebendig ist, atmet es.

Der Atem ist unsichtbar. Gleich dem Wind bringt er die Dinge in Bewegung. Darüber hinaus sprechen wir mit dem Atem. Schamanen und Priester aus zahlreichen Kulturen kamen zu dem Schluß, Luft in Form von Geist – vielleicht als heiliger Geist eines nicht sichtbaren, atmenden Wesens – sei das nicht faßbare Bindeglied zwischen Leben und Tod. Nicht von ungefähr stehen die Begriffe Inspiration („Einatmung, Einhauchung, Eingebung), Exspiration (Ausatmung) und Respiration (Atmung)) in etymologischer Verwandtschaft mit *spiritus* (Hauch, Atem, (Lebens-)Geist). Der letzte Atemzug, das Aushauchen des Lebens, ist ein Synonym für Tod. In vielen Sprachen der amerikanischen Ureinwohner sind Wort und Bedeutung für „Großer Geist" und „Großer Wind" identisch. Das aztekische Wort *ehecatl* bedeutet Wind, Luft, Leben, Seele und Schatten. Das Wort *nephesh*, das im Alten Testament häufig vorkommt, steht für „lebender Geist" oder „atmende Seele", und sterben heißt „den *nephesh* ausatmen". Das Chinesische *ch'i*, gleichermaßen wichtig für die Kriegskunst und die Medizin, ist die Lebenskraft, der kosmische Geist, der alles durchdringt und mit Leben erfüllt; es ist ein Synonym für die Ur-Energie. Das Wort *psyche* bedeutete für die Griechen ursprünglich „Atem-Seele" (im Gegensatz zur „Blut-Seele", die der Sitz des Bewußtseins war), doch zur Zeit des Aristoteles hatte dieser Begriff die Bedeutung „Lebensprinzip" angenommen. *Pneuma*, ein anderes griechisches Wort für Geist oder Seele, das uns aus den Worten „Pneumonie" oder „pneumatisch" bekannt ist, leitet sich von *pnein* für „atmen" ab. In *De Anima* („Über die Seele") behauptet Aristoteles, die Seele, um derenwillen der lebende Körper überhaupt existiere, sei der Ursprung der Bewegung („Animation").

Die magisch-religiöse Vorstellung eines heiligen Geistes, der dem Körper die Seele einhaucht, gelangte auch in die Wissenschaft. Vor dem 18. Jahrhundert glaubte man nicht, daß sich Lebewesen „fortpflanzen"; man sprach vielmehr von „Zeugung". Die Monster aller möglichen Bestiarien entstanden aus den Verbindungen von Seelen mit natürlichen oder göttlichen Einlassungen. Aristoteles war der Ansicht, bei der Zeugung eines Kindes verleihe der männliche Samen die Seele, der Körper der Frau dagegen diene lediglich als „Nährboden". »Eltern sind lediglich der Sitz der Kräfte, die Materie und Form vereinen«, schrieb Jean François Fernel (1497–1558), der als Arzt König Heinrichs II. von Frankreich die Begriffe „Physiologie" und „Pathologie" prägte. »Über ihnen gibt es einen mächtigeren Werkmeister. Er bestimmt die Form, indem er den Odem des Lebens einhaucht«.[2]

Die Beobachtung, daß einige Dinge, wie beispielsweise Felsen, keine belebende Seele besitzen, führte im

Gegenzug zu dem Schluß, es müsse Lebensgeister geben, die körperlos durch den Äther schwebten. Im Verbund mit der Sehnsucht nach Unsterblichkeit bot die Annahme, Seelen hätten eine selbständige Existenz, die Hoffnung, den Tod überlisten zu können. In der Vorstellung von einer körperlosen Seele wurzelt die Verehrung der Ahnen ebenso wie der Glaube an Geister, Engel und Wiedergeburt. Für Platon waren die Himmel von beseelten Planeten und Sternen bewohnt; die Welt war ihm eine in Zeit und Raum existierende göttliche Nachbildung eines vollendeten Reiches, das jenseits aller Zeit liegt: eines Universums des reinen Geistigen. Er beendet seine Schrift *Timaios* mit den Worten: »Denn indem die Welt sterbliche und unsterbliche Lebewesen erhielt und sich mit ihnen anfüllte, ist sie ein sichtbares Lebewesen, das die Sichtbaren umgibt, ein wahrnehmbarer Gott, Abbild des nur Denkbaren, der größte und beste, schönste und vollkommenste – ein einzigartiger Himmel.« Aristoteles, der irdische Lebewesen immerhin so gut beobachtete, daß er die Funktion der Tentakeln sich paarender Tintenfische richtig beschreiben konnte, modifizierte Platons Ideen. Er hob den im Irdischen angesiedelten Zweck der Lebewesen hervor; dies sei die an erster Stelle stehende *causa finalis*, in Gang gebracht von der „Ersten Ursache" beziehungsweise dem „Unbewegten Beweger". Das Christentum, das über die Kirchenväter griechischen Einflüssen unterlag, brachte die hebräische Vorstellung eines einzigen Gottes ein. In der christlichen Lehre wurden Naturgeister und Hilfsgötter überflüssig, bis auf jene, die wie die Heiligen und die Engel als Mittler zwischen dem Menschen, seiner Seele und Gott dienen. Die früher überall in der Natur wahrgenommen Seelen und Geister wurden nun immer seltener.

Im Mittelalter (etwa 500–1500 n. Chr.) vertrat in Europa die religiöse Gruppierung der Gnostiker die Vorstellung, das wahre Selbst sei ein göttlicher Funke, der gefangen sei in fleischlicher Materie. Die Gnostiker sahen die Erde von sieben transparenten, kristallenen Sphären umgeben; jeder dieser durchsichtigen Himmel hielt einen Himmelskörper: Mond, Merkur, Venus, Mars, Jupiter, Saturn und die Sonne. Diese Planetensphären waren lebende geistige Kräfte, dreidimensionale Glasdecken sozusagen, von Archonten beherrscht, deren Funktion es war, die Seelen am erneuten Aufstieg in den Himmel zu hindern. Im mittelalterlichen Europa ergab der Gnostizismus durchaus Sinn. Die Pest wütete: In den Straßen stöhnten und verrotteten halbtote Körper; lebende geißelten einander und sagten das Ende der Welt voraus. Dies alles machte die Existenz eines gütigen Schöpfergottes ebenso fragwürdig wie in unserer Zeit der Holocaust. Während jedoch Existenzphilosophen daraus ableiteten, daß es keinen Gott gibt, betonten die Gnostiker nur seine Abwesenheit.

In der Renaissance wurden die klassischen griechischen und römischen Schriften wiederentdeckt, die islamische Gelehrte während des „Dunklen Zeitalters" gehütet hatten. Die Denker der neuen Epoche riskierten ihr Leben beim Versuch, sich von religiösen Dogmen zu befreien. Die Kirche ließ Giordano Bruno (1548–1600) auf dem Scheiterhaufen verbrennen, weil er sieben Jahre lang entschlossen auf seinen ketzerischen Aussagen beharrte. Bruno vertrat eine pantheistische Weltsicht; danach waren Gott, das Leben und der Geist Teil eines sich ständig verändernden Universums. Er war sogar der Meinung, es könnte entfernte Welten mit intelligenten Wesen geben. Bis heute gilt unverbrüchlich die christliche Sicht, der Bruno trotzte: Gott ist dem Universum übergeordnet wie der Geist der Materie oder die Seele dem Körper. Das Fleisch ist ein notwendiges Übel und unrein; nur der Geist ist rein.

Die kartesianische Ermächtigung

In der Frühzeit der modernen Wissenschaft nahm der französische, katholische Mathematiker René Descartes (1596–1650), eine schicksalsträchtige Trennung zwischen der *res extensa*, der materiellen Substanz, und der *res cogitans*, der denkenden Substanz, vor. Nach Descartes haben nur die Menschen dank ihrer Seelen teil am Göttlichen. Selbst Tiere sind, obwohl sie offenbar Schmerz fühlen, seelenlose Maschinen: »Wir haben uns so an die Überzeugung gewöhnt, die wilden Tiere fühlten genauso wie wir, daß es uns schwerfällt, von dieser Vorstellung loszukommen. Wären wir aber an den Anblick von Automaten gewöhnt, die, soweit sie dazu in der Lage sind, unsere Gewohnheiten perfekt nachahmen, und daran, sie nur als Automaten anzusehen, dann hätten wir nicht den geringsten Zweifel, daß die vernunftlosen Tiere Automaten sind.«[3]

Auf Descartes' Autorität gestützt nagelte man ohne Hemmungen lebende Tiere auf Bretter, um anatomische und physiologische Details zu erläutern. Gleichzeitig barg Descartes' Darstellung des Universums als eines riesigen mechanischen Systems auch die Möglichkeit, den Kosmos wissenschaftlich zu erforschen. Man konnte die gefühllose Natur in ihre Bestandteile zerlegen, ohne befürchten zu müssen, göttliche Hoheitsrechte zu verletzen. Die Natur war ein gewaltiger, lebloser Mechanismus, den man ungestraft auseinandernehmen, manipulieren und Experimenten unterziehen konnte. Der Mensch wurde auf Erden zur letzten Zufluchtsstätte göttlicher Präsenz.

Indem Descartes die Wirklichkeit in ein menschliches Bewußtsein und eine gefühllose, objektive, „ausgedehnte" Welt aufspaltete, die man mathematisch vermessen konnte, machte er den Weg frei für die wissenschaftliche Erforschung der nach den mathematischen Gesetzen Gottes konstruierten Natur.

Descartes schrieb: »Gott stellt die Gesetze für die Natur auf, wie ein König in seinem Königreich Gesetze erläßt.«[4] Aufgrund einer Art Ermächtigung seitens Descartes erhielt die Materie den Vorrang gegenüber der Form, der Körper gegenüber der Seele sowie die äußerliche, im Raum ausgedehnte Natur gegenüber dem Bewußtsein im Inneren. Anders als Gedanke oder Gefühle konnte man Materie, Körper und Natur mit Hilfe von mathematisch-physikalischen Gesetzen vermessen, überprüfen und letztlich verstehen.

Diese kartesianische Ermächtigung erlaubte es dem menschlichen Intellekt, mit Hilfe der Wissenschaft tausend verschiedene Reiche zu betreten. Das Spektrum reichte vom ganz Kleinen bis zum sehr Großen und umfaßte selbst das Unsichtbare. Man glaubte fest daran, den Plan, auf dem das großartige Räderwerk des Kosmos aufbaut, entschlüsseln zu können. Optische Instrumente wurden auf Schneeflocken und Pfefferkörner gerichtet oder auf den pockennarbigen, von der Seite beleuchteten Mond. Atome wurden mit Hilfe chemischer Verbindung und physikalischer Beschleunigung untersucht. Röntgenstrahlen bildeten Knochen ab. Radioaktive Elemente erschlossen den Stoffwechsel im Innern des menschlichen Körpers. Ingenieure eigneten sich gar die scheinbar Gott vorbehaltene Kraft zu fliegen an.

Schlagartig führte die kartesianische Ermächtigung, Wissenschaft auf diese Weise zu betreiben, zu Ergebnissen. Die Forscher stellten die Bibel und die klassischen Werke in ihre angestaubten Regale zurück. Statt in Texten lasen sie in der Natur, die, wie Galileo Galilei (1564–1642) es bereits vor Descartes ausgedrückt hatte, »in einem großen Buch geschrieben [ist], das immer offen vor unseren Augen liegt«[5]. Galilei zahlte teuer für seine wissenschaftlichen Neigungen. Indem er quantitative Mechanik betrieb, Messungen an fallenden Körpern durchführte, die Monde des Jupiter und die Bahnbewegung um die Sonne entdeckte, ebnete Galileo wißbegierigen Nachfolgern den Weg. Er forderte allerdings einflußreiche Philosophen und christliche Autoritäten heraus und erregte so den Zorn kirchlicher Würdenträger. Er wurde zwar nicht wie Bruno auf dem Scheiterhaufen verbrannt, aber im Alter von 58 Jahren vor die Inquisition zitiert und der Ketzerei bezichtigt. Galileo widerrief alle früheren Aussagen, die im Widerspruch zur offiziellen kirchlichen Doktrin standen, und „gab zu", daß die Erde der Mittelpunkt des Universums sei. Nachdem man ihn vor weiterer Ketzerei gewarnt hatte, verurteilte man ihn dazu, drei Jahre lang wöchentlich Psalmen zu rezitieren. Er wurde zum Gefangenen in seinem eigenen Landhaus. Galileos ungemein populäres Meisterwerk *Dialogo sopra i due massimi sistemi del mondo, tolemaico e copernicano* (*Dialog über die beiden hauptsächlichen Weltsysteme, das ptolemäische und das kopernikanische*) wurde mit dem Bann belegt – bis 1838. Begonnen hatte die Zensur mit Papst Urban VIII.; dieser war der Ansicht, Galileos Figur Simplicio verspotte ihn als führenden Vertreter der kosmologischen Ansichten der Kirche.

Es wäre Galileo besser ergangen, hätte er auf der Grundlage von Descartes' Ermächtigung arbeiten können. Als der fromme Descartes 1633 von Galileos Verurteilung erfuhr, gab er sofort die Arbeit an einem Buchmanuskript auf, in dem er ähnliche Ansichten vertrat. Stets darauf bedacht, Religion und Wissenschaft miteinander zu versöhnen, lieferte Descartes eines wichtigen Anstoß zur modernen Philosophie, indem er alles bezweifelte außer der Existenz seines eigenen zweifelnden Denkens. Seiner Auffassung nach funktionierte der Körper vollkommen mechanisch, stand jedoch über die Zirbeldrüse mit dem Verstand in Verbindung. Die Zirbeldrüse ist eine erbsengroße Struktur, die damals nur von menschlichen Gehirnen bekannt war. Sie fungierte nach Descartes' Ansicht als eine Art Ventil, über das Gott mit der menschlichen Seele Kontakt aufnehmen konnte.

Bis auf den heutigen Tag eint die kartesianische Ermächtigung die Wissenschaftler in dem Ziel, ein Universum zu erforschen, in dem nahezu alles der Untersuchung zugänglich ist; die Ausnahme findet sich im „Kleingedruckten“: *die bewußte menschliche Seele* – die zu Descartes’ Zeiten ohne Frage nach Gottes Ebenbild geformt war. Darüber hinaus enthält die Ermächtigung im Kleingedruckten noch die folgende Annahme: *Das Universum ist ein mechanisches System und gehorcht unveränderlichen Gesetzen.* Weder die Ausnahme noch die Annahme sind wissenschaftlich begründet. Im Zentrum der kartesianischen Philosophie stehen demnach metaphysische Vorannahmen aus der Zeit und dem Denken, die Wissenschaft in ihrer jetzigen Form hervorbrachten.

So erweist sich – in diesem kurzen Abriß der Philosophiegeschichte – die kartesianische Ermächtigung letztlich als eine Art Fälschung. Nach drei Jahrhunderten stillschweigender Verlängerung wird die Ermächtigung immer noch allgemein akzeptiert, obwohl das Kleingedruckte, ob ausradiert oder ignoriert, bei keiner Vergrößerung mehr zu erkennen ist. Doch dieses Kleingedruckte war nichts Nebensächliches, es war die *raison d’être*, die gedankliche Basis, die den Wissenschaftlern, welche im Geiste Descartes’ handelten, die Freiheit gab, ihre Arbeit fortzusetzen und dafür den Segen der Gesellschaft, wenn auch nicht immer den der Kirche, zu erhalten. Die kartesianische Vorstellung vom Kosmos als einer Maschine bildet die entscheidende Voraussetzung für die wissenschaftliche Betätigung.

Eintritt ins verbotene Reich

Zur Zeit von Descartes’ Überlegungen herrschte in Europa unangetastet das Königtum. König und Adel als Repräsentanten der Macht und der Ordnung Gottes regierten uneingeschränkt. Bald jedoch drang die Wissenschaft in das Reich ein, das dem Menschen verschlossen war, den einzigen Ort, den sie nicht betreten durfte. Die wissenschaftliche Enthüllung gesetzmäßiger, mechanistischer Abläufe, die zum frischgewonnenen Wagemut des Forschens gehörte, erschütterte die europäische Monarchie in ihren Grundfesten. Wenn das von Gott geschaffene Universum ein gigantischer, selbsttätiger Automat ist, warum sollten die Menschen dann einem König oder Herrn gehorchen, dessen im Feudalsystem des mittelalterlichen Christentums noch gottgegebene Macht sich nun nicht mehr von einem himmlischen Willen ableiten ließ? Der adelige Franzose Donatien Alphonse François Sade spürte deutlich, daß die Grundlage von Moral und Sittlichkeit dahinschwand. Wenn die Natur eine Maschine ist, die aus sich selbst heraus Bestand hat und nicht länger als Träger einer von Gott empfangenen Vollmacht gelten konnte, dann spielte es auch keine Rolle, was er, als der berüchtigte Marquis de Sade, tat oder schrieb.

Im Jahre 1776 befreiten sich die britischen Siedler in Nordamerika von der transatlantischen Herrschaft. Sie proklamierten ihre Unabhängigkeit von Königtum und Steuerlast. 1789 setzte die französische Revolution den König ab und entmachtete den Adel. Der respektlose Voltaire tönte, falls es Gott nicht gäbe, müsse man ihn erfinden. (Ein Jahrhundert später erklärte der deutsche Philosoph Friedrich Nietzsche Gott für tot.) Der revolutionäre Zeitgeist befiel sogar England – wenn auch in Maßen. Die Engländer, die ihren König und ihre Königin behielten, empfanden sich als einen Hort der Ordnung in einer verrückt gewordenen Welt.

Dann betrat Charles Darwin die Bühne. Im Jahre 1859 konfrontierte sein Werk *Die Entstehung der Arten* die Welt mit der wissenschaftlich fundierten Schlußfolgerung, der Mensch sei nicht von Gott geschaffen, sondern habe sich durch „natürliche Selektion“ aus der Tierwelt heraus entwickelt. In seinen späteren Büchern *Descent of Man and Selection in Relation of Sex (1871;* deutsch: *Die Abstammung des Menschen und die geschlechtliche Zuchtwahl)* und *The Expression of the Emotions in Man and Animals* (1872; deutsch: *Der Ausdruck der Gemütsbewegungen bei den Menschen und den Tieren)* befaßte sich Darwin mit der damals aufsehenerregenden These, wonach Menschen und Affen von Uraffen abstammen. Ohne sich ausdrücklich gegen die Schöpfungsgeschichte der christlichen Kirche zu wenden, führte Darwin Belege dafür an, daß weder der Mensch noch der Uraffe von Gott geschaffen ist. Die heilige Ordnung der Lebewesen – der göttliche Funke, der von Gott über die geistigen Engel auf die Menschheit und von dort auf die restliche, mechanische Schöpfung überspringt – war vollkommen auf den Kopf gestellt. Der Weltenplan war gänzlich über den Haufen geworfen. Der Mensch, gab Darwin zu verstehen, stand nicht länger außerhalb der Natur. Selbst der erkennende Verstand, der sich selbst beschreibt, entwickelte sich nach den mechanischen Gesetzen der zufälligen Variation und natürlichen Auslese. Der Materialismus hatte gesiegt. Wie in einem rührseligen Zeichentrickfilm, verschwand das letzte Glitzern aus einer entzauberten Welt.

11
Die Spiralgalaxie Grand Design („Großer Entwurf"), M100, aufgenommen am 31. Dezember 1993 mit dem Hubble-Teleskop. Unsere Vorfahren bewohnten eine Welt voll lebender Geister – von rachsüchtigen Sturmwolken bis zu gelassen strahlenden Sternen. Heutzutage stellt die Wissenschaft das Universum als einen unbelebten Morast von chemischen Elementen und Verbindungen dar, von denen sich einige unter bestimmten Bedingungen zu den selbstreplizierenden Strukturen des Lebens zusammenfinden.

Das westliche Denken erlitt eine metaphysische Umkehrung. Einstmals – vor den Taten von Bruno und Galilei, Descartes und Newton sowie Darwin – war alles voller Leben gewesen, bis auf das magische Geheimnis des Todes. Jetzt, in der wissenschaftlich-mechanistischen Welt, war alles unbelebt, bis auf das wissenschaftliche Rätsel des Lebens (ABB. 11).

Wir alle interessieren uns für das Leben, denn wir kennen es in unserem Inneren als etwas, das mehr ist als mechanische, automatische, vorbestimmte Antworten auf vorgegebene Reize. Wir denken, handeln, wählen. Wir – und es wäre eine Selbstüberschätzung, andere organische Lebewesen davon auszuschließen – sind keine Newtonschen Maschinen.

Außerdem sind wir keine objektiven Außenstehende. In der Physik schränkt die Unschärferelation von Werner Heisenberg das Meßbare ein. In der Mathematik warnt Kurt Gödels Theorem der Unvollständigkeit, daß jedes mathematische System, das komplett ist, nicht konsistent, und jedes konsistente System nicht vollständig sein kann, da seine Axiome außerhalb des Systems definiert werden müssen. Solche wissenschaftlichen Ungewißheiten behindern auch jeden Versuch, Leben zu definieren. Wollte das Leben selbst das Leben definieren, dann wäre das einerseits so, als küsse man seinen Ellenbogen oder rolle die Augen, um seinen Sehnerv zu sehen: unmöglich. Andererseits aber scheinen wir, aufgeklärt durch geschichtliches Wissen und den erstaunlichen wissenschaftlichen Fortschritt bei der Erforschung des Lebens, das Leben besser als je zuvor in seinem kosmischen und kulturellen Kontext zu verstehen.

Im Sog solcher erfreulichen materialistischen Erfolge neigen Wissenschaftler dazu, den Unterschied zwischen Leben und Nichtleben zu verwischen und auf chemische Kontinuitäten zu verweisen. Das Leben als Ganzes läßt sich wie andere umfassende Themen – Nationalismus, Kultur, Politik – nur schwer definieren, manipulieren oder beschreiben. Selbst Biologen reagieren gelegentlich abfällig und tun relevante Diskussionen als „bloße Philosophie" ab. Aber Wissenschaft steht, wie alles andere auch, in einem Kontext, und dieser ist teilweise metaphysisch – bedeutende, oft nicht klar benannte Kategorien des Denkens, die, vielleicht kulturell bedingt, vielleicht angeboren (diese Unterscheidung selbst ist metaphysisch), jenseits der eigentlichen Wissenschaft liegen. Der Metaphysik entkommt niemand; um das Leben wissenschaftlich zu verstehen, ist es nötig, seinen kulturellen Kontext zu begreifen.

Den Begriff „Metaphysik" führten hellenistische Gelehrte ein. Er bezog sich auf bestimmte unbetitelte Texte des Aristoteles und leitet sich vom Griechischen *ta meta ta physika biblia* ab, was soviel wie „die Bücher nach (meta) den Büchern über die Natur" bedeutet. Der ursprüngliche Gebrauch der Vorsilbe „meta" durch frühe Herausgeber wie Andronicus von Rhodos mag sich also noch gar nicht auf irgendeine transzendentale Interpretation der letzten Dinge bezogen haben, sondern lediglich auf die banale Position eines Buches in einen Stapel, in dem die „Metaphysik" über der „Physik" lag. Erst seit Immanuel Kant bezieht sich Metaphysik auf Spekulationen über Fragen, die sich durch direkte Beobachtung oder Experimente nicht beantworten lassen. Die Metaphysik als ein Netz von Ideen, in dem wir gefangen sind, führt deswegen nicht zwangsläufig zu Nichtigkeiten. Es ist faszinierend, die Stränge der kulturell ererbten, linguistisch verstärkten Konzepte in uns zu entwirren, die sogar unsere scheinbar ureigensten Gedanken leiten. Metaphysische Erklärungen führen sicher nicht zur absoluten Wahrheit, sie sollten aber auch bei offenen, wissenschaftlichen Geistern keinesfalls verpönt sein.

Kosmische Zuckungen

»Ein lebender Körper«, schrieb Alan Watts, »ist kein feststehendes Ding, sondern fließend wie der Ablauf eines Ereignisses.« Der Angloamerikaner Watts, der östliche Philosophie im Westen populär machte, zog bei seiner Suche nach der Bedeutung des Lebens auch die Wissenschaft zu Rate. Er verglich das Leben mit »einer Flamme oder einem Strömungswirbel«:

> »Nur die Form ist stabil. Die Substanz ist ein Strom von Energie, die an einem Ende herein- und am anderen herausströmt. Das Ziel des Lebens, sich dauerhaft selbst zu erhalten, läßt sich als physikochemisches Phänomen begreifen, wie es die Wissenschaft der Thermodynamik untersucht. Wir sind vorübergehend identifizierbare Zuckungen in einem Strom, der als Hitze, Luft, Wasser, Milch in uns einströmt ... Er verläßt uns als Gas und Ausscheidungen – und auch als Samen, Babies, Gespräche, Politik, Krieg, Poesie und Musik.«[6]

Thermodynamische Systeme verlieren bei Umwandlungen von einer Energieform in eine andere Wärme an das Universum. Lebende Materie vermag sich nur durch permanentes Sonnenbaden über gewöhnliche Materie zu erheben. Konfrontiert mit Auflösung und Zerstörung ist das Leben ständig vom Tod bedroht. Leben ist nicht bloß Materie, sondern energiegeladene, organisierte Materie mit einer eigenen glanzvollen Geschichte. Leben als Materie mit Bedürfnissen, die nicht von seiner Geschichte zu trennen sind, muß sich behaupten und bewahren, schwimmen oder untergehen. Das prächtigste organische Wesen mag tatsächlich nicht mehr als eine »vorübergehend identifizierbare Zuckung« sein, aber in den Millionen von Jahren, in denen das Leben sich unentwegt vom Chaos fortbewegt hat, haben sich autopoietische Wesen auf sich selbst konzentriert und wurden immer feinfühlender, immer zukunftsorientierter, immer stärker fixiert auf alles, was ihrer störungsanfälligen, der Materie aufsitzenden Form Schaden bringen könnte. Aus der Sicht von Thermodynamik und Autopoiesie haben der gewöhnlichste Akt der Reproduktion und die kultivierteste Art ästhetischer Wertschätzung den gleichen Ursprung und dienen letztlich demselben Zweck: nämlich belebte Materie angesichts aller Widrigkeiten und einer allgemeinen Tendenz zur Unordnung zu bewahren.

Der niederländische, jüdische Philosoph Baruch Spinoza (1632–1677) beschrieb Materie und Energie als grundlegende Eigenheiten eines Universums, das selbst lebendig war. Der große deutsche Schriftsteller und Naturforscher Johann Wolfgang von Goethe (1749–1832), der Autor des *Faust*, sprach sich für eine poetische Biologie aus. Er war der Meinung, Materie könne nicht ohne Geist wirken noch Geist ohne Materie existieren. Goethe lebte zwar vor Darwin und seine Theorien sind heute überholt, doch was er über Wissenschaft schrieb, hatte Format. In einem seiner Epigramme bringt er auf den Punkt, was man als „autopoietische Essenz" menschlicher Aktivität bezeichnen könnte:

»Warum treibt sich das Volk so, und schreit?
Es will sich ernähren,

Kinder zeugen, und die nähren, so gut es vermag.

Merke dir, Reisender, das und tue zu Hause desgleichen!

Weiter bringt es kein Mensch, stell' er sich, wie er auch will.«[7]

Der deutsche Biologe Ernst Haeckel (1834–1919), der den Begriff „Ökologie“ prägte, vertrat die Vorstellung, die Aktivität der menschlichen Psyche sei physiologischen Gegebenheiten zu verdanken: »Vielmehr sind wir mit Goethe der festen Überzeugung, daß die Materie nie ohne Geist, der Geist nie ohne Materie existiert und wirksam sein kann. Wir halten fest an dem reinen und unzweideutigen Monismus von Spinoza: Die Materie, als die unendlich ausgedehnte Substanz, und der Geist (oder die Energie) als die empfindende oder denkende Substanz, sind die beiden fundamentalen Attribute oder Grundeigenschaften des allumfassenden göttlichen Weltwesens, der universalen Substanz.«[8]

Die Bedeutung der Evolution

Ernst Haeckel war Darwins größter Fürsprecher im deutschen Sprachraum. Er trieb den Darwinismus sogar weiter, als Darwin das gewollt hätte. Nach Haeckel hat die Seele ihren Sitz in der Zelle, ist Unsterblickeit ein metaphysischer Schwindel und hat das Leben nur sich selbst zum Zweck. Lebewesen seien nicht geistiger, sonder materieller Natur. »Der Mensch,« erklärte er, »ist nur ein Durchgangsstadium in der Evolution einer ewigen Substanz, eine besonders außergewöhnliche Form von Materie und Energie. Seine wahren Proportionen erkennen wir jedoch sofort, wenn wir ihn vor der Unendlichkeit des Raumes und der Ewigkeit der Zeit betrachten.«[9]

Solche Ansichten verletzten die Gefühle traditionell gläubiger Menschen, zu denen auch Alfred Russel Wallace (1823–1913) zählte. Der englische Naturforscher entwickelte seine eigene, auf natürliche Selektion gegründete Evolutionstheorie, die der Darwinschen Theorie in erstaunlichem Maße ähnelte. Kurze Artikel von Darwin und Wallace über die natürliche Selektion wurden zusammen im gleichen Band des *Journal of the Proceedings of the Linnean Society of London, Zoology* veröffentlicht. Wallace, der gelegentlich spiritistische Sitzungen besuchte, zog über Haeckels Ansicht her, Materie könne ewig und lebendig sein, und verwahrte sich gegen Haeckels Leugnen einer geistigen Welt. Er spottete, *Die Welträthsel*, so der Titel eines von Haeckels einflußreichsten und populärsten Büchern, seien noch lange nicht gelöst – am wenigsten von Haeckel selbst.

Noch vor Darwin hatte der deutsche Philosoph Immanuel Kant (1724–1804) bemerkt, daß Ähnlichkeiten im Skelett sowie andere Übereinstimmungen auf verwandtschaftliche Beziehungen hinweisen, auf eine gemeinsame Herkunft allen Lebens. Kant konnte sich zwar vorstellen, daß das Leben insgesamt durch einen mechanischen Prozeß entstanden war, ähnlich dem, durch den die Natur Kristalle entstehen läßt, aber er entschied, es wäre absurd, auf „einen Newton“ zu hoffen, der auch nur das Wachstum eines einzigen Grashalmes allein mit Hilfe einer mechanischen Theorie verständlich machen könnte. Haeckel sah in Darwin genau den „Newton“, den Kant für unmöglich gehalten hatte.

James Hutton (1726–1797) begründete die moderne Geologie, indem er die Geschichte der Erde um Jahrmillionen über die 6000 Jahre hinaus verlängerte, die ihr im Buch Genesis zugestanden waren. Hutton, Sohn eines schottischen Kaufmannes, unterschied zwischen Gesteinen, die als Sedimente abgelagert, und solchen, die in geschmolzener Form von Vulkanen ausgespien worden waren. Er beobachtete die durch Wind und Wasser vermittelte Erosion und erkannte auch, daß es immer dann zu einem Regenschauer kommt, wenn abkühlende Luftmassen ihre Feuchtigkeit nicht länger halten können. Ältere Sedimente waren vor jüngeren abgelagert worden. Huttons „Gesetz der Übereinanderlagerung“ führte zu Charles Lyells (1799–1875) „Gesetz des Uniformitarismus“, jener (heute als Aktualitätsprinzip formulierten) Sicht, derzufolge geologische Kräfte, die auch in der Gegenwart beobachtet werden können, völlig ausreichen, um in der Vergangenheit entstandene Strukuren und angehäufte Sedimente zu erklären. Aber Huttons Extrapolation, daß die Erde sehr alt sein mußte, war umstritten. Das konservative England, dem die nicht zu beherrschende und gottlose Französische Revolution drohend vor Augen stand, war nicht bereit zu akzeptieren, daß die Erde älter sein könnte als die Anzahl der Jahre, die durch

Zusammenzählen aller in der Bibel erwähnten Zeugnisse abzusichern ist.

Dennoch fand Hutton in dem schottischen Geologen Charles Lyell einen Fürsprecher. Lyell hielt die Erde für wesentlich älter als bis dahin angenommen, wie er in seinem vielbändigen Werk *The Principles of Geology* betonte; dieses Buch gewann für die Geologie dieselbe Bedeutung, die später Darwins Werk für die Zoologie und die Botanik haben sollte. Lyell war auch insofern seiner Zeit weit voraus, als er eine globale ökologische Sichtweise vertrat, die an die heutige Gaia-Theorie erinnert. Er lenkte die Aufmerksamkeit darauf, wie stark »die Lebenskräfte den Zustand der Erdoberfläche« beeinflußten.[10] Darwin las Lyells Bücher während seiner Reise auf der *Beagle* und machte sich dessen Weltsicht zu eigen. Jahrzehnte später übernahm Lyell im Gegenzug Darwins Sichtweise. Im Jahre 1863 veröffentlichte er *The Antiquity of Man*, in dem er, noch bevor Darwin seine Theorie dahingehend erweiterte, vermutete, daß die Evolution auf die gesamte Menschheit anzuwenden sei.

Auf dem Kontinent führte inzwischen der Berliner Naturforscher Christian Gottfried Ehrenberg (1795–1876) die Frage nach dem Leben wieder in die Biologie ein. Als vermutlich einziger Überlebender einer glücklosen Expedition nach Ägypten wandte er sich nach seiner Rückkehr vor allem dem Übergang vom Leben zum Nichtleben zu. Auf der Expedition nach Ägypten (1820) und einer späteren nach Sibirien (1829) dokumentierte Ehrenberg die unbekannte Welt der Mikroben, die Ozeane und Erdreich befruchten. Durch seine Reisen lernte Ehrenberg auch Alexander von Humboldt (1769–1859) kennen. Humboldt, der allgemein als der größte deutsche Naturforscher seiner Zeit gilt, hatte auf seinen Reisen durch die Welt mehr als 60 000 Pflanzen gesammelt. Er hatte den amerikanischen Präsidenten Thomas Jefferson besucht und wurde als „Napoleon" der Wissenschaften bezeichnet. In seinen Siebzigern begann Humboldt mit der Niederschrift seines Spätwerkes *Kosmos*, eines großangelegten Versuchs, das gesamte Universum zu kartieren und zu erklären. Isaac Asimov schrieb darüber: »Sicherlich hat vor ihm kein Mensch mit einem derart wachen Verstand so viel von der Welt gesehen, und keiner vor ihm besaß wie er das Rüstzeug, ein solches Buch zu verfassen ... Es war ein reichhaltig verziertes, fast schon überladenes Werk, aber es zählt zu den großen Büchern in der Geschichte der Wissenschaft und es war die erste einigermaßen genaue Enzyklopädie der Geographie und Geologie.«[11]

Im *Kosmos* teilt Humboldt Ehrenbergs Entdeckung von den weltumspannenden Auswirkungen des Lebens. »Die Allbelebtheit der Natur ist so groß,« macht Humboldt klar,

> »daß kleinere Infusionsthiere [Ciliaten und andere Protisten] parasitisch auf größeren leben, ja daß die ersteren wiederum anderen zum Wohnsitz dienen ... Der Eindruck der Allbelebheit der Natur, anregend und wohlthätig dem fühlenden Menschen, gehört jeder Zone an; am mächtigsten wird er gegen den Aequator hin, in der eigentlichen Zone der Palmen, der Bambusen und der baumartigen Farne, da wo von dem mollusken- und corallenreichen Meeresufer der Boden sich bis zur ewigen Schneegrenze erhebt. Die Ortsverhältnisse der Pflanzen und Thiere umfassen fast alle Höhen und Tiefen. Organische Gebilde steigen in das Innere der Erde herab; nicht bloß da, wo durch den Fleiß des Bergmannes große Weitungen entstanden sind, auch in natürlichen Höhlen, die zum ersten Male durch Sprengarbeit geöffnet wurden und in die nur meteorische Tagewasser auf Spalten eindringen konnten, habe ich schneeweiße Stalaktitenwände mit dem zarten Geflechte einer Usnea [Bartflechte] bedeckt gefunden ... [Pflanzen] blühen noch vereinzelt in der Tropengegend der Andeskette in 14 000 und 14 400 Fuß Höhe. Heiße Quellen enthalten kleine Insekten (*Hydroporus thermalis*), Galionellen, Oscillatorien und Conferven [alte Bezeichnung für verschiedene Algen]; sie tränken selbst die Wurzelfasern phanerogamischer Gewächse [Samenpflanzen][12].

Humboldt starb in dem Jahr, in dem Darwin *Die Entstehung der Arten* veröffentlichte.

Bis vor kurzem noch – bis zu den Veröffentlichungen aus dem Nachlaß Schrödingers – waren die Beobachtungen von Humboldt und Ehrenberg über die Welt der Mikroben und zahlreiche andere Entdeckungen des späten 19. Jahrhunderts noch nie in einem evolutionären Kontext zusammengebracht worden. Die Befruchtung des Eies durch Spermien (Entstehung des Embryos), Erbfaktoren von Gartenerbsen (Mendelsche Genetik), schleimige Substanzen im Eiter verwundeter

Soldaten (Nucleinsäuren, DNA und RNA) sowie die Darstellung der Chromosomen waren einige Entdekkungen des letzten Jahrhunderts, die, um mit dem Genetiker Theodosius Dobzhansky zu sprechen, nur »im Licht der Evolution einen Sinn ergeben«.[13]

Obwohl die Zeit schon seit einem halben Jahrhundert oder mehr reif gewesen war für Evolutionstheorien, trugen viele Faktoren dazu bei, daß das Erscheinen von Darwins Buch zu einem aufsehenerregenden Ereignis wurde: Darwins zweckgerichtetes methodisches Vorgehen, seine diplomatische Art zu schreiben sowie die Tatsache, daß er als Engländer in einer Zeit, in der Isaac Newtons Gravitationstheorie das letzte Wort in der Wissenschaft hatte, eine mechanistische Theorie präsentierte. Eine Dame der Gesellschaft bemerkte ironisch, als sie die Neuigkeit ihrer nicht ganz so noblen Abstammung erfuhr: »Laßt uns hoffen, daß es nicht wahr ist. Sollte es aber zutreffen, so wollen wir hoffen, daß es nicht allgemein bekannt wird.«

Seit der *Entstehung der Arten* wurde die Evolutionstheorie zunehmend akzeptiert – überschwenglich von der Wissenschaft und in beachtlichem Maße von der Öffentlichkeit, besonders der gebildeten. Sie wurde aber auch mißbraucht. Beispielsweise stellte Haeckel in einer populären Abbildung den Höhepunkt der Evolution als eine nackte, aber ehrbare deutsche Frau dar, die an der Spitze seines Evolutionsbaumes stand. Haeckels Fehler lag nicht so sehr in seiner Vorliebe für Deutschland (oder in seiner Wahl des weiblichen Geschlechts), sondern überhaupt in seiner Entscheidung für ein menschliches Wesen. Denn alle vorhandenen Spezies sind gleichermaßen entwickelt. Sämtliche Lebewesen, vom winzigen Bakterium bis zum Kongreßmitglied, sind letztlich aus einem gemeinsamen Urahnen hervorgegangen, der die Fähigkeit zur Autopoiese entwickelt hatte und so zur ersten lebenden Zelle wurde. Allein die Tatsache, daß sie überlebt haben, zeigt ihre „Überlegenheit"; denn alle sind Nachfahren derselben zu einem Stoffwechsel fähigen Urform. In einer sanften Explosion hat das Leben uns alle im Laufe eines weitschweifenden, bis heute vier Milliarden Jahre langen Weges hervorgebracht. In diesem Sinne ist das intuitive Wissen der Veden, nach dem jedes Einzelbewußtsein eine Illusion ist und wir alle einem einzigen Urgrund, nämlich Brahman, angehören, vielleicht völlig richtig: Nicht nur unsere chemische Zusammensetzung ist ein gemeinsames Erbe, sondern auch auch unser Bewußtsein und die Notwendigkeit, in einem Kosmos zu überleben, der aus der gleichen Materie besteht wie wir, der aber unserem Leben und unseren Belangen gleichgültig gegenübersteht.

Vernadskys Biosphäre

Angesichts der geringen Spuren, die der metaphysische Dualismus (Seele/Körper, Geist/Materie, Leben/Nichtleben) hinterlassen hat, ist es vielleicht nicht sonderlich überraschend, daß zwei Wissenschaftler, die in diesem Jahrhundert besonders eingehend über das Leben und sein Umfeld nachgedacht haben, zwar beide die Welt aus einer Perspektive der Biosphäre sehen, ansonsten aber diametral entgegengesetzte Vorstellungen haben. Der Russe Vladimir Iwanowitsch Vernadsky (1863–1945) beschrieb Organismen, als wären sie Kristalle – und bezeichnete sie als „lebende Materie" –, während der Engländer James E. Lovelock die Erdoberfläche, zu der auch das Gestein und die Luft zählen, in gewissem Sinne als Lebewesen betrachtet.

Vernadsky stellte lebende Materie als eine geologische Kraft dar, ja als die größte geologische Kraft überhaupt. Das Leben bewegt und verändert Materie über Ozeane und Kontinente hinweg. Leben – in Form fliegender Möwen mit hohem Phosphorgehalt, dahinjagender Makrelenschwärme und sedimentdurchwühlender Borstenwürmer – bewegt die Oberfläche des Planeten und wandelt sie chemisch um. Darüber hinaus ist das Leben, wie man mittlerweile weiß, hauptverantwortlich für die ungewöhnliche sauerstoffreiche und kohlendioxidarme Erdatmosphäre.

Wie vor ihm Ehrenberg und Humboldt zeigte Vernadsky, was er als »Allgegenwärtigkeit des Lebens« bezeichnete: Lebende Materie durchsetzt scheinbar unbelebte Abläufe in Fels, Wasser und Luft beinahe vollkommen und ist insofern auch daran beteiligt. Andere sprachen vom Reich der Tiere, der Pflanzen und der Mineralien; Vernadsky untersuchte geologische Phänomene, ohne sich vorher darüber Gedanken zu machen, was lebendig war und was nicht. Da er das Leben als „lebende Materie" auffaßte, war er frei, seine Untersuchungen über die Biologie oder jede andere traditionelle Fachrichtung hinaus auszuweiten. Am meisten beeindruckte ihn, daß das Material der Erdkruste in Myriaden sich bewegender Lebewesen verpackt ist, die durch ihre Vermehrung und ihr Wachstum in globalem Ausmaß Materie aufbauen und zerlegen.

Menschen beispielsweise verteilen und konzentrieren Sauerstoff, Wasserstoff, Stickstoff, Kohlenstoff, Schwefel, Phosphor und andere Elemente der Erdkruste immer wieder neu in zweibeinige, aufrecht gehende Formen, die einen erstaunlichen Hang zeigen, die Erde zu erwandern, umzugraben und sie auf mancherlei andere Weise zu verändern. Wir sind wandernde, sprechende Mineralien.

Vernadsky setzte der Schwerkraft, die Materie vertikal zum Erdmittelpunkt hin zieht, das Leben entgegen, das wächst, rennt, schwimmt und fliegt. Das Leben fordert die Schwerkraft heraus und bewegt Materie horizontal über die Oberfläche. Vernadsky beschrieb ausführlich die Struktur und Verteilung von Aluminiumsilikaten in der Erdkruste und erkannte als erster, welche Bedeutung die durch Radioaktivität freiwerdende Wärme für geologische Veränderungen hatte.

Aber selbst ein so entschiedener Materialist wie Vernadsky fand einen Platz für den Geist. In Vernadskys Sicht zeichnen sich Mensch und Technologie durch eine spezielle denkende Schicht organisierter Materie aus, die wächst und die Erdoberfläche verändert. Um sie zu beschreiben, übernahm er den Begriff der *Noosphäre* (auch Noosphäre vom griechischen *noos* für „Verstand"). Den Begriff hatte Edouard Le Roy geprägt, der Nachfolger des Philosophen Henri Bergson am Collège de France. Vernadsky und Le Roy trafen sich in den zwanziger Jahren dieses Jahrhunderts in Paris zu intellektuellen Streitgesprächen – zusammen mit Pierre Teilhard de Chardin, dem französischen Paläontologen und Jesuitenpater, dessen Schriften später die Idee einer Noosphäre, einer bewußten Schicht des Lebens, einem breiten Publikum zugänglich machten. Teilhards und Vernadskys Gebrauch des Begriffs Noosphäre unterschieden sich ebenso wie ihre generellen Vorstellungen zur Evolution. Für Teilhard war die Noosphäre die „menschliche" planetare Schicht, die sich »außerhalb und über der Biosphäre« bildete, wohingegen Vernadsky Menschheit und Technologie als integralen Bestandteil der planetaren Biosphäre ansah.

Vernadsky setzte sich insofern von anderen Theoretikern ab, als er sich strikt weigerte, dem Leben eine eigene Kategorie zuzusprechen. Im Rückblick erkennen wir den Wert dieser Haltung. Da das Leben tatsächlich zu einer Kategorie geworden ist, haben die Lebenstheoretiker es geschafft, eine Sache aus etwas zu machen, das überhaupt keine Sache ist. Daß Vernadsky das Leben als „lebende Materie" bezeichnete, war nicht bloß ein rhetorischer Trick. Mit einem einzigen geschickt gewählten Begriff warf Vernadsky mit einem Schlag all den mystischen Ballast ab, der sich seit Jahrhunderten mit dem Wort „Leben" verband. Indem er immer wieder versuchte, das Leben als Teil anderer physikalischer Prozesse zu betrachten, betonte er durch die Verwendung des Partizips „lebend", daß das Leben weniger eine Sache als vielmehr ein Geschehnis, ein Prozeß, ist. Organismen sind für Vernadsky spezielle, abgetrennte Kompartimente für das allem gemeinsame Mineral, Wasser. Belebtes Wasser, Leben in all seiner Nässe, entfaltet eine Bewegungsenergie, die größer ist als die von Kalkstein, Silikat oder gar Luft. Es formt die Oberfläche der Erde. Indem Vernadsky die Kontinuität des wässrigen Lebens und des Gesteins hervorhob, wie sie sich etwa in Kohle oder fossilen Korallenriffen offenbart, wies er darauf hin, wie sehr diese anscheinend inerten Schichten »Spuren vergangener Biospären« sind.[14]

Den Begriff „Biosphäre" prägte der österreichische Geologe Eduard Seuss, aber Vernadsky brachte ihn in Umlauf. So wie die Domäne der Gesteine die Bezeichnung Lithosphäre trägt und der Luftraum Atmosphäre genannt wird, so stellt der Wirkungsbereich des Lebens eine „Biosphäre" dar. In seinem 1926 zunächst auf Russisch publizierten Buch *Die Biosphäre* zeigte Vernadsky, daß die Erdoberfläche nichts anderes ist als eine geregelt ablaufende Umwandlung von Sonnenenergien. »Die Biosphäre,« schrieb Vernadsky, »ist in demselbem oder sogar noch stärkeren Maße eine Schöpfung der Sonne als ein Ausdruck irdischer Prozesse. Alte religiöse Vorstellungen, die davon ausgingen, daß die Geschöpfe auf der Erde, besonders die Menschen, „Kinder der Sonne" sind, kamen der Wahrheit sehr viel näher als die, die in den Lebewesen eine vergängliche Schöpfung, ein blindes und zufälliges Erzeugnis der Materie und der Erdkräfte sahen ... Wir dürfen lebende Materie in ihrer Gesamtheit also als die besondere und einzigartige Domäne der Sammlung und Umwandlung der strahlenden Sonnenenergie betrachten.«[15]

Bemerkenswerterweise hob Vernadsky die starren Grenzen zwischen lebenden Organismen und toter Umgebung auf und charakterisierte das Leben als global, bevor auch nur ein einziger Satellit Photographien von der Erdkugel aus dem All gesendet hatte. Vernadsky hat für den Raum geleistet, was Darwin für die Zeit

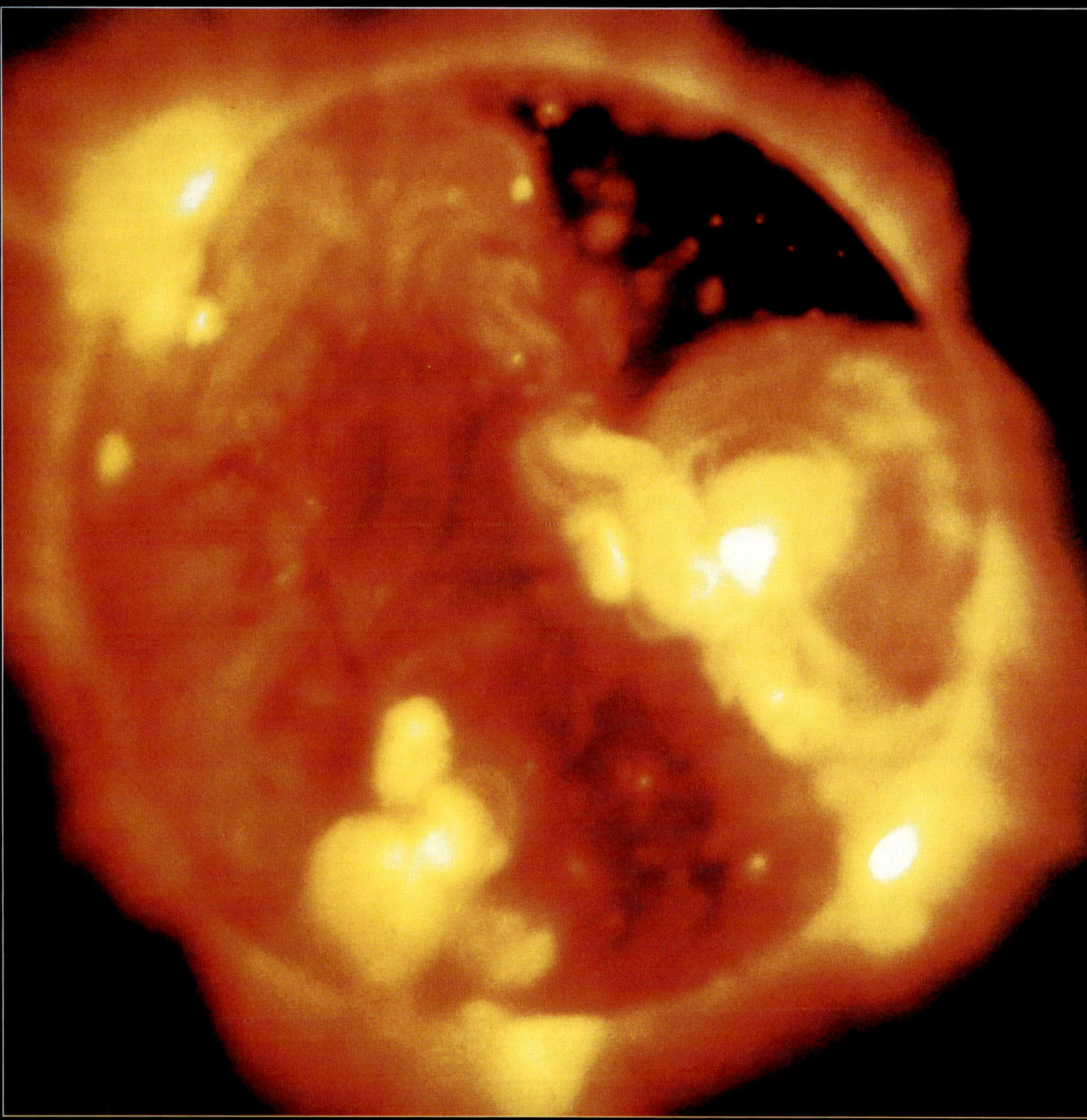

12
Röntgenaufnahme der NASA von der Sonne. Für den russischen Wissenschaftler Vladimir Vernadsky (1863–1945) war das Leben auf der Erde ein materielles System, in dem sich die Energien der Sterne in Lebensenergien verwandeln. Danach ist Leben nicht nur ein globales Phänomen, sondern eines, das das gesamte Planeten- beziehungsweise Sonnensystem einbezieht.

getan hat: Während Darwin dokumentierte, daß alles Leben von einem entfernten Urahnen abstammt, zeigte Vernadsky, daß alles Leben einen stofflich einheitlichen Raum einnimmt, die Biosphäre. Das Leben stellt insgesamt eine Einheit, eine Entität dar, die kosmische Sonnenenergien in irdische Materie verwandelt (ABB. 12). Vernadsky zeichnete das Leben als ein globales Phänomen, das Sonnenenergie transformiert. Indem er das photosynthetische Wachstum der roten und grünen Bakterien, Algen und Pflanzen betonte, sah er in diesen Ausdrucksformen lebender Materie das »grüne Feuer«, dessen von der Sonne gespeiste Ausdehnung andere Lebewesen dazu zwang, immer komplexer zu werden und sich immer weiter auszubreiten.

Vernadsky stellte zwei Gesetze auf. Mit der Zeit, behauptete er, beteiligen sich immer mehr chemische Elemente an den Zyklen des Lebens. Des weiteren steige die Wanderungsgeschwindigkeit der Atome in der Umwelt mit der Zeit. Im Zug der Gänse in Richtung Süden sah Vernadsky ein biosphärisches Transportsystem für Stickstoff. Heuschreckenschwärme, wie sie in der Bibel beschrieben sind, stehen für massive Veränderungen in der Verteilung von Kohlenstoff, Phosphor, Schwefel und anderer biologisch bedeutender chemischer Substanzen vor 2000 Jahren. Seit es Dämme, Fabriken, Minen, Maschinenbau, Versorgungsbetriebe, Züge, Flugzeuge, globale Kommunikationsmittel und Unterhaltungssysteme gibt, sind mehr chemische Elemente als zuvor in Funktionsbestandteile autopoietischer Systeme integriert worden. Technologie gehört aus Vernadskyscher Sicht überwiegend zur Natur. Der für die Zubereitung von Fleischgerichten in Würfel geschnittene Muskel eines Kalbs wie der in Bauholz zersägte Stamm einer Pinie durchlaufen beide die Hände von Arbeitern und die Fließbänder von Maschinen, um am Ende umgewandelt als Kalbfleischspieß beziehungsweise Fußbodenbelag wieder aufzutauchen. Die in der Industrie eingesetzten Materialien wie Kunststoffe und Metalle gehören zu einem uralten, ständig neue Materialien einbeziehenden Lebensprozeß, der die geologischen Stoffflüsse an der Erdoberfläche immer stärker beschleunigt. Mit der Synthese schnell zerfallender radioaktiver Isotope in den Labors der Physiker beginnt die Noosphäre, Atome zu dirigieren und zusammenzustellen, die nie zuvor auf der Erde existiert haben.

Lovelocks Gaia

Während Vernadsky die Kluft zwischen Geist und Materie überbrückte, indem er die lebende Materie in globalem Maßstab betrachtete, hebt James E. Lovelock den metaphysischen Dualismus durch einen Schachzug auf, der in die Gegenrichtung weist: Er sieht die Erde als Lebewesen. Vernadsky stellte seine Untersuchungen über das Leben als Materie in einem politisch und kulturell dafür empfänglichen Klima an, nämlich dem offiziellen Atheismus der früheren Sowjetunion, und profitierte von der wissenschaftlichen Anerkennung des Materialismus. Für Lovelock dagegen, der das Bild einer sich selbst regulierenden Biosphäre zeichnet, eines riesigen und merkwürdig kugelförmigen, lebenden Körpers, den er Gaia nennt, bedeutete die mechanistische Ideologie, die das moderne wissenschaftliche Denken insgesamt durchdringt, ein schwer zu überwindendes Hindernis. Lovelock muß nicht nur zeigen, daß sich die Erde selbst als ein lebender Körper erhält, er muß auch gegen das Vorurteil ankämpfen, die Bezeichnung lebend für diese „Sache" sei nicht wissenschaftlich, sondern eine poetische Personifizierung. Angesichts solcher Spannungen ist es ein Beweis für den Scharfsinn dieses herausragenden Atmosphärenchemikers, daß aktive Wissenschaftler seine Theorie durchaus ernst nehmen.[16]

Atmosphärische, astronomische und ozeanographische Hinweise belegen, daß sich das Leben in planetarischem Maßstab manifestiert. In den letzten drei Milliarden Jahren ist die Durchschnittstemperatur unseres Planeten in etwa gleich geblieben; 700 Millionen Jahre lang hat sich die reaktive Atmosphäre der Erde zwischen hohen Sauerstoffkonzentrationen an der Schwelle des Verbrennens und niedrigen Sauerstoffwerten an der Grenze des Erstickens eingependelt; außerdem scheinen gefährliche Salze kontinuierlich aus den Ozeanen entfernt zu werden – all das deutet darauf hin, daß das Leben als Ganzes wie bei einem Säugetier zielgerichtet organisiert ist. (ABB. 13, 14)

Diese Zielgerichtetheit, die im Zentrum der wissenschaftlichen Gaia-Theorie steht, ist ein Hauptkritikpunkt traditionell denkender Biologen. Wie kann sich ein Planet zielgerichtet verhalten, um die Umweltbedingungen für seine lebenden Bestandteile vorteilhaft zu gestalten? Für die mechanistisch denkende Biologie kann sich eine komplexe Selbstregulation nur aus einer natürlichen Selektion ergeben, die Individuen ausmerzt, deren Selbstregulation weniger gut funktioniert. Diese

13
Emiliania huxleyi, ein Coccolithophorid, Abteilung Haptophyta, Reich Protoctista. Dieser Coccolithophorid – eine Alge, die Calcium abscheidet – besteht auf seiner Oberfläche aus knopfartigen Plättchen. Diese Protisten, von denen jeder im Durchmesser nur 20 millionstel eines Meters mißt, produzieren Dimethylsulfid, ein Gas, das eine globale Bedeutung für die Wolkenbildung über den Ozeanen besitzt.

14
Auf dem Satellitenbild erkennt man eine 50 Kilometer breite Blüte von Coccolithophoriden, die sich über 200 Kilometer entlang der schottischen Küste erstreckt. Diese winzigen Lebewesen, die an der Bildung der Wolkendecke beteiligt sind und ihre Schalen aus dem für den Treibhauseffekt wichtigen Kohlendioxid aufbauen, spielen möglicherweise eine Rolle bei der globalen Klimakontrolle. Sie sind ein gutes Beispiel für die „fraktale" Vergrößerung des Verhaltens von Mikroben auf die Ebene der Biosphäre.

Denkweise ist jedoch fehlerhaft. Danach hätte sich nie eine erste, selbsterhaltende Ur-Zelle formen können, weil in einer „Bevölkerung", die nur ein Einzelexemplar umfaßt, „zweckmäßiges", selbstregulierendes Verhalten einfach nicht entstehen kann. Bei stringenter Auslegung des Darwinismus muß man einer Population, die nur aus einem Exemplar besteht, jegliche evolutionäre Fähigkeiten absprechen.

Unabhängig davon, ob es in den Grenzen des Darwinismus einleuchtet oder nicht, sind der im Raum isolierte Planet ebenso wie die von einer semipermeablen Membran abgeschirmte Zelle von Sonnenenergie abhängige Systeme, die in Zeit und Raum Bestand haben und Selbsterhaltung zeigen. Die „Zielgerichtetheit" der Selbsterhaltung Gaias erwächst aus dem Lebensverhalten von Myriaden von Organismen, meist Mikroben, deren Allgegenwart Ehrenberg und Humboldt als erste erkannten. Die planetarische Physiologie – weit davon entfernt, aus dem Nichts heraus entstanden oder von einem über allem thronenden Gott geschaffen zu sein – ergibt sich aus der allumspannenden Präsenz gewöhnlicher Lebewesen. Es handelt sich um die Autopoiese einer Zelle im Großformat.

Man kann das Leben nicht verstehen, wenn man den denkenden, empfindenden Betrachter außer acht läßt. Ohne die Existenz des Geistes wäre es für niemanden von Belang, daß das Leben eine Art sonnenenergiegespeister kosmischer Schutt ist. Aber so ist es, und daher wollen wir es verstehen. Dies gelingt am besten, wenn wir uns den langen gewundenen Weg vom Animismus über den Dualismus bis an die Grenzen des mechanistischen Denkens vor Augen führen. Physik, Chemie und Biologie sind unterschiedliche Ansätze für dieselben stofflichen Phänomene. Der deutsche Geomikrobiologe Wolfgang Krumbein drückt das so aus:

> »Man betrachtet die mineralischen und mikrobiell-mineralischen Kreisläufe, wie wir sie heute auf der Basis experimenteller Arbeiten sehen, als den Entwurf, der der Welt wie dem Universum gemeinsam zugrunde liegt. Sie schaffen das Prinzip der einen lebenden Natur von Bruno und Spinoza ...
> Der grundlegende Ansatz von Bruno ... gilt immer noch und wird in wissenschaftlicher und mathematischer Hinsicht durch die nichteuklidische Geometrie, durch die modernen Feldtheorien,

Einsteins Relativitäts- und Gravitationstheorien sowie durch Lovelocks „Gaia-Hypothese" belegt. Giordano Bruno übte einen tiefgehenden Einfluß auf Baruch Spinoza, Leibniz, Kant, Goethe und Schelling aus. Er beeinflußt immer noch das unitarische Denken in Wissenschaft und Philosophie ... Ein Lehrbuch über mikrobielle Geochemie ... muß eher auf Brunos ursprüngliche Gedanken über „zyklische Entwicklungen" zurückgreifen als auf „Schöpfung und Vorsehung", wie sie sich in Brunos Zeit im Gedankengut der christlichen Kirche gezeigt haben, das die Entwicklung der Wissenschaft so schwerwiegend behindert hat.«[17]

Das Leben kann der Biologie ohne Schaden für die Wissenschaft zurückgegeben werden. Das mechanistische Denken gab der Wissenschaft die Berechtigung, die Reiche des Himmels und des Lebens zu untersuchen, die zu betreten einstmals verboten war. Es ließ das Universum jedoch deterministischer erscheinen, als es ist, und beschnitt so unseren Sinn für Leben und Wunder. Der römische Epikureer Lukretius (95–55 v. Chr.) präsentiert in seinem Gedicht *De Rerum Natura* („Über die Natur der Dinge") eine evolutionäre Sicht des Universums; er leugnet ein Leben nach dem Tod und argumentiert, alles – selbst Seele und Götter – bestehe aus Atomen. In dieser Tradition brachte Bruno Materie und Energie, Endliches und Unendliches, Welt und Gott zusammen. In unserem modernen Zeitalter gibt uns Vernadsky, der das Wort Leben vermeidet und von „lebender Materie" spricht, die Chance, das Leben mit neuen Augen zu sehen. Im Gegensatz zum monolithischen kartesianischen Materialismus läßt uns die Gaia-Perspektive Raum für den Zauber, den wir als Lebewesen in einer lebendigen Welt empfinden.

Was also ist Leben?

Leben entspringt einer planetaren Überschwenglichkeit, es ist ein der Sonne geschuldetes Phänomen. Es beruht auf der astronomisch gesehen lokalen Transformation von Luft, Wasser und Sonne, wie sie auf der Erde zu finden sind, in Zellen. Es ist ein kompliziertes Muster aus Wachstum und Tod, schneller Ausbreitung und Einschränkung, Verwandlung und Zerfall. Leben ist die eine sich ausbreitende Organisation, die über die Darwinsche Zeit mit den ersten Bakterien und über den Vernadskyschen Raum mit allen Bewohnern der Biosphäre verbunden ist. Leben als Gott und Musik und Kohlenstoff und Energie ist eine wirbelnde Vernetzung wachsender, verschmelzender und sterbender Lebewesen. Es ist wildgewordene Materie, die ihre eigene Richtung wählen kann, um den unausweichlichen Moment des thermodynamischen Gleichgewichts, den Tod, auf unbestimmte Zeit hinauszuschieben. Leben ist auch eine Frage des Universums an sich selbst, gestellt in Form des menschlichen Daseins.

Was geschah mit der lebenden Materie, daß sie mit nichts zu vergleichen ist? Darauf gibt es eine wissenschaftliche Antwort, die gleichzeitig eine geschichtliche ist. Das Leben ist seine eigene unverwechselbare Geschichte. Nach alltäglicher und sicher unstrittiger Einschätzung beginnt das Leben des einzelnen Menschen im Bauch seiner Mutter, neun Monate bevor er das Licht der Welt erblickt. In einer tieferen, evolutionären Sicht jedoch begann unsere aller Existenz mit der waghalsigen Entstehung des Lebens, mit seiner Trennung vom Hexengebräu der frühen Erde vor mehr als vier Milliarden Jahren. Im nächsten Kapitel werden wir sehen, wie dieses Gebräu, das manchmal auch als „Ursuppe" bezeichnet wird, zu leben begann.

3

Einstmals auf diesem Planeten

Wenn schmutzige Wäsche ausgewrungen wird ... umkrustet ein Ferment, das der Wäsche entsteigt und durch den Geruch des Korns verändert wird, den Weizen selbst mit seiner eigenen Haut und wandelt ihn zu Mäusen um ... Und, wundersamer noch, die Mäuse aus Getreide und Wäsche sind weder milchsaugende Junge oder gerade entwöhnt noch frühreif, sondern sie entspringen voll entwickelt.

Jean Baptiste van Helmont

Denn der niedrigste Organismus, das einfachste Bakterium, ist bereits eine Zusammenlagerung einer unglaublichen Anzahl von Molekülen. Es ist undenkbar, daß sich all diese Teile in dem Urozean unabhängig voneinander entwickelt haben, nur um sich eines schönen Tages zufällig zu treffen und sich plötzlich in solch einem komplexen System zusammenzufinden.

François Jacob

Offen gestanden weiß noch niemand, wie das Leben begann.

Stanley Miller und **Leslie Orgel**

Der Anfang

Das Leben auf der Erde entstand vor etwa vier Milliarden Jahren, als die Materie einen neuen Weg einschlug. Von Anfang an gehorchte das Leben dem autopoietischen Imperativ in einem Universum, das den Gesetzen der Thermodynamik unterliegt. Umhüllt und von der Welt getrennt durch eine selbstgeschaffene Barriere, organisierte sich das Leben in Form von öligen Tröpfchen, die ihr Ordnungsgefüge stetig verfeinerten (ABB. 15). Auch andere dissipative Systeme in der Natur erhöhen ihren Ordnungsgrad mittels Energie, doch sind sie nicht sehr beständig. Mehr noch, ein Tornado aus der Ebene „wehrt" sich nicht, wenn er in Richtung der Berge wandert, die seinen Untergang bedeuten; doch jede noch so primitive Lebensform „wehrt" sich und reagiert aktiv auf ihre Umgebung, um sich zu erhalten und zu schützen.

Wie Materie in einem Energiebad (oder Energie in einer Materiebrühe) erstmals das Meisterstück des Lebens vollbrachte, wissen wir nicht. Moleküle allein reproduzieren sich nicht. Die einfachste Form von Leben auf der heutigen Erde, die winzige, membranumhüllte Kugel einer Bakterienzelle, besteht aus zahlreichen, sich gegenseitig beeinflussenden Molekülen. 2 000 bis 5 000 Gene codieren für etwa die gleiche Anzahl von Proteinen. Proteine und DNA bedingen sich wechselseitig innerhalb jener Zellmembran, die sie gemeinsam erschaffen. Wegen seiner biochemischen Einheitlichkeit läßt sich alles Leben vermutlich auf einen einzigen, vielleicht (aber nicht notwendigerweise) unwahrscheinlichen historischen Moment zurückführen. Die Faktoren, welche die Materie zu ihrem besonderen „Scheidepunkt" führten, an dem dissipatives Verhalten in lebendige Gestaltung überging, müssen nur einmal zusammengekommen sein. In eine Membran eingeschlossen (vielleicht geradezu plötzlich) und mit genügend Ressourcen versorgt, konnten es sich die ersten lebenden Zellen leisten, sich von der äußeren Wirklichkeit abzuschnüren. Schließlich war das Leben auf sich selbst gestellt, gefährdet durch seine Verschwendungssucht und die Gefühllosigkeit der Materie, aus der es entstand – auf die es jedoch für seine Erhaltung unbedingt angewiesen war. Als sich die Materie von sich selbst ausstieß, war das Leben von der Welt verlassen worden, die sich jedoch gar nicht fortbewegt hatte. Es gab kein Zurück.

15
Zylinder von Phospholipiden, wie sie David Deamer in einem Hydratations-/Dehydratationsprozeß im Labor erzeugt hat. Hier sind sie unter einem Auflichtmikroskop bei hoher Vergrößerung gezeigt. Die Zylinder brechen schließlich auseinander und bilden Liposomen. Solche präzellularen organischen Bildungen waren im Archaikum weit verbreitet. Die frühe Erde glich einem riesigen Labor, in dem ununterbrochen ungezählte Experimente abliefen. »Gott«, scherzt der organische Chemiker Cyril Ponnamperuma, »ist ein organischer Chemiker.«

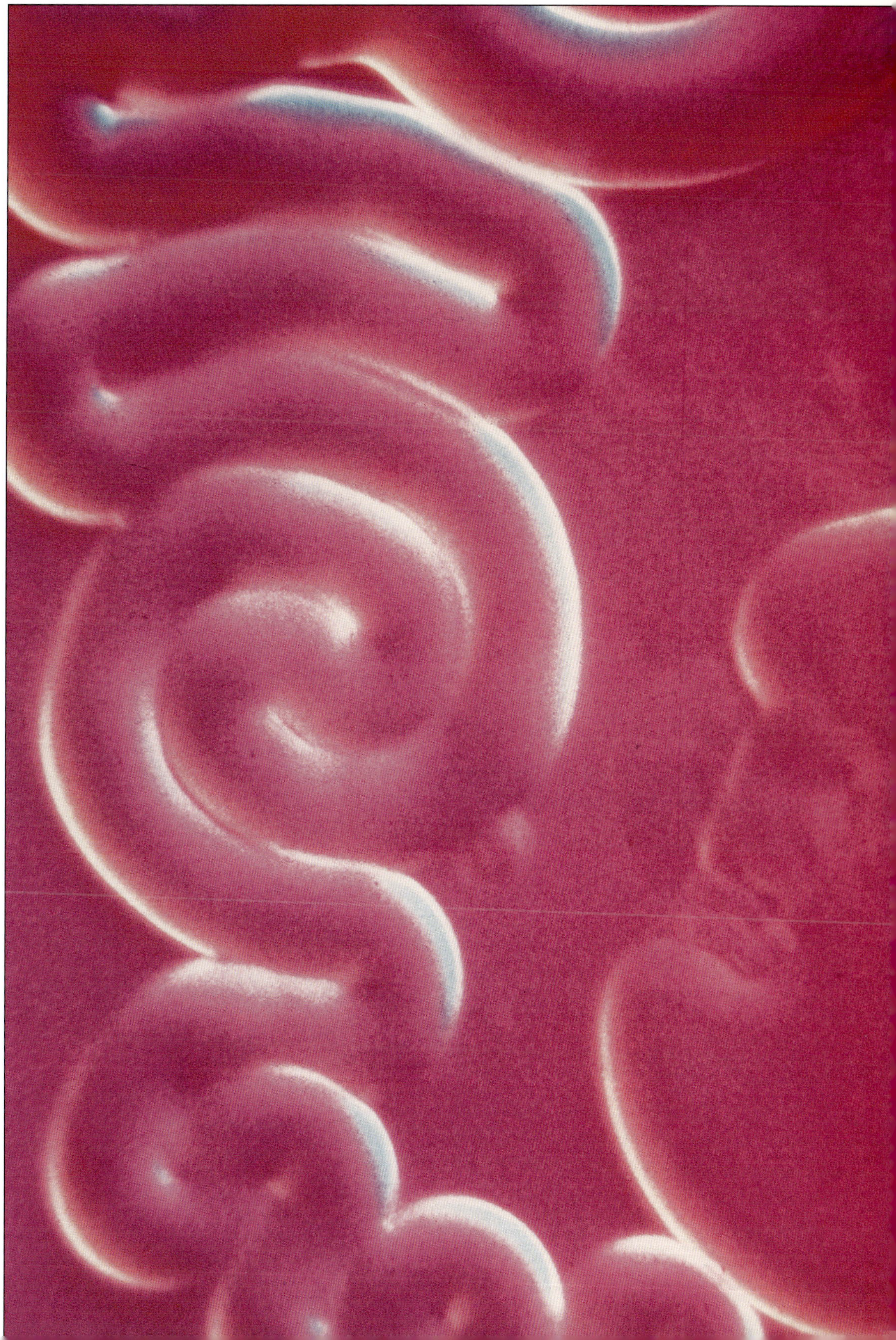

Nachdem alles einmal begonnen hatte, entwickelten sich die reproduzierenden Systeme rasch von ihrem Ausgangsstadium fort, und heute existiert kein Überbleibsel des frühen Lebens, das weniger komplex als eine Bakterienzelle wäre. Bakterien sind nicht etwa unfertige, sondern vielmehr höchst lebendige und vollentwickelte Lebewesen, die seit mehr als 3,5 Milliarden Jahren erfolgreich gedeihen. Die größten chemischen Erfinder der Erdgeschichte sind keineswegs „bloß Bazillen". Da das reproduzierende Leben von seiner Natur her bewahrend wirkt, enthalten Bakterienzellen Hinweise auf die Chemie der ganz jungen Erdoberfläche. Bakterien waren die ersten grünen Lebewesen, die nur von Sonne, Wasser und Luft lebten. Sie führten die Atmung mit Sauerstoff ein und lernten zu schwimmen, und nach wie vor sind sie die einzigen Wesen mit zahlreichen metabolischen Stoffwechseltricks im Repertoire, die wir Tiere und die Pflanzen nicht beherrschen. Bakterien sind die Virtuosen der Biosphäre. Sie sind auch mit uns verwandt, was vielleicht erklärt, warum wir sie so gern diffamieren.

Bakterien, die nie ausgestorben sind, schützen uns wie eh und je, während ihre Populationen kräftig weiterwachsen. Sie wirken bodenbildend und -erhaltend und reinigen unser Wasser. Bakterien geben Gase ab, die ihre unmittelbare Umgebung mit Reaktionsprodukten anreichern, welche für ihre Produzenten giftig sind, aber auf andere Arten anziehend wirken. Sie besiedeln jede erdenkliche Nische – sogar Gletschereis und brodelndheiße Quellen. Einige bauen haltbare Strukturen und bevölkern sie mit ihren Gemeinschaften; manche erzeugen Essig; andere bearbeiten Metalle wie Eisen, Mangan und sogar Gold. Wieder andere spüren die Sonne und folgen schwimmend ihren Strahlen, um sich darin zu aalen, während einige eher lichtscheu reagieren. Bestimmte Bakterien erkennen den nächsten magnetischen Pol und schwimmen in seine Richtung. Viele Bakterien sterben durch Sauerstoff, andere gedeihen in ihm. Manche produzieren Sporen, die Hitze, Austrocknung oder Strahlung erstaunlich gut widerstehen. Bakterien zeigen sich in den unterschiedlichsten Farben, von der schneeweißen *Beggiatoa* und gelben Schwefelbakterien bis zum roten *Chromatium* und den Blaugrünalgen (Cyanobakterien) *Spirulina*, *Nostoc* oder *Microcystis*. Alles in allem sind Bakterien also genauso wenig „Bazillen", wie die Pflanzen, die uns ernähren, kleiden und Baustoffe liefern, „Unkraut" sind.

Doch woher kam das erste Bakterium? Auch das wissen wir nicht. Bakterien sind so hochentwickelt, daß sie aus dem Weltall stammen könnten. Im 5. Jahrhundert v. Chr. entwickelte der griechische Naturforscher Anaxagoras, ein Freund des Dramatikers Euripides, die Hypothese der „Panspermie", derzufolge das Leben als Samen im Universum verteilt ist und einst auf der Erde landete. Später äußerte der schwedische Chemiker Svante Arrhenius (1859–1927), Nobelpreisträger für die Theorie der elektrolytischen Dissoziation, die Vorstellung, daß robuste Bakteriensporen mit dem Sonnenwind von Stern zu Stern „geblasen" werden. Arrhenius setzte dabei voraus, daß winzige Partikel mit Vulkanausbrüchen in die obere Atmosphäre gelangen können und einige von ihnen, mit Bakteriensporen verunreinigt, die Stratosphäre erreichen – wo elektrische Entladungen sie in den Weltraum hinausschleudern –, und errechnete, daß eine Erdspore den Pluto in vier Monaten und den nächsten Stern Alpha Centauri in 7 000 Jahren erreichen würde. (Sporen, die man aus Torf und anderen, noch älteren Ablagerungen isoliert hat, haben sich als lebensfähig erwiesen.) Vor einigen Jahren erst schlug Francis Crick, Mitentdecker der DNA-Struktur, eine „gerichtete Panspermie" vor – danach hätten intelligente Außerirdische auf der Erde das kosmische Äquivalent eines Grundbaukastens für das Leben hinterlassen[1].

Hat das Leben vielleicht in einem anderen Sternensystem begonnen, ist dann auf die Erde gezogen oder wurde gar importiert? Mag sein, doch diese Sicht ist wissenschaftlichen Untersuchungen weniger zugänglich als die Sicht, das Leben habe sich direkt hier auf der Erde entwickelt. Wenn das Leben im All begonnen hätte – sagen wir, auf einem erdähnlichen Planeten –, würde sich die Forschung auf den Beginn des Lebens irgendwo im Weltall konzentrieren. Da unsere Erde ein Teil des Universums ist, kommt alles Leben in jedem Fall aus dem All, gleichgültig, welchen Standpunkt wir einnehmen.

Die Hölle auf Erden

Morgendämmerung vor 4,6 Milliarden Jahren: Die Erde liegt in den rotvioletten Wehen ihrer Entstehung, eine gravitativ bedingte Implosion geschmolzenen Gesteins und wirbelnden Metalls. Überhitzte Gase wie Ammoniak, Schwefelwasserstoff und Methan wogen in einer Atmosphäre, in der immer wieder Blitze zucken.

Die Ozeane hängen noch wolkenweise in der Atmosphäre – ein Dampfball, der kein Sonnenlicht durchläßt. Unter diesen Dämpfen, beladen mit Formaldehyd und Cyanid (einfachen organischen Bestandteilen, die sich im Weltraum spontan bilden), bildet sich an der Oberfläche eine von Radioaktivität und Hitze brodelnde Kruste.

Zur gleichen Zeit hat sich die Sonne entzündet und leuchtet in einem Strahlungsausbruch auf, der heftig genug ist, ganze Planetenatmosphären hinwegzufegen und Wasserstoffgas bis in die äußeren Regionen des Sonnensystems zu verbannen. Dort reichert sich der Wasserstoff um die kalten, massigen Himmelskörper Jupiter, Saturn, Uranus und Neptun an – denn nur diese riesigen Planeten verfügen über genügend Gravitation, um ihren ursprünglichen Anteil an diesem leichtesten aller Elemente zu halten.

Überall, auf allen Planeten und ihren Monden, setzen Meteorite von der Größe eines Staubkorns bis zu kleinen Planetoiden ihr Bombardement fort. Während sich Asteroide eine Schneise durch das Sonnensystem schlagen, bringen sie Wasser und Kohlenstoffverbindungen mit und reichern damit die Brühe an, aus der das erste Leben auf der Erde entstehen wird.

In der Frühzeit rotierte die junge Erde so schnell, daß der helle Tag gerade fünf Stunden dauerte. Die Atmosphäre enthielt keinen Sauerstoff, hätte keine Luft zum Atmen und keine schönen Ausblicke bereitgehalten.

So oder ähnlich hat sich die Erde im Zeitalter vor viereinhalb bis vier Milliarden Jahren dargeboten. Leben mag es damals schon gegeben haben – sobald sich die schmelzflüssige Erdoberfläche genügend abgekühlt hatte und kein extraterrestrischer Impakt mehr groß genug war, die gesamte Kruste umzuschichten. Diese früheste und gewaltsamste Periode der Erdgeschichte ist die erste von vier langen Zeitaltern (TABELLE D).

Fossilien sind Zeugen vergangenen Lebens, seien es versteinerte Baumstümpfe, Wurmbauten, Fußabdrücke entlang einstiger Strände, Sporen in Seesedimenten oder ölige Substanzen aus verrottenden Blättern. Nicht ein einziges Fossil – nicht einmal Vulkangestein – überlebte aus den zeitlichen Tiefen des Archaikums. Nur über wesentlich ältere Materie aus Meteoriten und vom Mond kann man auf diesen Zeitraum der Erdgeschichte zurückschließen. Doch aus den nächstjüngeren Abschnitten des Archaikums, haben Gesteine überdauert, die sein Alter markieren (vier bis 2,5 Milliarden Jahre). In einigen wenigen nichtmetamorphen, archaischen Gesteinen – die nicht der Veränderung durch Hitze und Druck ausgesetzt waren – sind bereits Lebensspuren erhalten. Rund 3,485 Milliarden Jahre alte Gesteine in Australien enthalten schon mehr als elf verschiedene Typen identifizierbarer fossiler Bakterien. Die ältesten Gesteine, die wir heute auf der Erde finden, bergen also bereits die Spuren des Lebens. Wir wissen nicht, wann das Leben begann, aber das Leben ist auf jeden Fall mindestens so alt, wie unsere Proben zurückreichen.

Urzeugung

In den griechischen Mythen steigen Göttinnen aus Muscheln, und Sterbliche verwandeln sich in Tiere oder Bäume. »Alle Dinge in der Natur bergen etwas Wundervolles«[2], schrieb Aristoteles, der als der erste Biologe oder Naturwissenschaftler der westlichen Welt angesehen wird, weil er sich zur Wissenserweiterung in der wirklichen Welt umgeschaut hatte und nicht die griechischen Mythen zu Rate zog. Und dennoch akzeptierte Aristoteles die (für uns) mystische Vorstellung, daß aus Materie spontan Leben entstehen kann.

Wir sind heute der Überzeugung, daß sich Organismen fortpflanzen, aber unsere Vorväter glaubten, daß Leben durch eine Art Urzeugungsprinzip spontan entsteht: Gott schuf Eva aus Adams Rippe, Fleisch verkam zu Maden, eine Form ging in eine andere über. Eine gewisse Logik der Wahrnehmung von Nähe und Ähnlichkeit führte zu der Annahme, daß verderbende Lebensmittel Insekten hervorbringen und Glühwürmchen aus dem glitzernden Morgentau entstehen, wie Aristoteles es lehrte. Augustinus (345–430) war der Meinung, daß Gott, genau wie er ohne Weintrauben Wasser in Wein verwandelte, auch auf Eltern verzichten konnte. Tiere würden daher direkt aus *occulta semina*, dem unsichtbaren Samen, entspringen. Um das Jahr 1 000 bestand Kardinal Pietro Damiani darauf, daß Vögel aus Früchten und Enten aus Entenmuscheln schlüpfen. Der englische Gelehrte Alexander Neckam (1157–1217) stellte fest, daß sich Kiefern, die dem Meersalz ausgesetzt sind, in Gänse verwandeln. Der flämische Alchimist und Arzt Jan Baptiste van Helmont (1580–1644) veröffentlichte ein Rezept, wie aus schmutziger Unterwäsche Mäuse entstehen.

Heutzutage mögen wir darüber schmunzeln, aber die Vorstellung der Urzeugung war damals so einleuchtend,

Zeitplan der Erdgeschichte

Diese „anthropozentrische" und mithin verzerrte Zeitleiste repräsentiert die wichtigsten Organismengruppen und Ereignisse in der Erdgeschichte, wie sie von Menschen und Büchern zumeist dargestellt werden, ohne Rücksicht auf chronologische Symmetrie in einer Welt, die nur aus großen Tieren und Pflanzen besteht. Wir schließen daher eine Echtzeitskala (Anfang Seite 55) an, die den Menschen und anderen Säugetieren keine zentrale Stellung zuweist und die ersten vier Milliarden Jahre der Geschichte unseres Planeten nicht kurz abfertigt. Während die Überzeugung vorherrscht, daß sich bis zum Ursprung der mit einem Skelett ausgestatteten marinen Tiere des Kambrium vor etwa 570 Millionen Jahren nichts Interessantes ereignet hat, erfordert eine echte Würdigung der Geschichte, die frühen Kapitel der Geschichte des Lebens nicht auszulassen. Die Echtzeitskala beleuchtet einige der einschneidendsten Ereignisse in der Geschichte des Lebens vor der Entwicklung der vertrauten Lebensformen im Phanerozoikum.

Anthropozentrisch verzerrte Zeitleiste

(Millionen Jahre vor der Gegenwart)	
0,005	die ersten Städte
0,01	**Holozän** Entstehung urbaner Zentren auf der Basis von Getreidekultivierung (Weizen, Reis und so weiter)
0,05	kulturell moderne Menschen (Höhlenmalereien)
0,20	Auftreten des anatomisch modernen Menschen (*Homo sapiens*)
1,65	**Quartär** **Pleistozän** *Homo erectus* und *Homo neanderthalensis* im Nahen Osten, Afrika und Europa
4	Erscheinen menschenähnlicher Vorfahren (*Australopithecus afarensis*)
5	**Pliozän** Trockenfallen des Mittelmeeres und einschneidender faunistischer Wendepunkt in Afrika; Aufspaltung der miozänen Affen (*Proconsul*) einschließlich der Hominiden (zum Beispiel *Ramapithecus*, Australopithecinen)
23	**Neogen** **Miozän** erste ausgedehnte Grasflächen
35	**Oligozän**
40	Auftreten angiospermer (bedecktsamiger) Pflanzen und früchtetragender Bäume
57	**Eozän**
65	**KÄNOZOIKUM** **Paläogen** **Paläozän** Beginn der Säugetierentwicklung einschließlich der Ausbreitung der Primatenarten; häufige und weitverbreitete Säugetierfossilien aus ausgestorbenen Familien und Gattungen; zweitgrößtes Aussterben in der Geschichte des Lebens (einschließlich aller Nicht-Flugsaurier)
100	Öffnung des späteren Atlantiks Auftreten der Blütenpflanzen (Angiospermen) und Primaten (Plesiadapiformes)
145	**Kreide**
200	Auftreten harter Kieselschalen bei Diatomeen
208	**Jura**
245	**MESOZOIKUM** **Trias** größtes Artensterben in der Geschichte des Lebens; Beginn des Auseinderbrechens von Pangäa
290	**Perm** Bildung ausgedehnter Salzablagerungen als Hinweis auf Binnengewässer und Korallenriffe sowie eventuelle biosphärische Kontrolle des Salzgehalts der Meere; Auftreten großer Amphibien, säugetierähnlicher Reptilien, vogelähnlicher Reptilien einschließlich Dinosauriern und spitzmausähnlicher Säugetiere; Radiolarien und andere Protista in marinen Sedimenten reichlich anzutreffen
300	Ausbreitung riffbildender Korallen (Coelenterata) und Kalkalgen (Rhodophyta)
323	**Oberkarbon** aus zahlreichen hohen Bäumen entstehen Kohlewälder
362	**Unterkarbon** verbreitetes Auftreten von Fisch- und Amphibienfossilien
408	**Devon** Auftreten von Panzerfischen und wirbellosen marinen Tieren; das Land weitflächig von ersten Wäldern bedeckt; erstes Auftreten von Samenpflanzen
440	**Silur** Erscheinen der Pflanzen an Land, Psilophyten mit Pilzen in den Wurzeln; Beginn üppigen Lebens an Land
500	Besiedlung der Landoberfläche durch Algen und Insekten
510	**Ordovizium** Erscheinen der ersten (kieferlosen) Fische
570	**PHANEROZOIKUM** **PALÄOZOIKUM** **Kambrium** erstes Auftreten von hartschaligen Tieren (Trilobiten) und von gepanzerten Protocisten (Foraminiferen, Radiolarien und Rotalgen)
4 600	**PRÄKAMBRIUM und ARCHAIKUM** Entstehung des Erde-Mond-Systems und der anderen Planeten unseres Sonnensystems

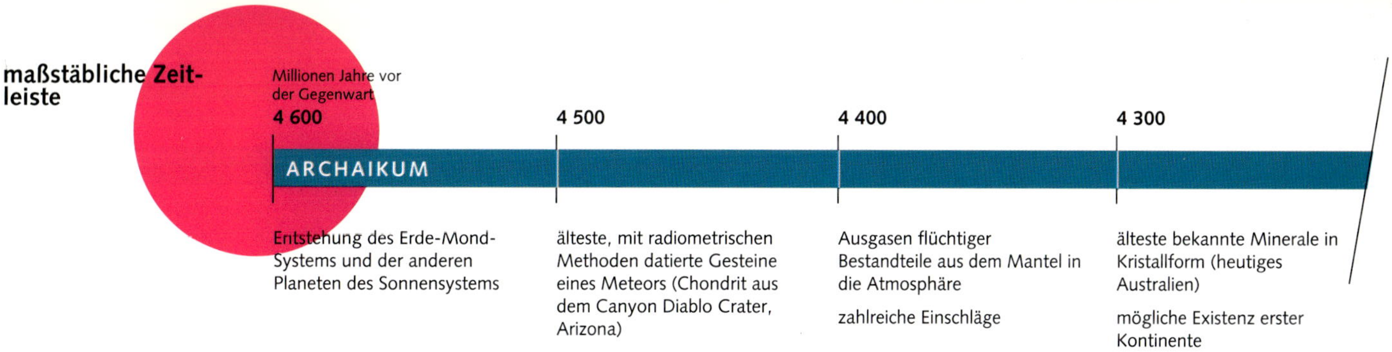

daß sie kaum jemand anzweifelte. »Da es so wenig braucht, ein Lebewesen zu machen«, stimmte Descartes zu, »ist es sicher nicht überraschend, daß so viele Tiere, Würmer und Insekten sich vor unseren Augen aus allen verwesenden Substanzen bilden.«[3] Aristoteles hatte gelehrt, daß erst die Hitze des männlichen Samens die kühlere Materie in der weiblichen Gebärmutter zum Leben erweckte und formte. Ohne diese männliche Hitze erlitt die Frau eine Fehlgeburt oder bekam ein Kind ohne Gliedmaßen. Hitze konnte den Samen sogar völlig umgehen und Würmer, Fledermäuse, Schlangen, Grillen oder anderes Ungeziefer direkt aus Fleisch oder Unrat schaffen. Alchimisten setzten die Hitze ein, um Gold zu „machen“. In einem patrilinearen (Erbfolge in der väterlichen Linie), männlich dominierten Europa waren die Frauen wie die Brennöfen der Töpfer, in denen der Zeugungsakt zur Erfüllung kam; das Weibliche stellte lediglich die Substanz bereit und nicht die Essenz der Lebensform. Sogar Newton überlegte, ob Pflanzen sich aus dem Funkeln der Kometenschweife bilden. Nicht einmal die Erfindung des Mikroskops konnte der alten Idee etwas anhaben. Viele glaubten, daß die „animalculi“, die Leeuwenhoek in Pflanzensäften, Grabenwässern und Speichel entdeckt hatte, direkt aus diesen entstanden waren, genau wie Kalbfleisch – wenn es sich selbst überlassen war – Fliegen erzeugte.

Ironischerweise kam die Vorstellung von einer Urzeugung sowohl durch die Idee der konstanten Arten als auch durch gegenteilige Beobachtungen ins Wanken. Arten wurden als Konstante, unveränderliche Kategorien angesehen. Die Arbeiten des schwedischen Botanikers Carl von Linné (1707–1778), dem Erfinder der modernen Nomenklatur und Namensgeber des Homo sapiens (für den Körper, nicht jedoch für die Seele), und die des französischen Anatomen Georges Cuvier (1769–1832), der die Klassifikation von Linné auf Fossilien ausdehnte, machten die Vorstellung einer Urzeugung unglaubhaft. Für Linné waren Arten eigenständige, deutlich unterschiedliche Kreaturen, geschaffen von einem allmächtigen Gott. Cuvier hielt Fossilien für Überbleibsel aus vergangener Zeit, besonders von katastrophalen Überschwemmungen, von denen zumindest eine in der Bibel beschrieben ist.

So entstand der Glaube, daß ein allgewaltiger Gott die „Kreaturen“ auf der Erde in einem Schöpfungsakt erschaffen hatte. Auch der Schweizer Naturforscher Charles Bonnet (1720–1793) verwarf eine Urzeugung, da sie für seine Theorie der Verschachtelung überflüssig war, wonach das erste Weibchen einer jeden Art bereits mit allen Keimzellen der künftigen Generationen geschaffen worden war, wie die Puppe in der Puppe. Der fast erblindete Bonnet hatte die rein weibliche Fortpflanzung mancher Insekten endeckt, die Parthenogenese (Jungfernzeugung) der Blattläuse. Diese Beobachtung war ihm bei seiner Argumentation gegen die „Evolution“ behilflich, ein Wort, das er nur im Zusammenhang mit den leichtfertigen Menschen benutzte, die an die tollkühne Vorstellung einer Umgestaltung der Arten glaubten.

An der Urzeugung hielt man sogar noch fest, nachdem der Florentiner Arzt und Dichter Francesco Redi (1626–1697) seine sorgfältigen Experimente durchgeführt hatte, mit denen er die Urzeugung *ad absurdum* führte. Redi verschloß verschiedene Fleischsorten – eine Schlange, einige Fische und ein Stück Kalbfleisch – in versiegelten Gläsern. Eine Reihe anderer Gläser blieb offen. Redis Experiment war ein eindeutiger Erfolg. In seinen „Beobachtungen zu der Entstehung von Insekten“ stellte er fest, daß er »anfing zu glauben, alle Maden im Fleisch stammten von Fliegen ab und nicht von der Verwesung.«[4] Mit anderen Worten, Redi entwickelte eine „Madentheorie“. Als er sah, wie die Fliegen um die offenen (aber nicht die verschlossenen) Gläser schwirrten und hineinflogen, reifte in ihm die Erkenntnis, daß das versiegelte Fleisch, trotz seines Verwesungsgestanks, nicht madig geworden war. In Phase zwei bedeckte er Fleisch mit einem Tuch, um die Fliegen an der Eiablage zu hindern. Kein Ungeziefer tauchte auf. Er schloß daraus, daß »die Erde, nachdem sie die ersten Pflanzen und Tiere auf Befehl des Höchsten und Allmächtigen Schöpfers hervorge-

4 200	4 100	4 000	3 900	3 800
Urozeane älteste mit radiometrischen Methoden datierte Mondgesteine	anhaltender heftiger Vulkanismus und Meteoriteneinschläge	Beginn der Bildung von Erdkruste und vermutlicher Einsatz tektonischer Aktivität älteste Erdgesteine (Zirkone vom Mount Narryer im heutigen Australien und Acasta-Gneis aus dem jetzigen Nordwest-Kanada) radiometrisch datiert ältester Meteorkrater auf dem Mars (geschätzt)	Beginn des Lebens in Form von Bakterienzellen Erscheinen des ersten Reiches: MONERA anaerobe Prokaryoten und damit Ausbildung von Autopoiese, Stoffwechsel und Fortpflanzung	Greenstone Isua Belt (heutiges Grönland) mit Hinweisen auf biologisch produziertes Karbonat und Kohlenstoff in reduzierter Form

bracht hatte, nie wieder Pflanzen- und Tierarten, perfekt oder fehlerhaft, erschaffen hatte; und all das, von dem wir annahmen, daß es früher und heute von ihr gekommen war, stammte ausschließlich ... von den Samen der Pflanzen und Tiere, die so durch sich selbst ihre Art erhalten.«[5]

Von Wissenschaftlern nimmt man an, daß sie eine Theorie verwerfen, wenn sie durch Experimente widerlegt wird. In Wahrheit machen viele das Gegenteil, indem sie unangenehme Versuchsergebnisse ignorieren, um den Schein zu wahren. Um mit Mark Twain zu sprechen: »Nirgendwo wird soviel aus so wenig gemacht wie bei der Entstehung wissenschaftlicher Theorien aus wissenschaftlichen Fakten.« Ein Jahrhundert nach Redis Experiment arbeitete der englische Naturwissenschaftler und katholische Priester John Tuberville Needham (1713–1781) mit dem frühen Anhänger der Evolutionstheorie Georges Louis Leclerc Buffon (1707–1788) zusammen. Buffon war Direktor des Jardin du Roi, des französischen Königlichen Botanischen Gartens, und Autor des 44bändigen Werkes *Histoire naturelle générale et particulière*, das von der gebildeten Klasse, so auch von Charles Großvater Erasmus Darwin, viel gelesen wurde. Needham und Buffon führten zusammen ein Experiment durch, das zeigen sollte, ob die Urzeugung für alles Leben gilt. Sie kochten eine Brühe aus Hammelfleisch und versiegelten sie in einem Topf. Als sie ihn einige Tage später wieder öffneten, blickten sie auf reiches Wachstum, woraus sie schlossen, daß sich die Urzeugung auch auf das mikrobielle Leben ausdehnen ließ. Obwohl absolut fehlinterpretiert – es war ihnen einfach nicht gelungen, die hitzeresistenten Mikroben abzutöten –, bestätigte das Experiment ironischerweise Buffons im wesentlichen moderne Ansicht, daß „organische Moleküle" sich unter bestimmten Bedingungen zu Mikroorganismen zusammenfinden können.

Im Jahre 1768 demonstrierte der italienische Biologe Lazzaro Spallanzani (1729–1799), daß seine illustren Vorgänger die Brühe nicht lange genug gekocht hatten. Spallanzanis Tests überzeugten Ernst Haeckel aber nicht, der überzeugt war, das lange Kochen habe ein „Lebensprinzip" in der Luft zerstört. Doch erst als der französische Chemiker Louis Pasteur (1822–1895) gekochten Fleischextrakt in einem Gefäß der Luft aussetzte, dessen langer Hals zunächst nach unten und dann wieder aufwärts gebogen war, gaben sich die Vitalisten geschlagen. Luft, aber keine Bakterien, Hefe oder andere Lebensformen konnten gegen die Schwerkraft den zickzackförmigen Zugang zu der lebensspendenden Brühe finden. Sobald man das Glas zerbrach und das mikroskopische Leben wieder vordringen konnte, setzte Wachstum auf der Brühe ein. Es gab nur eine Erklärung: Leben entstand nur aus früherem Leben, das wiederum aus noch früherem Leben hervorgegangen war. Auch die Arbeit von Pasteur, die bewies, daß Leben nur aus Leben kommt, festigte die Überzeugung, daß nur Gott das Leben zu Anbeginn geschaffen haben konnte.

Ursprung des Lebens

Im Jahre 1871 dachte Darwin darüber nach, ob man »in irgendeinem kleinen, warmen Teich, mit allen Arten von Ammoniumsalzen und Phosphaten, Licht, Hitze, Elektrizität und so weiter« einen chemisch geformten »Proteinbestandteil erhält ..., der geeignet ist, noch komplexere Veränderungen zu vollziehen.«[6] Leben auf die Materie zurückzuführen, war die logische Ausweitung der Idee, daß alle Arten von einem gemeinsamen Vorfahren abstammen. Wenn sich Arten entwickeln konnten, was sollte die Materie davon abhalten, belebt zu werden?

Ein junger russischer Biochemiker, Alexandr Iwanowitsch Oparin (1894–1981), veröffentlichte im Jahre 1929 ein Buch mit dem Titel *The Origin of Life*. Oparin lenkte darin das Interesse auf bestimmte Möglichkeiten, wie sich chemische Komponenten selbst zum Leben hin organisieren können. Er beschrieb Tröpfchen (Koazervate), die durch die Absorption von Kohlenstoffverbindungen in einer Ursuppe heranwuchsen. Unter der Voraussetzung einer frühen kohlenwasserstoffreichen Atmosphäre mit Gasen wie Methan und

3 700	3 600	3 500	3 400	3 300
erstes Auftreten von Eisenbändererzen, Hinweis auf lokale Sauerstoffquellen an der Sediment/Wasser-Grenze	Barberton Mountains (heutiges Südafrika) und Pilbara Block (heutiges Westaustralien), mit fossilen Hinweisen auf Gemeinschaften, die ohne freien Sauerstoff auskommen: Mikrofossilien, Stromatolithen und chemische Fossilien	Onverwacht Group und Warrawoona Group (heutiges Südafrika), mit verbreitetem Vorkommen reduzierten Kohlenstoffs in Schiefern, Mikrofossilien und Stromatolithen als Zeugen für das weitverbreitete Auftreten photosynthetisierender Bakteriengemeinschaften erste Hinweise auf tektonische Vorgänge: Granit vom Kapvall Craton (heutiges Südafrika)	Entstehung der mächtigsten (und daher ältesten) Teile von Kontinenten	Spuren von Sauerstoff (O_2) in der Atmosphäre und in Sedimenten

Ammoniak und der Sonnenstrahlung als Energiequelle postulierte Oparin, daß seine Koazervate oder „zähflüssigen kolloidalen Gele“ in zunehmendem Maße von ihrer »eigenen spezifischen, internen physiochemischen Struktur« abhängig würden. Schließlich

> »bestimmte die interne Struktur des Tröpfchens seine Fähigkeit, organische Substanzen, die in dem umgebenden Wasser gelöst sind, schneller oder langsamer zu absorbieren und aufzunehmen. Dies mündet in einer Größenzunahme des Tröpfchens, das heißt, es hat sich die Fähigkeit zu wachsen angeeignet ... Ein merkwürdiger Selektionsprozeß war ins Spiel gekommen, der in der Entstehung kolloidaler Systeme mit einer hochentwickelten physikochemischen Organisation resultierte, den einfachsten ersten Lebewesen.«[7]

Da Oparin in einem Land lebte, das seit 1917 offiziell atheistisch war (die frühere Sowjetunion), konnte er sich seiner neuen Version der Urzeugung ungestört widmen, ohne mit angestammten Religionen in Konflikt zu geraten.

Im Jahre 1929 veröffentlichte der britische Physiologe J. B. S. Haldane einen Artikel, in dem er klarstellte, daß freier Sauerstoff organische Komponenten zerstört; das Leben mußte demnach in einer sauerstofffreien Atmosphäre enstanden sein.[8] Die Arbeiten von Haldane und Oparin waren eine Inspiration für die „Ursprung-des-Lebens“-Experimentatoren aus den Vereinigten Staaten, wie Stanley A. Miller, Sidney Fox und Cyril Ponnamperuma. Aber Oparin hatte sich von seinem soziokulturellen Milieu auch nicht weiter entfernt als seine Vorgänger; nach dem Zweiten Weltkrieg bezeichnete er Schrödingers Buch *What is Life?* als »ideologisch gefährlich« und protestierte gegen die neuen Schwerpunkte Gene, Viren und Nucleinsäuren, nannte sie »mechanistisch«. Aber immerhin belebte Oparin aus der Vorstellung, wie Leben hätte entstehen können, die Idee von der Urzeugung des Lebens aus Nicht-Leben.

Im Jahre 1959 stellten der organische Chemiker Sidney Fox und seine Kollegen aus wasserfreien Mischungen von Aminosäuren „Proteinoid-Mikrosphären“ her. Diese Mikrosphären ähnelten den Kokken und teilten sich gelegentlich unter Druck. Leslie Orgel vom Salk Institute in Kalifornien entdeckte ein DNA-ähnliches Molekül (50 Nucleotide lang), das sich in Gegenwart zinkhaltiger Katalysatoren spontan aus einfacheren Kohlenstoffkomponenten bildete. Fünf Jahre später stellten Carl Sagan, Ruth Mariner und Cyril Ponnamperuma in einer phosphorhaltigen Gasmischung, die der frühen Erdatmosphäre entsprechen sollte, ATP her, den universellen Energiespeicher des Lebens. »Vielleicht ist es pure Ironie«, schreibt Ponnamperuma an der Universität von Maryland, »daß wir den jungen Studenten ... von Pasteurs Experimenten als dem Triumph der Vernunft über den Mystizismus berichten, dabei kommen wir selbst wieder auf die Urzeugung zurück, wenn auch in einem verfeinerten und wissenschaftlichen Sinn, nämlich auf die chemische Evolution.«[9]

Die abiotische Produktion von ATP war tatsächlich eine Fortsetzung der Arbeit, die Stanley L. Miller, Student des Nobelpreisträgers Harold Urey von der Universität Chicago, 1953 begonnen hatte. Miller verkleinerte die vermutlich ältesten Umweltbedingungen der Erde und füllte Glasgefäße mit Gas (imitierte Atmosphäre) über einer Oberfläche sterilisierten Wassers (imitierter Ozean). Eine Woche lang bombardierte er seinen gläsernen Mikrokosmos mit blitzähnlichen elektrischen Entladungen. Das Ergebnis war die evolutionsbiologische Version der verdrehten Gliedmaßen von Mary Shelleys Frankenstein-Monster. Alanin und Glycin, zwei Substanzen, die für Proteine unverzichtbar sind, aber auch viele andere Bestandteile waren in der Glasflasche spontan entstanden. Im Labor hatten die Wissenschaftler damit ohne Vorgaben den präbiotischen Ursprung zwar nicht des Lebens, aber der Baustoffe, die zu seiner Erhaltung benötigt werden, nachempfunden – eine Art „Urnahrung“.

Millers Labormodell der jungen Erdatmosphäre verwendete wasserstoffhaltige Gase, die sich durch die gravitative Akkretion der Sonne angereichert hatten:

3 200	3 100	3 000	2 900	2 800
kontinentale tektonische Aktivität - viele kleine Platten	Bildung der Fig Tree Group Formation (heutiges Südafrika) mit Gesteinen, die Mikrofossilien von reproduzierenden Bakterien enthalten	älteste Hinweise auf Leben im heutigen Nordamerika: Steep Rock, Ontario verbreitete Stromatolithenriffe bei Steep Rock und im Pongola Belt (heutiges Südafrika) erhalten Aufspaltung der Bakterien - wahrscheinlich alle wesentlichen Stoffwechselarten bereits entwickelt (zum Beispiel Chemoautotrophie mit H_2-, H_2S-, NH_3- und CH_4-Oxidation; Photosynthese von Sauerstoff; Reduktion von Eisen- und Manganoxiden zu Metall)	Goldablagerungen in altem Flußbett im heutigen Witwatersrand, Hinweis auf von Bakterien ausgelöste Goldausfällung in alten Ästuaren	große Kontinente, entstanden aus herausgehobenen Teilen der Platten, die präkambrische Schilde genannt werden

Wasserstoff (H_2), Wasserdampf (H_2O), Ammoniak (NH_3) und Methan (CH_4). Die Experimente zeigten in verblüffender Weise, daß sich die chemischen Substanzen des Lebens ohne bewußte Zielrichtung selbst organisieren. Unter günstigen Bedingungen – Millers Modell der frühen Atmosphäre war nur eine grobe Annäherung – bilden sich organische Bestandteile spontan aus einfacheren Ausgangssubstanzen. Die zwangsläufige Schlußfolgerung lautete, daß zumindest die Materie des Lebens spontan entsteht.

Millers Experimente wurden von vielen enthusiastischen Chemikern wiederholt und modifiziert. Einige versuchten es mit anderen Energiequellen, beispielsweise ultravioletter Strahlung oder Hitze. Akiva Bar-Nun erzeugte „Donner“ im Labor; er wies nach, daß sogar energiereiche Schallwellen Proteinkomponenten aus den atmosphärischen Gasen generieren konnten. Auch Adenin, Cytosin, Guanin, Thymin und Uracil – die fünf stickstoffhaltigen Basen der DNA- oder RNA-Moleküle – bildeten sich in solchen Experimenten zur „präbiotischen Chemie“.

Alle sechs Elemente, die für das Leben auf der Erde unverzichtbar sind – Kohlenstoff, Stickstoff, Wasserstoff, Sauerstoff, Schwefel und Phosphor –, sind im All entdeckt worden (ABB. 16). Wasserstoff ist das häufigste Element in DNA, RNA, Proteinen, Fetten und anderen Substanzen und gleichzeitig das häufigste im Weltall. Ammoniak (NH_3) wurde 1968 im interstellaren Raum entdeckt. H_3C_2N, Propennitril, wurde 1970 identifiziert. Ethanol (CH_3CH_2OH) ist im Sternbild Orion reichlich vorhanden. Andere Bestandteile wurden sowohl im All als auch in Lebewesen gefunden, darunter Wasser, Ethin, Formaldehyd, Cyanid, Methanol und Ameisensäure (HCOOH), die klare Flüssigkeit, die erregte Ameisen verspritzen. »Gott«, erklärte Ponnamperuma, »ist ein organischer Chemiker.«

Ponnamperuma ist der Meinung, unser Planet habe „knietief“ in Polyaminomalonitril, einer organischen Substanz, deren Kombinationen die spätere Welt der Zellen einleiten, gesteckt. Polyaminomalonitril ist ein Polymer, ein langes Molekül mit HCN-Baustücken (Cyanwasserstoff). HCN ist eine einfache Komponente aus drei Atomen und wurde auch auf Titan, Saturns sechstem und größtem Mond, entdeckt. Er ist ein Vorläufer anderer biochemischer Substanzen, wie Adenin und Guanin in den Nucleotidenbasen der RNA und DNA, und vielleicht eine wesentliche Zutat im kosmischen Rezept des Lebens. Ponnamperuma preist es als das „Gottesmolekül“. Das Polymer gibt es in verschiedenen Farben, inklusive der roten und braunen Schattierungen, die für Tholine charakteristisch sind, jenem organischen Schleim, der im Labor des Astronomen Carl Sagan an der Cornell Universität unter Bedingungen entstand, die denen in ähnlich gefärbten Wolken auf dem Jupiter vergleichbar sein sollen.

In der Zwischenzeit schlug der britische Chemiker Graham Cairns-Smith vor, daß Tonpartikel die empfindlichen Zellvorläufer vor den Sonnenstrahlen geschützt haben könnten, die zwar dazu beitragen, organische Substanzen entstehen zu lassen, sie andererseits aber auch zerstören.[10] Kristalline Tonpartikel – so eine weitere Überlegung – könnten sich auf unbelebten Blasen angesammelt haben, die Wind, Regen, Vulkane und Wellen gebildet haben. Auch heutzutage ziehen solche Blasen Partikel an ihrer Oberfläche an, die Temperatur- und Druckunterschieden ausgesetzt ist, und dienen so als Treffpunkt, an dem Kohlenstoff, Stickstoff, Wasserstoff und andere Elemente aus der Umgebung komplexere Gebilde aufbauen. Wenn die Blasen platzen, hinterlassen sie in ihrem Gefolge chemische Rückstände.

Wie auch immer der exakte Weg während der Entstehung des Lebens war, nach Freeman Dyson ist er wahrscheinlich über eine Art molekularer „Symbiose“ (obwohl der Begriff nicht ganz richtig ist, da keiner der beiden Partner belebt war) zwischen der RNA – einem „Supermolekül“, das, wie wir noch sehen werden, entscheidend für die Entstehung des Lebens war – und eher willkürlich wachsenden „Proteinwesen“ verlaufen. Es muß noch einmal betont werden, daß trotz ange-

2 700	2 600	2 500	2 400	2 300
		PROTEROZOIKUM		
Stromatolithe häufig und auf alten Kontinenten in Teilen des heutigen Afrika, Nord- und Südamerika, Australien und Asien weit verbreitet	Ende der hauptsächlichen Krustenbildungsphase	geologisch moderne Prozesse setzen ein: Sauerstoff (O_2) reichert sich saisonal an; Eisenbändererze weit verbreitet; ausgedehnte Seen oder Meere; Karbonatplattformen als Hinweis auf biogene, riffähnliche Strukturen von bakteriellen Gemeinschaften in marinem Milieu erster Superkontinent (Prä-Pangäa)	Beginn des Eisenbändererz-Zeitalters; 90 Prozent der gegenwärtig abbauwürdigen Eisenerze auf der Erde im heutigen südlichen Afrika, Brasilien, Mittelamerika, West-Ontario, Nord-Michigan und Minnesota sind zwischen 2,4 und 1,8 Milliarden Jahren vor unserer Zeit entstanden	ständige Ausbreitung riffähnlicher Karbonatplattformen und Eisenbändererze

16
Der Neptunmond Triton in einer Photomontage aus einem Dutzend verschiedener Aufnahmen. Viele der äußeren Planeten und deren Monde verfügen über Wassereis und Kohlenstoffverbindungen wie Methan und Kohlenmonoxid, die für die Entstehung von Leben wichtiger sind als die planetaren und lunaren Bedingungen der inneren Planeten.

2 200	2 100	2 000	1 900	1 800
massenhaftes Auftreten von prokaryontem Plankton (Bakterioplankton) in den Weltmeeren	Aufbau der UV-absorbierenden Ozonschicht (O_3 als Produkt von O_2 reichert sich in der Atmospäre an) älteste häufige fossile Bakterien: *Gunflintia, Huronospora, Leptoteichus golubicii* und so weiter	freies O_2 in der Atmosphäre reichlich vorhanden, Anzeichen für eine Vorherrschaft aerober Organismen Mitochondrien, Vorläufer der meisten Eukaryonten, per Symbiose als rote Eubakterien erworben Gunflint Iron Formation (heutiges Ontario, Kanada) und vergleichbare fossile Biota (Flora und Fauna) im heutigen China, Australien und Kalifornien mit komplexen, filamentartigen Mikrofossilien und Überreste strukturierter Gemeinschaften	erstes Auftreten von *Grypania*, als erste Protoctista identifiziert (vielleicht neu interpretierbar als abgestoßene Cyanobakterien-Hüllen)	Eisenbändererze durch Red Beds (oxidierte Eisensedimente) abgelöst, Anzeichen für den weltweiten Übergang zu einer sauerstoffreichen Atmosphäre

strengter Überlegungen und eingehender Forschung bislang kein Leben im Labor erzeugt worden ist. Die Kluft zwischen chemischer Evolution (dem Auftreten von Kohlenstoffverbindungen in passenden Mischungen) und echten Zellen (membranumhüllt, selbsterhaltend und schließlich reproduzierend) besteht immer noch. Doch die im Labor erkundeten Tricks der RNA verkleinern, wie wir gleich sehen werden, diesen Abstand täglich.

„Vorwärts stolpern"

Die Kenntnis des heutigen Menschen vom Ursprung allen Lebens ist vermutlich nicht besser als sein Wissen vom Feuer vor 50 000 Jahren. Wir können es aufrechterhalten und damit spielen, aber wir können es nicht erzeugen. Die Annahme, daß sich der Beginn des Lebens von Wissenschaftlern im Labor wiederholen läßt, ist ein schockierendes Beispiel für die Dreistigkeit der Forscher – aber vielleicht trifft sie zu.

Die wissenschaftliche Forschung enthüllt bereits Abstufungen zwischen einigen chemischen Systemen und der belebten Materie, die wir unzweifelhaft zum Leben zählen. Schrödingers Kristallanalogie ist einer Vorstellung vom Leben gewichen, in der es als chemisches System Material und Energie benötigt, um weitab vom thermodynamischen Gleichgewicht bestehen zu können, genau wie ein dissipatives System. Unbelebte dissipative Systeme können aber auch in einer Weise agieren, die erstaunlich lebensähnlich ist. Solche Systeme zeigen beispielsweise Belousow-Zhabotinski-Reaktionen, etwa die Oxidation von Malonsäure durch Bromat in verdünnter Schwefelsäure mit Cer-, Eisen- oder Manganatomen (ABB. 17, 18). Unter bestimmten Bedingungen entstehen konzentrische und rotierende, spiralige Wellen in einer ästhetisch ansprechenden Reaktion, die über Stunden andauern kann.

Regelmäßigkeit und Dauer solcher Reaktionen haben einige Wissenschaftler dazu bewogen, sie mit dem Leben zu vergleichen. Die bisweilen buntschillernden, chemischen Systeme verbrauchen zugeführte Energie, um ihr internes Ordnungsgefüge zu verbessern und eine Weile jenseits der Grenzen der Gleichgewichtschemie zu agieren. Der österreichisch-amerikanische Astrophysiker und Philosoph Erich Jantsch erklärt, daß

> »Entropie und Reaktionsendprodukte exportiert werden, während freie Energie und neue Reaktionskomponenten importiert werden – hier finden wir den *Stoffwechsel* eines Systems in seiner einfachsten Ausbildung. Mit Hilfe dieser Energie und dem Stoffaustausch mit der Umgebung erhält das System sein inneres Ungleichgewicht aufrecht, und dieses treibt wiederum die Austauschprozesse an. Man kann sich jemanden vorstellen, der stolpert, sein Gleichgewicht verliert und einen Sturz nur vermeiden kann, indem er weiterstolpert. Eine dissipative Struktur erneuert sich ständig und erhält ein ganz bestimmtes dynamisches Regime aufrecht, eine insgesamt stabile Raum-Zeit-Struktur. Sie scheint nur an ihrer eigenen Unversehrtheit und Erneuerung interessiert zu sein.«[12]

Dissipative Strukturen, chemische Systeme, die Energieströme zur Erhöhung ihrer internen Ordnung nutzen, sind jedoch selten und kurzlebig. Wenn aber die verbesserte interne Ordnung die des Lebens ist, erhält sie sich ewig, vorausgesetzt der Zugang des Systems zu einer Energiequelle und der geeigneten Sorte Nährstoff ist gesichert. Das ist Autopoiese. Sie beschreibt den Vorgang, wenn ein selbstbegrenztes chemisches System – nicht auf der Basis kleiner Moleküle wie der Schwefel- und Malonsäure, sondern langkettiger Nucleinsäuren und Proteine – einen kritischen Punkt erreicht und mit dem Stoffwechsel nicht mehr aufhört.

Die Zelle ist die kleinste autopoietische Struktur, die wir heute kennen, die minimale Einheit mit der Fähigkeit, unaufhörlich selbst-organisierenden Stoffwechsel zu betreiben. Der Ursprung der winzigsten Bakterienzelle, des ersten autopoietischen Systems, liegt im Dunkeln. Allgemein anerkannt ist jedoch, daß komplexe

1 700

Auftreten des zweiten Reiches: PROTOCTISTA

älteste Eukaryoten sind die Achritarchen, Hinweis für Zellevolution durch Symbiose. Ursprung der Artbildung, abgeleitet aus Molekulardaten über Protoctista (zunächst anaerobische begeißelte Protista)

1 600

Aufspaltung des aerobischen Lebens

Erscheinen planktonischer und benthischer Organismen, verbunden mit dem symbiotischen Erwerb luftatmender Mitochondrien

1 500

Entwicklung der Protoctista: Ursprung von Mitose, Meiose, Geschlecht und vorprogrammiertem Tod des Individuums in eukaryotischen Mikroorganismen und ihren Nachfahren

1 400

Beginn terrestrischen Lebens durch Cyanobakterien (Mikromatten, Wüstenlack und mikrobielle Gemeinschaften im Boden)

1 300

Aufspaltung von Seetang (Algen, photosynthetisierende Protoctista) unbekannter Taxa, verbunden mit dem symbiotischen Erwerb photosynthetisierender Plastiden

17 (oben)
Das Bakterium *Proteus mirabilis*, Stamm Omnibacteria, Reich Monera. Die ineinandergeschachtelten Muster konzentrischer Terrassen wurden von *Proteus mirabilis* erzeugt. Die Bakterien bilden diese Muster, indem sie abwechselnd wachsen und über die Agar-Oberfläche der Petrischale wandern. Die lebende Geometrie dieser Aufnahme erinnert an die unbelebten dissipativen Strukturen aus Abb. 18.

18 (unten)
Autokatalytische chemische Reaktionen der gleichen Art, aber mit anderen Substanzen als Wiederholungsstrukturen spielen bei der Entstehung von Leben vermutlich eine große Rolle. Diese spezielle „chemische Uhr" ist eine dissipative Struktur in einer Beloussow-Zhabotinski-Reaktion. Die Steigerung der Komplexität mit der Zeit ähnelt dem Leben. Durch Reproduktion hat das Leben jedoch nicht nur für wenige Minuten, sondern über mehrere Milliarden Jahre zu immer komplexeren Strukturen gefunden.

Kohlenstoffverbindungen unablässiger Energiezufuhr und umweltbedingter Veränderung ausgesetzt gewesen sein mußten und sich in ölige Tröpfchen verwandelten, die schließlich zu membranumhüllten Zellen wurden.

Stoffwechsel, das chemische Maß für die spezifisch erdgebundene Ausbildung der Autopoiese, war von Anfang an eine Eigenschaft des Lebens. Schon die ersten Zellen hatten Stoffwechsel: Sie nutzten die sie umgebende Energie (des Lichtes oder bestimmter Chemikalien – niemals Wärme oder mechanische Bewegung) und Substanzen (Wasser und Salze, Kohlenstoff, Stickstoff- und Schwefelverbindungen), um sich zu bilden, zu erhalten und zu reproduzieren. Autopoiese, die chemische Basis für die Ungeduld der Lebewesen, ist niemals freiwillig. Sie ist zu allen Zeiten für jede Lebensform in wäßrigem Milieu unabdingbar, und seit sie in dem kleinsten bakteriellen Vorläufer aufgetaucht ist, ist sie nie völlig verloren gegangen.

Wir verkörpern die Prozesse auf der jungen Erde in unseren lebenden Zellen. Ein Versagen des autopoietischen Systems der Zellerhaltung bedeutet den Tod. Wenn die Autopoiese einer Zelle aufhört, stirbt sie. Ein vielzelliger Organismus, der solche Zellen ersetzen kann, überlebt, da sich das autopoietische Verhalten des größeren Lebewesens durchsetzt. Wenn zu viele seiner Zellen zugrunde gehen, hört der Stoffwechsel der größeren Lebensform auf, und der Tod folgt. Jede Zelle und jeder Organismus mit Selbsterhaltung wird wachsen, und das Gebot zur Reproduktion folgt. Für das bloße Auge nicht erkennbar hört der Zellstoffwechsel nie auf. Chemische Umwandlungen wie Nahrungsaufnahme und Energieumwandlung, die Produktion von DNA, RNA und Proteinen geschehen ohne Unterlaß in allen Zellen und allen Lebensformen, die aus Zellen bestehen.

Leben scheint sich aus den Vorfahren der modernen Bakterien entwickelt zu haben. Chemische Systeme, die zu biologischen Systemen wurden, die ersten Lebewesen, hatten Stoffwechsel und verleibten Energie, Nährstoffe, Wasser und Salze ihrem sich entwickelnden

1 200	1 100	1 000	900	800
ständige Aufspaltung und weitverbreitetes Auftreten von Monera (geschlechtliche Zysten, Eisenbakterien, Cyanobakterien, Algen, mikroskopisch kleine und sogar große Fossilien)	weltweites Riftereignis	zunehmende taxonomische Aufspaltung bei den Algen (photosynthetisierende Eukaryoten) und anderen Protista	älteste „riesengroße", akanthomorphe Acritarchen, wahrscheinlich Algen	weltweite Ausbreitung unidentifizierter, großer „gesteppter" Organismen mit Fossilbildung in Sandsteinen, wahrscheinlich kolonienbildende Sandbewohner verschiedener Protoctista-Reiche, die Ediacara-Fauna

Selbst ein. Es bildeten sich die ersten Zellen. Wie in Jantschs Analogie vom Menschen, der immer weiter stolpert, um nicht zu fallen, so stolperten membranumhüllte Zellen, indem sie RNA verdoppelten und andere Moleküle produzierten, hin zu einer an der DNA synthetisierten RNA und Proteinsynthese; das heißt, Fortpflanzung wurde ein Mittel zur Selbsterhaltung, um die Rückkehr zum thermodynamischen Gleichgewicht aufzuschieben.

Bakterien vermehren sich in der Zeit, die man braucht, um dieses Kapitel zu lesen. Bei Elefanten und Walen kann sich die Generationszeit jedoch bis zu zehn Jahre hinziehen. Wie auch immer die Rate aussieht, Vermehrung setzt die Reproduktion von DNA in den Zellen voraus. Nötig sind RNA, Proteine und Membransynthese sowie der innere Drang zum Wachstum. Die Fortpflanzung höherer Lebewesen – Protoctisten, Pilze, Tiere und Pflanzen – schließt das Wachstum und die Teilung seiner Zellen ein. Autopoietische vielzellige Organismen bestehen aus Zellen, die ihrerseits autopoietisch sind. Tierische und pflanzliche Reproduktion ist eine Verlagerung der Zell-Autopoiese, genau wie die Zell-Autopoiese die Verlagerung des Nucleinsäure- und Protein-stoffwechsels ist. Unser instinktiver Wunsch zu leben ist direkt verbunden mit dem autopoietischen Gebot zu überleben, vergleichbar mit dem „Drang" von Wärme, sich auszubreiten.

Stoffwechselfenster

Da Zellen ihre Organisation trotz – oder gerade wegen – des Durcheinanders um sie herum aufrechterhalten, bieten sie der Wissenschaft ein Fenster in die Vergangenheit. Es grenzt an Magie, daß vom autopoietischen, thermodynamischen Standpunkt aus unsere Körper heute buchstäblich dieselbe Chemie aufweisen sollen, wie sie auf der Erdoberfläche vor drei Milliarden Jahren geherrscht hat. Wir dürfen nicht vergessen, daß in dem Moment, als das Leben autopoietisch wurde, es den Wärmeausgleich und Verlust an Ordnung auf unbestimmte Zeit vertagte. Mit Hilfe der Energie aus Nahrung und Sonnenlicht ist das thermodynamische Gleichgewicht überlistet worden.

Tod ist im eigentlichen Sinn eine Täuschung. Als bloße Fortsetzung der Biochemie sind „wir" in den vergangenen drei Milliarden Jahren nicht gestorben. Berge, Meere und sogar Superkontinente sind gekommen und gegangen, aber wir haben überdauert.

Wir mußten natürlich zu verschiedenen kritischen Zeitpunkten viel riskieren, um am Leben zu bleiben. Dieses dauernde Risiko, das auf der individuellen Ebene Verlangen mit Tod verknüpft, heißt auf der Ebene der Arten Evolution. Lebewesen benötigen stets Nahrung und Energie, um ihr Selbst zu bewahren, doch manchmal müssen sie sich entwickeln und in neue Formen verwandeln, um sich aufrechtzuerhalten. Die Katzen, Blütenpflanzen, Nautiloideen und der Rest der Cephalopoden haben sich verändert und sind doch über die sexuelle Fortpflanzung und den Tod ihrer Mitglieder bestehen geblieben.

Evolution, immerhin die Nucleinsäurenreplikation der Autopoiese und der Reproduktion, ist ein „Vorwärtsstolpern", um die Gefahr einer thermodynamischen Auflösung abzuwehren. Die Mehrzahl der Atome in unserem Körper ist Wasserstoff – jenes Element, das nach astronomischen Modellen als Gas über die Schranken des inneren Sonnensystems hinausgeblasen wurde, als die Sonne zündete. Dennoch haben diese Atome, die schon längst verschwunden sein sollten, durch ihre Bindung an (als) Leben Zeit und Raum getrotzt. Heute gibt es wasserstoffreiche Gase wie Ammoniak nicht nur in den Atmosphären unserer äußeren Riesenplaneten, sondern auch im inneren Sonnensystem, wo das Leben sie in seiner selbstähnlichen Struktur seit dem Zeitpunkt bewahrt hat, als es sich zu erhalten und fortzupflanzen begann.

Tatsächlich kann auch die ursprüngliche dissipative Chemie, die chemischen Uhren aus Proteinen und Nucleinsäuren, die vor dem Leben entstanden waren, erhalten geblieben sein. Einer der schönsten Aspekte von Lebensformen ist, daß sie die Vergangenheit in sich

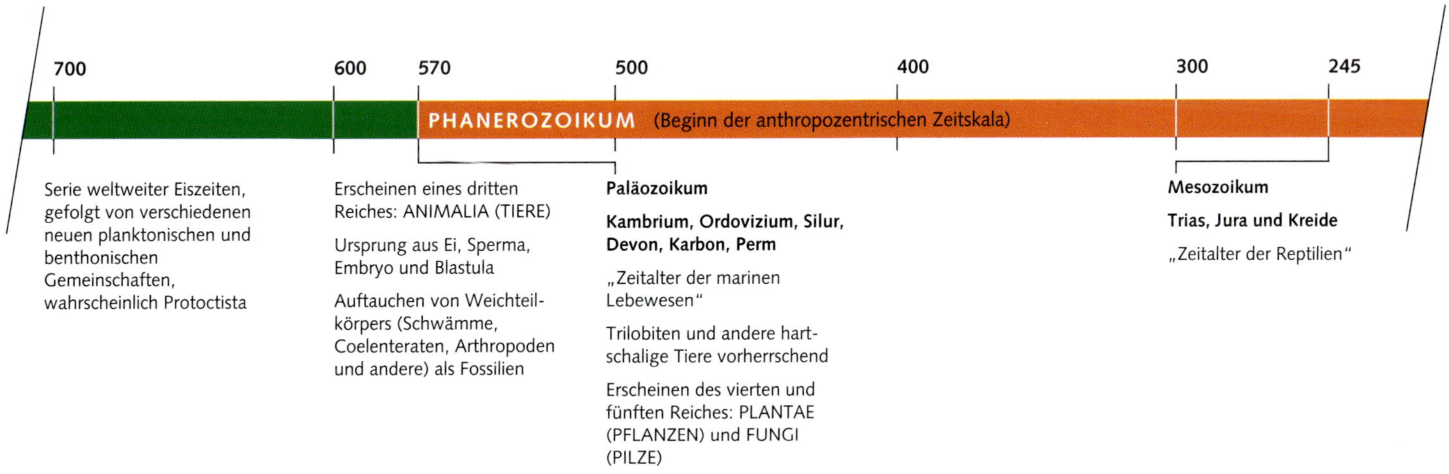

tragen. Wir ähneln unseren Eltern und vielen Menschen, die vor 10 000 Jahren gelebt haben. Diese Erhaltung der Vergangenheit in der Gegenwart ist für die Wissenschaftler ein glücklicher Umstand. Jeder Körper ist die Spende eines biochemischen Museums und jede Bakterienzelle eine ungeplante Zeitkapsel.

Weit davon entfernt, »in düster Vergangenem und Abgrund« (Shakespeare) verloren zu sein, ist der Ursprung des Lebens ein offenes Geheimnis, das darauf wartet, von hinreichend geschickten Chemikern entschlüsselt zu werden. Wenn das Leben ein autopoietisches Phänomen weitab vom Gleichgewicht ist, sollten die lebenden Zellen noch beträchtliche Anteile früherer Systeme beinhalten. Reste des Lebensursprungs existieren vielleicht noch, eine stotternde Genesis für Wissenschaftler, die die Geduld besitzen zuzuhören. Das Leben bewahrt vielleicht sogar noch die ursprünglichen dissipativen Strukturen und chemischen Fossilien in Form von Stoffwechselvorgängen. Organismen sind weitaus wertvoller als Mikrofossilien oder die modernen alchimistischen Experimente, bei denen chemischen Substanzen in Laborgefäßen Energie zugeführt wird. Schnell zu übersehen in ihrer Offensichtlichkeit – unheimlich präsent – sind sie metabolische Fenster zum Ursprung des Lebens.

Die RNA-Supermoleküle

Die einfachste, freilebende autopoietische Einheit ist heutzutage wahrscheinlich ein kleines, rundes, sauerstoffmeidendes Bakterium, das Energie und Nährstoffe für die Aufrechterhaltung seiner 3 000 Gene und Proteine benötigt. Vielleicht sind es auch Mycoplasmen, Wesen, die so klein sind, daß man sie bis vor kurzem für enge Verwandte von Kleinsterregern hielt, die Krankheitssymptome in Schafhirnen auslösen. Selbst darin interagieren die Atome des Kohlenstoffs, Wasserstoffs, Stickstoffs und Sauerstoffs in einem Stoffwechselsystem.

Die aus DNA bestehenden Gene benötigen die RNA, um zu funktionieren. DNA und RNA zusammen produzieren die Proteine, die die Zellstrukturen aufbauen, und sie stellen auch die Enzyme her, die Gene aufspalten und verdoppeln. Der sogenannte genetische Code bezieht sich in der Tat auf die Übereinstimmung zwischen der linearen Ordnung der DNA-Bestandteile und der der Aminosäuren in einer unübersehbaren Vielzahl verschiedener Proteine.

Mit Hilfe der RNA stellen die Nucleotide der DNA die Aminosäuren des Proteins zusammen. Unser Blut, die inneren Organe, Fingernägel, Haut und Haare bestehen aus Proteinen (ABB. 19). Der Grund, warum uns Ernährungswissenschaftler den Rat geben, acht essentielle Aminosäuren zu uns zu nehmen, liegt darin, daß der menschliche Körper diese speziellen Aminosäuren nicht synthetisieren kann – nicht einmal ihre einfacheren Bestandteile.

Während wir Menschen die Umgebung nach essentiellen Aminosäuren abgrasen, muß kein Lebewesen auf der Erde nach Desoxyribose suchen, die für die DNA benötigt wird. Desoxyribose entsteht in den Zellen, indem ein Sauerstoffatom von der Ribose abgespalten wird. Ribose, der aus fünf Kohlenstoffatomen aufgebaute Zucker der RNA, nehmen wir gewöhnlich als Nahrung auf. Daß alle Zellen Desoxyribose herstellen können, solange es Ribose gibt, läßt darauf schließen, daß die Ribose zuerst da war. RNA mit Ribose entstand vor der DNA. Der DNA-Zuckerstoffwechsel entwickelte sich aus der Abspaltung von Sauerstoff aus RNA-Zuckern. Die ältesten Zellen könnten RNA-Wesen gewesen sein, die später DNA-Systeme ausgebildet haben. RNA und DNA zu vergleichen, ist ein Beispiel für den Blick durch zelluläre Fenster auf der Suche nach Hinweisen auf die Anfänge des Lebens.

Andere Hinweise lassen Zweifel am Anspruch der DNA, des „Master-Moleküls", auf den biochemischen Thron des Lebens aufkommen. RNA ist vielseitiger als die DNA und wäre die bessere Wahl als Replikationswerkzeug des ersten autopoietischen Systems des Lebens. Während die Doppelstrang-DNA Desoxyribose für ihre Ketten benötigt, verwendet die einsträngige

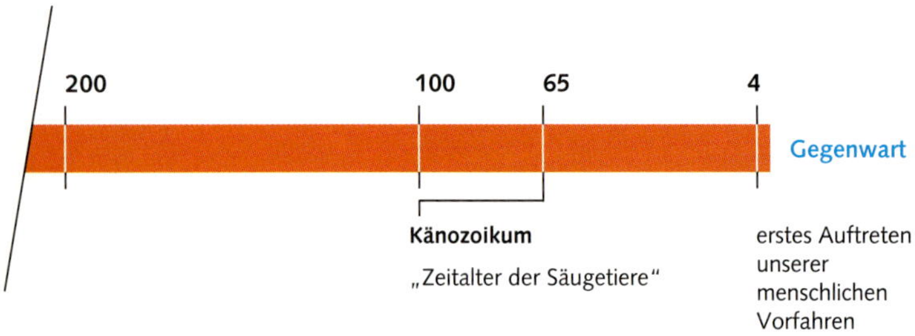

19
(gegenüberliegende Seite, rechts)
Das Rückgrat der fedrigen Struktur besteht aus proteinummantelter DNA, die aktiv in Boten-RNA-Moleküle – die auswärts gerichteten Stränge – umgeschrieben wird. Das Photo entstand unter dem Elektronenmikroskop. Diese Genaktivität – DNA-Moleküle bedienen sich der Boten-RNA, um Tausende von Proteinen zu produzieren, aus denen alle Zellen bestehen, seien es die Pseudopodien der Amöben oder die Federn eines Wellensittichs – stellt das *sine qua non* des Lebens dar, wie wir es auf der Erde kennen. DNA verdoppelt sich, um Gene zu produzieren, wird aber genauso in Boten-RNA transkribiert, die den Rest der Organismen aufbauen hilft.

RNA Ribose, das Ausgangsmaterial für Desoxyribose. Im Unterschied zur DNA, die Proteine nur unter Zuhilfenahme der RNA produzieren kann, ist die RNA in der Lage, sowohl die eigene Verdopplung als auch die Proteinsynthese zu steuern. Vielleicht führte die RNA früher das und vieles mehr aus, was die DNA heute im Zellinnern betreibt. Wenn die beiden Doppelhelix-Stränge der DNA in einer Zelle auseinanderweichen, um eine Nucleotid-Sequenz zu öffnen, wird dieser Bereich auf eine Boten-RNA kopiert. Diese übergibt die Information an zwei weiteren Arten der RNA (Transfer-RNA und ribosomale RNA, benannt nach den Ribosomen, den „Fabriken" in der Zelle, in denen Proteine hergestellt werden), wo die Information in Aminosäure-Einheiten „übersetzt" wird, die sich dann zu funktionierenden Proteinen zusammenschließen. Prinzipiell kann die RNA also ohne die DNA Proteine herstellen.

Im Gefolge von Sol Spiegelman von der Universität von Illinois fand der Physiker und Nobelpreisträger Manfred Eigen (zusammen mit zwei Mitarbeitern am Göttinger Max Planck-Institut für biophysikalische Chemie) in den späten Sechzigern eine Möglichkeit, im Reagenzglas RNA-Moleküle dazu zu bringen, sich zu vermehren. Eigen zeigte, daß sich die Nucleotideinheiten der RNA aufreihen und eine funktionstüchtige RNA formen. Noch eindrucksvoller war, daß ein Teil der künstlichen RNA in eine andere RNA mutierte, die sich viel schneller vermehrte als die ursprüngliche. Eigens Experiment stellte natürlich nicht die Urzeugung nach; RNA-Moleküle allein sind noch keine Zellen. Die RNA in den Reagenzröhrchen wäre vollkommen leblos geblieben, hätten die Wissenschaftler nicht Protein aus lebenden Zellen extrahiert und sie den Ansätzen mit der RNA hinzugefügt.

Eigens RNA-Moleküle ähneln den Viren. Obwohl sie sicherlich nicht leben, zeigen sie Fähigkeiten am Rande des Lebens. Genau wie Computerviren einen von Menschen bedienten Computer für ihre Verbreitung brauchen, so benötigen natürlich vorkommende Viren – keine vollständigen, autopoietischen Wesen, sondern mit Protein ummantelte Gene – lebende Zellen. Sich vermehrende RNA-Viren sind sicherlich genauso gefährlich und zur Fortpflanzung fähig wie DNA-Viren.

Donald Mills von der Columbia -Universität erzeugte ebenfalls RNA-Viren im Reagenzglas; diese verwendeten ein bakterielles Enzym, um sich in einem Bakterium zu vermehren, das Mills passenderweise zur Verfügung gestellt hatte. In den frühen Achtzigern fanden Thomas Cech von der Universität von Colorado und Sidney Altman von der Yale-Universität heraus, daß bestimmte Arten von RNA zur Selbstverdopplung befähigt sind. In Anlehnung daran, daß die RNA wie ihr eigenes aktives Protein reagiert, indem sie sich wie durch Enzymproteine spaltet und ergänzt, werden diese Moleküle „Ribozyme" genannt. Ribozyme, zellfreie Mischungen aus den passenden RNA-Bestandteilen, Proteinen und ihren Bestandteilen verändern sich mit der Zeit in einer Art von Reagenzglasevolution. Gerald Joyce von der Universität von California in San Diego arbeitet am vielleicht interessantesten biochemischen Projekt: Mit seinem Kollegen W. Szostak hat er Ribozyme entdeckt, deren zugehörige Enzyme die Rate der RNA-Replikation sogar erhöhen: echte molekulare Evolution im Reagenzglas.[13]

Die RNA ist daher eine aussichtsreiche Kandidatin auf das frühe Supermolekül des Lebens. Während sie wuchs und an sich arbeitete, hat sie vielleicht eine Vielzahl erweiterungsfähiger Möglichkeiten geschaffen. Sie kann sich vermehren und mutieren, als Gen oder Enzym agieren und damit Operationen ausführen, in denen sie sich fortentwickelt.

Wir können uns nun vorstellen, daß es umhüllte RNA mit der Fähigkeit zur Vermehrung und Informationsweitergabe war, die auf der archaischen Erde, in Öltröpfchen abgesondert, den Weg zur Autopoiese antrat. Die DNA-Welt allen Lebens heutzutage muß sich in RNA-Zellen einer „RNA-Welt" entwickelt haben, ein Begriff, den der Biologe an der Harvard-Universität und Nobelpreisträger Walter Gilbert 1986 prägte.[14]

Zuerst die Zellen

Im normalen Wachzustand verbrennt der menschliche Körper Zucker unter Verbrauch von Sauerstoff aus der Luft. Doch bei großer Anstrengung greift der Körper auf einen ganz anderen Stoffwechsel zurück; die Muskeln fermentieren den Zucker genauso anaerob, wie es die frühen Bakterien erfunden haben. Unter Belastung „erinnert" sich unser Körper an Zeiten, als die Atmosphäre noch nicht mit Sauerstoff angereichert war. Solche physiologischen Rückblenden repräsentieren vergangene Umweltbedingungen und die Körper, die sich darin entwickelt haben. In einem sehr wörtlichen Sinn haben alle heutigen Lebewesen Spuren der ersten Erdbiosphäre zurückbehalten.

Weder DNA noch RNA allein reichen zur Erzeugung des Lebens aus. Der amerikanische Biophysiker Harold Morowitz bezieht sich auf das Konzept, daß „Stoffwechsel die Biogenese nachvollzieht" (Biogenese bezieht sich dabei auf die Entstehung des Lebens), wenn er vorschlägt, daß fast alle Aspekte und Formen des Stoffwechsels und der Protein- und Aminosäurensynthese erst auftraten, als die Membranen sich bereits um die Vorgänger der Zellen geschlossen hatten. Ganz gleich, ob Proteine oder Nucleinsäuren in der Abfolge der Lebensentstehung zuerst waren, Membranen existierten noch eher. Leben ist also ein wahrhaft zelluläres Phänomen.

Morowitz unterstreicht dabei, daß in dem wäßrigen Milieu, in dem das Leben entstand, eine nicht-wäßrige Barriere vonnöten war, um die Zelle von der Umgebung abzutrennen. »Um eine Einheit zu sein, die sich von der Umgebung unterscheidet, benötigt man eine Barriere zur freien Diffusion. Die Notwendigkeit, ein Subsystem thermodynamisch abzuschotten, ist eine unverzichtbare Bedingung des Lebens ... Es ist die Schließung einer amphiphilen zweilagigen Membran zu einer Kugel, die den diskreten Übergang vom Nicht-Leben zum Leben markiert.«[15] Unter dem Materialaspekt als ein System aus Materie und Energie gesehen, erkennt man das Leben an der teilweisen Ausgrenzung der Umgebung durch eine Membran.

Über evolutionäre Zeiten hinweg entsteht Individualität, immer noch auf der Basis der membranumhüllten Einheit einer Zelle, bei immer höherem Vervollkommnungsgrad. Leben entwickelt sich nicht nur, es wählt auch aus. Alle autopoietischen Lebewesen haben notwendigerweise eine intakte Zellmembran. Sie ist die Grundvoraussetzung für Stoffwechsel. Das erste autopoietische System, dem vielleicht sogar DNA und RNA fehlten, war mit großer Sicherheit eine Zelle. Sie wurde vielleicht zu einer RNA-gefüllten Zelle, einer Lipidkapsel, deren autopoietische Beharrlichkeit, unterstützt durch die Zugabe von DNA, sich zu unserem frühesten bakteriellen Vorfahren entwickelte.

Zu Beginn dieses Kapitels haben wir geschrieben, daß das Leben von der Welt verlassen worden war, und doch hatte sich die Welt nicht wegbewegt. Wir hoffen, gezeigt zu haben, daß dies mehr eine poetische Metapher war: Leben befand sich inmitten der Welt und der Materie, aber von ihr getrennt durch eine durchscheinende, semipermeable Membran.

Was also ist Leben?

Leben ist die Präsentation, das Vorführen vergangener Chemie, vergangener Umweltbedingungen, die – eben durch das Leben – auch auf der heutigen Erde zu finden ist. Es ist die wäßrige, membranumhüllte Einkapselung von Raumzeit. Tod ist Teil des Lebens, denn selbst im Tod rettet die Materie, wenn sie sich fortpflanzt, komplexe chemische Systeme und knospende dissipative Strukturen vor dem thermodynamischen Gleichgewicht. Leben ist ein Nexus heranreifender Sensibilität und Komplexität in einem Universum aus Ausgangsmaterial, das im Vergleich dumm und gefühllos ist. Das Leben muß sich gegen die universelle Tendenz der Wärme zur gleichmäßigen Verteilung behaupten. Dieser thermodynamische Ansatz erklärt in gewisser Weise die Bestimmtheit und Entschlossenheit des Lebens – über Milliarden von Jahren war es in einem Muster gefangen, aus dem es nicht heraus kann, selbst wenn es wollte. Denn das Leben selbst zeigt sich als Muster chemischer Konservierung in einem Universum mit der Neigung zu Wärmeverlust und Desintegration. Die Vergangenheit zu bewahren, zwischen Vergangenheit und Gegenwart einen Unterschied zu machen, damit bindet das Leben Zeit, erhöht seine Komplexität und schafft sich neue Probleme.

4

Herrscher der Biosphäre

Hätte man [die Bakterien] auf dem Mars entdeckt, wären sie wohl viel dramatischer beschrieben worden, und man hätte auch sicher nicht ihre außergewöhnliche Naturgeschichte übersehen, die oft wie Science fiction anmutet.

Sorin Sonea und **Maurice Panisset**

Vielleicht werden manche Leser meine Lehre, daß ansteckende Krankheiten von Lebewesen verbreitet werden, mit einem Lächeln quittieren.

Agostino Bassi

Die Furcht vor einem Planeten der Bakterien

Mikroorganismen galten als eine Kuriosität, eine Art naturgeschichtliche Zugabe, bevor man erkannte, daß einige von ihnen Krankheiten auslösen. Antoni van Leeuwenhoek, der um 1670 eine frühe Form des Mikroskops erfand, beschrieb diese Lebewesen als „animalcules" – winzige Tierchen. Ihre schnellen Bewegungen, ihre seltsamen Formen und ihre ungeheure Anzahl verblüfften ihn. Im Jahre 1831 bewies der halbblinde italienische Jurist Agostino Bassi (1773–1856) durch Übertragung der Muscardiokrankheit von einer pilzinfizierten Seidenraupe auf eine andere, daß eine Ansteckung möglich war. Dennoch betrachtete selbst Pasteur – immerhin eine Generation nachdem Bassi gezeigt hatte, daß Krankheit nicht spontan entstand – Bakterien lediglich als Fäulniserreger.

Die Auffassung wandelte sich, als Robert Koch (1843–1910) im Blut von Kühen, die an Milzbrand erkrankt waren, Bakterien fand. Diese kleinen Stäbchen („Bazillen") wuchsen aus widerstandsfähigen Bakteriensporen heran. Koch, der damals als Amtsarzt tätig war, gelang es, die Bakterien in einem flüssigen Nährmedium zu vermehren, indem er sie mit Blutserum versorgte. Er entwickelte außerdem eine Färbemethode für sie und photographierte die Übeltäter mit einer Kamera, die er auf ein Mikroskop montierte. Dennoch wurde die heute wohlbekannte Tatsache, daß Bakterien ansteckende Krankheiten verursachen, nur langsam akzeptiert. Die englische Krankenschwester und Philanthropin Florence Nightingale (1820–1910) leugnete die Existenz von Krankheitskeimen bis zu ihrem Tod.

Als die Theorie der ansteckenden Krankheitskeime schließlich Allgemeingut wurde, schlug das Pendel unvermutet zur anderen Seite aus. Für Milzbrand, Gonorrhöe, Typhus und Lepra zeigten sich unterschiedliche Typen von Bakterien verantwortlich. Die Mikroben, einst possierliche kleine Sonderlinge, wurden zu Dämonen. Pasteur hatte, wie auch Howard Hughes nach ihm, eine panische Angst vor Schmutz und Krankheitskeimen. Er vermied es, Leuten die Hand zu schütteln. Sein Geschirr reinigte er übergründlich und suchte seine Nahrung akribisch nach etwaigen Resten von Holz, Wolle und anderen Fremdkörpern ab. Mikroben waren nicht länger ein unterhaltsames Thema für Salongeplauder, sondern wurden zu einem bösartigen „Anderen", das zerstört werden mußte. Die Geringschätzung der Bakterien als winzige „Krankheitserreger“ überlagert heute noch ihre unschätzbare Bedeutung für das Wohlergehen alles übrigen Lebens.

Bis in die fünfziger Jahre unseres Jahrhunderts waren die ältesten unumstrittenen Fossilien 550 Millionen Jahre alte Trilobiten und andere ausgestorbene Meerestiere. Dagegen datieren die ältesten Gesteine der Erde fast viertausend Millionen Jahre zurück. Inzwischen hat man in den ältesten Sedimentgesteinen Fossilien von Mikroorganismen nachgewiesen. Das legt nahe, daß das Leben bald nach der Bildung des Erde-Mond-Systems begann.

Im Jahre 1977 fanden die Paläobiologen Elso Barghoorn und Andrew Knoll von der Harvard-Universität in 3 400 Millionen Jahre alten Sedimentgesteinen etwa zweihundert fossile Bakterien (manche davon sogar in verschiedenen Stadien der Zellteilung). Weil Barghoorn einige Zeit zuvor bereits mikrobielles Leben in der Gunflint-Iron-Formation im westlichen Ontario und den Staaten um den Oberen See entdeckt hatte, war er für die Entdeckung der fossilen Reste von Bakterien in den weit älteren afrikanischen und australischen Gesteinen gut vorbereitet. Im Jahre 1990 reiste die Geologin Maud Walsh in das Barberton Mountain Land im Süden Afrikas und sammelte dort altes, schwarzes Gestein, das man Flint (Feuerstein) nennt – silikatisches Gestein, das aus flachen Schlammulden und kleinen Vulkanseen entstanden ist. Nach ihrer Rückkehr ins Labor in Baton Rouge im US-Bundesstaat Louisiana schnitt sie den Flint in dünne Scheiben und polierte sie durchsichtig. Nun konnte Walsh sie unter dem Mikroskop untersuchen. Die Forscherin sah mehr als nur Bakterien; die Mikroorganismen in den Dünnschliffen waren in Sandschichten eingebettet, die sie selbst geschaffen hatten – eine Beleg für das Gedeihen kompletter Lebensgemeinschaften in Mikrobenmatten vor über 3 500 Millionen Jahren.[1]

Moderne Bakterien können möglicherweise noch aufschlußreichere Informationen über das früheste Leben liefern. Wie der amerikanische Molekularbiologe Carl Woese herausfand, heben sich drei Typen sehr widerstandsfähiger Bakterien durch ihre ribosomale RNA von allen übrigen Bakterien ab: extrem salzliebende „Halophile“, hitzetolerante „Thermophile“ aus heißen Quellen und methanproduzierende „Methanogene“. Diese Bakterien, die unter extremen Bedingungen leben, besitzen eine ribosomale RNA, die sie einander viel ähnlicher sein läßt als irgendwelche anderen Bakterien. Woese bezeichnet diese widerstandsfähigen Lebewesen als „Archaebakterien“ (heute Archaea genannt); nach seiner Meinung sind sie die direkten Nachkommen der frühesten Lebensformen auf der Erde.

Die Beobachtung, daß Archaebakterien sauerstofffreie Umgebungen – wie den Meeresboden, Kuhmägen, sauerstofflose Abwässer oder die heißen, sauren Quellen des Yellowstone-Nationalparks – bewohnen, paßt in das heutige Bild einer im Archaikum heißen Erde, in deren Atmosphäre höchstens Spuren von Sauerstoff enthalten waren. Dieses Gas gelangte erst in die Atmosphäre, als Blaugrünbakterien einen Weg fanden, mit Hilfe der Energie des Sonnenlichtes Wassermoleküle (H_2O) zu spalten, um an den wertvollen Wasserstoff heranzukommen. Indem sie den Wasserstoff mit Kohlenstoffatomen aus dem Kohlendioxid verbanden, das damals in großen Mengen vorhanden war, konnten die blaugrünen Bakterien DNA, Proteine, Zucker und alle ihre weiteren Zellbestandteile aufbauen. Diese auf Licht angewiesenen Mikroorganismen breiteten sich im Archaikum rasch überall in den sonnendurchfluteten Gewässern der Erde aus. Dabei setzten sie riesige Mengen molekularen Sauerstoffs frei, der bei ihrer Wasserstoffgewinnung aus Wasser übrigblieb.

Die Erdatmosphäre wurde somit schnell zu einem Teil des Stoffwechsels der sich entwickelnden Bakterien. Allein durch die Arbeit der innovativsten Mikroben aller Zeiten kam die einst von Sauerstoffgas freie Erde in den Besitz einer sauerstoffreichen Atmosphäre. Zunächst hatten methanproduzierende, schwefelliebende und andere anaerobe Bakterien den Planeten bevölkert – Lebewesen, die Sauerstoffgas weder produzierten noch in ihrem Stoffwechsel nutzten.

Bakterien sind das Leben

Eine berechtigte Antwort auf die Frage „Was ist Leben?“ lautet Bakterien. Jeder Organismus ist, wenn er nicht selbst ein lebendes Bakterium darstellt, so doch – auf die eine oder andere Weise – ein Nachfahre eines Bakteriums oder, noch wahrscheinlicher, von Verschmelzungen verschiedener Arten von Bakterien. Bakterien haben den Planeten als erste bevölkert und ihre Vormachtstellung nie aufgegeben.

Die Bakterien sind zwar die winzigsten Lebensformen auf dieser Erde, sie haben aber in der Evolution

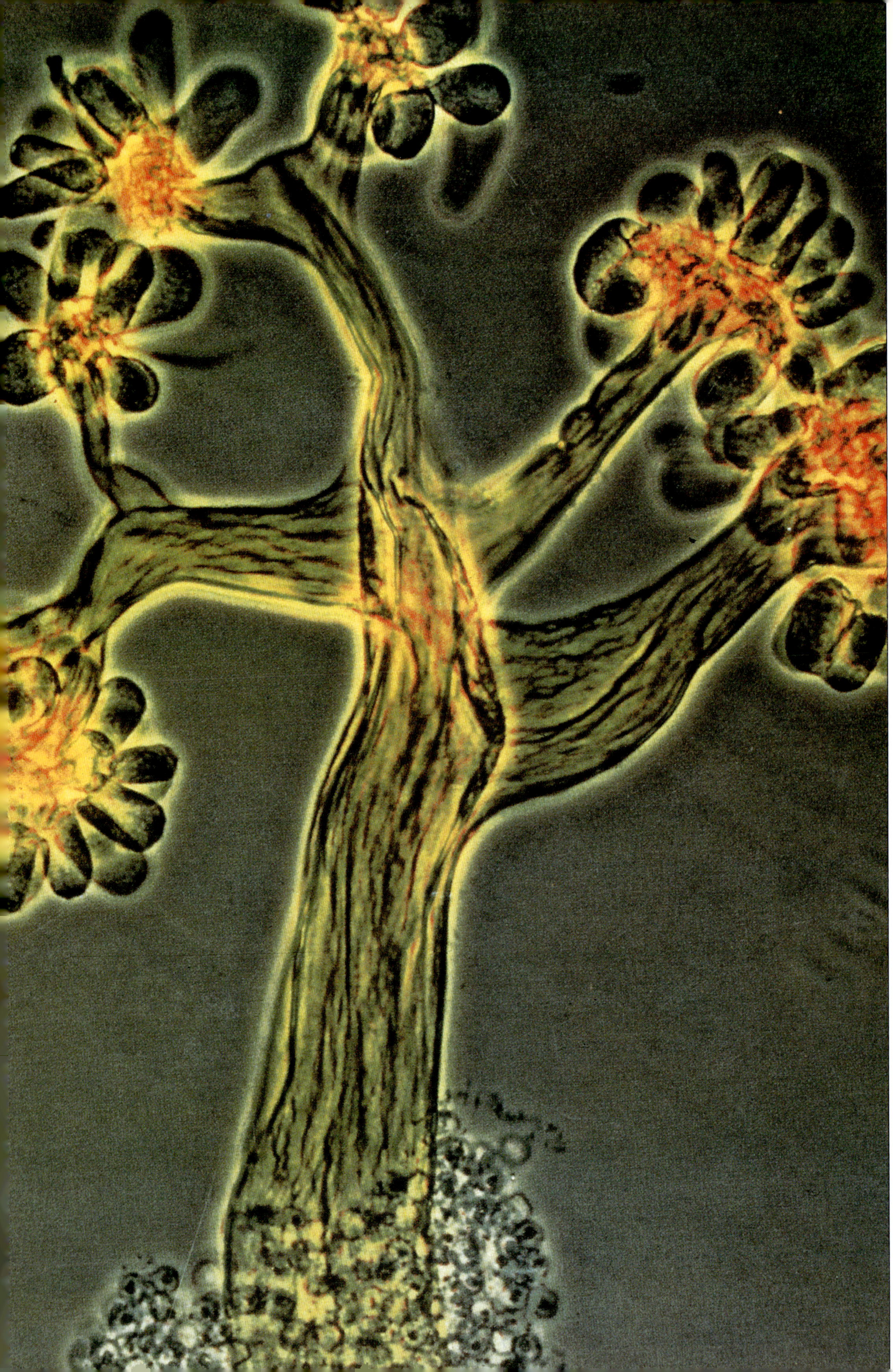

20
Myxococcus, **ein vielzelliges Bakterium, Abteilung Myxobacteria, Reich Monera. Diese Bakterien lagern sich zu vielzelligen „Bäumen" zusammen, wenn es ihnen an Nährstoffen oder Wasser mangelt. Im Gegensatz zur landläufigen Meinung läßt sich „Vielzelligkeit" nicht nur bei höheren Organismen beobachten, sondern ist bereits für Prokaryoten typisch.**

gewaltige Schritte vollzogen. Bakterien haben sogar die Vielzelligkeit erfunden. Tatsächlich sind – entgegen der gängigen Meinung – die meisten Bakterien in der Natur vielzellig (ABB. 20). Jede einzelne Einheit dieser vielzelligen bakteriellen Lebewesen ist eine Bakterienzelle.

Einige Bakterienlinien entwickelten sich im Laufe der Evolution zu vielen unterschiedlichen Arten von Lebewesen, darunter auch uns. In den Zellen von uns allen befinden sich heute ehemalige Bakterien, die mit Hilfe von Sauerstoff Energie erzeugen. Dies sind die Mitochondrien. Die photosynthetisch aktiven, blaugrünen Lebewesen und ihre Abkömmlinge (die Pflanzen) entnehmen der Atmosphäre Kohlendioxid, nutzen den Kohlenstoff zum Aufbau ihrer Körper und geben als Abfall den Sauerstoff der frischen Luft ab – denn nur einen kleinen Teil davon verbrauchen die Mitochondrien selbst, die in allen Pflanzenzellen mit den ehemals photosynthetisch aktiven Bakterien zusammenleben.

Die Atmosphären unserer Nachbarplaneten Mars und Venus bestehen zu mehr als 90 Prozent aus Kohlendioxid. Im Gegensatz dazu ist die Lufthülle der Erde eine reaktive Mischung mit einem großen Anteil Sauerstoff und weniger als 0,1 Prozent Kohlendioxid. Es waren Bakterien, die einst das Kohlendioxid entfernten und den Sauerstoff produzierten. In Wirklichkeit haben also Bakterien die Umwelt geschaffen, die wir heute auf unserem Planeten vorfinden. Alle größeren Lebewesen beherbergen in ihren Zellen Mitochondrien, lebende Nachkommen von Bakterien, die auf der Erde existierten, bevor sich der Sauerstoff in der Luft angereichert hatte. Das Leben auf der Erde ist eine Holarchie, ein verwobenes fraktales Netzwerk von Lebewesen, die voneinander abhängig sind.

Die Furcht vor Bakterien ist in gewisser Weise eine Furcht vor dem Leben, eine Furcht vor uns selbst auf einer früheren Stufe der Evolution. Es ist keine Überraschung, daß Mikroben uns heute so attraktiv finden. Weil sich die Kohlenstoff-Wasserstoff-Verbindungen aller Organismen in einem geordneten Zustand befinden, erweist sich der menschliche Körper (wie der Körper jedes anderen Lebewesens) für diese winzigen Lebensformen als attraktive Nahrungsquelle. Bakterien suchen uns zur Selbsterhaltung in ihrem alten Kampf gegen das thermodynamische Gleichgewicht auf.

Vielleicht können wir in der Tatsache Trost finden, daß die Materie unseres Körpers nach dem Tod nicht in einen inerten Zustand übergeht, sondern in die bakterielle Ordnung, die der Biosphäre zugrundeliegt. »Siehst du nicht«, schrieb Giordano Bruno, »daß das, was Saat war, zu grünem Gras wird und grünes Gras zu einer Ähre und die Ähre zu Brot? Das Brot wird sich in nährende Flüssigkeit verwandeln, die Blut hervorbringt, aus Blut kommt Same, Embryo, Mensch, Leiche, Erde, Gestein und Mineral; und so wird die Materie immer und immer wieder ihre Form ändern und kann jede natürliche Form annehmen.«[2]

Der Wunsch, seine Jugend zu erhalten, seine attraktivste Form und schließlich sein bloßes Leben, wird auf der Ebene des Körpers aus Fleisch zur Unmöglichkeit. Unsere persönliche Niederlage ist ein Sieg für die Bakterien, welche die Wasserstoff-Kohlenstoff-Verbindungen unseres Körpers in eine lebendige Umgebung zurückführen. Bakterien stehen den ursprünglichen Strukturen des Lebens näher; anders als wir leben sie nicht dem Tod entgegen. Abgesehen von einem unglücklichen Unfall, einer Mutation oder einer Begegnung mit einem anderen Bakterium, bei der ein Austausch von Genen stattfindet, kann eine einzelne Bakterienzelle praktisch für immer in ihrer ursprünglichen Form „überleben", denn Generation für Generation stellt sie durch Zellteilung Kopien ihrer selbst her.

Als vielzellige Kreaturen sind wir Ungleichgewichtsstrukturen aus Zellen, gerade so wie ein Bakterium eine Ungleichgewichtsstruktur aus Materie ist. Die Existenz der Menschheit als Spezies, ja des gesamten Tierreiches, ist weitaus gefährdeter als die Existenz der Bakterien – so wie die Existenz der Bakterien gefährdeter ist als diejenige von toter Materie.

Die metabolisch Begabten

Bakterien können wie Tiere schwimmen, wie Planzen die Photosynthese betreiben und wie Pilze Verwesung verursachen. Das eine oder andere dieser mikrobiellen Genies kann Licht wahrnehmen, Ethanol herstellen, Wasserstoff aushauchen und Stickstoffgas fixieren, Zucker zu Essig vergären, Sulfationen oder elementaren Schwefel in Salzwasser zu Schwefelwasserstoffgas umwandeln. All dies und noch viel mehr leisten die Bakterien nicht, weil sie „Krankheitserreger" sind oder für die Säuberung unserer menschlichen Umwelt zuständig wären, sondern weil ihr Überlebenswille sie dazu veranlaßte, jede grundlegende metabolische Umwandlung auf diesem Planeten zu erfinden.

Die kleinsten unter ihnen haben einen nur tausendmal größeren Durchmesser als ein Wasserstoffatom. Gäbe es so etwas wie Engel, die auf einer Nadelspitze tanzen können, dann wären es Bakterien. Bakterien haben die Nanotechnologie bereits gemeistert; an sich schon miniaturisiert, üben sie eine Kontrolle über spezifische Moleküle aus, von der menschliche Ingenieure nur träumen können. Weitaus komplexer als jeder Computer oder Roboter nimmt das Durchschnittsbakterium Nahrung wahr und bewegt sich darauf zu. Bei Auswahl und Annäherung an das Ziel bewegen sich Bakterien mit Hilfe von Geißeln fort, korkenzieherartig geformten Proteinfäden, die an lebendigen Motoren in den Membranen ihrer Zellen befestigt sind. Diese „Protonen-Motoren" sind komplett mit Ringen, winzigen Lagern und Rotoren ausgestattet und rotieren mit etwa 15 000 Umdrehungen pro Minute. Sie versetzen die Bakterien in der gleichen Weise in Bewegung, wie die Schraube eines Außenbordmotors ein Boot antreibt.

Weil sich Bakterien rasch vermehren, können sie bei geeigneter Versorgung mit Nahrung und Wasser ihre Anzahl in einer halben Stunde oder noch schneller verdoppeln. Sie waren – und werden es vermutlich immer bleiben – die wichtigsten Gestalter der Biosphäre. Ein einziges photosynthetisch aktives Blaugrünbakterium (Cyanobakterium), das unter idealen Bedingungen wächst und sich teilt, könnte theoretisch in einigen wenigen Wochen den gesamten derzeit in der Atmosphäre enthaltenen Sauerstoff produzieren.

Alle anderen Lebensformen sind von der Arbeit der ungezählten, lebenden, sterbenden und metabolisierenden Bakterien abhängig. Unsere Beziehungen zu den Bakterien um uns herum bestimmen unsere Gesundheit und unser Wohlergehen gerade so wie das unseres Bodens, unserer Nahrung und unserer Lieblingstiere. So nackt und einfach Bakterienzellen auch aussehen mögen, sie sind unablässig tätig – für sich selbst wie für den gesamten Planeten. Manche dieser Bakterien betreiben Photosynthese, ohne jemals Sauerstoff abzugeben, und dennoch bauen sie alle ihre Zellbestandteile aus Kohlendioxid und Wasserstoff auf. Andere integrieren Kohlendioxid und Wasserstoff aus der Luft in ihre Proteine und wandeln ihren Abfall in Methangas um. Wieder andere reduzieren Sulfat zu Sulfid oder bauen inerten Stickstoff in ihrem Körper ein. Nur die Bürger des Bakterienreiches sind derart metabolisch begabt. Entdeckt man ein Tier (wie die Termite, die Methan produziert) oder eine Pflanze (wie die vom Hungertod bedrohte Bohne, die sich nun über die Wurzeln selbst mit Stickstoffverbindungen versorgt) mit solchen metabolischen Fähigkeiten, liegt das nur daran, daß sie Bakterien für diese Aufgabe herangezogen haben. Auch die Biotechnologie der Menschen in weißen Laborkitteln läßt sich auf derartige Leihgaben zurückführen. Wir Menschen „erfinden" nicht patentierbare Mikroben durch genetische Rekombination; vielmehr haben wir gelernt, wie wir die alte Fähigkeit der Bakterien zum Genaustausch ausbeuten und manipulieren können.

Die Genhändler

Bakterien handeln mit größerer Leidenschaft Gene als die Makler der Frankfurter Börse ihre Aktien. Der Austausch genetischer Information durch Bakterien schafft die Basis für das Verständnis neuer Evolutionskonzepte.

Evolution ist nicht als linearer Stammbaum zu verstehen, sondern als Veränderung des einzigen, vieldimensionalen Wesens, das so groß geworden ist, daß es nun die gesamte Oberfläche der Erde bedeckt. Dieses Wesen von der Größe eines Planeten, das von Beginn an empfindungsfähig war, hat sich um so schneller ausgebreitet und wurde um so stärker auf sich selbst bezogen wie es sich, im Verlauf der letzten dreitausend Millionen Jahren, vom thermodynamischen Gleichgewicht wegentwickelt hat. Stellen wir uns vor, Sie treffen in einem Café einen grünhaarigen Menschen. Bei diesem kurzen Zusammentreffen nehmen Sie den Teil seiner Erbinformation in sich auf, der für die grünen Haare codiert, vielleicht auch noch einige weitere neue Eigenschaften. Sie können jetzt nicht nur die Gene für das grüne Haar an Ihre Kinder vererben, sondern verlassen selbst das Café mit grünen Haaren. Bakterien erlauben sich diese Art eines zufälligen, schnellen Generwerbs zu jeder Zeit. Sie lassen es einfach zu, daß sich ihre Gene in die umgebende Flüssigkeit ausbreiten. Nach der gängigen Definition ist unter einer Art eine Gruppe von Organismen zu verstehen, die sich nur untereinander kreuzen. Wendet man diese Definition auf Bakterien an, dann gehören alle Bakterien weltweit zu einer einzigen Art. Auf der Erde des Archaikums herrschte ein wildes Durcheinander mit ungeheurem Wachstum, und Gene wurden sehr häufig übertragen. Dies führte nach und nach zu den genetischen Beschränkungen der Protisten des Proterozoikums, jenen größeren zusammengesetzten Lebewesen, die wir im Kapitel 5 vorstellen.

Die Vertreter aller bekannten, sich sexuell fortplanzenden Arten besitzen Zellen mit Zellkernen, in denen die DNA untergebracht ist. Im Unterschied dazu befindet sich die DNA der Bakterien lose in ihrem Körper. Bakterienzellen haben überhaupt keine Zellkerne; deshalb sind Bakterien Prokaryoten, die aus prokaryotischen Zellen bestehen. „Prokaryot" bedeutet wörtlich „vor einem Zellkern". Frei von einem Zellkern und ungehindert durch anfärbbare, mit Proteinen bestückte Chromosomen, mit denen alle anderen Lebensformen zurechtkommen müssen, vermehren sich Bakterien niemals durch Mitose. Durch Mitose, den „Tanz der Chromosomen", teilen sich die Zellen von Pflanzen, Pilzen und Tieren. Dieser Tanz entwickelte sich in Protisten des Proterozoikums, der Ära, die auf das Archaikum folgte. Im Unterschied zur Mitose verlängert ein Elternbakterium seine DNA, die an die wachsende Membran gebunden ist, bis sich die voll ausgewachsene Mutterzelle in zwei identische Tochterzellen teilt. Einige Bakterien vermehren sich durch „Knospung", das sind Ausstülpungen, die zu kleineren Nachkommen führen. Auch diese enthalten die gleichen Gene wie die Mutterzelle.

Die Vertreter der bekannten Arten von Planzen und Tieren pflanzen sich „vertikal" fort, indem Mutter und Vater jeweils eine gleiche Anzahl an Genen (auf Chromosomen) zur Bildung eines Nachkommens beisteuern. Bakterien unterliegen keiner derartigen Einschränkung. Statt dessen geben Bakterien ihre Gene „horizontal" weiter und nehmen neue Gene von Angehörigen ihrer eigenen Generation auf.

Bakterienzellen besitzen oft überzählige DNA-Stränge mit zusätzlichen Genen. Diese Gene können als nackte Stücke ausgetauscht werden, die man als Plasmide bezeichnet, oder in Proteine gehüllt, dann handelt es sich um Viren. Bei manchen Bakterien bildet sich eine Brücke zwischen der empfangenden Zelle und der Zelle, die ihre Gene abgibt (ABB. 21). Diese sogenannte Konjugation, die Ausbildung einer Brücke zwischen Zellen, über die Gene verschickt werden, unterscheidet sich von der Sexualität der Säugetiere. Weder verschmelzen die Bakterienzellen noch tragen „Eltern" in gleicher Weise zu einem Nachkommen bei. Statt dessen überträgt ein Bakterium, der „Donor", seine Gene in einer Richtung auf den „Rezipienten", der für den Empfang keine Gegenleistung erbringt. Trotzdem erfüllt die Konjugation die Minimalanforderungen eines biologischen Sexualaktes, weil die Genübertragung ein neues Bakterium schafft, ein „genetisch rekombiniertes" Lebewesen mit Genen von mehr als einem Elternteil.

Nicht alle Bakterien sind zur Konjugation fähig. Viele Typen von Bakterien, die nicht konjugieren können, weichen auf den Viren- oder Plasmid-Sex aus. Die Bakterien, die diese häufigere Form von Sex praktizieren, müssen sich in ihrem bakteriellen „Geschlecht" unterscheiden: Ein bestimmter Donor benötig einen geeigneten Rezipienten. Ob ein Bakterium Donor oder Rezipient ist, bestimmt ein einziges „Sex"-Gen. Auch das Sex-Gen kann beim Konjugationsvorgang übertragen werden. In diesem Fall kann ein „männliches" (Donor-)Bakterium zu einem „weiblichen" (Rezipienten) werden. „Sie" wird zu einem männlichen Donor wie „er selbst". Von einigen wenigen bis zu sehr vielen kann jede Anzahl von Genen auf einmal transferiert werden, was den Rezipienten nicht nur in die Lage versetzt, selbst Zellbrücken auszubilden, sondern ihm eventuell auch weitere nützliche Eigenschaften verleiht, wie etwa die Fähigkeit, Vitamine herzustellen oder einem bestimmten Antibiotikum gegenüber resistent zu sein.

Wenn man gesunde Bakterien der Ultraviolettstrahlung aussetzt, schleudern sie explosionsartig unzählige winzige Viren aus, die man als Prophagen bezeichnet. Solche Viren verteilen Gene an die überlebenden Empfänger. Weil keine Ozonschicht die junge Erde umgab, welche die ultraviolette Strahlung der Sonne hätte abhalten können, könnte der genetische Austausch in noch weit größerem Umfang stattgefunden haben als es heute der Fall ist. Die junge Erde, von UV-Strahlung bombardiert, könnte der Schauplatz einer

21
Genaustausch zwischen drei Bakterien. Anders als alle übrigen Lebensformen auf der Erde übertragen Bakterien genetische Information relativ freizügig. So können auch taxonomisch verschiedene „Arten" Gene austauschen. Sexualität zwischen Bakterien – von Bedeutung für die Evolution von Zellen mit Zellkernen (Eukaryoten) – fand wahrscheinlich schon in großem Ausmaß zu einer Zeit statt, bevor die Bakterien selbst genügend Sauerstoffgas für den Aufbau einer Ozonschicht produziert hatten. Das „männliche" Bakterium oben in der elektronenmikroskopischen Aufnahme überträgt Gene durch zwei Röhren, an denen Bakteriophagen sitzen.

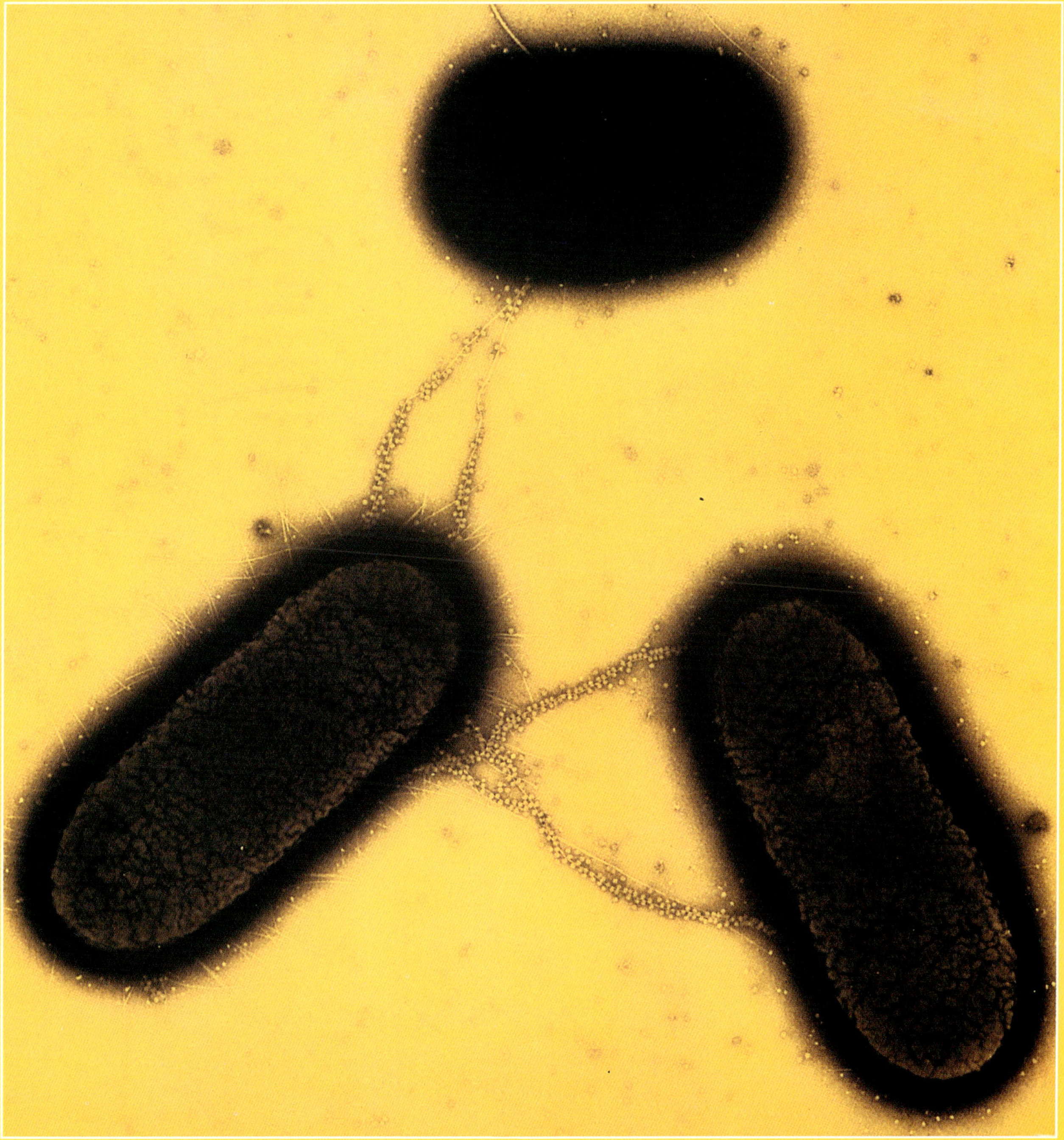

Jahrmillionen dauernden Orgie von Bakteriensex mit Genaustausch gewesen sein.

Die bakterielle Rekombination ist eine natürliche Form der gentechnischnen Rekombination, die Biotechnologen ausnutzen. Gentechniker können geeignete Bakterien manipulieren; so zwingen sie zum Beispiel das Darmbakterium *Escherichia coli*, menschliches Insulin zu produzieren. Das Bakterium nimmt ein bestimmtes menschliches Gen auf und vermehrt sich. Die gesamte Population stellt dann große Mengen dieses menschlichen Hormons her, das normalerweise die Bauchspeicheldrüse produziert.

DNA kann sich von einem sterbenden Bakterium trennen und sich – entweder als reine DNA oder von Proteinen umhüllt in einem Virus – in die Gene eines anderen Bakteriums einfügen. Anders als Eizelle und Samenzelle verschmelzen Bakterienzellen niemals. Nur ihre Gene fließen; aber dieser Genfluß verbindet sie zu einem lebendigen, weltweiten Netz, das als Science-fiction-werk vermutlich höchstdotierte Preise gewinnen würde. Stellen Sie sich vor, Sie wären eine Person mit blauen Augen (eventuell auch mit soeben erworbenem grünen Haar) und nähmen beim Baden in einem Swimmingpool das häufigere Gen für braune Augen in sich auf. Während des Abtrocknens eigneten Sie sich Gene von Sonnenblumen und Tauben an. Und schon wüchsen Ihnen (nun bereits mit braunen Augen ausgestattet) Blütenblätter und Sie flögen davon – um schließlich fliegende, braunäugige Fünflinge mit grünen Haaren zu bekommen. Diese phantastische Geschichte ist in der Welt der Bakterien banale Wirklichkeit. Nur sind die vererbten Eigenschaften auf den Stoffwechsel beschränkt und unsichtbar.

Unsere großartigen Verwandten

Auf der Erde leben mehr Käferarten als irgend eine andere Verwandtschaftsgruppe von Lebewesen, und dennoch sind die Bakterien die weitaus zahlreichsten Organismen der Erde. In ihrer Gesamtheit gesehen sind sie auch die vielfältigsten. Sie sind die ältesten und hatten die meiste Zeit, sich so zu entwickeln, daß sie die verschiedenartigen Lebensräume der Erde (einschließlich der Umwelten ihrer Mitwesen) voll ausnutzen können.

Durch den Austausch von Genen und den Erwerb neuer, vererbbarer Eigenschaften erweitern Bakterien ihre genetischen Fähigkeiten – und das innnerhalb von Minuten oder höchstens Stunden. Ein riesiger, erdumspannender Genvorrat läßt Bakterien entstehen, die man zu einem bestimmten Zeitpunkt in „Arten“ oder „Stämme“ einordnen kann, die sich aber grundlegend und rasch verändern, um mit den Umweltbedingungen Schritt zu halten. Bakterien in Wasser, Erdboden und Luft verhalten sich wie die Zellen eines wachsenden, weltweiten Lebewesens. Während unsere Gene sich innerhalb eines Körpers befinden, dem eine bestimmte Lebenszeit zukommt, nimmt ein Bakterium Gene aus der Umgebung auf oder gibt sie an diese ab. Obwohl Bakterien natürlich, wie alles Leben, durch Nahrungsmangel, Hitze, Salz oder Austrocknen getötet werden können, sterben diese Mikroben normalerweise nicht. Solange es die Umwelt zuläßt, wachsen Bakterien und teilen sich, ohne dabei zu altern. Anders als der Körper eines Säugetieres, der reift und stirbt, kennt der Bakterienkörper keine zeitlichen Grenzen. Als eine Ungleichgewichtsstruktur, die ein sich entwickelndes Universum hervorgebracht hat, ist ein Bakterium im Prinzip unsterblich. Ordnung schaffend in einem Universum, das immer größerer Unordnung zustrebt, ging die stille Biosphäre der Bakterien allen Pflanzen, Tieren, Pilzen und selbst den einzelligen Ahnen dieser höheren Lebensformen voraus. Ohne die Biosphäre der Bakterien hätte sich nie anderes Leben in der Evolution entwickeln können und wäre auch heute unmöglich.

Bakterien sind die widerstandsfähigsten Lebewesen, die man kennt. Manche überdauern extreme Umweltbedingungen in den trockenen Wüsten des Sinai, andere im Salz des Roten Meeres. Manche bevölkern die Felsen der Antarktis, andere gedeihen in der sibirischen Tundra. In Ihrer Mundhöhle leben gerade jetzt mehr Bakterien als Menschen in New York City, auch wenn Sie eben die Zähne geputzt haben sollten.

Die Widerstandsfähigkeit von Bakterien sollte man nicht unterschätzen. Unser gesamter Planet ist von Bakterien beherrscht. Die Technologien des Menschen und seine Philosophien sind Weiterentwicklungen der Bakterien. Durch Verschlingen, Infizieren und unumkehrbare Verschmelzung miteinander haben Bakterien mächtige Wunder hervorgebracht: Die Protoctisten, Pilze, Pflanzen und Tiere. Sie alle bewahren den Stoffwechsel und die Bewegung der Bakterien, von denen sie abstammen.

Die Naturwissenschaftler waren überrascht, als sie Hämoglobin, den roten Farbstoff auch des menschlichen

22
Die ältesten Gesteine der Erde zeigen von einer rauhen, vulkanisch aktiven Erde. Das Bild zeigt eine Komatiit-Lava aus der 2 700 Millionen Jahre alten Reliance-Formation in Zimbabwe. Die Bakterienherrschaft auf der jungen Erde hinterließ verschiedene Spuren, die zwar nicht in Vulkangestein wie dem abgebildeten, aber in ähnlich alten Sedimenten zu finden sind. Viele Bakterien warten noch darauf, von Geologen mit Interesse für die Biologie entdeckt zu werden. Dennoch waren die frühesten Bakterien widerstandsfähige Lebensformen, die sich unter extremen Bedingungen fortpflanzen konnten, auch wenn sie nicht gerade einem Meteoriteneinschlag und den Druckschwankungen widerstehen konnten, die mit dem darauffolgenden Verdampfen der Gesteine einhergingen. Inzwischen hat man Bakterien entdeckt, die in mehreren Kilometern Tiefe auf Gesteinen leben. Dies hat zu Spekulationen geführt, daß die Biomasse in der Tiefe größer sein könnte als an der Oberfläche selbst.

Blutes, in den Wurzeln der Hülsenfrüchte Erbse, Bohne oder Luzerne entdeckten. Hatten die Pflanzen auf bisher unbekannte Weise dieses rote, sauerstoffbindende, eisenhaltige Molekül von den Tieren aufgenommen, denen sie sonst als Nahrung dienen? Schon möglich. Aber nun hat man Hämoglobin in dem fädigen, schwefeloxidierenden Bakterium *Vitreoscilla* gefunden. Deshalb ist es wahrscheinlicher, daß sich Hämoglobin in den bakteriellen Vorfahren von Planzen und Tieren entwickelte. Hämoglobin ist buchstäblich das chemische Indiz einer „Blutsverwandtschaft“ mit dem frühen Leben – einer Blutsverwandtschaft, die lange vor dem Blut entstand. Moleküle wie das grüne Chlorophyll und das rote Hämoglobin, die in der Evolution farbenprächtige und sehr wirkungsvolle Bakterien ermöglichten, geben einen Eindruck davon, wie nahe uns diese Bakterien verwandt sind.

Vom Überfluß zur Krise

Bedroht von der Gleichgültigkeit der Materie, aus der es entstand, war das Leben einer Welt von Gefahren ausgesetzt. Zu jedem Zeitpunkt der Evolution hat das Leben den Einsatz für seine Existenz erhöht. Es wuchs über sich selbst hinaus, baute seine Empfindungsfähigkeit und seine Fähigkeiten aus, eroberte neue Reiche und stürzte sich in neue Risiken – eröffnete sich aber gleichzeitig auch neue Chancen.

Bedenken wir: Das Leben brachte in der Zeit, in der es nur Bakterien gab, verblüffende neue Formen hervor. Erst in jüngster Zeit hat die Naturwissenschaft aufgedeckt, welche atemberaubenden Ereignisse in der Frühzeit der Evolution des Lebens abliefen. Um von organischen Wesen des Känozoikums gewürdigt und verstanden zu werden, mußten diese ältesten Wunder der Naturgeschichte erst die Mikro-, Molekular- und Paläobiologie abwarten. Unsichtbare innere metabolische Veränderungen und die weltweite Fähigkeit, Stoffe des Bodens und atmosphärische Gase zu verarbeiten, lassen sich heute aus einem geheimnisvollen fossilen Archiv von Mikroben erschließen. Spuren der Vergangenheit kommen ans Licht, wenn man die Moleküle und molekularen Prozesse durchkämmt, welche die Biosphäre heute charakterisieren. Zudem beschränkten sich die Entwicklungen der frühen Evolution des Lebens nicht auf den Raum zwischen den Zellmembranen: Sie hatten geologische, letztlich weltweite Folgen (ABB. 22). Die Bakterien des Archaikums veränderten die Erde für immer.

Das Bestreben des Lebens, sich bis zu den Grenzen zu vermehren, führt zu Mangel und Verschmutzung. In der Reaktion auf sich verändernde Umweltbedingungen verursachten Bakterien eine Reihe von „Krisen". Jede Krise ließ sich letztlich meistern durch die Entwicklung vieler neuer metabolischer Reationswege, aber diese führten wiederum zu neuen Mangelsituationen, neuen Abfallstoffen und neuen Gefahren für das Leben auf der Erde.

Die Frühstücks-Gärung

Die ursprüngliche Form oder Formen zellulären, sich vermehrenden Lebens breiteten sich rasch über einen Planeten aus, dessen Materie sich zunächst kaum von derjenigen unterschied, aus der sich die Körper der ersten Lebewesen der Biosphäre zusammensetzten. Die ersten Bakterien wuchsen mit Hilfe von Gärung (Fermentation); sie bauten zur Gewinnung ihrer chemischen Energie organische Verbindungen wie Zucker und ähnliche kleine organische Moleküle ab und nutzten sie als Nahrung. Die Biosphäre benötigte damals keine „Primärproduzenten". Auf dem Planeten herrschte ein Überfluß an „Nahrung"; physikalische Prozesse wie die Sonneneinstrahlung, Erdbewegungen und Erdwärme sowie Gewitter sorgten für ihre Bereitstellung und Erneuerung.

Fermentierende Lebewesen scheiden Säuren und Alkohole aus. Diese Verbindungen enthalten weniger Energie als die aufgenommene Nahrung. Moderne gärende Bakterien stellen zum Beispiel Milchsäure aus Milchzucker her und metabolisieren den Zucker von Trauben und Korn zum Ethanol von Whisky und Wein. Obwohl auf der jungen Erde keine Früchte oder Pflanzen irgendeiner Art wuchsen, ernährten sich die Stammväter der gärenden Bakterien von Zucker. Wie Laborexperimente zeigten, mit denen man die energiereiche Atmosphäre der jungen Erde simulierte, bilden sich viele energiereiche organische Verbindungen spontan. Zu diesen Verbindungen gehören auch einfache Zucker wie die vergärbare Glucose und die Ribose der RNA. Das junge Leben ernährte sich von diesen anfänglichen Süßigkeiten und ersetzte die Kohlenstoff-Wasserstoff-Verbindungen in seiner Umgebung durch seine ähnlich aufgebauten, aber selbst geschaffenen, autopoietischen Körper. Ein kostenloses Mittagessen gibt es vielleicht nicht mehr, aber das Leben scheint das kosmische Äquivalent eines kostenlosen Frühstücks genossen zu haben. Zucker versorgten gärende Bakterien sowohl mit Nahrung zum Aufbau der Kohlenstoffverbindungen, die sie für sich und ihre Nachkommen benötigten, als auch mit Energie für die Selbsterhaltung.

Eine Spielart der gärenden Bakterien, die vermutlich dem frühen Leben sehr nahe steht, ist *Thermoplasma* (ABB. 23). Diese schwefel- und hitzeliebenden Bakterien ordnet man wegen ihrer RNA-Eigenschaften den Archaebakterien zu. Wie jede Lebensform besitzt auch *Thermoplasma* eine Membran. Aber im Unterschied zu anderen Bakterienzellen (mit Ausnahme der Mycoplasmen) fehlt ihm eine feste Zellwand außerhalb der Membran. Dadurch nimmt *Thermoplasma* eine nicht festgelegte, veränderliche Form an. Die Zellwand der meisten Bakterien besteht aus Peptiden, die mit Zuckern verknüpft sind. Sie unterscheidet sich damit grundlegend von den zellstabilisierenden Hüllen aus Phospholipiden und Proteinen der Tiere. Vielleicht entwickelten sich wandlose Bakterien wie *Thermoplasma* aus einem alten Bakterium vor der Evolution jeglicher Zellwände. Vielleicht haben sie aber auch ihre Zellwände verloren. Bestimmte infektiöse Bakterien ohne Zellwände können für Menschen gefährlich sein: Denn diese Bakterien sind resistent gegenüber Penicillin und anderen Antibiotika, deren Wirkungsmechanismus auf der Behinderung des Zellwandwachstums beruht. Darum können Antibiotika auch unsere Zellen nicht direkt schädigen. (Unsere Zellen haben Membranen, aber keine Zellwände.)

Wandlose, fermentierende Lebensformen bedienten sich kostenlos, nutzten die vorhandenen Zucker und andere energiereiche Verbindungen ihrer süßen Umwelt der Urzeit. Keines der ersten Bakterien mußte sich seine Nahrung selbst zubereiten. Aber es kam der Zeitpunkt, an dem die frei zugängliche Nahrung schneller abnahm, als sie nachgeliefert wurde, weil die Bakteriengenerationen sich so schnell ausbreiteten. Eine Krise war unvermeidlich.

Grüne, rote und purpurne Lebewesen

Biologen bezeichnen Bakterien, die ihre Nahrung nicht selbst herstellen können und deshalb ihren Kohlenstoff und ihre Energie von außen beziehen, als organoheterotroph. Wir und fast alle Tiere sind ebenfalls organoheterotroph. Weil wir keine Plastiden oder symbiotischen Algen besitzen, kann unser Körper keine

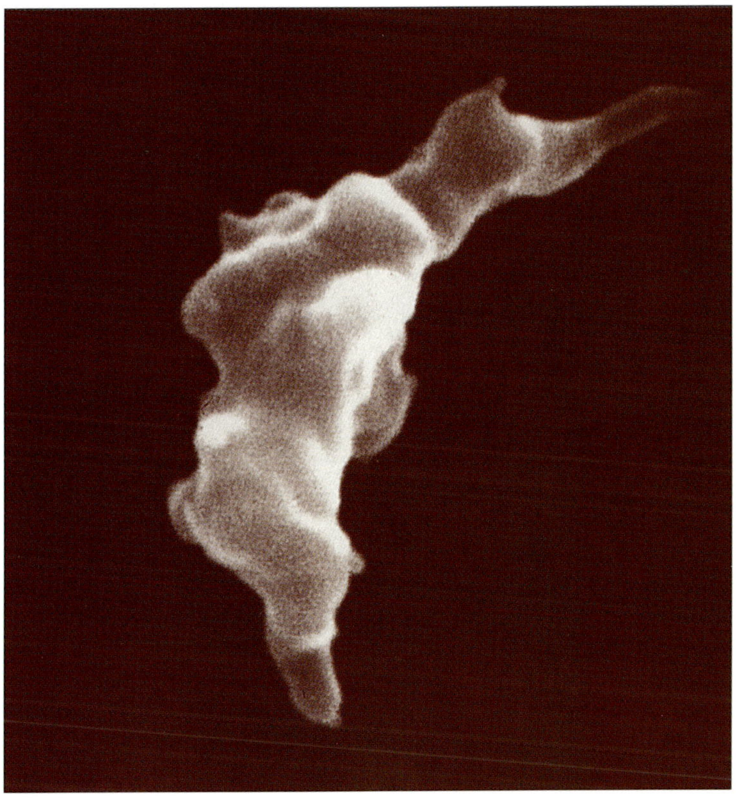

23
Thermophilus acidophilum, ein Archaebakterium, Abteilung Halophile und Thermoacidophile Bakterien, Reich Monera. Dieses widerstandsfähige Bakterium enthält im Unterschied zu anderen Bakterien Proteine, die den Histonen von Pflanzen, Tieren, Pilzen und Protoctisten ähnlich sind. *Thermoplasma* ähnelt den symbiontischen Mikroben, die einst Wirte atmender Eindringlinge wurden. Aus diesen Invasoren entwickelten sich die Mitochondrien in den Zellen aller Pflanzen und Tiere, uns eingeschlossen.

Photosynthese betreiben. Wir müssen Nahrung und Energie in der vorgefertigten Form anderer Lebewesen beziehen, beispielsweise als Pflanzengewebe oder davon abhängiger Lebewesen (Tiere und Pilze). Darum war es nur eine Frage der Zeit, bis die erste Welle heterotropher Bakterien sich einer biologischen Krise gegenübersah: Die Nahrungsvorräte in der Umwelt gingen zur Neige, wurden unvorhersehbar und immer knapper. Die gärenden Lebewesen konnten sich nicht auf die schwindenden Zucker der planetaren Speisekammer verlassen. Im Angesicht des Hungertodes entwickelte irgendein glückliches fermentierendes Lebewesen die Fähigkeit zur eigenen Herstellung seines Nahrungsbedarfs und wurde der Stammvater der grünen und purpurnen Lebewesen.

Die wichtigste metabolische Innovation der Erdgeschichte war die Evolution der Photosynthese. Durch die Photosynthese befreite sich das Leben von der Energieverknappung. Von da an begrenzte nur noch die Verfügbarkeit des einen oder anderen materiellen Bausteins das Leben. Die Photosynthese trat in den Bakterien auf. Indem sie die Energie des Sonnenlichtes nutzten, stellten diese ersten Nahrungsproduzenten (wahrscheinlich grüne Sulfid-Bakterien wie das moderne *Chlorobium*) Nahrung und verfügbare Energie für den Rest der Biosphäre zur Verfügung. Sie waren die ersten Photoautotrophen.

Für das Leben ist die wichtigste Form der Strahlung, die auf die Erde auftrifft, weder die kurzwellige Ultraviolett-(UV-)Strahlung, die biochemische Prozesse zerstört, noch die energiearme, längerwellige Infrarotstrahlung, die wir Menschen als Wärme wahrnehmen. Das Leben nutzt vielmehr die Strahlung mittlerer Wellenlänge des sichtbaren Lichtes. Bei der Photosynthese regt ein Photon des sichtbaren Lichtes von der Sonne ein Elektron in einem Chlorophyllmolekül an, das daraufhin die Anregungsenergie auf ein ADP-Molekül überträgt. Der große Beitrag, den ATP zum Leben leistet, besteht darin, daß ein organisches Wesen Energie nutzen kann, wenn es sie gerade braucht – nicht nur dann, wenn die Sonne (oder eingenommene Nahrung) sie gerade zur Verfügung stellt. Mit ATP legt sich das Leben zum ersten Mal etwas für die Zukunft auf die hohe Kante. Aber ATP ist als Instrument zur Energiespeicherung lediglich begrenzt verfügbar. Größere Energievorräte lassen sich für längere Zeit nur dann anlegen, wenn man mit ATP aus atmosphärischem Kohlendioxid und einer Wasserstoffquelle Zucker aufbaut. Weil die Photosynthese es den Zellen erlaubt, ihre Zucker und Gene innerhalb ihrer selbst herzustellen, macht sie das Leben von seiner früheren Versorgung mit Süßigkeiten aus der Umwelt unabhängig.

Die heutigen grünen Schwefelbakterien wie *Chlorobium vinosum* sind photosynthetisch aktive Bakterien. Möglicherweise zählten ihre Vorfahren zu den ersten Photosynthetikern überhaupt. Heute sind sie auf die bakterielle Unterwelt beschränkt, wo der Sauerstoff ihnen nichts anhaben kann; früher haben sie vielleicht die ganze Oberfläche beherrscht. Denn die frühe Atmosphäre ohne Sauerstoff hat ihnen nichts ausgemacht und war zugleich eine ausgezeichnete Quelle für Kohlendioxid. Der anaerobe Metabolismus der grünen Schwefelbakterien deutet deshalb auf eine alte Erbschaft hin.

Während die ersten gärenden Lebewesen sich mit immer knapper werdenden organischen Krumen durchschlagen mußten, konnten die ersten Photobakterien im wörtlichen Sinne von der Luft leben. Als der Wasserstoff auf der Erde noch als freies Gas existierte, hatten die Photobakterien es leicht, die Wasserstoffkomponente für die Zuckersynthese zu finden. Aus dem Wasserstoffgas der Atmosphäre und dem Kohlendioxid, das sie ebenfalls der Atmosphäre entnahmen, bauten die ersten Photobakterien ihre winzigen Körper auf.

Schwefelwasserstoff war ebenfalls eine leicht zugängliche Wasserstoffquelle. Während die grünen Schwefelbakterien sich im ursprünglich sterilen Land vermehrten und es auflockerten, nahmen sie Schwefelwasserstoff (H_2S) auf, der aus Spalten und Vulkanen der zerklüfteten Oberfläche drang. Ihr Abfallprodukt war (und ist) elementarer Schwefel (S); darum bezeichnet man sie auch als Schwefelbakterien. Anders als Algen und Pflanzen, die ihre Wasserstoffatome aus dem Wasser (H_2O) beziehen, setzten die grünen Schwefelbakterien kein Sauerstoffgas frei. Statt dessen lagerten sie elementaren Schwefel ab, und zwar in riesigen Ausmaßen. Auch nachdem der freie Wasserstoff aus der Atmosphäre entwichen war, blieb wegen der tektonischen Ruhelosigkeit des Planeten noch mehr als genug Schwefelwasserstoff übrig. Der Schwefelwasserstoff-Reaktionsweg der Photosynthese erwies sich damit als eine ausgezeichnete Strategie für das frühe Leben.

24
Chromatium vinosum, purpurne Schwefelbakterien, Abteilung Anaerobe phototrophe Bakterien, Reich Monera. Diese photosynthetisich aktiven Mikroben nutzten das Licht zur Photosynthese bereits lange Zeit bevor Pflanzen auftraten. Bei den purpurnen Einschlüssen handelt es sich um die Thylakoidmembranen mit den Photosynthesepigmenten und Enzymen, die Kugeln bestehen aus Schwefel. Diese Lebewesen ertragen Sauerstoff nur im Dunkeln und beweisen damit, daß die Photosynthese zunächst ein anaerober Vorgang war, der sich lange vor dem Auftreten des Sauerstoffes in der Luft entwickelt hat.

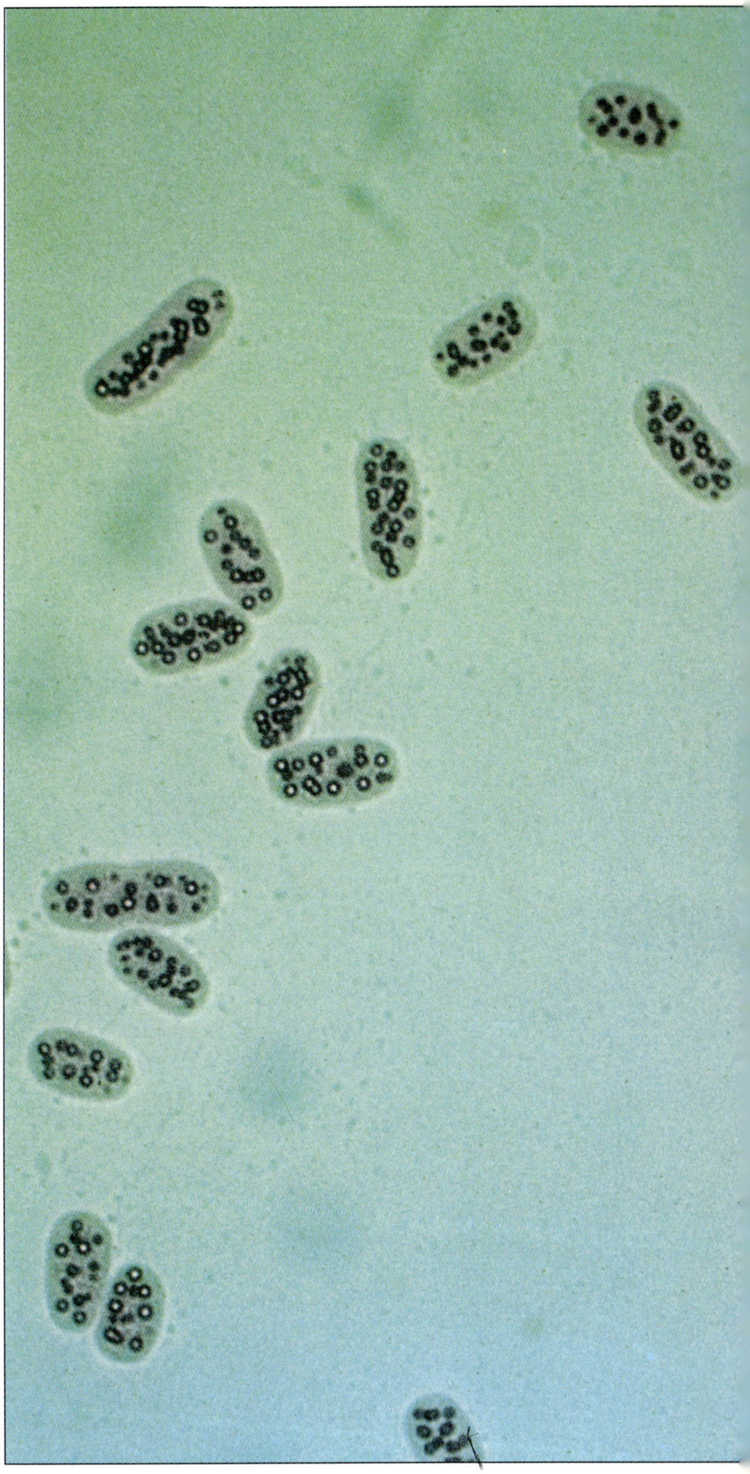

Ein zeitreisendes Auge hätte im Archaikum am Horizont ein buntes Durcheinander von gleißenden Farben wahrgenommen. Hellrot, grün, purpur und orange gefärbt besetzten die Photobakterien die Oberfläche neuen Vulkangeländes, bemächtigten sich der Lavaströme, des erstarrten Basalts und des glitzernden schwarzen Sandes. Unter den unglaublich erfolgreichen Bakterien befanden sich einige heterotrophe, die das Schwimmen entwickelt hatten, um sich so neue Nahrungsquellen zu erschließen. Manche waren rot gefärbt; ihre Färbung erhielten sie vom Rhodopsin, einem lichtempfindlichen Pigment, das wie das grüne Chlorophyllpigment Energie für die Speicherung in ATP einsammelt – diesmal aber von einem anderen Teil des Lichtspektrums. Das Rhodopsin in den heutigen Varietäten der halophilen (salzliebenden) Archaebakterien macht deutlich, wie konservativ die zugrundeliegende Chemie des Lebens ist: Rhodopsin findet man auch in den Stäbchen der Netzhaut von Meeresfischen, und es ist – besonders bei wenig Licht – für unser eigenes Sehvermögen wichtig.

Wenn sich das zeitreisende Auge in der Zeit etwas vorwärts über den Ursprung der grünen Schwefelbakterien und der roten halophilen Bakterien hinausbewegt, erblickt es schließlich eine neue photosynthetisch aktive Form: die purpurnen Schwefelbakterien (ABB. 24). Ihre hervorstechende Innovation besteht nicht so sehr darin, daß sie mit einer anderen Färbung an die Photosynthese herangingen, sondern daß sie Sauerstoff ertragen können. Ihre Sauerstofftoleranz war jedoch nicht vollständig. Die purpurnen Schwefelbakterien, die heute leben, können Sauerstoff nur in der zeitweiligen Dunkelheit der Nacht oder einer anderen Abschirmung tolerieren. Aber gemäß ihrem Selbsterhaltungstrieb müssen photosynthetisch aktive Lebewesen im Sonnenlicht leben; keines kann lange in der Dunkelheit aushalten.

Die Aufregung um den Sauerstoff

Die purpurnen Schwefelbakterien der Urzeit, die Sauerstoff ertragen konnten, waren im Vorteil. Denn Sauerstoff breitete sich nun allmählich in der Umwelt aus. Eine neue Form von wasserspaltenden Bakterien, die Cyanobakterien, sind dafür verantwortlich.

Manchmal werden sie noch als Pflanzen oder „blaugrüne Algen" bezeichnet; die Cyanobakterien sind aber weder Pflanzen noch Algen. Cyanobakterien richteten die Umwelt des Planeten übel zu – schlimmer als irgendeine Lebensform vorher oder nachher. Das Leben existierte schon immer in einem Medium, das reich an Wasserstoff war: H_2O, Wasser. Dennoch stammte der Wasserstoff, den das Leben zum Aufbau der organischen Verbindungen seiner Bakterienkörper benutzte, bis zu diesem Zeitpunkt aus Zuckern wie der Glucose oder aus Wasserstoff und Schwefelwasserstoff der Luft. Die Cyanobakterien entstanden durch Mutation aus purpurnen Vorläufern, die ein einzigartiges grünes Chlorophyll-System entwickelten und nun ihre Wasserstoffatome aus dem Wasser beziehen konnten. Die blaugrünen Bakterien spalten Diwasserstoffoxid (Wasser) in seine Einzelatome auf und bauen den Wasserstoff in sich selbst ein.

Klares Wasser war noch in weit größerem Maße verfügbar als stinkender Schwefelwasserstoff. Wo immer die blaugrünen Bakterien Wasser und Sonnenlicht vorfanden, wuchsen sie auch. Heute gedeihen diese sauerstoffproduzierenden Photobakterien weiterhin in Licht und Wasser, und noch immer zehren sie vom Kapital ihrer einstigen metabolischen Neuerung. Man findet sie praktisch überall – auf feuchten, kaum dem Licht ausgesetzten Wänden von Höhleneingängen, den kleinen Rinnsalen eines Kühlschranks folgend, auf Schiffsdecks, Felsblöcken, Kliffs, in Abflußrohren, Toilettenspülungen und auf Duschvorhängen. Sie leben im Roten Meer, in siedendheißen Quellen, in Kühltanks von Kernreaktoren, in der Wüste Sinai, in der sibirischen Tundra und unter dem Eis der Antarktis. Naturwissenschaftler halten die Cyanobakterien für diejenigen Lebewesen, die sich mit größter Wahrscheinlichkeit vermehren würden, wenn man sie über die rote Oberfläche und die polaren Trockeneiskappen des Mars verteilen würde. Die Cyanobakterien wuchsen nicht nur an einem Ort der Erde so zügellos. Wo auch immer die blaugrünen Cyanobakterien sich vermehrten, verleibten sie sich das „H“ des H_2O ein und entließen das „O“ als O_2 (Sauerstoffgas) in die Luft. Dieses wirkt sehr zerstörerisch auf alle Zellen, indem es gewissermaßen winzige biologische Explosionen verursacht. So erwies sich das Sauerstoffgas für die meisten Formen des frühen Lebens als tödlich. Selbst heute noch ist es in hohen Konzentrationen giftig. Sauerstoff verbindet sich auf gefährliche Weise mit Enzymen, Proteinen, Nucleinsäuren, Vitaminen und Lipiden. Außerdem produziert Sauerstoff „freie Radikale“ – äußerst reaktive, kurzlebige Verbindungen, die in den Stoffwechsel eingreifen. Ernährungsphysiologen haben freie Radikale mit dem menschlichen Alterungsprozeß in Verbindung gebracht und empfehlen Antioxidantien wie Vitamin E.

Im Archaikum reagierte Sauerstoff (manchmal heftig) mit Gasen der Atmosphäre wie Wasserstoff, Ammoniak, Methan und Schwefelwasserstoff. Theoretiker, die den Beginn des Lebens studieren, sind sich darin einig, daß es nur eine geringe oder gar keine Chance für eine erneute Evolution des Lebens auf der Erde gibt, weil der freie Sauerstoff sofort die wasserstoffreichen Verbindungen oxidieren würde, die für den Beginn jedes Lebens von entscheidender Bedeutung sind. Beim äußeren Sonnensystem liegen die Verhältnisse jedoch anders. Freier Sauerstoff ist in den Atmosphären von Planeten wie Jupiter oder von Monden wie Titan kaum vorhanden. Vollzöge sich also eine erneute Evolution, so würde sie mit wesentlich größerer Wahrscheinlichkeit im äußeren Sonnensystem ablaufen. In den dort vorhandenen Umgebungen aus Wasserstoffgas und Kohlenstoff gibt es keinen Sauerstoff, der die chemischen Systeme des frühen Lebens, die gegenüber Sauerstoff empfindlich sind, stören könnte.

Indem die blaugrünen Bakterien Sauerstoff freisetzten, hüllten sie die Welt in Sauerstoffmoleküle ein. Sauerstoff beschleunigte die Veränderung, weil er chemische Reaktionen schneller macht. Die blaugrünen Bakterien vermehrten sich sehr viel rascher als ihre purpurnen Verwandten und überschwemmten die photische Zone (mit diesem Begriff bezeichnet man die von der Sonne beschienenen und erhellten Regionen, die sich im Ozean bis zu einer Tiefe von zweihundert Metern erstrecken). Während der wärmeren Monate wuchsen die Cyanobakterien am heftigsten. Sie zogen sich in schleimigen Schichten über Oberflächen, bedeckten und banden Bodensedimente, bildeten Riffe entlang der Küste und feuchte, teppichartige Massen im Binnenland.

Als der Sauerstoff, der Abfall der Bakterien, mit gelöstem Eisen reagierte, bildete sich Rost (Eisenoxid). Weil Eisen das fünfthäufigste Element der Erde ist, entstanden die Eisenoxide in riesigen Mengen und lagerten sich als Feststoffe ganz allmählich, Jahr um Jahr, auf dem Grund der Seen und Meere ab, aber auch in den Mulden, die durch Meteoriteneinschlag neu entstanden waren. Die Cyanobakterien produzierten in Übereinstimmung mit saisonalen und großräumigen

25
Bändereisenerze bestehen aus wechselnden Lagen von Hämatit und Magnetit, die parallel übereinandergeschichtet sind. Sie sind die Quelle für einen Großteil unserer Werkzeuge und Maschinen aus Eisen. Derart geschichtete Eisenformationen könnten von Cyanobakterien erzeugt worden sein, die je nach Jahreszeit schneller oder langsamer wuchsen. Schließlich reicherten die Bakterien die Erdatmosphäre mit soviel Sauerstoff an, daß das Eisen nicht mehr in Schichten ausfiel, sondern in Haufen von Rost, die man als Roteisenstein bezeichnet.

Klimaveränderungen mehr oder weniger Sauerstoff, weil sie in der Wärme kräftig, in kühler Umgebung langsamer wuchsen. Diese Schwankungen in den Umgebungsbedingungen führten zu einem Wechsel zwischen sauerstoffreichen und sauerstoffarmen Eisenerzen; Magnetit ist weniger stark oxidiert, Hämatit dagegen stärker. Die saisonalen und klimatischen Veränderungen bei Populationswachstum, Stoffwechselaktivität und Zusammensetzung der Lebensgemeinschaften von Bakterien, die Sauerstoff produzieren, ließen im Zusammenwirken mit schwankenden Umweltbedingungen ausgedehnte geschichtete Felsformationen entstehen. In Nordamerika erstrecken sich heute die Bändereisenerze in alten, exponierten Gesteinen vom Osten Ontarios bis zur Westseite des Oberen Sees (ABB. 25). Aus ihnen gewinnt man das Eisen für die Autos, die in Detroit gebaut werden.

Seit zweitausend Millionen Jahren oxidiert überall auf der Welt nicht nur das Eisen, sondern auch der Schwefel, das Uran und das Mangan. Dem Abgas der Bakterien ausgesetzt wurden sie zu Hämatit, Pyrit, Uraninit und Mangandioxid. Als der Sauerstoffgehalt der Atmosphäre weiter anstieg, wich das gebänderte Eisen, das auch nichtoxidiertes Material enthält, den „red beds“ – Rostbildungen, die auf der ganzen Welt auftraten. Wie die Gesteinsablagerungen aus oxidierten Mineralien in der Erdrinde bezeugen, gelangte der Sauerstoff über einen Zeitraum von 400 Millionen Jahren vor 2 200 bis 1 800 Millionen Jahren in die Atmosphäre unseres Planeten. Schließlich waren keine Mineralien mehr übrig, die nicht bereits mit Sauerstoff reagiert hatten. Das überschüssige Gas konnte sich nur noch in der Luft anreichern.

Unübertroffene Umweltverschmutzer, unübertroffene Recycler

Was vordergründig wie Demut und Respekt vor der Natur aussieht, ist nichts anderes als die Sorge um die Verschmutzung unserer Erde. Umweltverschmutzung ist sicherlich besorgniserregend. Aber sie ist kaum unnatürlich. Bereits die ganz natürlichen, blaugrünen Bakterien lösten durch ihre Umweltverschmutzung eine Krise aus, die viel schwerwiegender war als alles, was wir in jüngster Zeit gesehen haben. Sie destabilisierte die Umwelt des gesamten Planeten. Sie machte die Erde entflammbar; und bis auf den heutigen Tag können wir nur wegen dieser vor langer Zeit erfolgten Überschwemmung mit Sauerstoff ein Streichholz anzünden und Feuer machen.

Die Betriebsamkeit des Menschen hat die Konzentration an ozonschädigenden Fluorchlorkohlenwasserstoffen in der Atmosphäre um das mehr Hundertfache auf etwa ein milliardstel Prozent ansteigen lassen. Diese Veränderung kann sich in gar keiner Weise mit dem Effekt messen, den die blaugrünen Bakterien auf die globale Umwelt hatten. Durch ihr Wachstum erhöhten sie die Sauerstoffkonzentration der Atmosphäre von weniger als einem Teil in 100 000 000 000 auf einen Teil in fünf (20 Prozent). Die schützende Schicht aus Ozon (O_3, ein Molekül aus drei Sauerstoffatomen) um die Erde, die Ultraviolett-Strahlung abschirmt, entstand vor allem durch „ganz natürliche" Umweltverschmutzung.

So natürlich Umweltverschmutzung ist, so natürlich ist Recycling. Unsere frische Luft besteht zu einem Fünftel aus Sauerstoff. Heute schützt die Ozonschicht Tiere, wie auch wir es sind, vor Hautkrebs durch Ultraviolett-Strahlung, vor grauem Star und vor einem geschwächten Immunsystem. Die Umwandlung einer einst tödlichen Form von Luftverschmutzung – Sauerstoff – in eine gefragte Ressource markiert einen der bedeutsamsten Wendepunkte der Evolution.

Anstatt unseren Planeten zu zerstören, brachte der Sauerstoff ihm Energie. In Systemen, die vom Gleichgewicht weit entfernt sind, müssen sich Abfallprodukte ansammeln. Aber was für den einen Müll ist, kann für den anderen Festmahl oder einen dritten Baumaterial sein.

Bakterien, die größten Erfinder von Stoffwechselwegen, sind nicht nur die größten Umweltverschmutzer, sondern auch die größten Saubermänner. Unsere eigene Fähigkeit, Sauerstoff als Energiequelle zu nutzen, hat ihren Ursprung in den Bakterien. Bakterien wiederverwerten aber noch eine ganze Menge anderer Stoffe aus der natürlichen Umweltverschmutzung. Grüne und purpurne Schwefelbakterien verwandeln Sulfid in Schwefelkügelchen und Sulfat (in beiden Fällen handelt es sich um höher oxidierte Formen des Schwefels), die sich im Meerwasser verteilen oder lösen. Diesen Schwefel nehmen gärende, sulfatreduzierende oder sogar andere photosynthetisch aktive Lebewesen auf und recyclen ihn.

Bei einem anderen ihrer globalen Megatricks sammeln Bakterien Stickstoffgas ein, das in die Luft

26
Fischerella, blaugrünes Bakterium, Abteilung Cyanobacteria, Reich Monera. Dieses Cyanobakterium fixiert in seinen Heterocysten atmosphärischen Stickstoff und stellt damit Proteine her: ein Beispiel für die „Überlegenheit" des bakteriellen Metabolismus. Wegen ihres biochemischen und metabolischen Repertoires sind die Bakterien von entscheidender Bedeutung für die biologische Funktionsfähigkeit der ganzen Welt.

verlorenging, und führen es wieder allen übrigen Lebewesen zu, die es unbedingt für den Aufbau von Proteinen benötigen. Nur einige wenige Bakterientypen verfügen über diese miniaturisierte Cherniefabrik, denn nur sie können die starken Dreifachbindungen des zweiatomigen Stickstoffmoleküls brechen und dann die Stickstoffatome in organische Moleküle einbauen, ohne daß sich unterwegs irgendwo Sauerstoff einschleicht. Bakterien „fixieren" also den gasförmigen Stickstoff – das weitaus häufigste Gas der Atmosphäre – in organischen Verbindungen für alle Lebewesen der Erde. Stickstoffbindende Strukturen, die man als Heterocysten bezeichnet, lassen sich bereits in 2 200 Millionen Jahre alten Fossilien finden. Es handelt sich dabei um große Zellen in Ketten, die hauptsächlich aus kleineren Zellen bestehen. Cyanobakterien mit Heterocysten können N_2-Gas fixieren und es für die Ernährung verfügbar machen. (ABB. 26)

Der einfallsreiche Recycling-Metabolismus der Bakterien sorgt zusammen mit ihrem Überlebenstrieb für den Fluß von Stickstoff, Schwefel, Kohlenstoff und anderer Verbindungen in der Biosphäre. Sobald beispielsweise der Stickstoff in Proteinen und Nucleinsäuren innerhalb der bakteriellen Heterocysten fixiert ist, und sobald diese Proteine ihre Reise durch den Nahrungsstoffwechsel antreten (wo sie auf ihrem Weg vielfach umgebaut und zu Aminosäuren abgebaut werden, wo aber auch ein Teil des Stickstoffes als Abfall in die Atmosphäre verloren geht), sind die Bakterien gefordert, ihrer einzigartigen Aufgabe nachzukommen: Stickstoff in organischen Molekülen zu fixieren. Der in Aminosäuren und Proteinen organisch gebundene Stickstoff geht viele Wege. Zum Teil wird er durch eine Reihe von Bakterien zu Ammoniak (NH_3) abgebaut. Ammoniak wird durch wieder andere bakterielle Spezialisten zu Nitrit (NO_2) oder Nitrat (NO_3) oxidiert. Nitrit und Nitrat wiederum düngen das Wasser und lassen Cyano- und andere Bakterien wachsen. Nitrit und Nitrat können von gewissen Bakterien „eingeatmet" werden, die selbst Distickstoffoxid („Lachgas") und Stickstoff (N_2) in die Luft blasen. Das Stickstoffgas in der Atmosphäre muß dann wieder fixiert werden. Der komplexe Kreislauf kommt niemals zu einem Ende. Obwohl kein Bakterium bisher die hartnäckigen Kohlenstoff-Wasserstoff-Verbindungen der meisten Kunststoffe effizient abbaut, werden irgendwann bakterielle Formen entstehen, die sich, ungehindert von Nahrungsmangel, wie ein Steppenbrand von Mülldeponie zu Mülldeponie über die Biosphäre ausbreiten.

Lebende Teppiche und wachsende Steine

In manchen, abgelegenen Winkeln der Erde kommen „Mikrobenmatten" vor – gewaltige Mengen gemeinsam lebender Bakterien. Ein bißchen wie fliegende Zauberteppiche befördern sie die Naturwissenschaftler in längst vergangene Zeiten zurück (ABB. 27). Glitschig und schleimig sehen die Mikrobenmatten aus, und oft stinken sie nach Schwefel. Sie bewahren das ursprüngliche Aussehen der frühen Erde vor ihrer Überschwemmung mit Sauerstoff. Die feuchten, bunten Matten, die zwischen Meer und Land liegen, fühlen sich kühl an, wenn man sie mit nackten Füßen betritt. Abgesehen von einer Algenschicht, den Eiern von Sandfliegen, gelegentlichem Möwenkot oder den Fußabdrücken eines Paläobiologen gibt es in den Mikrobenmatten kaum Spuren, die nicht von Bakterien stammen.

Moderne Mikrobenmatten und -schäume findet man überall auf der Welt. Aber nur an einigen wenigen Orten werden sie nicht von größeren Lebensformen überdeckt. Deutlich sichtbar sind die Matten in der Laguna Figueroa und im Guerrero Negro in der Baja California in Mexiko, vor der Küstenstadt Beaufort im Staate North Carolina, auf Plum Island und in Sippewisset in Massachusetts, am Ufer des großen Salt Lake in Utah sowie entlang des sehr langsam fließenden Ebro in Spanien. Man kann sie überall beobachten, wo es zu heiß, zu kalt, zu windig oder zu salzig für die Existenz höheren Lebens ist. Die Mikrobenmatten vermitteln einen guten Eindruck davon, wie das Leben auf einem Planeten der Bakterien vor mehreren tausend Millionen Jahren ausgesehen haben mag.

Viele verschiedene Bakterienformen haben sich – entsprechend ihren besonderen Stoffwechseleigenschaften – schichtweise organisiert und gedeihen gemeinsam in den Matten, die sie selbst aufbauen. Die Cyanobakterien lieben das Sonnenlicht und leben in den oberen Schichten. Sie verarbeiten beständig Kohlenstoff, Stickstoff, Schwefel und Phosphor und stellen sie ihren Nachbarn in den tieferen Schichten zur Verfügung. Manche sind vielzellige, gleitfähige Fäden. Andere leben einzellig. Als Fäden, Kugeln oder Verzweigungen können die Kolonien von Cyanobakterien gemeinsam grüne, gallertartige Kugeln oder Schäume im Wasser bilden. Neben den Photobakterien bewohnen

27
Was in dieser Lagune wie Schlamm aussieht, sind in Wirklichkeit dicht gepackte Bakteriengemeinschaften. Die oberen Schichten wachsen durch Photosynthese. Was sie erübrigen, stellen sie anderen Bakterien zur Verfügung, die in fein abgestimmten metabolischen Ökosystemen leben. Solche Systeme haben einmal die Erde beherrscht, sind aber heute auf Gebiete beschränkt, die für höhere Lebensformen zu unwirtlich, zu heiß oder zu salzhaltig sind. Die Mikrobenmatte dieses Bildes findet sich in der Laguna Figueroa in Baja California Norte, Mexiko.

28
Lebende Steine aus Bakterien, die man als Stromatolithen bezeichnet, in der Shark Bay, Australien. Man vermutet, daß sich mit der Zeit bestimmte Typen von Mikrobenmatten zu diesen seltsamen gewölbten Gebilden entwickeln. Das Bild zeigt lebende Stromatolithen, die mit Bakterien angefüllt sind. Derartige Strukturen kennt man von allen Küstenregionen der Erde. Es gibt sie in lebender wie auch in fossiler Form. Vor der Evolution von Tieren, Pilzen und Pflanzen waren diese von Bakterien gestalteten Landschaften die Regel.

29
Ein versteinerter, fossiler Stromatolith aus Warrawoona, Südafrika, (oben) im Vergleich mit einem aufgeschnittenen Stück einer lebenden Mikrobenmatte aus Matanzas, Kuba (unten).

die lichtunempfindlichsten und gegen Austrocknung resistentesten Formen die oberen Schichten der Mikrobenmatten. Bakterien, die Sulfid benötigen und Dämmerlicht bevorzugen, haben sich in den tieferen Schichten angesiedelt. Die purpurnen Schwefelbakterien fühlen sich Zwischenlagen wohl, denn da stehen ihnen Sulfid aus den tieferen Bereichen und Sonnenlicht aus den höheren in ausgewogenem Verhältnis zur Verfügung.

Wie bei einer Lunge wandern nicht nur Gase in der Bakteriengemeinschaft in täglichem Rhythmus auf und ab, sondern auch die einzelnen Bakteriengruppen bewegen sich. Wie Yehuda Cohen und seine Mitarbeiter im Meeresforschungsinstitut am Golf von Eilat in Israel herausgefunden haben, klettert die Schicht der purpurnen Sulfidbakterien um den Bruchteil eines Zentimeters nach oben, sobald die Sonne untergeht. Denn ohne Sonnenlicht stellen die blaugrünen Cyanobakterien ihre Photosynthesetätigkeit ein. Wenn mit Anbruch des Tageslichtes die Cyanobakterien die Bakterien unter ihnen wieder mit ihrem Sauerstoff-Abfall überschütten, zieht sich die purpurne Schicht zurück.

Wie eine Schar von Meeresschildkröten, deren Panzer aus dem flachen Wasser ragen, sehen die gewölbten, schichtartig aufgebauten Steine in der Shark Bay in Australien aus, die man als Stromatolithen bezeichnet (ABB. 28). Der amerikanische Geologe Charles Walcott nannte die fossilen Überreste von ganz ähnlichen, aber sehr alten Steinen, die er in Albany, New York, fand, „Cryptozoen“ (aus dem Griechischen für „versteckte Tiere“). Bei den Einwohnern von Saratoga Springs und Skidmore College heißen diese Steinformationen „Blumenkohlsteine“. Obwohl schon Walcott den Verdacht hegte, daß die runden Kalkstein“köpfe“ ihren Ursprung in Lebewesen hatten, wurde doch erst in jüngster Zeit klar, daß es sich bei den „Cryptozoen“ um Stromatolithen handelt, die aus riesigen Bakterienansammlungen bestehen. Letztlich sind sie versteinerte Mikrobenmatten. Sie haben eine gewölbte Form angenommen, im Unterschied zu den Säulen, Riffen und Pfannkuchen, die für die leichter erkennbaren alten Stromatolithen typisch ist (ABB. 29).

Angeführt von den blaugrünen Cyanobakterien fingen diese Lebensgemeinschaften aus Mikroben Calciumcarbonat und Staubkörnchen aus vulkanischem Glas ein, lagerten sie ab und integrierten sie fest in ihren Verband, bevor sie abstarben. Aufnahme und Einlagerung lassen sich direkt an den Stromatolithen in Australien studieren, die von lebenden Bakterienkolonien aufgebaut werden. Die Stromatolithen (sie enthalten manchmal nicht nur Carbonate als Baumaterial sondern auch Siliciumdioxid oder sogar Eisen) wachsen schichtweise: Die photosynthetisch aktiven Bakterien gleiten übereinander und schlüpfen dabei aus ihren Polysaccharidhüllen. Diese Hüllen aus Kohlenwasserstoffen besitzen eine ähnliche chemische Zusammensetzung wie Schleim. Die Hüllen sind klebrig und binden Sand. Die lebenden Cyanobakterien gleiten in Richtung der Sonne und lassen ihre Hüllen zurück. Andere Mikroben, die selbst Schutz suchen, besiedeln die verlassenen Gehäuse. Durch die Bindung von Sedimentpartikeln und die Ablagerung von Carbonat aus dem Wasser verfestigen sich manche dieser komplexen Mattengemeinschaften und werden zu lebenden Festungen gegen Gischt und Wellen. Diese Festungen wachsen weiter, weil viele Arten von photosynthetisch aktiven Bakterien eine Menge von Hausgenossen unterstützen. So drängeln Spirillen, Spirochaeten, Coccoiden und Sporenbildner in quicklebendigen Gemeinschaften nach Raum, Nahrung und einer günstigen Position.

Einige fossile Stromatolithen weisen mikroskopische Spuren von Bakterien auf. (Dazu gehören die Stromatolithen aus den Felsen der Pongola-Gruppe in Afrika, der Warrawoona-Gruppe in der Region Pilbara im Westen Australiens und aus Swaziland in Südafrika.) Diese Siliciumdioxid-Stromatolithen, die aus schwarzem Flint bestehen, sind bemerkenswert, weil sie mit ihren Mikrofossilien den besten Beweis für das Leben im Archaikum liefern.

Bakterien haben also – neben ihren anderen Leistungen – schon zweitausend Millionen Jahre vor dem Erscheinen des ersten Tieres feste Strukturen errichtet. Die kleinen Hügel der Stromatolithen waren ein gewohnter Anblick am Ende des Archaikums. Wie winzige Kathedralen standen sie da als Beweis für die Fähigkeit des Lebens, mit seinem unmäßigen Wachstum zurechtzukommen. Landschaften, wie man sie in der Shark Bay sehen kann, gab es seit der Entstehung des Lebens immer irgendwo auf der Erde.

Weltweit betrachtet könnten die lebenden Gewebe aus Mikrobenmatten – als lebende Teppiche oder als wachsende Steine – für das Funktionieren der Biosphäre so wichtig sein wie Lunge und Leber es für uns sind. Die Bakterien haben die Herrschaft über die Welt übernommen und üben sie noch immer aus: mit Hilfe ihres dezentralisierten, erdumspannenden Metabolismus und ihrer Fähigkeit zu weltweitem Gentransfer zwischen den Arten.

Was also ist Leben?

Bakterien sind das Leben, und diejenigen Organismen, die keine Bakterien sind, haben sich aus solchen entwickelt. Am Ende des Archaikums war jede Wüste mit Mikrobenmatten und flüchtigem Bakterienschaum überzogen; jeder heiße Tümpel, schwefel- oder ammoniakhaltig, quoll über von Kolonisten und hereindrängenden Immigranten. Über Salzkörnern und in rostigen Teichen produzierten Bakterien Kleber und fällten Magnetit aus. Die Photobakterien krallten sich an die nackten, kalten Felsen nahe der Pole und zogen ihre schleimige Spur über den Schutt der Vulkane in den flachen tropischen Meeren, sie begrünten die Erde und schieden ihre Hinterlassenschaften für hungrige Opportunisten aus. Der Abfall eines gärenden Bakteriums wurde zur Nahrungsquelle für den säureliebenden Schwimmer, während der stinkende Atem eines Sulfatreduzierers wertvolles Rohmaterial für grüne Chlorobien oder rote Chromatien darstellte. Jedes verfügbare Stückchen Grund auf diesem Planeten wurde besetzt von einem findigen Produzenten, einem fleißigen Transformierer oder einem Eroberer der Arktis. Die Nachkommen überlebten die natürliche Auslese nur dann, wenn sie von einem Mitglied der Gemeinschaft ein Plasmid mit einem Gen übernehmen konnten. Diejenigen mußten Gene austauschen, die sich von Giftstoffen der Umwelt befreien wollten, wenn ein Protein abgebaut, ein giftiger Manganschaum oder ein bedrohlicher Kupferglanz oxidiert beziehungsweise reduziert werden mußten. Die Biosphäre als Ganzes verfügte über Plasmide mit Genen, die sich vervielfältigen ließen. Diese Plasmide entschärften die meisten lokalen Umweltgefahren, indem die metabolischen Genies sie leihweise aufnahmen und wieder abgaben. Voraussetzung war natürlich, daß die besagten Plasmide gerade zum zeitweiligen Einbau in die Zellen der bedrohten Bakterien verfügbar waren. Die winzigen Körper der planetaren Patina verbreiteten sich an jeden erreichbaren Ort. Dabei vermehrten sich die Mikroben viel zu schnell, als daß alle Nachkommen in irgendeinem begrenzten Universum hätten überleben können. Damals, im geheimen und ohne Zeugen, war das Leben gleichbedeutend mit der erstaunlichen Nachkommenschaft der Bakterien. Und das ist es heute noch.

5

Dauerhafte Verschmelzungen

Ich sah auch eine Art kleinster Tierchen, die die Form von Flußaalen hatten: Diese waren so zahlreich und obendrein so klein, daß, so wie sie im Essig vorkommen, meiner Meinung nach 500 oder 600 aneinandergereiht nicht so groß wie ein ausgewachsener Aal waren. Sie waren sehr beweglich und wanden ihre Körper schlangengleich. Sie schossen durch die Flüssigkeit so schnell wie ein Hecht durch Wasser.

Antoni van Leeuwenhoek

Wir können die wunderbare Komplexität eines Lebewesens nicht ergründen; doch ist diese Komplexität aufgrund der hier vorgebrachten Hypothese noch viel größer. Jedes Lebewesen muß als Mikrokosmos angesehen werden – als ein kleines Universum, das von einer Unmenge sich selbst fortpflanzender Organismen gebildet wird, unvorstellbar klein und so zahlreich wie Sterne am Himmel.

Charles Darwin

Die deutlichste Trennlinie liegt gar nicht einmal zwischen den Pflanzen und den Tieren, sondern innerhalb der früher fast vernachlässigten Mikroorganismen – nämlich zwischen den prokaryotischen Monera und den eukaryotischen Protoctista.

Stephen Jay Gould

Das Auftreten dieser [Protoctisten-]Zellen vor mehr als einer Milliarde Jahren war das zweite große Ereignis der Evolution unseres Planeten. Es führte von Stammbaum zu Stammbaum direkt zu unserem eigenem komplexen Dasein, einschließlich Gehirn und allem anderen.

Lewis Thomas

Die große Zellaufteilung

Vor etwa zwei Milliarden Jahren entwickelte sich, wahrscheinlich an vielen verschiedenen Orten auf der Erde, aus miteinander wechselwirkenden Bakterien ein neuer Zelltyp. Die Evolution dieser komplexen neuen Zellen durch Eingliederung bakterieller Symbionten wies dem Leben im noch jungen Proterozoikum den Weg. Letztendlich waren die neuen Zellen das Ergebnis von Hunger, hoher Populationsdichte und Durst einer Unmenge von Bakterien. Diese neuen Zellen waren die ersten Protoctisten. Ihr Aufkommen brachte genau die Art von Individualität und Zellorganisation, die Art von Sexualität und auch die Art von Sterblichkeit (den programmierten Tod von Individuen) mit sich, die wir als Tiere kennen. Bakterien fusionierten miteinander, und indem sie ihre Unzulänglichkeit kompensierten und ihre Unabhängigkeit aufgaben, fanden sie neue Wege, fortzubestehen und sich zu vermehren.

Leben, wie wir es kennen, also das von Zellen mit Zellkern, entstand lange vor den Tieren. Unter gierig schlingenden Zellen und mißlungenen Invasionen erlangten fusionierte, einander infizierende Organismen durch Eingliederung ihrer permanenten „Erkrankung" neue Lebenskraft. Die erste Zelle des neuen Typs – die Zelle mit Zellkern – entwickelte sich nicht durch Übernahme erblicher Merkmale, sondern durch Erwerb bakterieller Symbionten. Diese neuen Zelltypen, aus denen die Körper einzelliger Protisten und mehrzelliger Protoctisten bestehen, führten schließlich zu den weiteren drei Organismenreichen, die sich noch auf der Erde entwickeln sollten: den Tieren, Pilzen und Pflanzen. Unsere Vorfahren aus der Linie der Protoctisten waren äußerst merkwürdige Lebewesen. Selbst der gutgläubige Autor eines mittelalterlichen Bestiariums hätte sie wohl, wäre ihre Existenz ihm im Detail bekannt gewesen, als unmögliches Produkt einer fiebrigen Phantasie abgetan.

Jedes organische Leben auf der Erde besteht aus einer von nur zwei Zelltypen. Die Zellen des Menschen und die von anderen Tieren, Pilzen, Pflanzen und Protisten besitzen Zellkerne. Der andere Zelltyp, die Bakterienzelle, ist dagegen immer kernlos. Edouard Chatton, ein französischer Meeresbiologe, bezeichnete 1937 diesen Zelltyp als „procariotique". Organismen dieses Zelltyps sind Prokaryoten. Alle anderen mit Zellkern sind Eukaryoten. Das Vorhandensein eines membranumhüllten Zellkerns definiert daher eine Zelle als eukaryotisch. Alle Eukaryoten stammen von Protoctisten ab, Bakterien nicht. Im Zellkern sind die langen DNA-Moleküle, welche die Gene der Eukaryoten enthalten, in mindestens zwei bis mehrere tausend Chromosomen (der Mensch hat 46) organisiert. Die Abgrenzung des kostbaren genetischen Materials mit einer besonderen Membran und die feste Einbindung der DNA in eine geordnete Abfolge auf einem bestimmten Chromosom schränkte das genetische Durcheinander ein, das im Reich der Bakterien gang und gäbe war immer noch ist (ABB. 30).

Eine Giraffe ist ein eukaryotischer Organismus aus eukaryotischen Zellen, ebenso wie ein Gänseblümchen und eine Amöbe. In Verhalten, Genetik, Organisation, Stoffwechsel und besonders in der Struktur unterscheiden sich Prokaryoten und Eukaryoten weitaus mehr als Pflanzen und Tiere. Diese Unterschiede kennzeichnen eine fundamentale Trennlinie. Prokaryoten und Eukaryoten bilden somit die beiden „Überreiche" des Lebens auf der Erde.

Sämtliche Mitglieder des einen und ein ansehnlicher Teil des anderen Überreichs stellen die sogenannten Mikroben. Bakterien, alle kleineren Protoctisten, Hefen und andere kleine Pilze sind Mikroben. Die eukaryotischen Zellen der Protoctisten und Pilze sind zwar größer als die prokaryotischen Zellen der Bakterien. Aber auch sie lassen sich nur unter dem Mikroskop erkennen. Der Übergang zwischen den beiden Überreichen ist fließend. Die Evolution von Prokaryoten zu Eukaryoten, von Bakterien zu Protoctisten, war ein „Symmetriebruch", der das Leben auf eine höhere Komplexitätsebene katapultierte und ihm völlig neue Möglichkeiten und Risiken verlieh. Die ersten Eukaryoten bildeten sich nicht durch allmähliche Mutation, sondern plötzlich durch symbiontische Allianz.

Fünf Lebensformen

Die ersten eukaryotischen Zellen, die eigenständig lebten, waren Protoctisten. Sie entwickelten sich durch andauernde Verschmelzung von Bakterien. Schwebend oder frei schmimmend wurden einige zu Tieren, Pilzen und Pflanzen.

Die Protoctisten sind eine typenreiche Gruppe überwiegend sehr kleiner Lebensformen. Zu den schätzungsweise 250 000 Arten zählt man mikroskopisch kleine Amöben und Diatomeen ebenso wie Riesentange und Rotalgen. Diese Gruppe führte schließlich zu vertrauteren Pflanzen und Tieren wie Palmen und Muscheln. Vor nicht einmal einer Milliarde Jahren lebte noch kein einziges Tier und keine Pflanze auf der Erde. Selbst Pilze gab es nicht. Nur Bakterien und Protoctisten führten wichtige Funktionen in der Biosphäre aus.

Den nicht ganz zungengängigen Namen „Protoctisten" führte der englische Naturwissenschaftler John Hogg (1800–1861) ein. Er legte seine Ansichten in einem 1861 kurz vor seinem Tod veröffentlichten Aufsatz mit dem Titel *Über die Unterscheidung von Pflanze und Tier und über ein viertes Naturreich* dar.[1] (Sein drittes war das „Reich der Mineralien".) Weder Hogg noch sonst ein anderer wußten seinerzeit etwas über prokaryotische und eukaryotische Zellen. Wie Hogg jedoch richtig erkannte, gehören viele Organismen weder zu den Pflanzen noch zu den Tieren.

Der Ausdruck Protozoen („erste Tiere") besagt unglücklicherweise, daß Organismen von den Foraminiferen bis zu den Schleim „pilzen" irgendwie Tiere sind. Protoctisten dagegen bedeutet einfach „erste Lebensformen". Protoctisten sind weder Tiere noch notwendigerweise einzellig. Sind sie jedoch einzellig – oder sonstwie winzig –, nennt man sie Protisten. Da alle Tiere aus vielzelligen Embryonen hervorgehen, sind sie *per definitionem* keine einzelligen Tiere. Hogg schlug „Regnum Primogenium" als Namen für dieses Urreich vor. Wie man heute weiß, entstanden dessen Gründungsmitglieder vor den Pflanzen und Tieren. Protoctisten gibt es immer noch auf der Erde (ABB. 31).

In Deutschland setzte sich Ernst Haeckel auch für ein neues Organismenreich ein. »Diese interessanten und wichtigen Lebewesen sind die *ersten Kreaturen* oder *Protisten*«.[2] Die Monera – Bakterien – gehörten zu den von Haeckel vorgeschlagenen Protisten. Haeckel war bekanntlich nicht davon überzeugt, daß man Mikroben abtöten kann, indem man wie Lazzaro Spallanzani Hammelbrühe abkocht. Er war sich sicher, daß Urlebensformen existieren mußten, die einfacher waren als alles bisher Entdeckte. Haeckel glaubte fanatisch an Evolution und spontane Erzeugung von Materie. Er suchte »eine völlig homogene und strukturlose Substanz, ein lebendiges Albuminpartikel, das sich selbst ernähren und vermehren kann.«[3]

Der englische Biologe Thomas Henry Huxley (1825–1895) war von Haeckels Idee einer Urprotein-

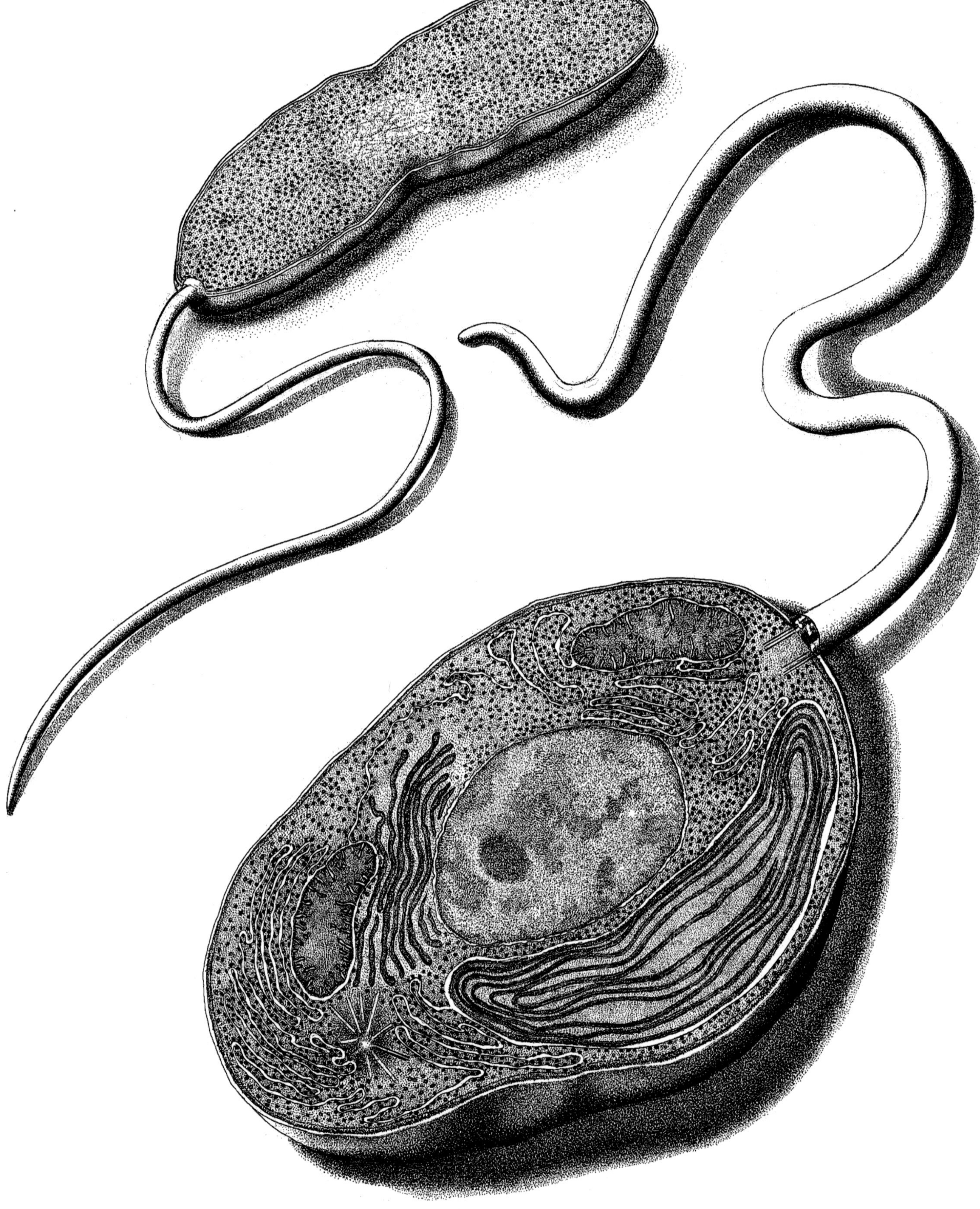

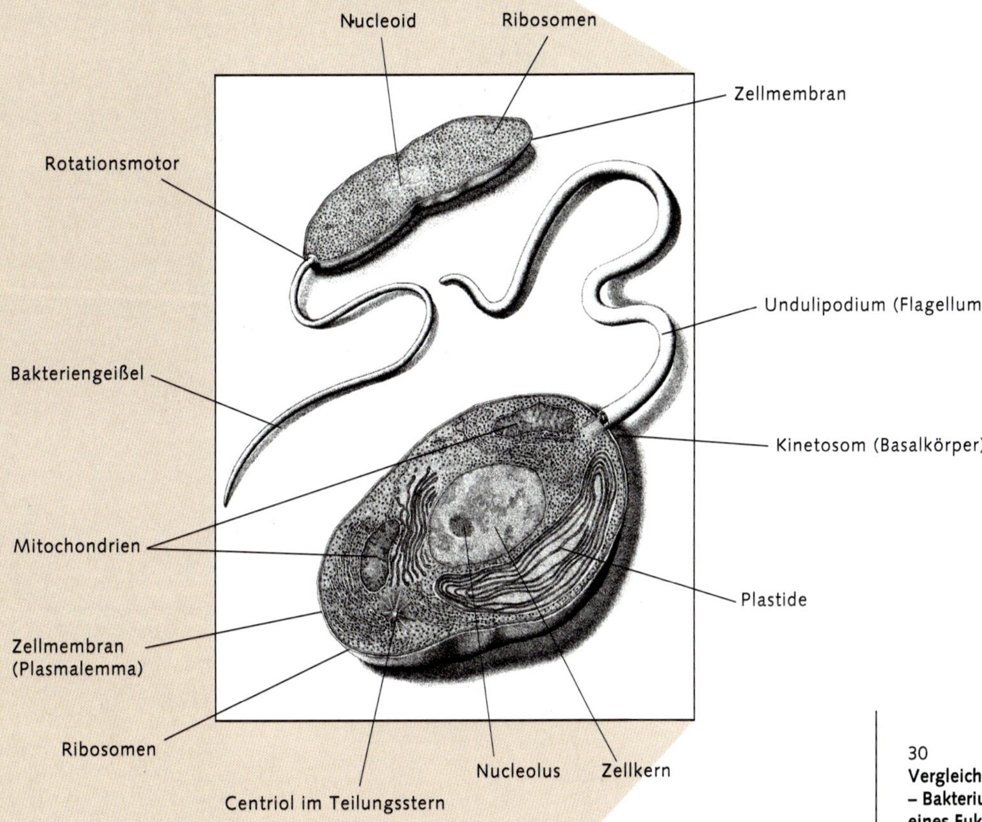

30
Vergleich eines Prokaryoten – Bakterium (oben) – und eines Eukaryoten – Zelle mit Zellkern (unten). Alle auf der Erde lebenden Zellen sind entweder Prokaryoten oder Eukaryoten. Sämtliche nicht zu den Bakterien gehörenden Reiche – Protoctista, Pilze, Pflanzen und Tiere – umfassen Organismen mit eukaryotischen Zellen. Die Eukaryoten entwickelten sich symbiontisch aus fressenden, eindringenden, infizierenden und miteinander lebenden Bakterien.

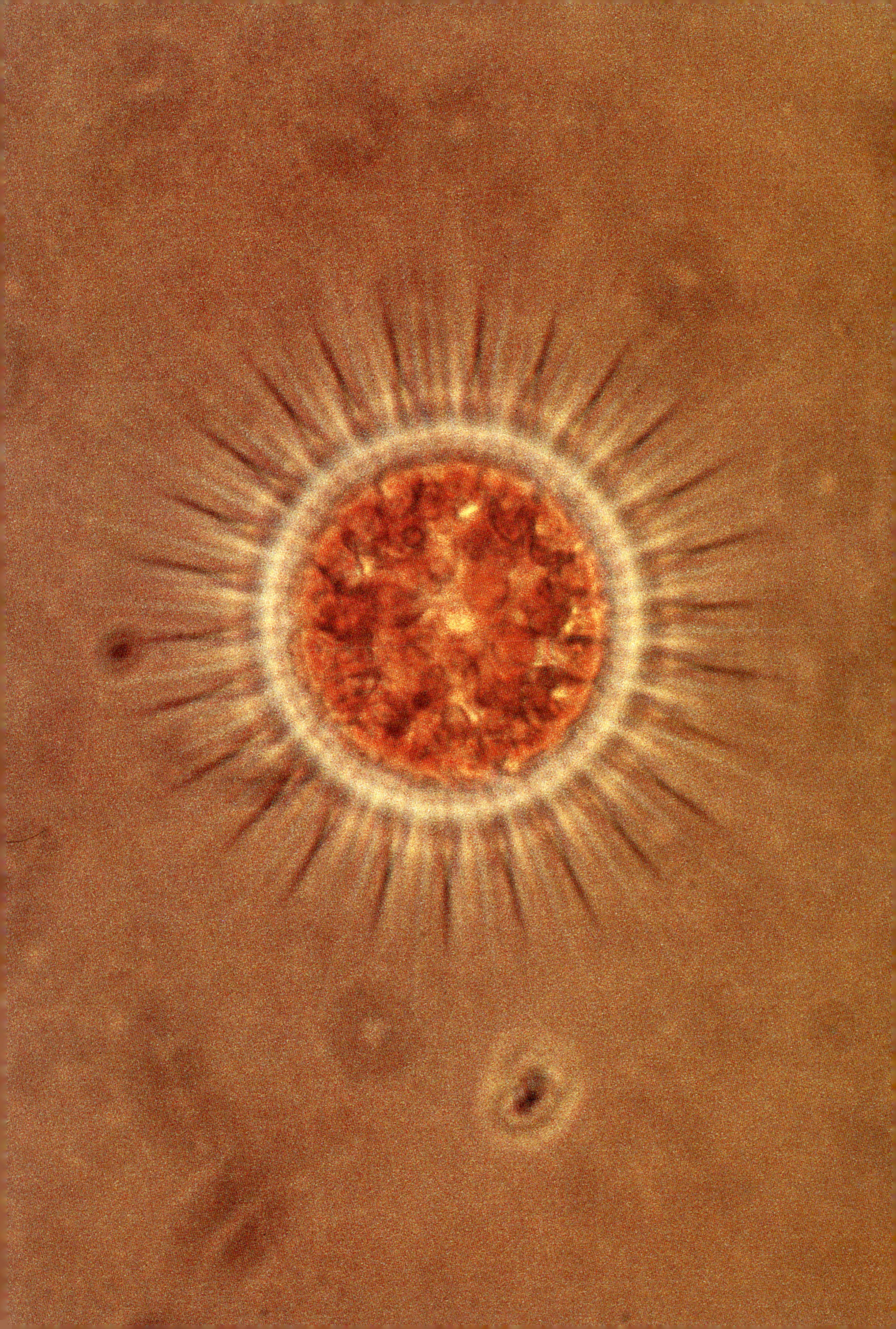

kugel begeistert. Huxley entdeckte einen rätselhaften weißen Schleim, als er zehn Jahre alte Schlammproben untersuchte, die man aus dem Meeresboden vor Irlands Nordwestküste heraufgezogen hatte. Handelte es sich hier um die von Haeckel postulierten ersten Protisten? Wie die Untersuchung ergab, bestand der granuläre Schleim aus winzigen Kalkplatten. Aufgeregt schrieb Huxley an Haeckel, daß er auf die Urlebensform gestoßen war. Huxley war über seine Entdeckung so erregt, daß er sogar seinen Kollegen ehrte, indem er die „Organismen" nach Haeckel benannte. Beide Männer verbreiteten die aufregende Nachricht, daß *Bathybius haeckelii*, der große Urschleim, nun entdeckt worden sei.

Erst später erkannte man, daß *Bathybius haeckelii* nur ein Meeressediment war. Jedesmal, wenn Huxley die Bodenproben konservieren wollte, entstand der weiße Schleim. Dieser war ein Alkoholpräzipitat aus organischen Überresten, u. a. von Quallententakeln. Der Urschleim war kaum unser Urvorfahr, er war nicht einmal lebendig. Trotzdem erweckte Haeckels Konzept wissenschaftliches Interesse an Lebewesen, die nicht in das zweigleisige Einteilungsschema Pflanze/Tier paßten.

Die Lebewesen teilt man auch heute noch in Pflanzen und Tiere ein. Pilze, falls sie überhaupt in der allgemeinen Vorstellung existieren, sind eine Art graue Pflanze. Kleinere Protisten und Bakterien – nach allgemeiner Meinung nicht einmal wirkliches Leben – werden ignoriert oder als „Keime" zusammengefaßt. Die Akademiker teilen weiter ein in die Botanik, die Lehre von den Pflanzen, und in die Zoologie, die Lehre von den Tieren. Pilze, Bakterien und bestimmte Protoctisten zwängt man als Pflanzen in dieses Schema und damit in die Zuständigkeit der Botaniker. Diese merkwürdige Aufteilung in Pflanzen und Tiere spiegelt die Evolution nicht wider. Die Vorfahren von Pflanzen und Tieren waren weder das eine noch das andere – sie waren eher Gemeinschaften – Bakterien, die miteinander verschmolzen, um einen neuen Zelltyp zu bilden.

Die erste wesentliche moderne Einteilung wurde von Herbert F. Copeland (1902–1968), einem Biologielehrer am Sacramento City College in Kalifornien, erfunden. Copeland setzte sich für vier Organismenreiche ein: Monera (Bakterien), Pflanzen, Tiere und Protoctisten. Er rechnete alle Pilze (Schimmelpilze, Ständerpilze, Bauchpilze usw., die er als Inophyta bezeichnete) zu

31
***Mesodinium rubrum*, ein Protist, Stamm Ciliophora, Reich Protoctista. Dieses schnellschwimmende, photosynthetisch aktive, mikroskopisch kleine Lebewesen lebt im Meer. Es steht beispielhaft für Organismen, welche die ältere Einteilung in drei Organismenreiche ins Wanken brachten. Sie sind nämlich tatsächlich weder Pflanze noch Tier. Die rötliche Färbung im Inneren stammt von degenerierten symbiontischen Algen (Cryptophyceen).**

einer Unterabteilung von Hoggs Protoctisten. Sein Buch, *The Classification of the Lower Organisms* (*Die Einteilung niederer Organismen*), das auf Copelands eigene Kosten als Privatdruck veröffentlicht wurde, las jedoch kaum jemand, außer Robert H. Whittaker (1924–1980), einem Ökologen der Cornell-Universität. Whittaker entwickelte die brauchbarste Einteilung von allen, indem er die Pilze aus den Protisten entfernte und sie als selbständiges fünftes Organismenreich ansah.

Aus heutiger Sicht spiegelt das fünf Organismenreiche umfassende Einteilungsschema von Whittaker am besten die entwicklungsgeschichtlichen Verwandtschaftsbeziehungen wider. Eine von uns (Lynn Margulis) arbeitete mit der Zoologin Karlene Schwartz von der Universität von Massachusetts in Boston zusammen, um die verschwommenen Grenzen unter Whittakers Protisten schärfer zu gestalten. Das Reich der Protoctisten, das Whittaker auf einzellige und kleinste mehrzellige Lebewesen beschränkte, enthält nun auch größere Organismen, wie beispielsweise die Algen, die nicht zu den Pflanzen, Tieren, Pilzen oder Bakterien gehören.

Verflechtungen im Stammbaum

Es ist phantastisch, wie sich ein Mensch – ein Lebewesen aus Zellen mit einem Zellkern – aus einem amöbenähnlichen Lebewesen – einer Zelle mit Zellkern – entwickelt. Dieser Vorgang hat eine Vorgeschichte – die Evolution einer Zelle mit Zellkern. Wie entwickelte sich diese?

Die rasche Antwort ist: durch Verschmelzen verschiedener Bakterienarten. Protoctisten entwickelten sich durch Symbiose; kleinere und größere Äste des Stammbaums verzweigten sich nicht nur, sondern wuchsen auch zusammen und fusionierten miteinander. Symbiose ist eine ökologische und physische Beziehung zwischen zwei Arten von Organismen, die viel enger ist als in den meisten Organismengemeinschaften. In Afrika schnappen und fressen mit unseren Kiebitzen verwandte Krokodilwächter unerschrocken Blutegel aus offenen Krokodilmäulern. Vogel und Raubtier sind in diesem Fall Verhaltenssymbionten. In der Gemeinschaft satter Krokodilwächter erfreuen sich Krokodile sauberer Zähne. In den Räumen zwischen unseren Zähnen und in unserem Darm leben Bakterien. Milben bewohnen unsere Augenwimpern. Diese winzigen Lebewesen entziehen unseren Zellen oder unserer unverdauten Nahrung Nährstoffe, wenn Zellen abgestoßen werden oder wenn sie organische Stoffe im Überschuß ausscheiden. Symbiose stellt wie eine Heirat ein Zusammenleben zum Besseren oder zum Schlechteren dar. Während jedoch zum Heiraten zwei unterschiedliche Personen gehören, findet Symbiose zwischen zwei oder mehreren unterschiedlichen Spezies statt.

Organismen gehen viele Formen von Symbiose ein. Eine der eindrucksvollsten ist die intime, als Endosymbiose bezeichnete Verbindung. Dabei lebt ein Lebewesen – Mikrobe oder größer – nicht nur nahe bei (oder auch ständig auf), sondern in einem anderen Lebewesen. Bei der Endosymbiose verschachteln sich organische Lebewesen. Endosymbiose ist wie eine langanhaltende sexuelle Beziehung, mit der Ausnahme, daß die Partner zwei verschiedenen Arten angehören. Einige Endosymbiosen sind tatsächlich dauerhaft geworden.

Bakterien, gewöhnlich die Meister der Symbiose, sind aus mindestens vier Gründen die besten Endosymbionten: Da sie erstens schon seit Milliarden Jahren stabile Verbindungen miteinander eingehen, können sie sehr dauerhafte Assoziationen begründen. Zweitens verteilen und erwerben ihre winzigen Körper permanent Gene. Daher können sie rasch auf genetische Veränderungen reagieren. Drittens erleben Bakterien Individualität nur beschränkt; wachsame Antikörper fehlen – eine „Infektion“ kann folglich die Grundlage für eine lebenslange Verbindung, eine gegenseitige Evolution, werden, und wird nicht wie in einem Tier mit Immunsystem bekämpft. Viertens führt das große chemische Repertoire der Bakterien zu metabolischer Komplementarität. Diese beobachtet man seltener in Verbindungen zwischen schon stark individualisierten Mitgliedern von Pflanzen- und Tierarten. Natürlich können sich mit der Zeit einige Pflanzen und Tiere genauso nahe kommen wie einige Bakterien.

Symbiose erzeugt neue Individuen. Ohne Bakterien im Darm könnte der Mensch keine B- oder K-Vitamine herstellen. Kühe und Termiten wären hilflos ohne die schwimmenden Vergärer in ihren Verdauungssystemen – Ciliaten und Bakterien, die Gras und Holz zersetzen. Im Inneren von durchsichtigen Strudelwürmern lebende Algen versorgen ihre Wirte so gut, daß deren Mundwerkzeuge verkümmern. Die grünen Würmer, denen sozusagen das Maul gestopft wurde, nehmen eher ein Sonnenbad, statt sich um Nahrung zu bemühen. Die endosymbiontischen Algen wandeln sogar die Harnsäure des Wurms in Nahrung um.

Es gibt Tausende andere Partnerschaften. So entstanden beispielsweise sämtliche der ungefähr 20 000 Flechten als symbiontische Verbindungen von Pilzen mit Algen oder Cyanobakterien. Die wichtigsten Symbiosen führten jedoch zur Eukaryotenzelle.

Die meisten Protoctistenzellen und alle Pflanzen-, Tier- und Pilzzellen enthalten Mitochondrien. Die Atmung mit Sauerstoff, die die Mitglieder der vier jüngsten Organismenreiche am Leben erhält, findet in diesen besonderen Organellen statt. (Wie Organe in einem Körper, sind die Organellen besondere Funktionsstrukturen einer eukaryotischen Zelle.) Mitochondrien sehen wie Bakterien aus. In der größeren Wirtszelle wachsen und teilen sie sich sogar auf eigene Faust. Wie man heute annimmt, stammen sie von Bakterien ab – nach mehr als Milliarden Jahren des Zusammenlebens können sie jedoch außerhalb der Zellgrenzen nicht mehr eigenständig überleben.

Pflanzenzellen und einige Protoctisten wie die Algen besitzen außerdem farbige Körper, die man als Plastiden bezeichnet. Die gesamte, von Algen und Pflanzen durchgeführte Photosynthese läuft in diesen DNA-haltigen Organellen ab. Plastiden enthalten die gleichen Pigmente und weitere biochemisch wichtige Substanzen, die man in den kugelförmigen, sauerstofferzeugenden blaugrünen Cyanobakterien findet, die beispielsweise im Meer leben. Wir glauben nicht, daß dies ein Zufall ist. Die DNA in den Plastiden der einzelligen Rotalge *Porphyridium* gleicht in ihrer Nucleotidsequenz eher derjenigen bestimmter Cyanobakterien als der DNA im Zellkern der Rotalge selbst.

Aufgrund eines solchen genetischen Beweises steht endgültig (und praktisch unbestritten) fest, daß die Zellorganellen aus freilebenden Bakterien hervorgegangen sind. Genetische, die Organismenreiche überschreitende Ähnlichkeiten entsprechen biologisch uralten „Fingerabdrücken". Diese beweisen, daß sich Photosyntheseorganellen nicht allmählich aufgrund zunehmender Mutationen in der DNA von Algenvorläufern und Pflanzen entwickelten. Sie entstanden vielmehr plötzlich, als symbiontische Bakterien sich in größeren Zellen niederließen.

Wir kehren sofort zu der Frage zurück, wie Bakterien, die zu Mitochondrien und Plastiden wurden, den Weg zu ihrem momentanen gemütlichen Aufenthaltsort in der eukaryotischen Zelle fanden. Zunächst müssen wir jedoch, um in der richtigen Reihenfolge zu bleiben, eine noch ältere und engere Symbiose untersuchen.

Schwimmende Korkenzieher

Fast alle Biologen erkennen derzeit an, daß bestimmte Bakterien als Symbionten begannen und sich nach einem Zeitraum chemischer Anpassung und Genübertragung zu den Mitochondrien und Plastiden eukariotischer Zellen entwickelten. Viele Biologen lehnen jedoch weitere Ideen ab oder kennen diese gar nicht. Einige Indizien beweisen aber, daß eine noch ältere Bakteriensymbiose der Errungenschaft dieser Organellen vorausging.

Bevor Sauerstoffverwerter anaerobe, schwimmende Protisten infizierten, um Gemeinschaften zu bilden, und bevor diese blaugrüne Bakterien aufnahmen, vereinigten sie sich wohl mit schnell beweglichen Bakterien. Während ihrer Umwandlung von freilebenden Bakterien zu Zellorganellen könnten schlängelnde Spirochäten ihre beträchtliche Beweglichkeit ihren Wirtszellen zunächst von außen, dann aber auch im Inneren zur Verfügung gestellt haben. Diese wurden so zu Urzellen. Heutige Spirochäten sind protonengetriebene Bakterien, die Kohlenhydrate umsetzen und wie besessene Korkenzieher umhersausen. Als schnellste Schwimmer unter allen Prokaryoten schrauben sie buchstäblich ihren Weg durch Schlamm, Gewebe und Schleim.

Eindringende Spirochäten leben im Speichel, in den Kristallstielen im Verdauungssystem von Austern, in den Enddärmen von Termiten und in Tausenden anderer, gleichermaßen raffinierter Nischen. Sie sind eine der erfolgreichsten Lebensformen auf der Erde. Sie bilden – oft reversibel – Gemeinschaften, indem sie sich an größere Organismen anheften und diese vorantreiben. Einige Protistenzellen wie *Mixotricha paradoxa* und *Trichonympha* entwickeln sogar Hakenstrukturen, so daß freilebende Spirochäten gleichsam mit laufenden Motoren „andocken" können (ABB. 32). Die Spirochäten ernähren sich aktiv von den Stoffwechselresten der Zellen, an denen sie angeheftet sind. Der symbiontische Vorteil liegt auf der Hand: Die sich schlängelnden Spirochäten treiben die Zellen voran, die sie ernähren. Eine Mixotricha- oder Trichonympha-Zelle ohne Spirochäten ist wie ein Boot ohne Motor oder ein gerade Volljähriger ohne Auto. Schnelle schwimmfähige Zellen

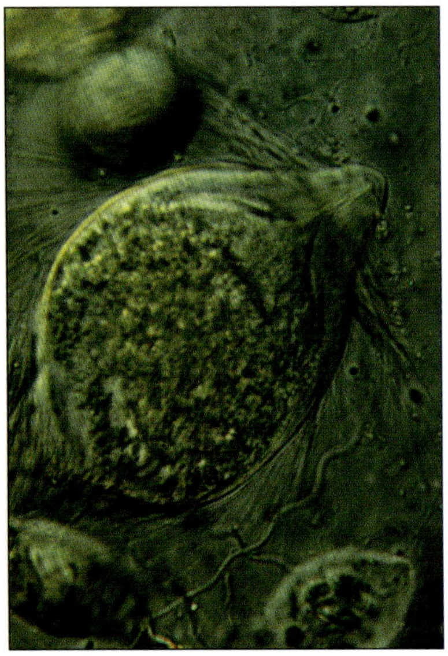

32
Trichonympha, ein chimärer Protist, Stamm Zoomastigina, Reich Protoctista. Dieses Lebewesen ist so seltsam strukturiert, als stamme es aus einem mittelalterlichen Bestiarium. Es besteht aus einem großen Protoctista-Wirt mit einem Büschel Undulipodien am Vorderende und symbiontisch befestigten Spirochäten im rückwärtigen Bereich. Dieser mikroskopisch kleine Zoo aus Protisten und Bakterien lebt symbiontisch im Enddarm von Termiten und hilft beim Verdauen von Holz.

können viel leichter als ihre trägen Vorgänger Nahrung suchen, vor Räubern entkommen und Paarungspartner finden. Spirochäten können sich jedoch nicht nur außen anheften (ABB. 33).

Protoctistenzellen sind, verglichen mit Bakterien, riesig. Sie weisen eine ständige innere Bewegung auf. Bakterien, bei denen im Inneren keine Bewegung stattfindet, und die keine echten Chromosomen besitzen, teilen sich nicht mitotisch. Sie führen nicht den „Tanz der Chromosomen" auf. Mitose, die chromosomale Kernteilungsform, ist bei Protoctisten weitverbreitet und verläuft bei Tieren, Pflanzen und Pilzen einheitlich. Dabei ordnen sich die Chromosomen in einer Reihe an und wandern zu entgegengesetzten Polen wie bei einer Art Mikroballett. An den Zellpolen befinden sich Centriolen. Diese Strukturen ähneln rotierenden Telephonwählscheiben. Sie könnten Überbleibsel von Spirochäten sein, die vor langer Zeit als Nahrung in größere Zellen eindrangen (ABB. 34).

Die Mitose, mit der sich die meisten Eukaryotenzellen teilen, gewährleistet, daß die in der Mutterzelle verdoppelten Chromosomen einheitlich auf zwei Tochterzellen verteilt werden. Mitose ist als genetisches Speicher- und Verteilungssystem für die großen DNA-Mengen, welche die meisten eukaryotischen Zellen enthalten, anscheinend unentbehrlich. Bei jedem Mitoseereignis erscheint eine Reihe winziger Proteinröhren, als Mikrotubuli (und insgesamt als Mitosespindel) bezeichnet. Am Ende des Vorgangs sind aus einer Zelle zwei entstanden, und die Mitosespindel verschwindet. Die an den Tubuli der Spindel befestigten Chromosomen orientieren sich in der Äquatorialebene der Zelle in einer Reihe. Diese Chromosomen, die sich vorher verdoppelt haben, trennen sich dann, wobei jede Hälfte entlang der Spindel zu entgegengesetzten Seiten

33
In dieser Zeichnung zeigt die Künstlerin Christie Lyons, wie Spirochäten andocken und so zu Undulipodien größerer neuer Eukaryotenzellen werden.

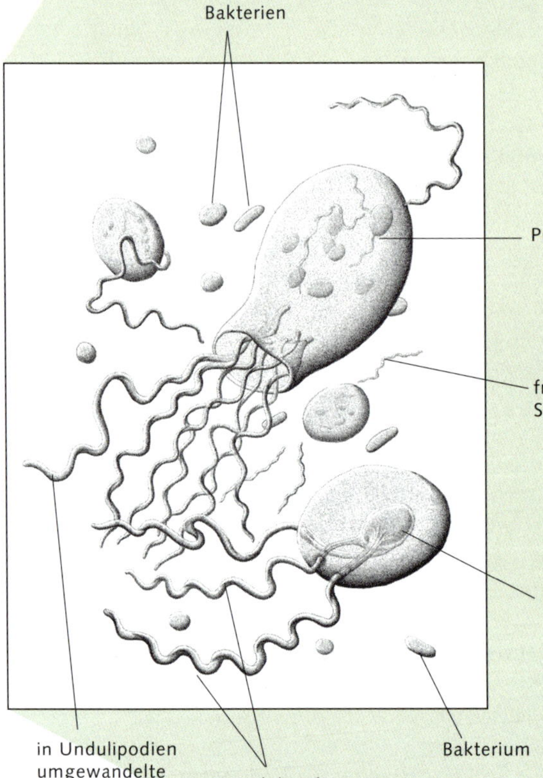

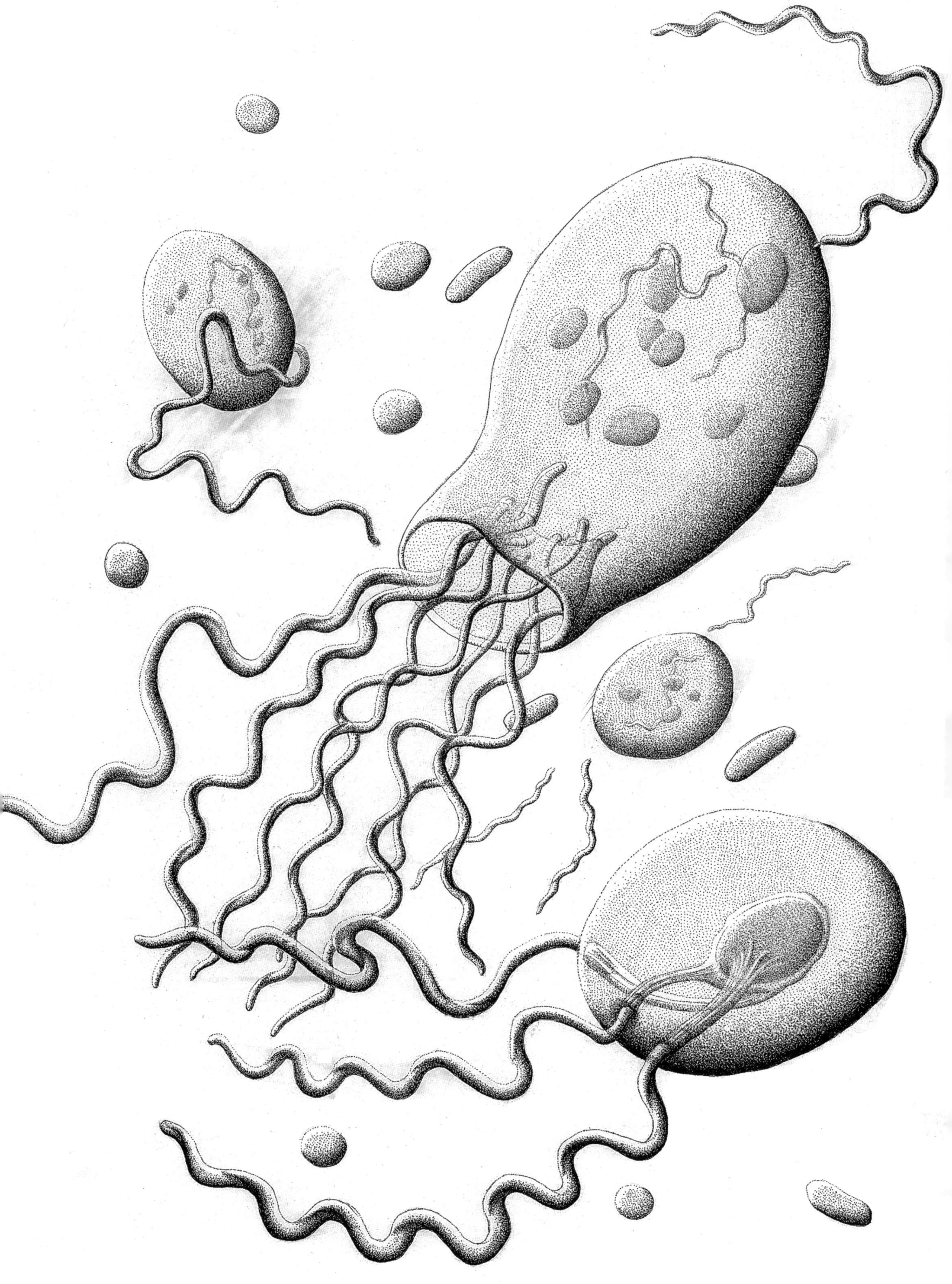

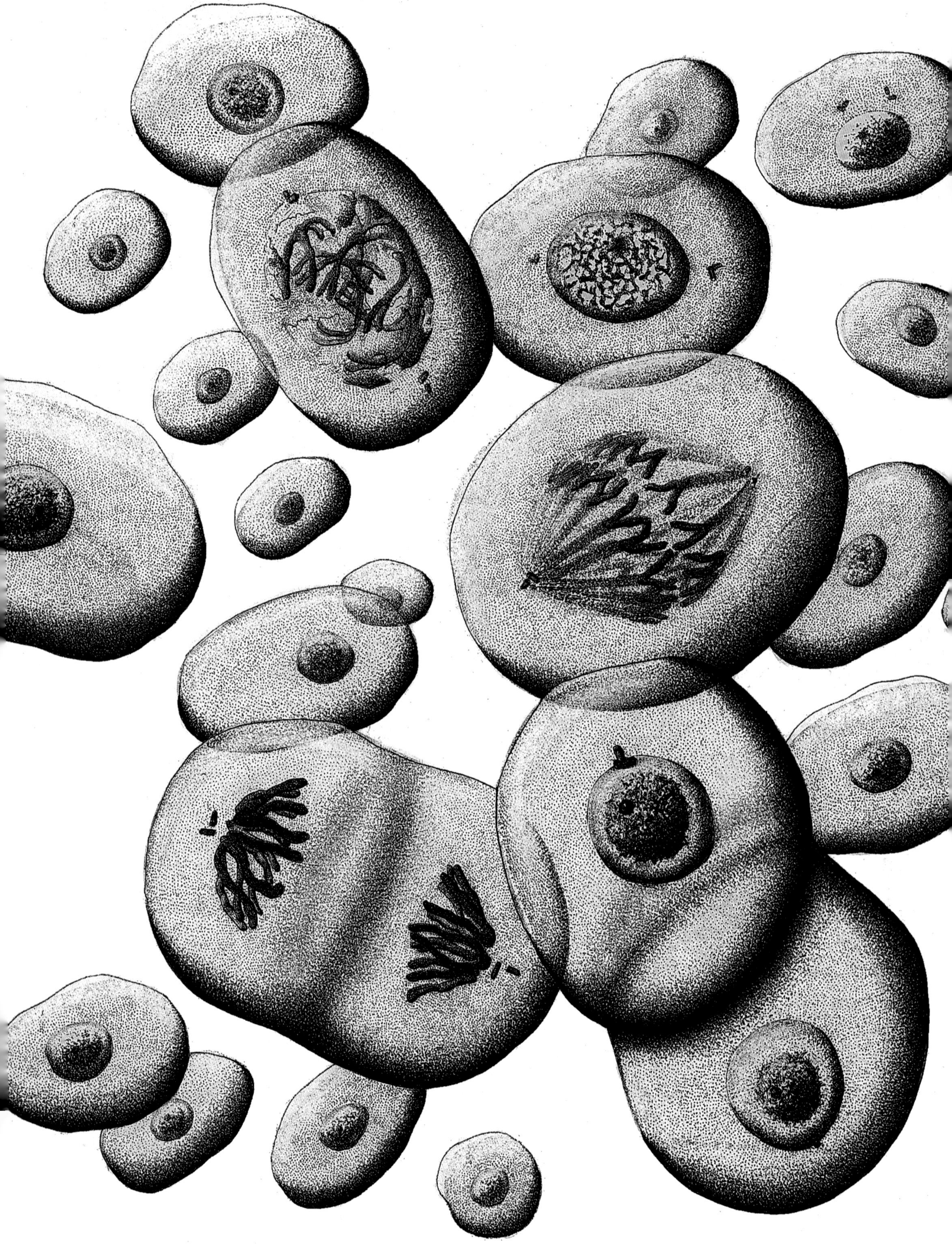

34
Verschiedene Stadien der Mitose, die bei der Vermehrung eukaryotischer Zellen gewöhnlich die Chromosomen vor der Zellteilung trennt. Im Vergleich zu Bakterien spielen sich in Zellen mit Zellkern viel mehr innere Bewegungen ab. Dieses ist wahrscheinlich eine Folge zwei Milliarden Jahre alter Überreste schnell rotierender Spirochäten.

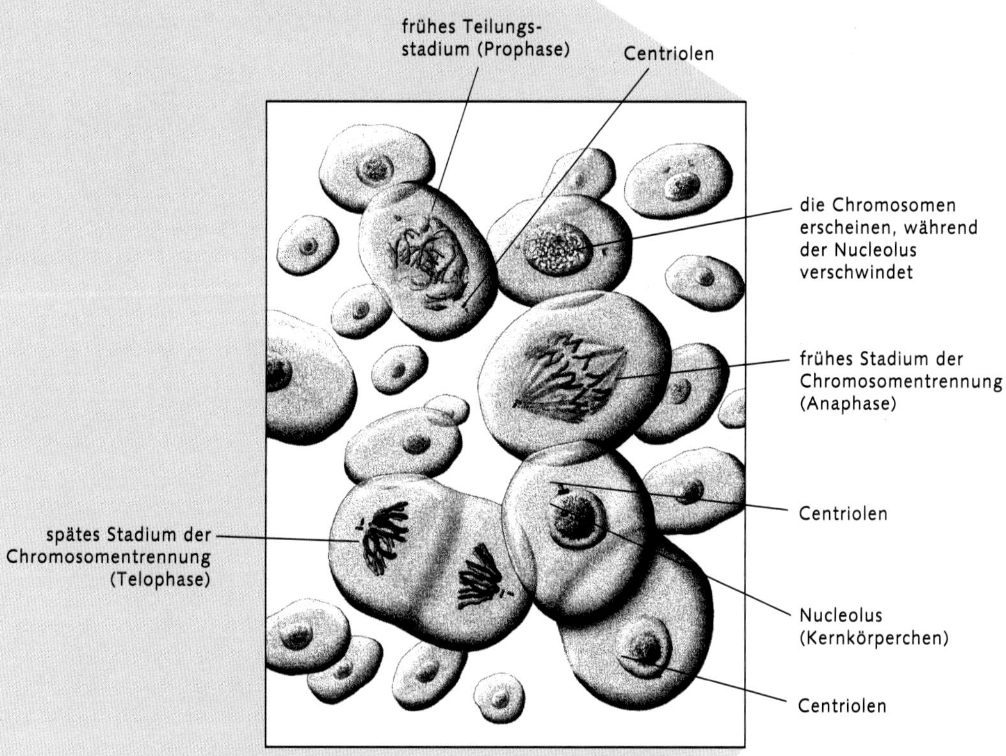

der Zelle wandert. Die Chromosomen an den Polen entspiralisieren sich, wenn sich die Zellen zweiteilen. Die rätselhafte Mitosespindel verschwindet nun wieder in der Unsichtbarkeit, aus der sie aufgetaucht war (ABB. 35).

Bei vielen Tieren bewegen sich die Centriolen (die Telephonwählscheiben ähnlichen Strukturen) zu den Zellrändern, wo sie zu Kinetosomen (=Basalkörper) werden, indem sie sich zu Schäften vergrößern. Im Querschnitt zeigen die Stiele ein charakteristisches „9×2+2"-Muster: Neun Sätze von je zwei Tubuli umgeben kreisförmig zwei in der Mitte gelegene Tubuli. Die Kinetosomen und Centriolen heißen unterschiedlich, damit man die Phase mit Schaft von der stiellosen der gleichen Organelle unterscheiden kann. Mehrere Begriffe für die gleichen Organellen sind eher Unfälle der Geschichte als Notwendigkeit der Nomenklatur. Zwei Namen wurden verliehen, da die verschiedenen

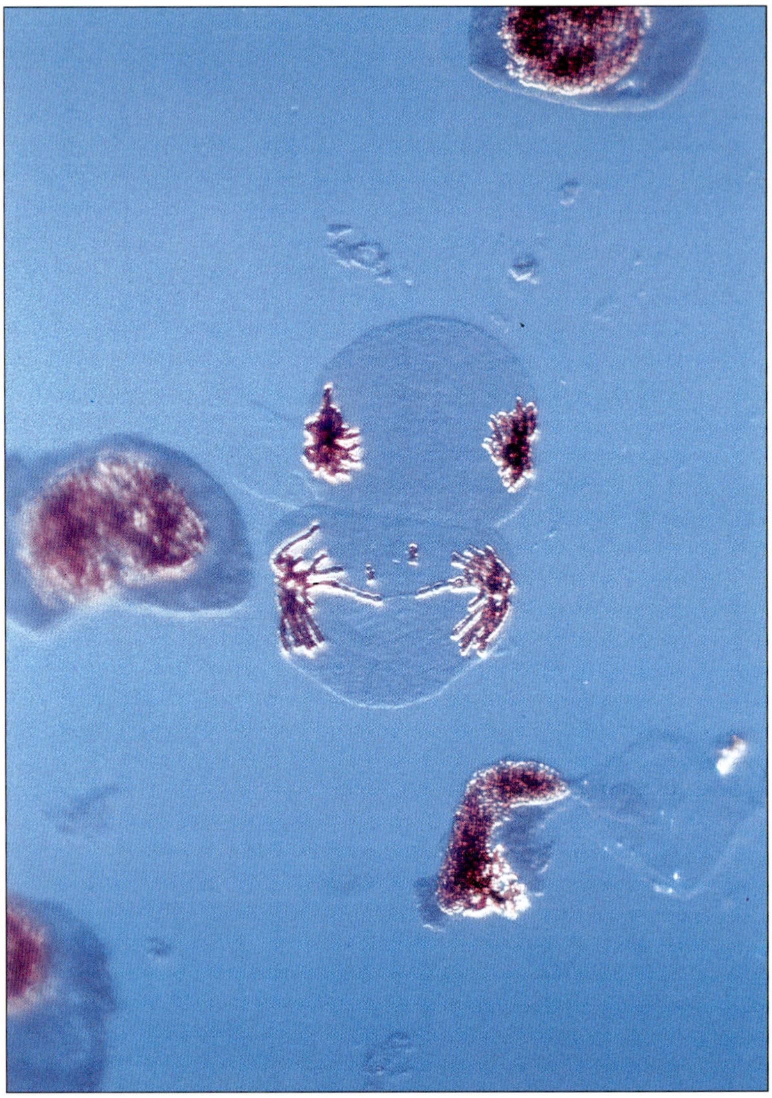

35
Haemanthus sp., Afrikanische Blutlilie, Stamm Angiospermophyta, Reich Pflanzen. Telophase aus der Mitose von Blütenzellen. Mitose ist die Art Kernteilung, die Zellen mit Zellkern aller Tiere, Pflanzen und Pilze und der meisten Protoctista kennzeichnet. Die Telophase ist ein spätes Mitosestadium. Bei der Mitose verdoppeln sich die Chromosomen zunächst, teilen sich dann und trennen sich in diese beiden Massen auf. Diese werden die Zellkerne der entstehenden Tochterzellen. Bei der hier gezeigten mitotischen Zellteilung sind die Chromosomen der Pflanze rot angefärbt.

Phasen beobachtet und benannt wurden, lange bevor man den Zusammenhang bemerkte.

Die Universalität des Kinetosoms – wie es in Pflanzen, Tieren, Pilzen und Protisten auftritt – ist ein starker Hinweis auf eine alte Abstammung. Die 9×2+2-Symmetrie findet man beispielsweise bei den Zellanhängseln des Gleichgewichtsorgans des menschlichen Innenohrs und bei den Geißeln, die den schwimmenden Protisten *Euglena* vorwärtstreiben. Die 9×2+2-Anordnung beobachtet man auch im Querschnitt männlicher Samenzellen. Aufgrund ihrer Ähnlichkeit faßt man alle aus Kinetosomen entstehenden 9×2+2-Stiele unter einen gemeinsamen Namen – Geißeln oder Undulipodien.

Die Mitose – bemerkenswert ähnlich bei den meisten Protoctisten- und allen Pflanzen-, Tier- und Pilzzellen – muß sich im ältesten dieser vier Organismenreiche entwickelt haben. Die Protoctisten, aus denen die Pflanzen, Tiere und Pilze hervorgingen, waren die ersten Lebewesen mit diesem für die Vermehrung der neuen Zellen mit Zellkernen notwendigen Bewegungsapparat. Ob die kleineren Protoctisten das Undulipodium und die innere Zellbewegung erfanden, ist aber zweifelhaft. Beweglichkeit ist eher ein Geschenk des ältesten und ursprünglichsten Organismenreichs.

Das Organell Centriol/Kinetosom ist höchst offensichtlich bakteriellen Ursprungs. In diesen intrazellulären Strukturen sollen DNA und RNA vorkommen. David Luck und John Hall an der Rockefeller Universität in New York City photographierten eine seltsame bakterienähnliche DNA in den beiden Centriolen/ Kinetosomen der Grünalge *Chlamydomonas*. Joel Rosenbaum und seinen Mitarbeitern an der Yale Universität gelang es, zusammen mit mehreren anderen unabhängig voneinander arbeitenden Wissenschaftlern dagegen nicht, in dieser Grünalge Centriolen/Kinetosomen-DNA nachzuweisen.

Lebende Zellen sind mit Undulipodien verschiedener Namen ausgestattet. Undulipodien sind unter anderem alle Cilien und die „Schwänze" der Spermien. Sowohl die einschwänzigen Schwimmer im Säugetiersperma als auch die hundertschwänzigen Spermatozoiden männlicher Farnpflanzen sind Beispiele für 9×2+2-Undulipodien. Weitere Beispiele für Undulipodien sind die unbeweglichen Cilienreste in den Stäbchen- und Zapfenzellen der menschlichen Netzhaut, die Flimmerhaare der Eileiterzellen, die bei der Frau ein Ei in die Gebärmutter drücken, und das bewegliche Epithel, das Schmutzteilchen aus den Bronchien transportiert.

Spirochäten, die auf symbiontischem Wege zu Undulipodien wurden und sich sowohl als Geißeln als auch beim Chromosomen„ballett" betätigen, sind offenbar so in ihre Partner integriert, daß sie fast spurlos verschwunden und nur noch genetische Schatten ihrer Vorfahren sind. Wie ein Künstler, der eine schwierige Aufführung routiniert und ohne erkennbare Anstrengung meistert, können die früheren Spirochätengene so sehr in Zellfunktionen abgetaucht sein, daß man sie heute fast nicht mehr nachweisen kann. Der Biologe David C. Smith von der Universität Oxford vergleicht solche symbiontischen Überbleibsel mit dem Lächeln der fiktiven Cheshire-Katze aus Lewis Carrols *Alice im Wunderland*, die langsam verschwindet und sich nur in ein rätselhaftes, in der Luft schwebendes Grinsen verwandelt: »Der Organismus löst sich schrittweise in seine Teile auf, die langsam mit dem allgemeinen Hintergrund verschmelzen, wobei nur ein paar Überbleibsel seine frühere Existenz verraten.«[4]

Das Vermächtnis der Beweglichkeit zeichnet weniger und undeutlichere Spuren als die Zellen, die uns das grüne Geschenk der Photosynthese und die Sauerstoffveratmung hinterließen. Beweglichkeit war nach Meinung der Autoren die erste endosymbiontische Errungenschaft des entstehenden Eukaryoten. Schlängelnde Spirochäten, die fortgesetzt die eigenen Teile ablegten, drangen in Wirte ein, die einmal eine Zelle mit Zellkern werden sollten. Wegen des langen Zeitraums sind die Anzeichen heute eher schwach. Die Photographien sind fast verblaßt, und die Seiten sind zerfallen. Zellgeschichte muß anhand schwächster Anhaltspunkte rekonstruiert werden.

Ein Grund, warum man vermuten könnte, daß die Spirochätensymbiose den anderen voranging, ist die neueste Entdeckung, daß viele Protisten Undulipodien, aber keine Mitochondrien besitzen. Diese anaeroben Lebewesen werden durch Sauerstoff vergiftet – das deutet darauf hin, daß sie aus einer Zeit stammen, bevor die Urprotisten mit den sauerstoffverwertenden Bakterien eine Symbiose eingingen, die sich zu Mitochondrien entwickelten. Die mitotische Zellteilung, bei der sich die Chromosomen an einer Spindel aufreihen, ist bei Tier-, Pflanzen- und Pilzzellen universell verbreitet. Nur bei einigen, im dunkeln lebenden, sauerstoffmeidenden, schwimmenden mitochondrienlosen

Protisten und ihren eigentümlichen Verwandten ist die Mitoseabfolge stark verändert.

Das Fehlen von Übergängen zwischen Bakterien und solchen anscheinend abweichenden Protisten verrät uns, daß sich die Bakterien nicht nur durch zufällige Mutation zu noch anaeroben, aber schon mit Zellkern versehenen Schwimmern entwickelten. Die plötzliche Entwicklung von Zellen mit Zellkernen und Schwimmorganellen mit dem $9 \times 2+2$-Muster läßt sich am besten durch ein uraltes Symbioseereignis erklären, das Beweglichkeit einbrachte. Für die enge Beziehung von Undulipodien und Mitoseapparat in lebenden anaeroben Zellen ist Symbiose die einfachste wissenschaftliche Erklärung. Mutationen scheinen dagegen als Erklärung für den Ursprung der Undulipodien weithergeholt zu sein.

Ein sehr alter Vorfahre der heutigen Bewohner heißer Quellen ist das Bakterium *Thermoplasma* (ABB. 23). Wird dieser Vorfahre von Spirochäten attackiert und widersteht die schützende Membran dem Eindringling, so setzen die Spirochäten außen an, um sich von *Thermoplasma*-Abfall zu ernähren. Schließlich finden einige Einlaß und fusionieren mit dem entkräfteten *Thermoplasma*. So werden sie zu dessen lebenden Rudern.

Sind die symbiontischen Spirochäten erst einmal im Zellinneren, erweitern sie ihre Beweglichkeit auf die inneren Aktivitäten ihrer Wirte. In einer Art Waffenstillstand schaffen es die beiden fortpflanzungsfähigen Partner, miteinander zu leben. Der Zellkern, der heutzutage als eine Art genetische Zentralregierung wirkt, könnte sich als Membran entwickelt haben, um die Spirochäten daran zu hindern, *Thermoplasma*-DNA zu fressen. Die gefangenen, noch beweglichen Spirochäten dienten letzlich dazu, Chromosomen zu bewegen. Daraus entwickelte sich die Mitose, und die befestigten Spirochäten wurden zu Centriolen/Kinetosomen. Wahrscheinlich enthalten einige dieser Strukturen – die weiterhin reproduktionsfähig sind – noch DNA.

Auf welche Weise auch immer die Eukaryoten ihre Bewegungsfähigkeit und in einigen Fällen respiratorische und photosynthetische Fähigkeiten erworben haben, Symbiose gehört ganz gewiß dazu. Enge Symbiosen waren für die Evolution der Zellen unentbehrlich.

Seltsame neue Frucht

Zur Zeit untersucht man jene Hypothese, nach der frühere Spirochäten und Thermoplasmen miteinander verschmolzen, um schwimmende Protisten zu bilden. Diese fusionierten Lebewesen können die ursprünglichen Mitglieder von Bakterienzusammenschlüssen sein, aus denen sich sämtliches höheres Leben entwickelte. Wie waren jedoch andere symbiontische Bakterien daran beteiligt?

Blaugrüne photosynthetisch aktive Bakterien überfluteten die Erde mit Sauerstoff. Dieser wurde auf der gesamten Planetenoberfläche in neue Mineralien wie Sulfat (SO_4), Magnetit (Fe_2O_3) und Hämatit (Fe_3O_4) umgesetzt. Anschließend sammelte sich Sauerstoff als Abfallprodukt in der Atmosphäre an. Neu auftretender gasförmiger Sauerstoff rottete unzählige Lebewesen aus. Selbst heutzutage erliegen bestimmte Cyanobakterien ihrem eigenen Sauerstoff. *Phormidium* lebt beispielsweise im Schlamm nur in der Nähe anderer Organismen. Diese können den Sauerstoff, den es in geradezu fatalen Konzentrationen erzeugt, rasch aufbrauchen.

Bald darauf entwickelten die Zellen eine Toleranz gegenüber Sauerstoff in geringen Konzentrationen. Viele moderne Prokaryoten gedeihen am besten bei Sauerstoffniveaus von etwa zehn Prozent – der Hälfte der heutigen Atmosphärenkonzentration. Sauerstofftolerante Bakterien erzeugen Enzyme wie Katalasen, Peroxidasen und Superoxiddismutasen. Diese setzen das gefährliche Gas in unschädliche organische Verbindungen und Wasser um. Ohne diese chemischen Puffer würde der organisch gebundene Kohlenstoff durch Sauerstoff versengt und entwertet.

Die Mitochondrien menschlicher Zellen stammen dennoch von Bakterien ab, die den Sauerstoff weder mieden noch ihn bloß tolerierten. Die Bakterien, die sich zu den mütterlicherseits übertragenen Mitochondrien entwickelten – sie werden nur von der Eizelle an den menschlichen Embryo weitergegeben –, nutzten die große Reaktivität des Sauerstoffs. Wie Kernphysiker, die Wege gefunden haben, um hochgefährliches Plutonium zum Antrieb von Raumschiffen zu nutzen, wandelten die Vorfahren der Mitochondrien eine große Gefahr in eine große Chance um.

Mit reaktivem Sauerstoff verbesserten die Bakterien die Energieumwandlung in der Zelle – wahrscheinlich das beste Beispiel für Recycling überhaupt. Indem sie das durch Einfangen von Lichtenergie selbst erzeugte Material oxidierten, konnten photosynthetisch aktive Purpurbakterien verstärkt ATP umsetzen, die Energiespeicherverbindung und die biochemische Währung, die Zellen aller Lebewesen verwenden. Bakterien nutzten die natürliche Verbrennung mit Sauerstoff für ihre eigenen Zwecke, indem sie organische Moleküle zu Kohlendioxid und Wasser abbauten. Während beim Vergären eines Zuckermoleküls durchschnittlich nur zwei Moleküle ATP entstehen, liefert die Veratmung des gleichen Zuckermoleküls tatsächlich sechsunddreißig ATP-Moleküle. Die neuen Bakterien – einschließlich den Vorläufern menschlicher Mitochondrien – gewannen die Energie aus Zuckermolekülen fünfzehnmal effizienter als ihre sauerstoffvergifteten Vorgänger.

DNA-Sequenzierung zeigte zweifellsfrei, daß die Vorfahren der Mitochondrien sauerstoffveratmende (aerobe) Purpurbakterien waren. Wie Barbaren, die ein Dorf plündern, dann aber zivilisiert werden, überfielen sauerstoffnutzende Räuber vergärende Organismen und wandelten sich zu Mitochondrien. Vermutlich waren die ältesten Wirte *Thermoplasma*-ähnliche Archaebakterien (die schon mit symbiontischen Spirochäten herumschwirren konnten). Sie widerstanden Hitze und Säure, nicht jedoch freiem Sauerstoff. Diese Gruppen entwickelten sich zu den ersten Protisten, wobei ihre Spirochäten zu Undulipodien wurden. Die *Thermoplasma*-Linie ist an diesem großen Evolutionsereignis beteiligt, weil ihre modernen Repräsentanten nucleocytoplasmatischen Teilen eukaryotischer Zellen ähneln. *Thermoplasma acidophilum* besitzt histonähnliche Proteine, die in fast allen höheren Lebensformen – Tieren, Pflanzen, Pilzen und einigen Protoctisten – universell verbreitet sind, jedoch in anderen Prokaryoten fehlen. Die Histone in menschlichen Chromosomen könnten ein direktes Erbe der Protisten sein, die von Protomitochondrien befallen wurden.

Die Eindringlinge stammten nach der Einteilung von Carl Woese möglicherweise aus der „Purpurbakterienlinie". Diese Protomitochondrien ähnelten möglicherweise den rezenten sauerstoffveratmenden stabförmigen Bakterien wie *Paracoccus denitrificans*. Dieses Bakterium hat mehr als vierzig Enzyme mit menschlichen Mitochondrien gemeinsam. Sie ähneln wahrscheinlich den atmenden *Bdellovibrio* oder *Daptobacter* – modernen räuberischen Prokaryoten, welche die Gewohnheit haben, größere Bakterien anzugreifen und sich in diesen zu vermehren (ABB. 36). Schließlich explodieren die Opfer, und ein Battaillon von Störenfrieden schwimmt munter hinaus. *Daptobacter*, *Bdellovibrio* und ähnliche, namenlose Bakterien sind Necrobier – Lebewesen, die vom Tod anderer leben. Aber selbst wenn sie als parasitische Infektion begannen, schlugen die Vorfahren der Mitochondrien diesen Weg nicht ein. Die Protomitochondrien, versorgt und geschützt in ihrer neuen Umgebung, waren gut beraten, ihre sauerstoffintoleranten Wirte nicht zu zerstören.

Mitochondrien können nicht selbständig leben, obwohl sie noch heute ihre eigene DNA besitzen und sich wie Bakterien vermehren. Der Parasitismus wurde zum Dauerzustand: keiner der Partner kann entkommen, keiner kann eine Trennung überleben. Die ersten Protisten waren somit Einzelpaare, die Ergebnisse einer Fusion von zwei oder (im Falle der Pflanzen) mindestens drei ursprünglich unabhängiger Lebewesen. Im Gegensatz zum feuerspeienden Wesen der griechischen Mythologie, mit dem Kopf einer Löwin, dem Körper einer Ziege und dem Schwanz eines Drachen, gibt es diese Zellchimären wirklich.

Wie wurden die Räuber zu Symbionten? Wie wurde eine tödliche Infektion zu einem lebenswichtigen Bestandteil?

Der koreanisch-amerikanische Biologe Kwang Jeon der Universität von Tennessee hat eine solche Transformation im Labor nachvollzogen. Die Antwort ist daher nicht mehr so geheimnisvoll wie vorher. Die Experimente Jeons zeigen überzeugend, wie sich Bakterien von virulenten Pathogenen in nützliche Organellen verwandelten.

Jeon wurde sich darüber eher zufällig klar, wie es bei vielen erstaunlichen Entdeckungen in der Wissenschaft der Fall ist. Zu seinem Entsetzen fand er eines Tages, daß seine Amöben, die er in Petrischalen züchtete, erkrankten und starben. Nach mikroskopischem Befund war jede *Amoeba proteus* mit etwa 150 000 fremden Bakterien infiziert. Alle bis auf wenige Amöben starben. Jeon war sehr interessiert daran, warum die Infizierten überlebten. Daher injizierte er gesunden Amöben infektiöse Bakterien, die er sterbenden Amöben entnahm. Die meisten so behandelten Amöben starben innerhalb weniger Tage, aber wiederum einige überlebten. Diese vermehrten sich langsamer. Nach einigen Monaten waren sämtliche Überlebenden infiziert. Sie enthielten jedoch weniger Bakterien als die, die gestorben waren.

36

Bdellovibrio, ein räuberisches Bakterium, Stamm Pseudomonaden, Reich Monera. Hier ist festgehalten, wie *Bdellovibrio* gerade in ein größeres Bakterium eindringt. Es vermehrt sich im Inneren seines Opfers, führt sein Zerstörungswerk fort, bis es die Wirtszelle in einer lebenden Explosion aufbricht, wobei eine neue Räubergeneration freigelassen wird. Solche Invasionen konnten, als sie dauerhaft wurden, bei der Entwicklung von Zellen mit Mitochondrien analog verlaufen sein: Die kleineren Bakterien überlebten und vermehrten sich im Inneren größerer Bakterien.

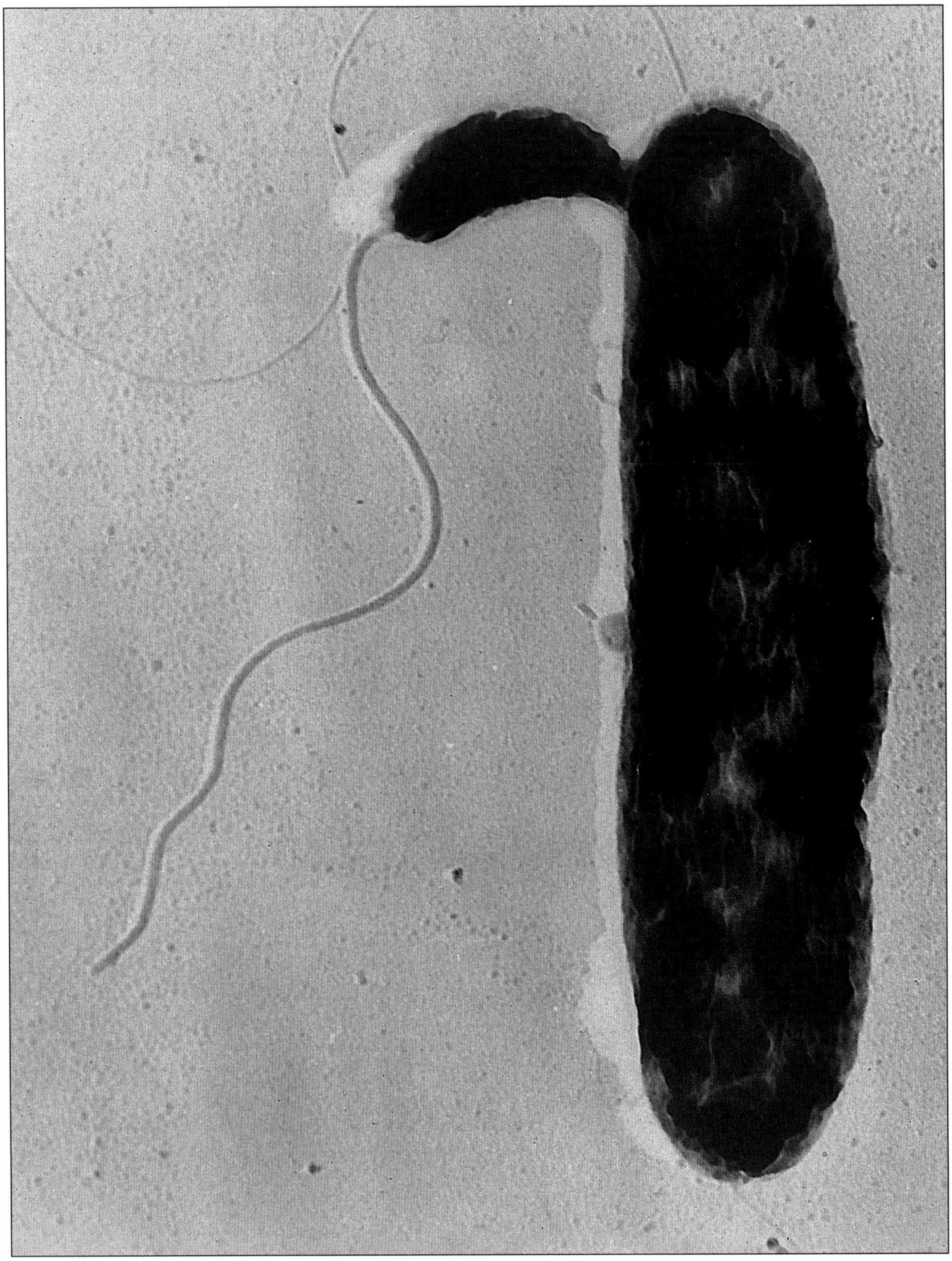

Nachdem Jeon Generation um Generation infizierter Amöben herangezüchtet hatte, isolierte er aus einigen Zellen die Kerne und transplantierte sie in gesunde bakterienfreie Amöben, deren eigene Zellkerne zuvor mikrochirurgisch entfernt worden waren. Die Amöben mit den transplantierten Kernen starben am dritten oder vierten Tag – sofern Jeon sie nicht mit einer Bakterien-„Infektion" rettete. Die Erkrankung wurde somit zur Heilung, indem ein tödliches Bakterium zu einem lebenswichtigen Zellbestandteil wurde.

Jeons infizierte Amöben leben jetzt seit Jahrzehnten immer noch in Knoxville, Tennessee. Seine Experimente wurden viele Male wiederholt. Seinen Beobachtungen zufolge unterscheiden sich die Amöben in vielen Eigenschaften von ihren nicht infizierten Vorfahren. Pathogene wurden bei mindestens vier Gelegenheiten zu Symbionten. Symbionten sind immer schon zu Organellen geworden. Eindringling und Opfer fusionieren und entwickeln sich zu neuen Lebensformen. Die Äste des Stammbaums verzweigen sich nicht immer, manchmal wachsen sie auch wieder zusammen und tragen eine seltsame neue Frucht.

Wallins Symbionten

Der amerikanische Biologe Ivan Wallin (1883–1969) schrieb 1927, »Es ist ein ziemlich überraschender Gedanke, daß Bakterien – Organismen, die man gemeinhin mit Krankheit in Verbindung bringt – die grundlegende Ursache des Ursprungs der Arten darstellen können«[5] Er behauptete, Mitochondrien außerhalb ihrer tierischen „Wirtszellen" gezüchtet zu haben. Wallin wurde von seinen Kollegen öffentlich niedergebrüllt. Resigniert gab er seine Vorstellung vom bakteriellen Ursprung der Mitochondrien auf.

Zweifellos wurde Wallin verkannt, weil niemand je in der Lage war, isolierte Mitochondrien zu züchten. Wallins theoretische Behauptungen waren eher vorwissenschaftlich. Seiner Auffassung nach entstand pflanzliches und tierisches Leben durch „Symbiontik" oder „die Bildung mikrosymbiontischer Komplexe". Neue Arten, meinte er, bildeten sich durch ständigen Erwerb symbiontischer Bakterien.

Heutzutage ist Wallin wieder rehabilitiert. Sein klassisches Buch *Symbionticism and the Origin of Species* (*Symbiontik und der Ursprung der Arten*) aus dem Jahre 1927 beschrieb als erstes in englischer Sprache systematisch, wie wichtig Symbiose bei der Zellevolution ist. Obwohl dieses vor einigen Jahrzehnten noch Ketzerei war, stimmen zeitgenössische Biologen zu, daß Tiere, Pilze und Pflanzen sich aus Protoctisten entwickelten, die ihrerseits aus symbiontischen Bakterienvergesellschaftungen hervorgingen.

Der entscheidende Beweis, der beim Tode Wallins noch nicht vorlag, war die Entdeckung, daß Mitochondrien und Plastiden ihre eigene DNA besitzen. Wie Wallin zwar wußte, teilen sich Mitochondrien und Plastiden zu anderen Zeiten als die Zellen, die sie bewohnen – als ob sie eine übrig gebliebene Regung aus ihren früheren wilderen Tage zeigen wollten. Bakterielle Aerobier wie die aus Jeons Amöbenexperiment vereinigten sich mit kernhaltigen Schwimmern, um die amöbenähnlichen Vorfahren größerer Lebensformen zu bilden: aerobe Protisten. Durch die Kombination von Stoffwechsel und Genen entwickelten sich verschiedene Linien aerober Protisten in Tiere und Pilze.

Algen und Pflanzen sind ein weiteres Kapitel der gleichen Geschichte. Bei nachfolgenden Symbioseereignissen erwarben schwimmende Protisten, die sich schon vollständig mit Purpurbakterien (jetzt Mitochondrien) vereinigt hatten, Plastiden. Der Grund: Diese waren unverdaulich. Die resistenten grünen Bakterien – die Nahrung – blieben in den durchsichtigen vegetarischen Protisten am Leben. Die ständige Belieferung mit Photosyntheseprodukten – von den gefangenen, photosynthetisch aktiven Bakterien erzeugte Nahrung – entschädigte die Protisten. Sie entwickelten schnell eine Vorliebe für besonnte Gewässer. Wie Kleinbauern, die lieber ihre Gärten bestellen, als im Großmarkt einzukaufen, wurden die Protisten mit ihren Gefangenen zunehmend unabhängig. Als Dank für die abgelieferte Nahrung erhielten die „verinnerlichten", photosynthetisch aktiven Bakterien einen Platz zum Leben und raschen Freitransport ins Sonnenlicht.

Die schwimmenden Protisten, die sich später zu Algen entwickelten, waren lebendige Gewächshäuser. Ihre Pseudonahrung, ihre endosymbiontischen Bakterien, betrieb im luxuriösen Gefängnis lebender Wirtszellen Photosynthese. Die ursprünglich unverdaute Nahrung ähnelte wahrscheinlich *Prochloron*. Dieses grasgrüne Bakterium wächst im Hinterzimmer (Kloake) einfacher Meerestiere, der Didemniden oder Seescheiden (siehe ABB. 9). *Prochloron*-ähnliche Bakterien eignen sich modellhaft gut als Plastidenvorläufer von Algen- und Pflanzenzellen. Kugelförmige *Prochloron*

37
Chlamydomonas nivalis, eine Alge, Abteilung Chlorophyta (Grünalgen), Reich Protoctista. Blutschneealge in der Antarktis. Das grüne Chlorophyll wird durch ein rötliches Pigment überdeckt. DNA-Studien von Grünalgen, Pflanzen und Rotalgen weisen auf einen symbiontischen Ursprung der farbigen Zellteile aus Cyanobakterien hin. Die Cyanobakterien, die sich mit größeren Zellen zusammenschlossen, entwickelten sich zu den Plastiden aller „höheren" photosynthetisch aktiver Lebewesen vom Tang bis zur Tomate.

38
Makroaufnahme der Blutschneealge *Chloromonas* sp. und filamentöser Pilze. Die Pigmente dieser photosynthetisch aktiven Lebewesen verleiht dem Schnee in den Bergen seine orangerote Färbung.

39
Mikroskopische Ansicht der Blutschneealge *Chlamydomonas nivalis*. Die rote Carotenoid-Pigmentierung wirkt als Lichtschutz vor den UV-Anteilen des Sonnenlichtes. Vergrößerung etwa 400fach.

und ein stäbchenförmiges (aber ähnlich grasgrünes), als *Prochlorothrix* bezeichnetes Bakterium führen die gleichen Pigmente Chlorophyll *a* und *b*, die auch Grünalgen und höhere Pflanzen enthalten.

Süßwasserpolypen mit vielen Tentakeln, Verwandte der Quallen und Korallen, sind weißlich. Sie färben sich jedoch spinatgrün, wenn sie symbiontische, grüne, photosynthetisch aktive Mikroben aufnehmen. Die Meeresnacktkiemerschnecke *Placobranchus* trägt Massen grüner Plastiden in ihren Parapodialfalten, einem Teil des Verdauungstrakts. Die Riesenmuschel *Tridacna* bewirtet gelbbraune Dinoflagellaten. Viele Organismen haben sich mit photosynthetisch aktiven Bakterien oder Algen vereinigt. Die Geschichte wiederholt sich.

Grasgrüne und blaugrüne Bakterien sind unabhängige Versionen der Plastiden von Algen- und Pflanzenzellen. Algenplastiden müssen aber nicht unbedingt grün sein. Die Algen, die für die Rotfärbung alpiner Schneeflecken im späten Frühling und Sommer („Blutschnee") verantwortlich sind, enthalten rötliche Pigmente (ABB. 37–39). Am Natronsee in Tansania stoßen große Schwärme rosafarbener Flamingos herab. In dem See wachsen rötliche photosynthetisch aktive Bakterien und Algen, die als Pigmente die gleichen Carotenoide wie Möhren besitzen. Die Flamingos sehen rosa aus, weil sich die Pigmente der Mikrobennahrung über die Nahrungskette im Körper dieser faszinierenden Vögel anreichern.

Genetische Beweise, DNA-, RNA- und die Daten von Proteinsequenzierungen bringen die Plastiden der Rotalgen mit bestimmten Cyanobakterien in Verbindung. Dies geschieht mit der gleichen forensischen Akribie, die vor Gericht einen Vergewaltiger überführt, dessen DNA mit der DNA einer Spermaprobe übereinstimmt. Die bunten Bakterien des Erdaltertums sind nicht verschwunden. Sie haben sich mit anderen Zellen zusammengeschlossen und wurden so zu den grünen Chloroplasten der Gartengurke. Andere entfalteten sich zu den braunen Phaeoplasten von Tang in den Küstengewässern. Wieder andere stellen heute die roten Rhodoplasten in der Purpuralge. Wenn Feldfrüchte als Nahrung in der Erdumlaufbahn, auf dem Mars oder auf anderen belebten Planeten angebaut würde, wäre dies nicht das Verdienst des Menschen, sondern ein Teil der gleichen Bakterienherrschaft, die vor über drei Milliarden Jahren an den Küsten des Erdaltertums begann.

Vielzelligkeit und programmierter Tod

Pflanzen und Tiere sind so komplex, daß man ihren ursprünglichen Zustand als Hybridkolonien leicht vergißt. Gelegentlich erinnern wir uns jedoch unserer Vielzelligkeit. „HeLa"-Zellen – aus dem Gebärmutterhals der 1949 verstorbenen Krebspatentien Henrietta Lachs aus Washington D.C. – werden kontinuierlich in Laboratorien der ganzen Welt gezüchtet, da sie ihre Teilungsfähigkeit bislang nicht einbüßten. Diese morbide medizinische Tatsache zeigt uns als Kolonie, als riesige Ansammlung von Zellen mit Zellkern, die in Geweben organisiert sind.

Durch Symbiose gerieten verschiedene Bakterienarten zusammen und erzeugten Zellen mit Zellkernen. Diese Zellen mit Zellkernen teilten sich in identische Kopien, die danach in direkter Verbindung miteinander blieben. *Paramecium* oder *Euglena* sind jeweils „individuelle" Zellen mit Zellkern. Bereits diese sind als Mischung lebender Wesen faszinierend. Pflanzen, Tiere und Pilze erhöhten jedoch die Komplexität freilebender Protisten erheblich, indem sie vielzellige Kopien erzeugten und daraus schließlich Gewebe entwickelten, wie Fortpflanzungs- und Nervengewebe mit unterschiedlichen Funktionen.

Die Nachkommen einiger dieser Protisten – sie betraten die Bühne vor etwa einer Milliarde Jahren – trennten sich nach der Zellteilung nicht mehr. Sie verwandelten sich in Kolonien, in denen sich einige Mitglieder physiologisch spezialisierten. Die Diversität der Protoctisten nahm zu. Die Beobachtung moderner Protoctisten zeigt, wie sich solche Kolonien aus Einzelzellen bilden. Tiere, einschließlich des Menschen, sind transformierte Kolonien von Protistenzellen.

Charles Darwin betonte, daß Evolution stattfindet, wenn verschiedene Individuen ihre charakteristischen Merkmale ablegen und neue ausbilden. Die sich ständig verändernde Individualität ist jedoch relativ. Zellen bilden sich und wechselwirken miteinander in einer Vielzahl von Anordnungen. Zusammen bilden sie verschieden große Individuen mit unterschiedlicher wechselseitiger Abhängigkeit. Die Alge *Chlamydomonas* mit einem einzigen großen Chloroplasten ist eine Mischung aus Bakterien. *Volvox*, eine kugelförmige Vergesellschaftung *Chlamydomonas*-artiger Protistenzellen, ist ein grüner vielzelliger Abkömmling von *Chlamydomonas*. Ähnlich sind Tiere vielzellige Abkömmlinge schwimmender Protisten (ABB. 40).

Der Ursprung sämtlicher „individueller" großer Lebewesen hängt von zusammenhängenden Genübertragungsvorgängen ab, die nicht leicht umkehrbar sind. Diese zusammenhängenden Vorgänge stabilisierten sich zuerst, als sich koloniebildende Protoctisten aus freilebenden Protisten entwickelten. *Volvox*-Algen tauschen ebenso wie andere Protoctisten, Pilze, Pflanzen und Tiere im Gegensatz zu Bakterien ihre Gene nicht zufällig aus. Überhaupt können größere Organismen ihre Gene nicht einfach austauschen wie Bakterien.

Einzelne Protoctisten, Pilze, Pflanzen oder Tiere sind jeweils Mitglieder einer Art. Sehr wahrscheinlich waren die Protoctisten die ersten artbildenden Lebewesen, aber auch die ersten, deren Arten ausstarben. Der Ursprung von Individuen, die alle der gleichen Art angehören, ist mit dem Ursprung der ersten Protoctisten identisch. Die kanadische Mikrobiologin Sorin Sonea trifft ins Schwarze, wenn sie behauptet, daß Bakterien nicht wirkliche Arten bilden, da sie auf dem gesamten Planeten reversibel Gene austauschen. Arten sind Gruppen, deren Mitglieder sich untereinander kreuzen. Im Prinzip können sich alle Bakterien auf unserem Planeten untereinander kreuzen. Man könnte sagen, sie bilden überhaupt eine einzige globale Art.

Die Abgrenzung von Arten kommt viel eher für die Protoctisten in Betracht, bei denen sie tatsächlich erstmals auftrat. Auch Sexualität – vom „meiotischen" Typ – erschien hier erstmalig. Schicksalhaft für die Zukunftsgeschichte von Lebensformen einschließlich des Menschen wurde die Sexualität bei Protoctisten unausweichlich mit dem Tod verknüpft. Man kann Bakterien töten, aber sie sterben nicht natürlich. Bestimmte Protoctisten, wie Ciliaten und Schleimpilze, altern im Gegensatz zu Bakterien, selbst wenn die äußeren Bedingungen günstig sind. Altern und Tod, durch die lebende Zellen mit vorhersagbarer zeitlicher Abstimmung zerfallen, entwickelten sich erstmals bei Protoctisten mit geschlechtlicher Fortpflanzung. „Programmierter" Tod als endgültiger Abschluß eines lebenslangen Stoffwechsels fehlte beim Ursprung des Lebens – und noch eine sehr lange Zeit danach.

Im Gegensatz zum Menschen sind Bakterien unsterblich. Sie leben, bis äußere Bedingungen eine Autopoiese verhindern. Viele Protoctisten dagegen altern und sterben wie der Mensch am Ende eines festgesetzten Zeitraums. Altern und Sterben beruhen auf einem internen Vorgang, Thanose. Dieser entstand in unseren mikrobiellen Vorfahren einige Male bei der Evolution sich sexuell fortpflanzender Individuen. Seltsamerweise entwickelte sich so selbst der Tod. Dieser war in der Tat – und ist immer noch – die ernstlichste sexuell übertragene „Erkrankung".

Sexuelle Entwicklung der Mikrowelt oder: Als Paaren noch Fressen war

Sexuelle Fortpflanzung bei Tieren schließt Meiose ein. Die Chromosomen binden bei der Meiose wie bei der Mitose an Spindelmikrotubuli. Sie werden an die Tochterzellen verteilt. Bei der Meiose fehlt jedoch ein enscheidender Schritt: die Verdoppelung der Chromosomen.

Meiotische Kernteilung erzeugt somit zwei Tochterkerne mit jeweils nur dem halben Chromosomensatz der ursprünglichen Mutterzelle. Nach der Meiose wird eine menschliche Zelle mit der Standardausstattung von 46 Chromosomen zu einer Ei- oder Spermazelle mit jeweils nur 23. Diese möchten ihre „andere Hälfte" finden. Meiose, welche die Anzahl der Chromosomen pro Zelle halbiert, und Befruchtung (nach Geschlechtsverkehr, Blütenbestäubung, Protoctisten- oder Pilzkonjugation), die die Anzahl wieder verdoppelt, müssen Hand in Hand ablaufen.

Meiotische geschlechtliche Vermehrung entwickelte sich in Protoctisten, lange bevor irgendein Tier auf der Bildfläche des Lebens erschien. Trotzdem betreiben einige moderne Protoctisten weder Mitose noch Meiose. Die riesige Süßwasseramöbe *Pelomyxa palustris* vermehrt sich beispielsweise folgendermaßen: Sie schnürt die Hälfte ihrer zahlreichen Zellkerne ab, indem sie die Hälfte ihres Zellkörpers – eine einzige große Zelle – einschnürt. Dinoflagellaten betreiben die Mitose auf einzigartige Weise. Ihre DNA ist nicht in Histone eingebettet, und ihre Chromosomen bleiben im Gegensatz zu anderen Mikroben während der gesamten Kernteilung bei intakter Kernmembran sichtbar.

Meiose ist eine Spielart der Mitose. Die Meiose entstand wahrscheinlich in verdoppelten Zellen, die sich schon durch Mitose geteilt hatten. Das erste Befruchtungsereignis befriedigte wahrscheinlich nicht den Trieb zu verschmelzen, sondern zu essen. Dieses könnte geschehen sein, indem sich „kannibalistische" Protisten gegenseitig fraßen. Mikroskopiker beobachten oft Rangeleien unter Mikroben, bei denen eine hungrige Zelle einen Nachbar verschlingt (ABB. 41). Aber nicht

40
Volvox-Kolonien. Abteilung Chlorophyta (Grünalgen), Reich Protoctista. Einzelne Zellen dieser grünen koloniebildenden Alge ähneln freilebenden *Chlamydomonas*-Zellen. Die Entwicklung von einzelliger zu vielzelliger „Individualität" ist entscheidend. Sie trat sehr häufig auf. Diese Entwicklung findet jetzt wieder statt, indem elektronisch kommunizierende, technologisch zusammenarbeitende Menschen zum Überleben erforderliche Netzwerke bilden (siehe Kapitel 9).

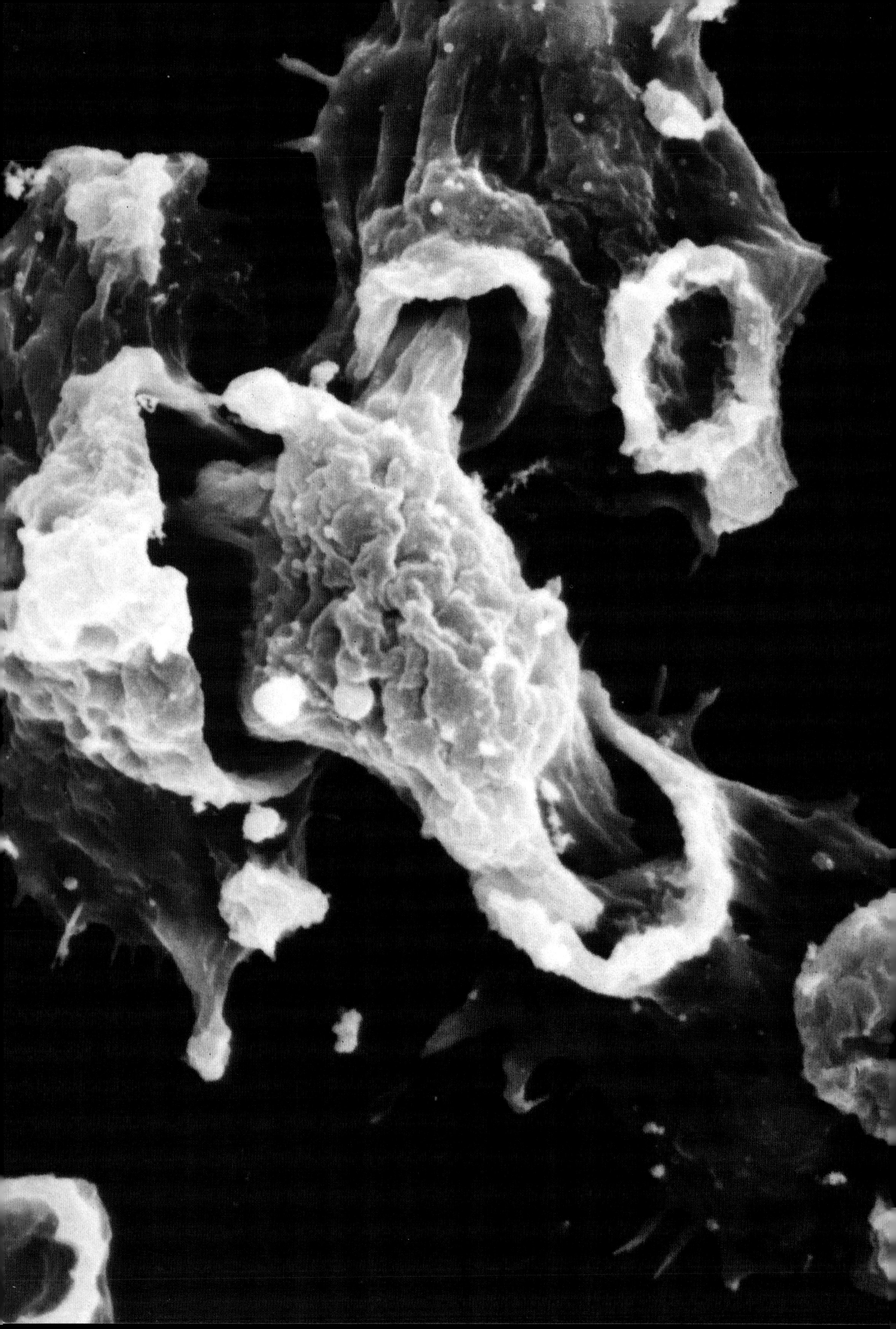

41
Naegleria, ein Protist, Stamm Zoomastigina, Reich Protoctista. Rasterelektronenmikroskopische Aufnahme der Amöbe *Naegleria*, die gerade versucht, eine artgleiche Nachbarzelle zu verschlingen. In der Evolution erfolgte nach der Nahrungsaufnahme nicht unbedingt die Verdauung. Weiterbestehen des aufgenommenen Lebewesens im Inneren war für die Einleitung der zellulären Symbiose sehr wichtig. Als artgleiche Protisten sich gegenseitig verschlangen, aber nicht verdauten, fusionierten hin und wieder ihre Zellkerne und Chromosomen, was als erster Befruchtungs- oder Paarungsakt anzusehen ist.

immer verdauen die Zellen auch, was sie sich einverleiben.

Lemuel Roscoe Cleveland (1898–1971), Biologe der Harvard Universität, beobachtete, wie halbverschlungene Protisten weiterlebten. Er untersuchte Protisten mit zahlreichen $9\times2+2$-Undulipodien. Man bezeichnet sie als Hypermastigoten. Gewöhnliche Hypermastigoten, die nur einen einfachen Chromosomensatz besitzen, leben in den geschwollenen Enddärmen holzfressender Termiten und Schaben. Cleveland beobachtete, wie sich Hypermastigoten gegenseitig verschlingen. Ihre Membranen fusionieren darauf miteinander, wodurch sie zu Doppelzellen werden. Die meisten Duplikate sterben. Wie Cleveland aber auch beobachtete, vermehren sich einige der duplizierten Lebewesen. Ein verdoppeltes Mikrobenungeheuer teilt sich zwar ungern, erzeugt aber trotzdem ein weiteres verdoppeltes.

Cleveland beobachtete, wie vereitelter Kannibalismus zu den ersten doppelten Chromosomensätzen geführt haben kann. Außerdem können anomale Zellteilungen – Vorläufer der in menschlichen Zellen stattfindenden Meiose – den ursprünglichen einfachen Chromosomensatz der fusionierten Möchtegernkannibalen wiederherstellen. Diese gewichtigen Vorgänge bei der Evolution sexueller Fortpflanzung dauerten bei den Protisten in Clevelands Labor nur wenige Stunden. In der Natur müssen sie sich vor langer Zeit, viel öfter spontan ereignet haben. Bestimmte rezente Hypermastigoten bilden, wenn sie miteinander fusionieren, hartwandige, widerstandsfähige Strukturen (Cysten) aus, die Mangelzustände überstehen können. Diese Doppelform – die sich wahrscheinlich ursprünglich vom Kannibalismus herleitet – hat die daran beteiligten protosexuellen Lebewesen geschützt.

Fressen und Paaren waren, wie wir annehmen, einstmals gleichbedeutend. Die unterlassene mikrobielle Verdauung ist wohl als Quelle menschlichen Sexualtriebs ziemlich unromantisch. Clevelands Bild hungriger, zufällig sich paarender Hypermastigoten stellt eine Mischung aus Komödie und Terror dar, die sich als Ursprung der Geschlechtlichkeit anbietet. In Zeiten des Mangels haben sich unsere einzelligen Urahnen vermutlich verzweifelt gegenseitig verzehrt. Manchmal fusionierten ihre Membranen. Sie überdauerten verdoppelt, teilweise verdoppelt und dicht gedrängt in ihren wandverstärkten Cysten. Sie waren anomale Lebewesen, einige sogar mit defekten Chromosomensätzen, von denen viele starben. Diejenigen, die zum ursprünglichen einfachen Satz zurückkehrten, wurden natürlich selektiert. Nur diese konnten sich wieder normal vermehren. Die doppelten und anderen Ungeheuer starben. Diese mißlungenen Kannibalismen und anderen Fusionen boten dennoch Schutz gegen saisonal bedingte Nahrungsknappheit und Trockenperioden. Diejenigen, die ihre Verwandten nicht zum Fressen gern hatten, konnten nicht in die stabile Ruhe einer sexinduzierten Cystenphase eintreten. Diese verhungerten und starben an Durst.

Die Zellen des menschlichen Körpers sind diploid, sie enthalten den doppelten Chromosomensatz. Die protistenähnlichen Ei- und Spermazellen sind haploid, sie haben also einen einfachen Chromosomensatz. Jeder Tierkörper ist eine Art diploide, von den haploiden Geschlechtszellen ausrangierte sterbliche Hülle. Diese Zellen erzeugen in jeder Generation einen frischen neuen Körper und überdauern somit den Tod des „Individuums". Der diploide Körper zahlt für die Übertragung haploider Geschlechtszellen mit dem höchsten Preis, dem Tod.

Ursprünglich sind wahrscheinlich notleidende Kannibalen, Protisten mit doppeltem Chromosomensatz, unsere Vorfahren. Menschen und alle Tiere erbten den Tod von diesen frühen Eukaryoten. Jede Generation beginnt dort, wo die vorherige aufhört, abhängig davon, wer überlebt. Jede folgt einem etwas anderen Weg. Mit der Zeit führt genau dieses zu neuen Arten.

Vergesellschaftet in Kolonien, entwickelten sich eukaryotische Zellverbände zu Gewebe. Eine verblüffende Tatsache ist, daß alle Zygoten – befruchtete Eizellen, die sich zu Embryos entwickeln – zu Pflanzen oder Tieren heranwachsen, die nicht gerade aus vielen Zellen, aber aus mehreren (oder vielen) Zellsorten bestehen und diese zu verschiedenen Geweben zusammenbauen. Selbst Protoctisten können aus mehreren Zellsorten bestehen, die Arbeitsteilung ausüben, obwohl dies bei Tieren und Pflanzen weitaus eindrucksvoller ist. Protoctisten erkennen sich gegenseitig. Zellen der gleichen Art können sich vergesellschaften, wenn Mangel an Wasser oder Nährstoffen herrscht. Bakterienfressende Amöben, wie im Fall der Schleimpilze, tauschen Stoffwechselinformationen aus und spüren ihresgleichen auf.

Ist Nahrung im Überschuß vorhanden, leben die Amöben getrennt. Tritt jedoch Nahrungsmangel ein, sondern alle hungigen Zellen eine Verbindung ab, mit der sie sich gegenseitig anlocken. Die Amöben wandern in Richtung der höchsten Konzentration, fusionieren miteinander und bilden einen beweglichen Sporenträger, der als schleimige Masse nach oben wächst, bis sein „Kopf" zerspringt und festwandige Cysten entläßt. Diese lassen sich leicht mit dem Wind und dem Wasser transportieren. Eine neue Amöbengeneration wächst heran, wenn die Cysten in einer milden Umgebung landen.

Die Macht des Schleimes

Ein Blick auf unsere protoctistischen Ursprünge ist erniedrigend. Man kann die Verwandschaft mit dieser Art Lebewesen nicht abstreiten. Menschen sind geschlossene Kolonien amöboider Lebewesen, so wie amöboide Lebewesen – Protoctisten – geschlossene Bakterienkolonien sind. Wir stammen, ob wir es wollen oder nicht, von diesen schleimigen Amöben ab.

Ungefähr eine Viertelmillion Protoctistenarten leben in Seen, Flüssen, Wasserfällen, heißen Quellen, feuchter Erde, kurzlebigen Kleinstgewässern, Tau und Reif und an den Wänden von Swimmingpools und Rohrleitungen. Pflanzen, Tiere und Pilze – die sichtbaren Organismenreiche – begannen als einfache Lehensleute im Reich der Protoctisten. Die anfänglichen Mitglieder dieses Reichs hatten sich bereits Milliarden Jahre vor der Abspaltung der übrigen drei Organismenreiche entwickelt.

Heute bewohnen kristallene Schönheiten wie Diatomeen, Foraminiferen und Radiolarien die Ozeane dieser Welt. Da die meisten Protoctisten in den Tropen leben, sind wohl viel mehr Arten unbekannt als bekannt. Am besten sind notorische Killertypen untersucht, wie etwa die Trypanosomen, die Schlafkrankheit, Chagas-Erkrankung oder Leishmaniose verursachen. Bei der letztgenannten, einer entstellenden, in den Tropen verbreiteten Erkrankung, befallen schwimmende Protisten die Embryoschleimhäute im Uterus, so daß Babies ohne Mund oder Nase geboren werden. Insgesamt jedoch erschließen die meisten Protoctisten den Planeten eher mit biochemischen Samthandschuhen. Sie erfüllen den Ozean mit Nahrung, vermehren seinen Sauerstoffvorrat, durchwühlen den Boden und beseitigen Bakterien von Oberflächen. Sie setzen im globalen Maßstab Schwefel, Phosphor, Siliciumdioxid und Kohlenstoff um.

Protoctisten nehmen an der Physiologie des Planeten teil. Die häufigsten sind vermutlich die Coccolithophoriden. Obwohl mikroskopisch klein, kann man diese einzelligen Algen von Satelliten aus erkennen. Eine „Blüte" mit Coccolithophoriden kann die grünen Wasser vor der Küste Europas über zweihundert Kilometer weit verfärben (siehe ABB. 13).

Erst wenn man Meerwasser mit einer Zentrifuge im Labor konzentriert und die sedimentierte Probe mehrere zehntausendmal vergrößert, zeigt sich der Ursprung der helleren Flecken: Coccolithophoriden-Schuppen. Jeder Coccolithophorid ist mit Hunderten mustergebender Kalkschüppchen bedeckt. Die Schuppen und deren Zwischenräume können wie natürliche Jalousien wirken, die für eine optimale Bestrahlung der Algenplastiden mit Sonnenlicht sorgen. Die von absterbenden Mikroben freigesetzten Schuppen – Millionen pro Milliliter – färben das Wasser milchig. Dieses Schauspiel kann man eher vom Satelliten als vom Schiff aus beobachten (siehe ABB. 14).

In ihren Zellen reichern sich Salze an, die gefährlich werden können. Daher müssen Coccolithophoriden komplexe Schwefelverbindungen erzeugen, um die inneren Ionenkonzentrationen ausgleichen. Diese Schwefelverbindungen sind instabil. Sie zerfallen in Dimethylsulfid, ein gasförmiges Abfallprodukt, das in die Atmosphäre entlassen wird. Dimethylsulfid reagiert nach dem Freisetzen mit Sauerstoff und erzeugt kleine Sulfat-Aerosolpartikel. Diese Partikel sind an der Wolkenbildung beteiligt, da sie als Kondensationskerne für Wasserdampf wirken. Da die Wolkendecke die Wärmestrahlung ins Weltall reflektiert und so für kühlere Temperaturen auf der Erde sorgt, ist eine Coccolithophoriden-Blüte von *Emiliania huxleyi* Bestandteil einer großräumigen Klimaanlage.

Große Stoffmengen strömen durch die Zellen von Coccolithophoriden und anderen photosynthetisch aktiven Protoctisten. Protoctisten, nicht die Pflanzen, dienen als Grundlage der gesamten marinen Nahrungskette. Flottierende Protoctisten sorgen für die Bedürfnisse mariner Ökosysteme weit abseits der Küsten. Substratabhängige Arten unterstützen die zahlreichen Gesellschaften in Küstennähe.

Einge Protoctisten durchkämmen die Ozeane nach Spurenstoffen. Deshalb sind ihre Skelette aus Kalk, Glas, organischen Fasern und sogar exotischen Salzen wie Strontium- oder Bariumsulfat aufgebaut. Mit ihren Hartteilen, wandeln sie, wenn sie massenweise sterbend auf den Meeresboden sinken, ganze Meereslandschaften um. Diatomeen entziehen den Ozeanen erdumfassend Siliziumdioxid, um ihre außergewöhnlichen Pillendosen-Gestalten erzeugen können (ABB. 42). Radiolarien bilden opaleszierende Schalen, die wie Regen durch die Wassersäule fallen. Sie erzeugen dabei eine Schicht, die später in ein feuersteinähnliches Sedimentgestein erhärtet. Man nennt es Radiolarit. Foraminiferen setzten den Kalkstein zusammen, aus dem die Großen Pyramiden Ägyptens bestehen.

Protoctisten sind Kosmopoliten, die sich in die großen Wasser- und Bodenmassen unserer Erde geschmuggelt haben. Wie die Sphinx sind Protoctisten zusammengesetzte fusionierte Wesen. Die ersten Lebewesen, die Arten mit sexueller Vermehrung bilden und ihre zellulären Tricks, sind der Kern auch der menschlichen Sexualität. Die Protoctisten vererbten an alle nachfolgenden Organismenreiche den physiologisch notwendigen Tod. Zusammen mit den Bakterien sind sie die herausragenden Architekten der gesamten lebenden Welt.

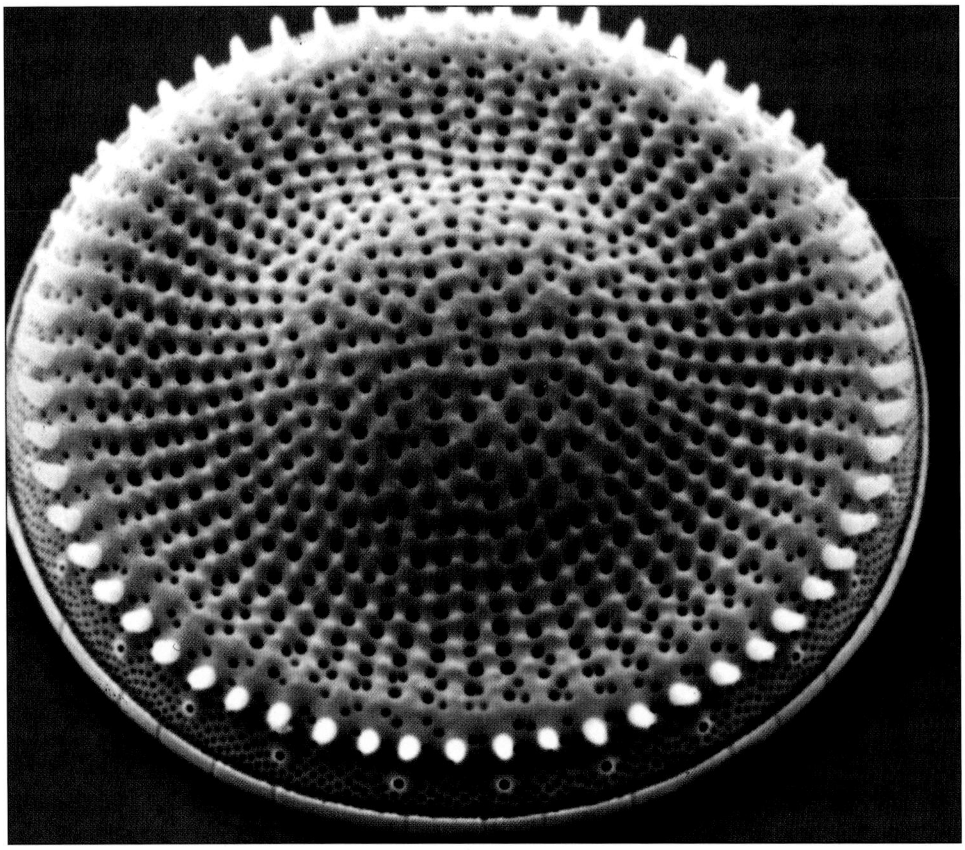

42
Stephanodiscus, eine Kieselalge. Abteilung Bacillariophyta, Reich Protoctista. Radiärsymmetrische Diatomee in Form einer Pillendose. Diatomeen sind gewöhnlich gelbbraun oder braun gefärbt. Sie leben in Ozeanen und Binnengewässern. Sie entziehen dem Wasser Siliziumdioxid, um ihre prächtigen Mikroschalen aufzubauen.

Was also ist Leben?

Leben ist die seltsame neue Frucht von Individuen, die sich über Symbiose entwickelten. Schwimmende, paarende, tauschende und vorherrschende Bakterien lebten eng vergesellschaftet im Proterozoikum. Sie erzeugten unzählige Chimären, gemischte Lebewesen, von denen der Mensch einen winzigen Teil einer sich ausbreitenden Nachkommenschaft darstellt. Als Folge von Zellfusionen erfanden artverschiedene Lebewesen meiotische, geschlechtliche Vermehrung, programmierten Tod und komplexe Vielzelligkeit.

Leben ist die Ausdehnung von Dasein in die nächste Generation, die nächste Art. Es ist der Einfallsreichtum, aus dem Zufall heraus das Beste zu machen – zum Beispiel Tiere aus einem verpfuschten Versuch von Kannibalismus zu erzeugen. Leben ist größer als die Zelle oder der Organismus. Es umfaßt die Biosphäre, die Umwelt auf der Planetenoberfläche als Ganzes – von der Wolkenbildung über dem Meer bis zur Kontrolle organischer Chemie durch Protoctisten und ihre Vorfahren.

6 Faszinierende Tiere

Können wir glauben, daß die natürliche Zuchtwahl
einerseits ein Organ von geringer Bedeutung
hervorbringt, zum Beispiel den Schwanz der Giraffe,
der als Fliegenwedel dient, und andererseits ein Organ,
das so wunderbar ist wie das Auge, dessen
unnachahmliche Perfektion wir kaum verstehen?

Charles Darwin

Fünf Faden tief dein Vater ruht;
Korallen wird nun sein Gebein,
Aus seinen Augen wird Perlmutt:
Was vergänglich und gemein,
Ward gewandelt durch das Meer
Zu Kostbarkeiten, reich und schwer.

William Shakespeare

Und durch die Spirale der Formen auf Erden,
Windet der Wurm sich, zum Menschen zu werden.

Ralph Waldo Emerson

Laubvögel und Honigbienen

Tiere sind vielzellige Zusammenschlüsse von Zellen, die sich stets aus einer einzelnen Zelle entwickeln. Ein schwimmendes (begeißeltes) Spermium dringt in eine Eizelle ein und befruchtet sie. Das befruchtete Ei teilt sich anschließend in zwei, vier, acht und mehr Zellen und wird zu einer Blastula, der embryonalen Grundform allen tierischen Lebens (ABB. 43).

Jeder Tierstamm (die Gliedertiere oder Arthropoden beispielsweise, zu denen Insekten, Spinnen, Krebse und Krabben gehören) ist eine große Gruppe – oder war es zumindest einmal. Die Brachiopoden zum Beispiel, muschelähnliche Tiere, die aber nicht zu den Weichtieren (Mollusken) zählen, finden sich häufig als Fossilien in marinen Gesteinen aus dem Paläozoikum. Zu unserem eigenen Stamm, den Chordata, gehören Seescheiden und kieferlose Fische ebenso wie Salamander und Tauben. Einem Klassifikationsschema zufolge gibt es etwa 33 Stämme mit heute lebenden Tieren; in weiteren Stämmen finden sich Vertreter längst ausgestorbener Arten.

Wir haben uns mit den Ursprüngen des Lebens beschäftigt, dem Reich der Bakterien, den Protoctisten. Zudem hat sich unsere Diskussion bisher an die chronologische Reihenfolge gehalten und ist dem Ablauf der Evolution und der zunehmenden Komplexität gefolgt. Weshalb kommen wir nun – weit vor dem Ende des Buches – auf die Tiere zu sprechen?

Fossilfunden zufolge haben sich Tiere früher entwickelt als Pflanzen und Pilze. Tiere – und zwar ausschließlich marine Tiere – haben bereits im frühen Paläozoikum vielfältige fossile Spuren hinterlassen. Von Pflanzen und Pilzen hingegen gibt es die frühesten Spuren erst dreihundert Millionen Jahre seit Erscheinen schalentragender Tiere. Selbst heutzutage gibt es mehr Tiertypen im Wasser als an Land – was nicht verwundert, da die Evolution von Leben im Wasser stattfand. Nur Pflanzen und Pilze sind typische Landgeschöpfe. Damit sich diese neueren Reiche entwickeln konnten, mußten sich erst die Mikroorganismen aufs Land wagen.

Im Vergleich zu einer Pflanzenzelle ist eine tierische Zelle relativ einfach aufgebaut. Pflanzen, Tiere und Pilze bewahren allesamt ihre Gene in Kernen auf; sie alle haben Mitochondrien, die für sie Sauerstoff veratmen. Aber Pflanzenzellen besitzen zusätzlich noch Organellen, die in der Lage sind, die Energie der Sonne anzuzapfen. Tieren fehlen diese Plastiden. Und doch tragen die Mitglieder des Tierreiches ein stolzes Erbe. Als wahrnehmende, agierende und reagierende Organismen haben sie in der Tat ein paar bemerkenswerte Fähigkeiten entwickelt.

Insektenvertilgende Fledermäuse spüren ihre Beute im Dunkel der Nacht auf, indem sie Laute von sich geben, deren Frequenzen meist zu hoch sind, um vom menschlichen Ohr gehört zu werden. Aus dem zurückkehrenden Echo können sie exakt Vorhandensein und Lage von Gegenständen in ihrer Umgebung bestimmen. „Blind", wenn ihre Ohren verstopft sind, mögen diese Tiere ein Bild von der Welt haben, das unseren Ultraschallaufnahmen von ungeborenen Babies ähnelt. Die „akustische" Blindheit der Fledermäuse wurde übrigens von demselben suppenkochenden Lazzaro Spallanzani entdeckt, dem wir bereits in Kapitel 3 begegnet sind.

Die Männchen der Laubenvögel in Australien und Neuguinea machen auch vor farbigen Pokerchips nicht halt, wenn sie ihre kunstvolen laubenartigen Balznester ausschmücken. Lautstark und flügelschlagend stolziert der Hahn umher und prahlt mit aufgeplustertem Gefieder. Um sicherzustellen, daß er von einem Weibchen auserwählt wird, putzt er seinen etwa einen Quadratmeter großen Hof und die fußhohe Laube darauf mit Rinde, zerdrückten Früchten, Holzkohle, gesammelten Federn und gelegentlich sogar mit blauen Plastikteilen. In dem Bestreben, das Weibchen zu verführen, schmückt er die Laube mit Schneckenschalen oder frischen Blumen, die er täglich ersetzt. Wenn sich schließlich ein Weibchen hereinwagt, dann paart er sich allerdings so leidenschaftlich mit ihm, daß die prachtvolle Laube dabei zerstört wird; und am Ende vertreibt er es mit Schnabel und Klauen aus seiner Junggesellenwohnung. Diese Tragikomödie der Lust gipfelt darin, daß der Hahn mit stolzgeschwellter Brust seine Güter abschreitet, wobei er seine Parade nur gelegentlich unterbricht, um die Lauben jüngerer Männchen zu zerstören

Einige Krebse legen sich nesselnde Seeanemonen zu und schwingen sie als Waffen gegen potentielle Räuber. Silbermöwen lassen Muscheln, Schnecken und andere Schalentiere aus mehreren Metern Höhe auf Felsen fallen, um deren harte Schalen zu knacken. Mangrovenreiher ködern Elritzen, indem sie Zweigstückchen auf die Teichoberfläche fallen lassen. Hunde wittern, bellen und strampeln im Schlaf, als jagten sie einen Hasen. Malt man Schimpansen und Orang-Utans unter Narkose einen deutlich sichtbaren Fleck auf die Stirn, dann versuchen sie ihn nach einem Blick in den Spiegel wegzuwischen – ein deutlicher Beleg dafür, daß sie sich selbst erkennen (bei Gorillas funktioniert dies eigenartigerweise nicht). Rangniedere Menschenaffen verstecken sich bei ihren Paarungsakten vor dominanten Männchen, was den Schluß nahelegt, daß sie nicht nur sich selbst erkennen, sondern auch eine Vorstellung davon haben, wie andere sie sehen. Vervetmeerkatzen geben drei verschiedene Alarmlaute von sich, je nachdem, ob es sich bei dem herannahenden Feind um einen Leoparden, einen Python oder um einen Adler handelt. Delphine produzieren Laute, die sich in Frequenz und Amplitude von einem Tier zum anderen unterscheiden; es hat den Anschein, als riefen sie einander beim Namen. Berichten zufolge hat ein Großer Tümmler in Gefangenschaft – möglicherweise wirklich der komischen Wirkung wegen – das Schwimmverhalten von Schildkröten und Pinguinen nachgeahmt. Dieser Delphin verwandte auch eine Möwenfeder, um unter Wasser Algen von der Aquarienscheibe zu kratzen, und imitierte damit augenscheinlich einen Taucher. Er gab sogar – genau wie der Taucher – einen Strom von Blasen von sich.

Die Wurzel außergewöhnlichen und anscheinend intelligenten Verhaltens muß jedoch nicht immer in außergewöhnlichen geistigen Fähigkeiten zu suchen sein. Honigbienen erkennen Farben (unter anderem Ultraviolett, das wir Menschen nicht sehen können, das für uns sichtbare Rot hingegen nicht). Sie orientieren sich an der Polarisation des Tageslichts. Sie kühlen ihren Stock, indem sie Wassertröpfchen auswürgen und ihre Flügel fächeln lassen, und wärmen ihn durch Körperzittern auf – als Regulatoren von Umweltbedingungen sind sie wahre Meister. Sie ernten Pollen und Nektar. Arbeiterinnen, die eine lohnende Quelle ausgemacht haben, teilen den anderen ihre Entdeckung mit. Die erfolgreichen Pfadfinderinnen vollführen offenbar zwei Arten von Tänzen, um die Lage der Futterquelle zu beschreiben: den Rundtanz für nahegelegene Stellen und den Schwänzeltanz für Quellen, die mehr als hundert Meter entfernt sind. Daß dieses instinktive Verhalten der Bienen, für dessen Entdeckung der deutsch-österreichische Zoologe Karl von Frisch im Jahre 1973 den Nobelpreis erhielt, nicht bewußter ab-

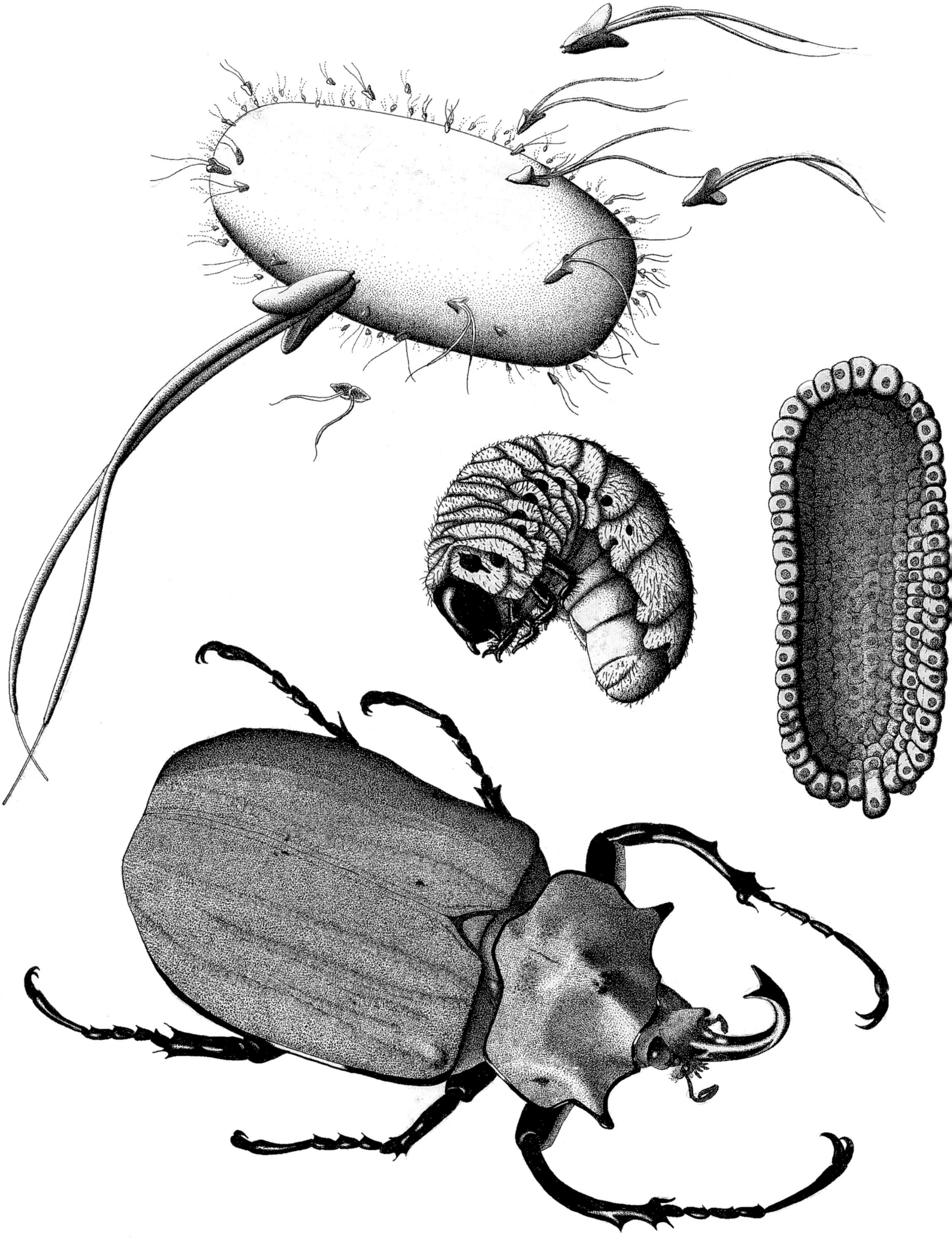

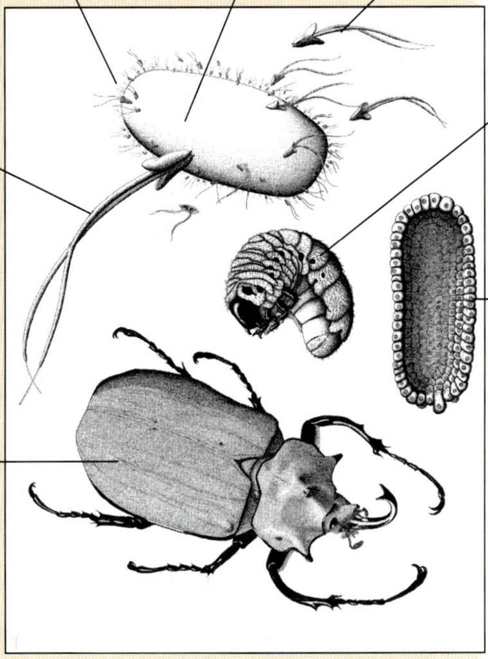

43
***Dynastes*, ein Käfer, Stamm Arthropoda (Gliedertiere), Reich Animalia. Die behaarte segmentierte Struktur ist die Larve oder Made, die aus dem hohlen Zellball rechts, der sogenannten Blastula, hervorgeht. Die Blastula ist kennzeichnendes Merkmal aller Tiere und entwickelt sich durch zahlreiche Zellteilungen aus dem befruchteten Ei.**

läuft als ein Computerprogramm, ist niemals bewiesen worden. Das Wissen um die Tänze scheint nicht erlernt, sondern den Honigbienen angeboren zu sein, doch man kann nicht ausschließen, daß sie sich seiner Bedeutung tatsächlich „bewußt“ sind.

In der Tierwelt gibt es soviel Faszinierendes, daß wir Menschen uns keinesfalls darüber erheben müssen, um gerechtfertigten Stolz zu verspüren. Doch seit Darwin einst die Menschheit dazu brachte, ihre verwandtschaftliche Nähe zum Tierreich zu erkennen, besteht, wie Donald Griffin beklagt, ein eindeutiger Hang zum Gegenteil:

> »Ein großer Teil der Wissenschaft im 20. Jahrhundert hat sich Stück für Stück zu einer Haltung verstiegen, die nichtmenschliche Tiere geringschätzt. Die wissenschaftliche Literatur zu diesem Thema sendet hierzu unterschwellige, doch sehr wirksame nichtsprachliche Signale aus. Physikalische und chemische Forschung wird als grundlegender, umfassender und bedeutsamer erachtet als die Zoologie. Die moderne Biologie schwelgt großenteils im Molekularen, und solche Ausschließlichkeit lenkt die Aufmerksamkeit weg von der Erforschung der Tierwelt um ihrer selbst willen. Einen Teil dieser Entwicklung verdanken wir vielleicht der unbewußten Reaktion auf den durch die darwinistische Revolution verübten Angriff auf die menschlichen Eitelkeit. Die Anerkennung der biologischen Evolution und unserer genetischen Verwandtschaft zu anderen Arten stellte einen verheerenden Schlag für das menschliche Ego dar, von dem wir uns vielleicht noch nicht ganz erholt haben; denn es fällt nicht leicht, den tiefverwurzelten Glauben aufzugeben, daß unsere Art einmalig und qualitativ überlegen sei.«

Griffin vermutet weiterhin:

> »Ein psychologischer Akt der Verdrängung, der unterbewußt vielleicht sogar vielen Wissenschaftlern attraktiv erscheinen mag, bestünde darin, die Aufmerksamkeit von der peinlichen Tatsache unserer tierischen Vergangenheit wegzulenken, indem man jene Aspekte der Wissenschaft betont, die der Physik näherstehen. Dies mag zu einem Teil erklären, weshalb so viele Leute sich dessen sicher zu sein scheinen, daß Bewußtsein und Sprache rein menschliche Eigenschaften darstellen, und daß die Entdeckung symbolorientierter Kommunikation zwischen Honigbienen „an den Grundlagen des Verhaltens und denen der Biologie im allgemeinen rüttelt". Ganz im Gegenteil: solche Entdeckungen auf dem Gebiet der kognitiven Ethologie erweitern und verbessern unser Verständnis von Tieren; eine Definition von Biologie, die solche Entdeckungen von vornherein ausschließt, leidet unter selbstauferlegter Verarmung.«[1]

Bewußtsein ist eine eher private Angelegenheit und nicht direkt meßbar. Doch die Tatsache, daß es unmöglich ist, eine Eigenschaft zu quantifizieren, liefert keinen Grund zu der Annahme, daß sie nicht existiert, und kein Recht, davon auszugehen, daß Tiere reine Instinktmaschinen sind. Wir würden sogar noch weiter gehen als Griffins. Nicht nur Tiere besitzen ein Bewußtsein, sondern jede lebende organische Struktur, jede selbstregulierte, sich teilende Zelle besitzt eine Form von Bewußtsein. Bewußtsein im grundlegenden Sinne bedeutet die Wahrnehmung einer Außenwelt. Diese Welt muß nicht notwendigerweise die Welt außerhalb des eigenen Säugerpelzes sein. Es kann sich dabei durchaus auch um die Welt außerhalb der eigenen Zellmembran handeln. Ein gewisses Maß an Wahrnehmung, an Reaktionsbereitschaft, die auf dieser Wahrnehmung fußt, findet sich in allen selbstregulierten (autopoietischen) Systemen. Die Welt ist schließlich keine Petrischale, vom Himmel regnet es keinen Agar. Um leben zu können, muß jedes organische Wesen seine Umwelt wahrnehmen und auf sie reagieren.

Alle Tiere durchlaufen ein vielzelliges, vielgewebiges Lebensstadium. Doch die komplexe Chemie des Lebens ist und bleibt auf die Zelle beschränkt, eine Einheit von weniger als einem Mikrometer Durchmesser. Jede Generation jeder Tierart kehrt als befruchtetes Ei zu diesem Urstadium der Einzelzelle zurück. Die zunehmende Größe und Komplexität tierischen Lebens entstand, weil sich Sozialverbände von Zellen zu geschlossenen Körpern zusammengefunden haben.

Tiere ernähren sich von anderen Organismen. Sie genießen nicht den vegetativen Luxus, sich durch Photosynthese selbst erhalten zu können, sondern müssen in die Welt hinaus – betteln, leihen, stehlen – um zu erreichen, was Pflanzen zufällt, während sie friedlich auf einem Fleck sitzen. Viele außergewöhnliche Eigenschaften von Tieren verdanken ihre Existenz der Notwendigkeit, schwer beschaffbare Nahrung finden zu

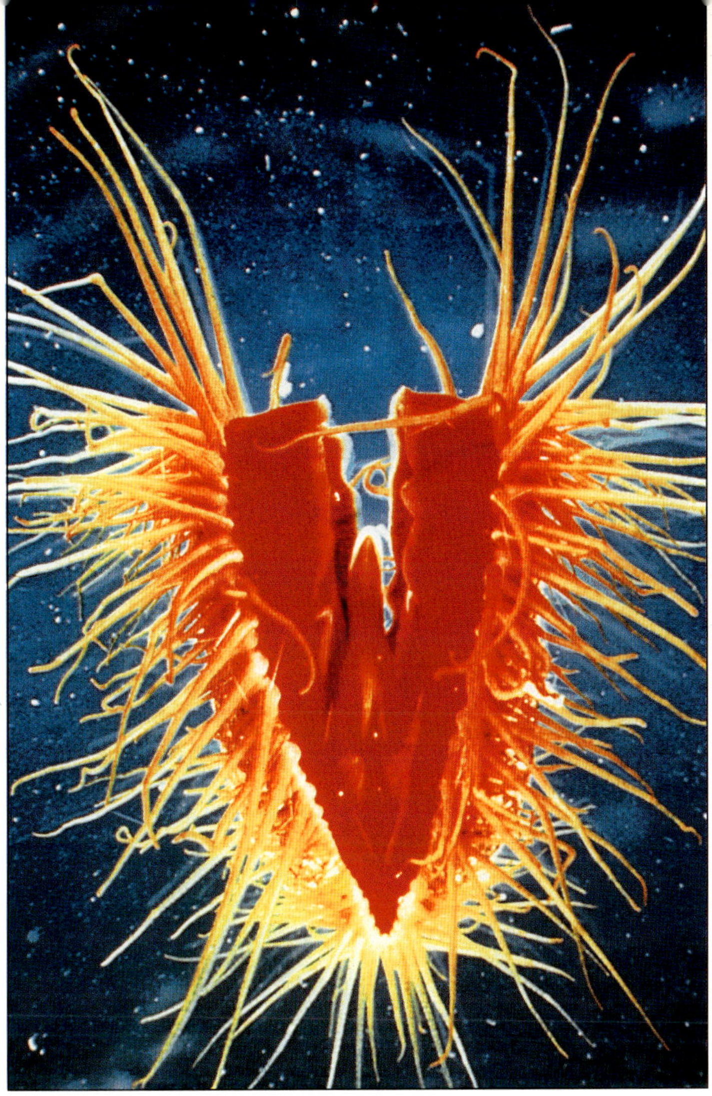

44
Lima scraba, **eine Kammmuschel, Stamm Mollusca (Weichtiere), Reich Animalia. Dieses Bild eines adulten Tiers zeigt dessen weiche Körperteile. Dieses Weichtier der Klasse Bivalvia entwickelt sich aus einer planktonisch lebenden Larve (einer bewimperten Trochophora-Larve), die ihrerseits aus einer Blastula hervorgeht. Die embryonale Blastula gilt als festes Kriterium jeden tierischen Lebens. Weil wir selbst auf dem Festland leben, verkennen wir, daß die meisten Tierstämme Meeresbewohner sind wie diese Muschel, die man an der Küste Puerto Ricos findet. Die ersten Weichtiere sind vermutlich vor mehr als 600 Millionen Jahren in den Ozeanen entstanden.**

müssen. Andere lassen sich auf die Notwendigkeit zu sexueller Reproduktion zurückführen: In jeder Generation müssen Ei und Spermium zusammenkommen. Die Ästhetik der Laubenvögel, die Tänze der Honigbienen, das Träumen der Hunde, alles hat sich im Rahmen der Evolution entwickelt. Alle diese Verhaltensweisen sind mit dem Streben nach Nahrung und/oder Partnern verknüpft und nichts anders als eine Manifestation der seit Urzeiten bestehenden Autopoiese sich selbst erhaltenden Lebens.

Tierische Verhaltensweisen wirken gerichtet, „zweckmäßig". Doch wie bakterielle Magnetotaxis und protistischer Kannibalismus sind auch sie vielleicht als Strategien zu verstehen, mit denen die dissipativen Systeme des Universums nutzbringende Energie verwerten, indem sie sie in den Dienst einzelner Nischen von atemberaubender Ordnung investieren. Kommunikation, Lernen durch Nachahmung, der Gebrauch von Werkzeugen und bewußtes Denken ergeben aus thermodynamischer Perspektive durchaus Sinn.

Was ist ein Tier?

Die meisten der heute lebenden Arten von Lebewesen gehören vermutlich dem Tierreich an. Die Schätzungen schwanken zwischen drei und über dreißig Millionen Arten in diesem einen Reich. Manche Stämme sind auffällig erfolgreich und wohlbekannt: Stachelhäuter (Seesterne, Seeigel, Seegurken), Weichtiere (Muschel, Schnecken, Tintenfische), Chordaten (Fische, Reptilien, Vögel), Hohltiere (Polypen, Korallen, Quallen) oder Gliedertiere (Insekten, Spinnen, Krebstiere). Zu den weniger bekannten Stämmen gehören die Pogonophora (Tiefseewürmer), die Stummelfüßer (wurmähnliche Bewohner südamerikanischer Waldböden) und die Zungenwürmer (Parasiten in den Atmungsorganen von Vögeln und Säugern).

Tiere besitzen Eltern zweierlei Geschlechts und Eier, aus denen sich nach der Befruchtung Embryonen entwickeln. Sie reifen zu fortpflanzungsfähigen Individuen heran, deren Tod individuell vorprogrammiert ist (ABB. 43). Trotz all ihrer verschwenderischen Vielfalt sind Tiere Neulinge der Evolution. Die ersten Tiere entstanden in einer sauerstoffreichen Welt mit großen kontinentalen Landmassen und offenen Meeren – einer Welt, die sich von der unseren nicht allzusehr unterschied. Doch als sie auf der Bildfläche erschienen, war die Geschichte der Entwicklung von Leben bereits zu achtzig Prozent geschrieben.

Meeresbewohner von Beginn an, und auch heute noch zum größten Teil marin verbreitet, hinterließen

Tiere die ersten fossilen Spuren vor etwa 600 Millionen Jahren gegen Ende des Proterozoikums. Die berühmtesten frühen Tiere, kambrische Meeresorganismen, sind sogar noch jünger. Ihre Fossilien sind etwas älter als 500 Millionen Jahre. Nur sehr wenigen Vorfahren moderner Tiere – ein paar Wirbeltieren, Würmern, Gliedertieren und Weichtieren – gelang es, den Ozean erfolgreich zu verlassen und an Land zu überleben (ABB. 44).

Landtiere – mit ihren komplexen Körpern, abgründigem Verstand und zum Teil hochentwickelten Sozialstrukturen – scheinen sich über die Urzelle am weitesten hinausentwickelt zu haben. Aber vergessen wir nicht: Das Wesen, das diese Geschichte der Evolution erzählt, ist auch ein Tier. Könnte diese Erzählerin nicht ein ganz kleines bißchen zugunsten ihres eigenen Reichs voreingenommen sein? Wenn man bedenkt, woher sie stammt, relativiert sich der Fortschritt vom „primitiven“ Bakterium zum „hochentwickelten“ Menschen vielleicht auf puren Größenwahn. Wie der Paläontologe Stephen Jay Gould einst so treffend bemerkte: Ein intelligenter Krake hielt acht Arme sicher für vollkommener als zwei.

Die Evolution der ersten Tiere ist ein faszinierendes Thema. Was aber ist ein Tier? Wie hätten wir seinerzeit das erste Mitglied des neu entstandenen Tierreichs erkannt? Sicher reicht es nicht zu sagen, ein Tier ist ein Organismus, der sich bewegt und keine Photosynthese treibt, denn dann wären die meisten Bakterien und viele Protoctisten *per definitionem* ebenfalls Tiere. Was macht ein Tier eindeutig und zweifelsfrei zum Tier? Was hat der Mensch gemein mit Würmern, Seesternen und über einer Million verschiedener Käferarten?

Alle Tiere – ob sie nun im Dunkel einer städtischen Bar leben oder auf einem mondbeschienen Riff am Äquator – haben einen gemeinsamen Lebenszyklus. Die Verschmelzung zweier verschieden großer Zellen, Ei und Spermium, steht am Anfang der Tierwerdung. Ei und Spermium verschmelzen zu einem befruchteten Ei, das sich durch Mitose teilt und schließlich einen Zellball bildet. Im weiteren Verlauf der Zellteilung entwickelt sich dieser Zellball zu einer Hohlkugel – der Blastula (siehe ABB. 44). Das Entwicklungsstadium eines Embryo unterscheidet Tiere und Pflanzen von den anderen drei Reichen, die Blastula unterscheidet Tiere und Pflanzen. Ein Pflanzenembryo besteht aus einer soliden Zellmasse innerhalb des mütterlichen Gewebes.

45
Essig- oder Taufliege (*Drosophila melanogaster*), Stamm Arthropoda, Reich Animalia. Der rote Farbstoff im freipräparierten Embryo markiert das Nervensystem im jungen Tier. Da man sie im Labor vom Ei zum adulten Tier und wieder zum Ei in nur wenigen Wochen züchten kann, weiß man über die Gene und Chromosomen, über das Wachstum von Nervensystem und Muskeln, über Hormone, Sinnesorgane, Paarungsverhalten und alle anderen Aspekte der Biologie dieses Insekts mehr als über jedes andere Tier im Tierreich, den Menschen eingeschlossen. Die Essigfliege gehört zum formenreichsten und erfolgreichsten Stamm des Tierreichs, zu denen außer Insekten und Spinnen auch die Crustaceen (Krebstiere) wie Krabben und Hummer zählen.

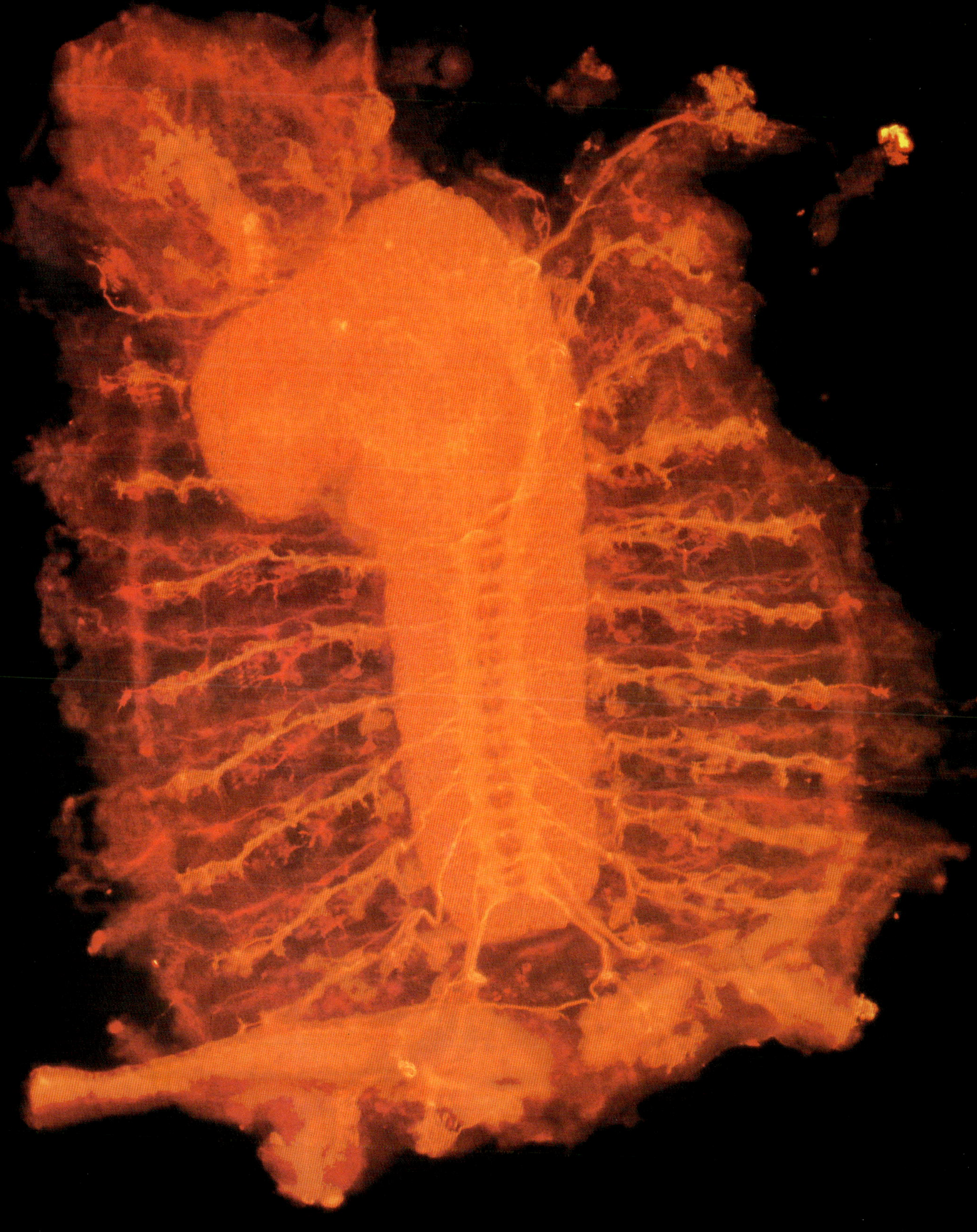

Ein Tierembryo, die Blastula, ist eine Hohlkugel, die sich in der Regel außerhalb des mütterlichen Gewebes in Wasser befindet.

Tierembryonen garantieren eine tierische Individualität. Selbst Protoctisten mit sexueller Vermehrung sind zur Fortpflanzung nicht unbedingt auf Sexualität angewiesen. Sie lassen als Ergebnis sexueller Vorgänge niemals Embryonen entstehen. Embryonalentwicklung ist kein Teil von Protoctisten-Individualität. Lose Kolonien von Protoctisten haben keine festgelegten Körperformen und -größen, Teile davon können sich lösen und neue amorphe Ganze bilden.

Die Körper von Tieren hingegen, zusammengesetzt aus Geweben mit besonderen Zellverbindungen wie Desmosomen, Connexonen, Ionenkanälen und anderen, sind individuell verschieden. Solche Zell-Zell-Verbindungen, die es in keinem anderen Reich gibt, entstehen offenbar während der Embryonalentwicklung. Die Zellen des tierischen Embryos teilen sich in genau abgestimmter Reihenfolge, bauen sich um und bilden bestimmte Allianzen, so daß viele – manchmal sogar die meisten – Körperzellen des Tiers in vorprogrammierter Weise absterben. Wenn die Zellen des jungen Embryos nicht auf ein Signal hin sterben, oder keine definierten Verbindungen zur Übermittlung spezifischer Signale ausbilden, kommt es nicht zur Enwicklung eines intakten Körpers. Die Embryonalentwicklung ist von entscheidender Bedeutung.

Bei Tieren entstehen Muskeln, Nerven und sämtliche zirkulierenden Flüssigkeiten durch mitotische Teilung und Differenzierung aus der Blastula. Zur Sterblichkeit verdammt hören die Blut-, Muskel und Nervenzellen irgendwann auf, sich zu teilen. Ihr programmierter Zelltod ist ein Beitrag zur Konstruktion eines Körpers und zum Fortbestehen der theoretisch unsterblichen Ei- und Spermienzellen. Ohne die aus der fruchtbaren Begegnung zwischen Ei und Spermium entstehende Blastula gäbe es keine Tiere. Die Blastula ist das allen 33 Tierstämmen gemeinsame Universalmerkmal. Der normale Verlauf der tierischen Entwicklung besteht aus fortgesetztem Teilen, Bewegen und Sterben von Blastulazellen. Aus ihnen geht durch eine kompakte Einfaltung das nächste Stadium hervor, die Gastrula, bei der eine neue Mundöffnung am Vorderende des Verdauungstrakts entsteht. Im weiteren Verlauf dieses „Gastrulation" genannten Vorgangs erweitert sich der Verdauungstrakt hinter der Mundöffnung zum Magen, während sich am anderen Ende ein Anus bildet.

Die überwiegende Mehrzahl aller Blastulae in den 30 Millionen Tierarten durchlaufen diese Gastrulation und bilden schließlich in ihrem Inneren ein abgeschlossenes Verdauungssystem, das der heterotrophen Ernährung dienen soll. Entstanden durch Zellkommunikation über Zell-Zell-Verbindungen, darunter auch Synapsen von Nervenzellen, sichert diese Verdauungsröhre oder Darm die im Tierreich nahezu universale Ernährung über partikulär aufgenommene (verschluckte) Nahrung. Wenige spezialisierte Ausnahmen unter den Tieren haben keine Verdauungsorgane, durchlaufen aber in jedem Fall ein Blastulastadium. Diese Art von Embryo ist das Markenzeichen der Tiere.

Weder Pilze noch Protoctisten, obgleich selbst zumeist heterotroph, bilden Embryonen. Damit korreliert ist vermutlich auch das Fehlen einer charakteristischen tierischen vergleichbaren Individualität. Die pflanzliche Individualität ist weit weniger festgelegt als die von Tieren. Zwar bilden alle Mitglieder des Pflanzenreichs Embryonen, doch unterscheiden sich diese stark von einer Blastula. Jede Pflanzenzelle ist durch eine vergleichsweise starre Wand von ihrem Nachbarn abgetrennt, womit die allen Blastulae auf dem Weg zum Individuum eigenen Bewegungen und Umschichtungen von vornherein ausgeschlossen sind. Eine Pflanzenzelle bleibt an ihrem Ort, wächst und teilt sich oder stirbt. Es ist die schicksalhafte Blastula, die alle Nuancen tierischen Verhaltens möglich macht, und unser Reich von allem übrigen Leben unterscheidet.

Urahn *Trichoplax*

Dem Bakterienreich gebührt der Preis für metabolischen Erfindungsreichtum. Als Unterhalter der Biosphäre sind Prokaryoten ausgesprochen erfindungsreiche Lebensformen. Zu ihren Nachfahren gehören die nunmehr unentbehrlichen Organellen in unseren Zellen. Auch die Protoctisten sahen sich ursprünglich der Bedrohung durch Umweltfaktoren ausgesetzt: ihr autopoietisches Streben, dieselben zu bleiben, führte zu Tod, Sexualität und der Metamorphose zu Dauerformen. Doch mit dem Entstehen von Tieren scheint die Natur zu neuen Ebenen spielerischer Viefalt und Aufmerksamkeit, von Komplexität der Formen, Reaktionsbereitschaft und Betrug gefunden zu haben.

Ein Schmetterlingsflügel mit der Imitation eines Regentropfens, durch den eine Linie verläuft und den Eindruck erweckt, als breche sich tatsächlich Licht an einer Wasseroberfläche, ein sprungbereiter Gepard in Lauerstellung, ein Akrobat, der auf hohem Drahtseil jongliert: Tiere leisten Erstaunliches.

Das Minimaltier unserer Zeit ist *Trichoplax* – ein kopf- und schwanzloses Geschöpf, das man im Jahre 1965 in einem Meerwasseraquarium in Philadelphia entdeckte. Sieht man von seinem Geschlechtsleben und seiner Embryonalentwicklung ab, müßte *Trichoplax* als Protoctist gelten. Vom Wimpernschlag der Undulipodien ähnelt *Trichoplax* oberflächlich betrachtet eher einem fließenden Schleimpilz oder einer Riesenamöbe. Und doch ist es sein ganzes Leben lang ein mehrzelliges Wesen und ein echtes Tier. Sein Bauch ist stärker bewimpert als sein Rücken. (Hierin ähnelt es einem Insekt, das auf den Beinen stärker behaart ist als auf den Antennen.) Ohne Kopf- und Hinterende, ohne rechte und linke Körperseite, ohne Augen und ohne Magen gibt dieses winzige umherkriechende Tier seinen tierischen Charakter erst bei der Fortpflanzung preis. Nach der Fusion mit einem Spermium entwickelt sich die *Trichoplax*-Eizelle zu einer Blastula, die sich nach weiteren Zellteilungen abflacht und amöbengleich davonschleicht. *Trichoplax* ist unseren allerersten tierischen Urahnen mit großer Wahrscheinlichkeit sehr ähnlich – wenn man sich auch vermutlich kein Konterfei davon in den Salon hängt.

Ein Schwamm ist ein Tier aus ganz wenigen funktionell und morphologisch unterschiedlichen Zelltypen. Die Zellen auf der Außenseite bilden gläserne Nadeln als Stütze und Schutz, die auf der Innenseite benutzen ihre Undulipodien, um einen stetigen Wasserstrom zu erhalten, aus dem sich Nahrung filtrieren läßt. Zerdrückt man gelbe und orangefarbene *Haliconia*-Schwämme in einem Mulltuch, so daß sie zu Einzelzellen aufbrechen und untereinander vermischt werden, sind diese in der Lage, in wäßriger Umgebung wieder zusammenzufinden. Nach einigen Stunden reorganisieren sich die Zellen wieder zu jeweils vollkommen ausgebildeten gelben und orange-farbenen Schwämmen. Auf die gleiche Weise läßt sich ein Süßwasserpolyp, der aus etwa hunderttausend Zellen und etwa einem Dutzend verschiedener Zelltypen besteht, in Einzelzellen dissoziieren. In entsprechender Nährlösung beginnt er, sich selbst zu reorganisieren. Im Unterschied zu Schwämmen kann er den Prozeß allerdings nicht vollenden. Das Ergebnis sind monströse Gebilde, in denen sich Kopf, Darm und Fuß erfolglos zu ordnen versuchten. In seinem Fall versagen die Mechanismen, die eine autopoietische Selbstregulierung garantieren.

Bei den meisten koloniebildenden Grünalgen und Ciliaten (die alle zu den Protoctisten gehören) kann sich jede Zelle aus dem Verband lösen und allein fortpflanzen. Bei anderen reproduzieren sich nur wenige Zellen. Ein zentrales Motiv der Evolution, der Entwicklung unterschiedlicher Individuen, besteht in der Beschneidung der Reproduktionsfähigkeit zugunsten einer Spezialisierung. Protoctistische Anarchien, in der sich jede beliebige Zelle vermehren konnte, ersetzten im Laufe des evolutiven Aufstiegs der Tiere die Zelloligarchien, in denen nur einige (manchmal nur wenige) das Privileg besitzen, über die Nachkommenschaft in die nächste Generation zu gelangen.

Der Übergang von Zellen über Zellverbände zu tierischen Organismen ist eine uralte Geschichte: Individuen finden sich zu Sozialverbänden zusammen, die dann ihrerseits zu Individuen werden. Unter intensivem Selektionsdruck wurden aus schwimmenden Protoctisten koloniebildende Formen. Dann erschienen im Laufe des weiteren Proterozoikums *Trichoplax*-ähnliche Tiergestalten auf der Bildfläche. Die Spezialisierung großer Zellzahlen zu zusammengesetzten Organismen steht am Beginn der Entwicklung tierischen Lebens – und anderer Gruppen wie Pilze und Pflanzen.

Sex und Tod

Zur Zeit der Entstehung von Leben gab es nur den Tod durch äußere Einwirkung. So blieb es noch für eine geraume Weile. Doch mit den Protoctisten kam der „programmierte“ Tod, das Altern und Sterben von Zellen als Bestandteil des Lebens von Einzelorganismen. Bei den vertrauten Tieren – Insekten, Säugern und Vögeln – beruht der Unterschied zwischen dem Teil, der abstirbt, und dem, der potentiell weiterlebt, auf der Trennung zwischen Körper- und Geschlechtszellen. Bei Säugern sind die Geschlechtszellen (oder die Keimbahn, wie Biologen manchmal sagen) die einzigen Zellen, deren direkte Nachkommen in der nächsten Generation weiterleben. Im Gegensatz zu Ei und Sperma hat das „Soma“ – der Körper – eine begrenzte Lebensspanne.

Tierzellen müssen sich mit hochgradiger Präzision teilen – beziehungsweise ihre Teilungsbereitschaft aussetzen. Im Verlauf der intrauterinen Entwicklung des Säugergehirns sterben mehr als neunzig Prozent der zunächst entstandenen Zellen bereits vor dem Säuglingsalter ab. Diese Gehirnzellen hören auf zu wachsen und zerfallen, werden der Entwicklung eines gesunden Babys geopfert. Die grundlegende Trennung in weiterlebende (potentiell unsterbliche) Keimzellen und sterbende Körperzellen der Tiere ist aller Wahrscheinlichkeit nach sehr alt.

Wir nehmen an, daß die Vorfahren der Tiere aus relativ wenigen Zellen bestanden, die sich in wenigstens zwei unterschiedliche Zellsorten differenzierten. Die eine spezialisierte sich darauf, ihre 9×2+2-Mikrotubuli zu Undulipodien zu arrangieren (ABB. 46), die der Fortbewegung dienen, Beute wahrnehmen helfen, einen Wasserstrom über beziehungsweise durch den Organismus unterhalten oder den Fluß von Nahrungspartikeln in beziehungsweise durch Verdauungssysteme bewerkstelligen. Doch es ist eine Laune der Physiologie, daß tierische Zellen mit dem Augenblick, in dem sie ihr Centriol zur Bildung eines Wimpernschafts (Basalkörpers) umformen, dieses nicht mehr für den in der Mitose notwendigen Bewegungsapparat verwenden können. Dies bedeutet, daß tierische Zellen nur gewinnen konnten, wenn sie sich zu spezialisierten Kolonien zusammenfanden. Auch heute noch teilt sich eine tierische Zelle – gleichgültig ob Gewebe- oder Spermienzelle – nicht mehr, sobald sie ein Undulipodium gebildet hat. Sobald ein Centriol zum Kinetosom (Basalkörper) wird, verzichtet die Zelle auf ihre Unsterblichkeit. Eine Tierzelle mit Kinetosom ist eine sterbende Tierzelle – weil sie sich nicht mehr teilen wird, sind ihre Tage gezählt.

Vielleicht kann die von David Luck und John Hall im Kinetosom beziehungsweise Centriol beschriebene DNA nur für eines von beidem – für die Mitose oder für die Kinetosomenbildung – zum Einsatz kommen, nicht aber für beides gleichzeitig. So wie man nicht gleichzeitig schlucken und atmen kann, müssen auch alle Versuche tierischer Zellen scheitern, sich zwei Dingen gleichzeitig zu widmen. Und doch scheinen die tierischen Zellen eine Antwort auf dieses genetische Dilemma gefunden zu haben: Indem sie zu Kolonien zusammenfanden, in denen sich einige Zellen teilen können, während andere Undulipodien bilden, bekam jeder ein Stück vom Kuchen. Die Einschränkung, daß eine Zelle sich nach der Bildung ihres 9×2+2-Organells nicht mehr teilen

46
Das Axonem des Undulipodiums (Wimper) zeigt im Querschnitt die charakteristische 9×2+2 Anordnung von Mikrotubuli, die in der Natur ungemein weit verbreitet ist. Man findet sie in den Spermienzellen des Menschen und der Gingkobäume. Elektronenmikroskopische Aufnahmen von Schnitten durch die Cilien von Pantoffeltierchen und Trichomonaden zeigen dieses 9×2+2-Muster ebenso, wie die Wimpern im menschlichen Eileiter, welche die Eizellen befördern.

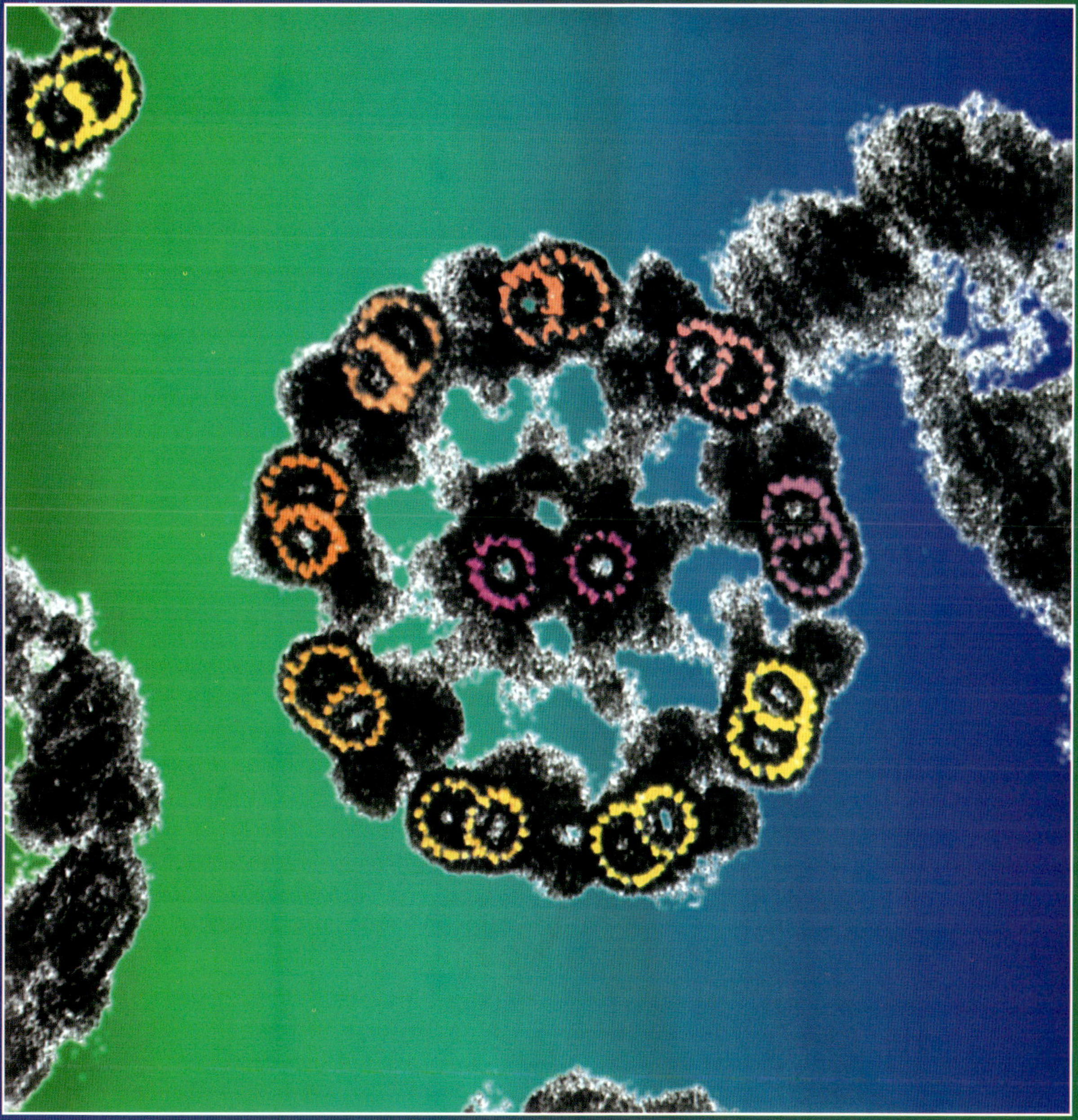

konnte, umgeht die Bildung von Kolonien. Die große Mehrzahl der Zellen behielt die Fähigkeit, sich zu teilen, während wenige ihre Unsterblichkeit opferten, um Undulipodien zu bilden. Doch selbst Zellen, die sich teilen, tun dies nicht unbegrenzt. Nach sechs Millionen Jahren ist ein erwachsenes Tier noch immer nichts anderes als das Mittel, mit dem ein gepaarter Protist andere Paarungsprotisten erzeugt.

Unser ganzes Leben vom Mutterleib bis zum Grab ist im Grunde nur ein Zwischenstadium im Lebenszyklus winziger miteinander fusionierter Zellen. Tiere erheben sich zu neuen Dimensionen, zu sichtbarem Leben und Bewußtsein nur, um durch Sexualität wieder in ihr ursprüngliches, einzelliges Mikrobenstadium zurückzukehren. Tod ist der Preis, den wir alle für diese uralte Vergangenheit vielzelliger Zusammenschlüsse zahlen, für die Unfähigkeit hungriger Protoctisten, ihre proterozoischen Fesseln abzustreifen. Was „stirbt", ist der Körper, das ausgewachsene Fleisch, und es stirbt, nachdem es protistenähnliche bewimperte Spermien und behäbige Eier ins Wasser oder andere Körperflüssigkeiten entlassen hat. Tierisches Leben ist nicht *de novo* entstanden, sondern aus protoctistischen Vorfahren. Protoctisten mit komplizierten Zyklen aus Fruchtbarkeit, Vielzelligkeit und Meiose wurden zu Tieren.

Wie der programmierte Tod, so ist auch das Geschlecht keine unabdingbare Voraussetzung für Leben. Das Geschlecht hat sich im Laufe der Evolution entwickelt. Ursprünglich waren Zellen unterschiedlicher Paarungstypen im Aussehen identisch - wie manche verliebte Protoctisten heutzutage auch. Die Fluktuation der Chromosomenzahl bei der Befruchtung schuf die Grundlage für die Entstehung von Geschlechtern. Die ersten Partner trafen sich in wäßriger Umgebung mehr oder weniger hastig wie die heutigen Protoctisten, indem sie auf chemische Signale reagieren. Schwämme, Seeigel, Fische, selbst die Keimzellen von Säugern treffen sich noch heute wie ihre protoctistischen Vorfahren im wäßrigen Milieu.

Tierzellen haben diese Vorteile aquatischer Begegnungen nie aufgegeben. Die Verschmelzung der Keimzellen von Austern, von vielen Fischen und Amphibien findet immer noch unmittelbar im Wasser statt, unbeaufsichtigt von den Adulten. Bei Reptilien, Vögeln und Säugern findet die sexuelle Zusammenführung jedoch *in vivo* statt. Geschlechtsorgane entwickelten sich unabhängig voneinander in vielen Tierlinien. Der Penis, das eindringende männliche Organ, wird zum Träger für Spermien. Der weibliche Genitaltrakt bietet den Eiern einen geschützten Platz, an dem die Verschmelzung stattfinden kann. Die Existenz vieler kleiner Spermien bei Männchen und weniger großer Eier bei Weibchen steht am Beginn der Evolution einer Asymmetrie, die sich heute bis in die Höhen politischer, soziolinguistischer und psychologischer Diskussionen hinein bemerkbar macht. Die Maximierung der Reproduktivität durch das männliche Geschlecht versucht eine größtmögliche Zahl von Weibchen zu befruchten, während für das weibliche Geschlecht, aufgrund der geringeren Anzahl seiner Eizellen eingeschränkt, ab einer bestimmten Grenze jede weitere Paarung überflüssig wird. Evolutionsbiologen nehmen an, daß diese früh entstandene sexuelle Ungleichheit die unterschiedliche Haltung beider Geschlechter zu Fragen der Sexualität reflektiert.

Kambrischer Chauvinismus

Der englische Geologe Adam Sedgwick (1785–1873) gab jenem Zeitabschnitt, dem die ältesten Fossilien zuzuordnen waren, den Namen Kambrium, benannt nach der alten Bezeichnung „Cambria" für Wales. Ihm und anderen frühen Paläontologen erschien das plötzliche Erscheinen von Tieren auf der Erde als rätselhaftes Ereignis. Die gesamte Erdgeschichte vor Sedgwicks Kambrium bezeichnete man als „präkambrisch". Bis weit in unser Jahrhundert hinein galt der Ursprung kambrischer Tierfossilien als „viel diskutiertes Rätsel der Paläontologie"[2]. Tierisches Leben war nach dem Fossilbericht offenbar so rasch in Erscheinung getreten – und zwar nicht nur in Wales, sondern auch in Neufundland, Sibirien, China und im Grand Canyon von Arizona – daß man diesen Vorgang noch heute als „kambrische Explosion" bezeichnet.

Heute ist ein Großteil des Rätsels gelöst. Foraminiferen und andere bemerkenswerte Protoctisten wie der nebenstehend abgebildete Acritarch (ABB. 47), „Protozoen", deren Fossilien man einst fälschlicherweise für die Reste winziger Wirbelloser gehalten hatte, waren den Tieren um mindestens 500 Millionen Jahre vorausgegangen. Da die meisten Protoctisten ebenso wie die frühen Tiere klein waren und keine harten Teile besaßen, blieben sie großenteils unentdeckt oder nicht erhalten. Das Leben vor dem Kambrium wird trotz seiner

48
Diese Fossilien, sogenannte Sklerite, treten zu Beginn der sogenannten kambrischen Explosion auf. Ob es sich bei ihnen um fossile Fragmente der frühesten Tiere oder um deren Protoctisten-Vorfahren handelt, ist bislang nicht geklärt.

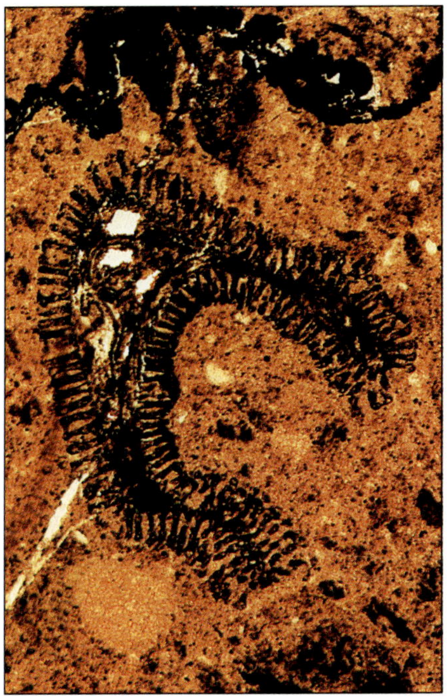

47
Riesen-Acritarch, Cyste eines nicht identifizierten fossilen Protoctisten von etwa einem Millimeter Größe. Man findet diese Fossilien in dem Mineral Phosphatit. Es wird angenommen, daß die Wesen, die sich als Acritarchen ablagerten, zu den ältesten Protistenzellen gehören. Tiere sind nicht aus dem Nichts entstanden, sondern aus koloniebildenden Protoctisten, Weichkörper-Organismen, von denen nur wenige fossile Spuren übrig geblieben sind. Die „Explosion“ im Kambrium hatte eine lange mikrobielle Zündschnur.

überwältigenden biochemischen und metabolischen Neuerungen noch immer schlicht als „präkambrisch“ abgetan – oftmals mit dem Beigeschmack, daß zwischen der Entstehung von Leben und dem ersten Auftreten von Schalentieren in der Evolution nichts Nennenswertes geschehen sei.

Bakterien und Protoctisten schufen die Grundlagen. Sie und nicht die Tiere, führten DNA-Rekombination, Bewegung, Fortpflanzung mit exponentiellem Populationswachstum, Photosynthese und hitzresistente Sporen ein. Sie und nicht die Tiere, waren die Pioniere der Symbiose und der Organisation von Individuen aus vielzelligen Kollektiven. Sie erfanden die intrazelluläre Motilität (unter anderem die Mitose), komplexe Entwicklungszyklen, Meiose, sexuelle Verschmelzung, die Individualität und den programmierten Zelltod. Prokaryotische Mikroorganismen, nicht Tiere oder Pflanzen, unterhalten noch immer sämtliche geochemischen Zyklen, durch die dieser Planet bewohnbar wird. Die Protoctisten, in ihrem neuen Status als Individuen, entstanden durch die Koevolution bakterieller Lebensgemeinschaften, erfanden resistente Cysten, die Kommunikation zwischen Zellen, tödliche Toxine und viele andere Dinge, die sich später auch Tiere zunutze machten. Die Vorläufer von Tieren sind Bakterien und Protoctisten – und nicht Chemikalien. Die Explosion tierischen Lebens hatte eine lange bakterielle Zündschnur.

Sklerite, Fossilien winziger mineralischer Bauteile (ABB. 48), markieren den Beginn des Kambriums vor 570 Millionen Jahren. Die früheste Formation des Phanerozoikums ist das Kambrium. An charakteristischen tierischen Fossilien reiches phanerozoisches Gestein löste die fossilleeren proterozoischen Schichten ab. Sedimentgesteine auf der ganzen Welt, vor 530 Millionen Jahren (noch immer im Kambrium) abgelagert, enthalten ein faszinierendes Spektrum skeletthaltiger mariner Tiere. Etwa um diese Zeit traten Brachiopoden (Armfüßer) und Anneliden (Ringelwürmer), Trilobiten (Dreilappkrebse) und andere Arthropoden (zu deren modernen Vertretern Insekten, Spinnen und Krebse zählen) zum ersten Mal in Erscheinung.

Manche Paläontologen wundern sich noch heute, wie diese verschiedenen Stämme „so plötzlich" haben auftauchen können. Aufgrund der Entstehung von Eisenoxid („Rost") und ähnlichen Hinweisen kann man schließen, daß vor etwa 2 000 Millionen Jahren Sauerstoff in die Atmosphäre gelangt ist. Manche Wissenschaftler nehmen an, daß eine kritische Menge an atmosphärischem Sauerstoff die Evolution tierischen Lebens ausgelöst hat. Doch jede Hypothese, die das „plötzliche" Auftreten von Tieren zu erklären versucht, gründet sich mit an Sicherheit grenzender Wahrscheinlichkeit auf eine Mißinterpretation der Befunde. Tiere traten zwar spät in der Evolution auf den Plan, aber sie entstanden keinesfalls plötzlich. »Allem Anschein nach«, schreibt der Paläontologe Harry B. Whitington, »gab es eine lange Periode metazoischer [tierischer] Evolution, doch erst im frühesten kambrischen Gestein finden sich die ersten Metazoen ... Der Burgess-Schiefer macht deutlich, daß die Vielfalt kambrischen Lebens nicht nur aus Metazoen mit harten Körperteilen bestand, sondern auch aus Metazoen mit weichen Körpern, unter anderem aus Coelenteraten, Würmern, Arthropoden, Chordaten und verschiedenen unbekannten Tieren.«[3]

Der Burgess-Schiefer ist auf einem Berg im Yoho National Park in der kanadischen Provinz British Columbia zu finden und enthält ein breites Spektrum kambrischer Fossilien. Von Charles Walcott im Jahre 1909 entdeckt, haben die Burgess-Fossilien vielen Paläontologen lebenslange Arbeit beschert. Da in diesem Schiefer sogar Weichkörper erhalten blieben, stellt er einen wirklichen Schatz dar. In den Schlammschichten, aus denen der Schiefer entstand, blieben die Meeresbewohner seichter Gewässer erhalten. Sie zeigen eine große Vielfalt an Organismen, manche davon verwandt mit heute lebenden Tieren, andere ohne bekannte Nachfahren. Unter diesen wunderbaren, manchmal monströsen Tieren fällt zum Beispiel *Opabinia* auf, ein fünfäugiges, am Meeresboden umherkriechendes Geschöpf mit geschwungenen Schwanzflossen und einem Greiforgan mit beweglichen Gelenken, das die Vermutung nahelegt, es sei trotz seiner geringen Größe von etwa zehn Zentimetern ein streitbarer Räuber gewesen. *Hallucinogenia* verblüffte die Paläontologen, weil bis vor kurzem niemand sicher wußte, wo bei ihr oben und unten war (waren ihre Fortsätze Waffen oder Beine?). Von den vielen kambrischen Arthropoden, die im Burgess-Schiefer erhalten sind, hat sich nur eine Linie weiterentwickelt, aus der sehr viel später jene gewaltige Vielfalt sechsbeiniger Landgeschöpfe hervorging, die wir heute als Insekten kennen. Hätte die Evolution eine andere Richtung genommen, wäre es vielleicht einem ganz anderer kambrischen Arthropoden – oder überhaupt einem ganz anderen Tiertyp – gelungen, die Kontinente zu bevölkern.

Zu den beeindruckendsten Burgess-Arten gehört *Pikaia*, der erste bekannte Vertreter unseres eigenen Stammes Chordata – zu dem Menschen und alle anderen Tiere mit Wirbelsäule gehören. *Pikaia* ist ein segmentiertes, wurmähnliches, schwimmendes Wesen und im Vergleich zu anderen spektakulären Burgess-Arten wenig bemerkenswert. Entlang seines Rückens aber verlief ein solides Knorpelstäbchen – das Notochord. Diese universale Chordaten-Struktur ist, selbst wenn sie im adulten Tier nicht mehr vorhanden ist, zumindest vorübergehend in Larven oder anderen Reifestadien des Lebenszyklus vorhanden. Bis zur Entdeckung der *Pikaia*-Fossilien im Burgess-Schiefer kannte man Chordaten erst aus den mehr als 450 Millionen Jahre alten Sedimenten des Ordovizium, der geologischen Periode im Anschluß an das Kambrium.

Der Chordat im Burgess-Schiefer war eine spektakuläre Entdeckung, denn damit wurde klar, daß seine Vorfahren – die Urahnen aller Fische, Amphibien, Reptilien, Vögel, Säuger und uns – bereits vor 530 Millionen Jahren gelebt und in den schlammigen Gewässer ihren Weg gesucht hatten. *Pikaias* Erfolg ist möglicherweise direkt verantwortlich für die spätere Entwicklung einer solch großen Formenvielfalt vom

Hering bis zum Hasen. Die stromlinienförmige *Pikaia* mit zugespitztem, etwas kobraähnlich abgeflachten Kopf und gegabeltem Schwanz ist der Beweis dafür, daß unsere Vorfahren sich in urzeitlichen Ozeanen getummelt haben.

Lange bevor gepanzerte Trilobiten über den Planeten krabbelten, bevor Massen muschelähnlicher Armfüßer ihr Leben in den kambrischen Sümpfen aushauchten, bevor riesige Seeskorpione ihr hartes Exoskelett als Fossil hinterließen, hatten Tiere mit weichen Körpern ihre Blütezeit. Noch weniger bekannt und sehr viel älter als die Fossilien im Burgess-Schiefer sind die Wesen der Ediacara-Fauna, die in 700 Millionen Jahre altem Sandstein erhalten sind – aus der Zeit vor Kambrium und Phanerozoikum. Die meisten davon sind vermutlich überhaupt keine Tiere, sondern bizarre, ausgestorbene Protoctisten. In den fünfziger Jahren benannte Martin Glaessner von der Universität Adelaide diese außergewöhnlichen Fossilien nach einer Felsformation der Ediacara Hills in Australien. Ähnliche Tiere mit weichen Körpern hat man in England, Namibia, Grönland, Sibirien und über 20 anderen Orten gefunden.

Bei den Organismen der Ediacara-Fauna scheint es sich um schwebende, gallertige Geschöpfe gehandelt zu haben, die sich vorzugsweise in seichten Gewässern in Ufernähe aufhielten. Manche von ihnen waren flach, andere „gesteppt", wieder andere komplex gebaute Organismen. Ihre Formenvielfalt variiert vom blattähnlichen *Pteridinium* bis zum dreiarmigen *Tribrachidium*. Niemals scheinen diese Wesen harte Bestandteile, Eier, Spermien oder Blastulae geformt zu haben. Vielleicht waren sie große Protoctisten, vielleicht auch Tiere, vielleicht beides. Einige der größeren unter ihnen waren vermutlich in der Lage in den seichten Küstengewässern, Photosynthese zu betreiben. Andere „grasten auf Bakterienweiden". Das Fehlen jeglicher Bewaffnung läßt darauf schließen, daß es noch keine größeren Räuber gegeben hat – sozusagen ein „Garten Ediacara".[4]

Möglicherweise waren die Organismen der Ediacara-Fauna die Vorfahren der kambrischen Burgess-Tiere, wahrscheinlicher ist aber, daß sie – da sie so auffallend einzigartig sind – einen der vielen „Fehlstarts" der Evolution darstellen. Die frühesten marinen Tiere, wer auch immer dazu gehört haben mag, ernährten sich vielleicht von Protoctisten, unter anderem auch von Algen. Aufgrund ihrer minimalen Größe und ihrer Beweglichkeit war diesen Algenfressern vermutlich eine Nahrungsnische ohne allzu große Konkurrenz garantiert. Erst als die Tiere begonnen hatten, einander zu fressen und der Verteidigung halber größer wurden und sich Panzer zulegten, hinterließen sie öfter fossile Spuren. Fortpflanzungsfähige Tiere mit Embryonalentwicklung müssen die Ressourcen über Jahrmillionen ausgebeutet haben, bis sie schließlich harte, leicht konservierbare Bestandteile entwickelt hatten. Fossilien aus dem Kambrium sind nur die Spitze des Eisbergs tierischer Evolution. „Die ersten Tiere" waren sie kaum.

Es ist ein thermodynamisches Gesetz, daß Leben sich nur unter Dissipation von Wärme und Degradierung seiner Umgebung entwickelt. Es gibt kein Leben ohne Abfallprodukte, Absonderungen und Verschmutzung. Im Laufe seiner weitflächigen Ausbreitung bedrohte das Leben sich durch das potentiell tödliche Chaos, das es hinterläßt, unvermeidlich auch selbst, was wiederum die weitere Evolution antreibt. Manchmal gelingt es, selbst Müll zu etwas Nutzbringendem umzuwandeln.

Innerhalb einer Protoctisten- oder Tierzelle beträgt die Konzentration an Calciumionen – zweifach positiv geladene Teilchen, Ca^{++} – nur etwa ein Zehntausendstel der Calciumkonzentration von Meerwasser. Wenn zuviel Calcium in die Zelle gelangt, fällt im Inneren Calciumphosphat als tödlicher Niederschlag aus. Durch die Bindung von Phosphor (als Phosphat) bringen überschüssige Calciumionen die Zelle um einen essentiellen Bestandteil zur Herstellung von DNA, RNA und Membranen. In kleinen, wohl kontrollierten Mengen dagegen ist Calcium ein wichtiger intrazellulärer Stoff. Gift ist eine Frage der Dosis. In kleinen Mengen wirken Calciumionen als Signalüberträger und sind sogar Bestandteil der Elektrochemie des Denkens. Calciumüberschuß aber muß unbedingt aus der Zelle entfernt werden. Schlägt das fehl, agiert die unkontrollierte Chemie. Wer Nierensteine hat, weiß nur zu gut, daß Calciumphosphat Schaden anrichtet, wo es nicht hingehört. Solange die Tiere nur Weichkörper waren, entließen sie Calcium ins Meerwasser. Im Phanerozoikum aber, kurz vor Beginn des Kambriums, lernten einige Organismen, ihre Calciumausscheidung zu kontrollieren.

Die sich entwickelnden frühen Tiere verwandelten die potentiell gefährlichen Ablagerungen in Architektur. Unsere Skelett- und Schädelknochen bestehen ebenso aus Calciumphosphat $(Ca_3(PO_4)_2$ wie die der fischköpfigen Amphibien, die uns vorausgingen. Korallen, verwenden Calcium, Phosphat und Carbonat ($CaCO_3$) für ihre Außenskelette. Andere Organismen lagern Calcium im Inneren als Zähne ab. Mit Calciumphosphat infiltrierte Proteine ersetzten organischen Knorpel und schufen ein strukturelles Gerüst (Schalen und Knochen), das über Muskeln bewegt wird. So wie bei einigen kambrischen Kreaturen Harnische entstanden, entwickelten sich bei anderen Zähne und stechende Anhängsel bei anderen, um diesen Harnisch zu durchdringen.

Die menschliche Industrie hat kein Monopol auf die Produktion von gefährlichem Müll. Frühere Lebensformen zeigen uns, daß es für das Überleben auf lange Sicht weniger erheblich ist, ob man der Verschmutzung Einhalt gebietet, als vielmehr, wie man Schadstoffe nutzbar machen kann. Termiten bauen ihre Nester aus Speichel und Fäkalien. Verschmutzung in Form von ausgeschiedenem Calcium, von eifrigen Tiermuskeln umgebaut und umgelagert, bildeten die Basis für die ersten Schalen.

Evolutionärer Überschuß

Zahlreicher werdend und ihre Beweglichkeit zur Kolonisierung neuer Territorien einsetzend, schufen sich Tiere im Laufe ihrer Evolution immer neue ökologische Nischen. Der russisch-amerikanische Erzähler und angesehene Entomologe Nabokov wies darauf hin, daß die Muster bestimmter Schmetterlinge eher nach dem Pinselstrich eines launenhaften Künstlergotts aussehen als nach blinder Evolution. Doch mit einer breiteren, weniger mechanistischen Sichtweise der Evolution lassen sich auch solche tierischen Merkmale erklären.

Evolution ist kein mechanischer Vorgang, sondern vereint zahlreiche Abläufe, die, sensitiv und symbiogenetisch, teilweise das Ergebnis von Handlungen und Entscheidungen organischer Wesen selbst sind. Von der natürlichen Selektion behauptet man oftmals, sie „begünstige“ dieses oder jenes Merkmal. Doch die selektionierende Natur ist großenteils lebendig. Sie ist keine *black box*, sondern eine Art symphonischer Zusammenklang.

Von den vielen gezeugten, bebrüteten, geschlüpften und geborenen Organismen überleben nur sehr wenige. Vorlieben im Hinblick auf Nahrung oder Partner lassen bestimmte Wesen mehr Nachkommen produzieren als ihre Zeitgenossen. Manchmal tragen die Weibchen dazu bei, die genetische Zusammensetzung der Nachkommengeneration zu formen, indem sie die gesündesten, prächtigsten oder stärksten Männchen auswählen. Doch dieser aktive Eingriff der „Evolutionierenden“ in die Evolution kann auch eine diskretere Spielart einnehmen. Ein Schmetterlingsflügel mit der Nachbildung eines Regentropfens, durch den eine versetzte Linie verläuft, als breche sich ein Lichtstrahl an der Wasseroberfläche, muß nicht von einem Schöpfer bewußt gestaltet worden sein und kann dennoch durch Bewußtsein entstanden sein. Täuschungen können aus der Fehldeutung von Sachverhalten durch intelligente Akteure entstehen, wenn beispielsweise ein Vogel das Muster eines Insektenflügels stets als Blatt mißdeutet. Natur „bildet“ sich zum Teil im Inneren des Verstandes.

Nabokov hatte recht mit seiner Feststellung, daß sowohl in der Kunst als auch in der Natur die Dinge, von denen der größte Zauber ausgeht, stets etwas mit Betrug zu tun haben. Überraschung entsteht dadurch, daß ein bestimmtes Phänomen der Umgebung bis dahin mißdeutet worden ist. Tiere, die Überraschungen als angenehm empfinden, erkennen eine Tarnung mit größerer Wahrscheinlichkeit und hinterlassen mehr Nachkommen als ihre weniger scharfsinnigen verwandten. Die Selektion ist ebenso wenig blind wie die mit lebenden, wahrnehmenden Wesen angefüllte (ABB. 49, 50).

Täuschung hat in tierischen Lebensgemeinschaften eine sehr große Bedeutung – in einem solchen Maße, daß manche Soziobiologen mutmaßen, die technologische

49
Biolumineszenz bei einem Anglerfisch, Stamm Chordata, Reich Animalia. Die Fischfamilie, der diese Art angehört (Ceratiidae), hat zahlreiche Vertreter, die weit besser als mikrobiologische Labors in der Lage sind, Stämme selbstleuchtender (lumineszenter) mariner Vibrio-Bakterien zu kultivieren. Diese Tiefseefische benutzen ihre symbiontische Biolumineszenz, um arglose Beute anzulocken, die die vorstehende „Angel" für einen kleinen eßbaren Fisch halten.

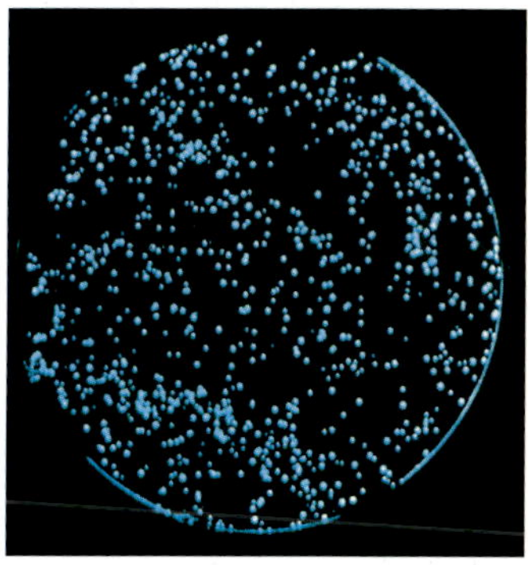

50
Photobacterium fischeri, ein Bakterium, Stamm Omnibacteria, Reich Monera. Petrischale mit luminiszenten Bakterien. Viele Fischarten tragen symbiontische Leuchtbakterien in speziellen Organen und setzen deren Licht zur Verteidigung vor Räubern, zur Nahrungs- oder Partnersuche ein.

Intelligenz des Menschen sei nichts anderes ist als ein evolutionärer Ableger der macchiavellistischen Sozialintelligenz – der Fähigkeit, sich Nahrung, Nachkommen, Partner, die Aufzucht der Kinder und anderes durch Überlistung von Stammesgenossen zu verschaffen. Das Überlisten, Ausstechen oder Erkämpfen muß nicht in vollem Bewußtsein erfolgen. Aufgeschreckte Affen stehen (als Folge einer physiologischen Reaktion) buchstäblich die Haare zu Berge. Für den potentiellen Kampfpartner besteht die Wirkung in einer Größenzunahme seines Gegners, die Respekt, wenn nicht gar Furcht erzeugen soll. Der Bomber B52, Punk- und andere voluminöse Frisuren berühren den Betrachter möglicherweise ähnlich.

Da wir Menschen als nackte Affen mehr Haut als Pelz zur Schau stellen, nimmt sich unser eigenes Fellsträuben entsprechend kümmerlich aus: Kribbeln, hektische Röte im Genick, Prickeln entlang der Wirbelsäule. Die Gänsehaut ist das evolutionäre Relikt unvermindert reagierender Haarfollikel. Dennoch reflektiert sie die evolutionäre Verknüpfung zwischen Körper und Geist. Die gänsehautvermittelte scheinbare Größenzunahme eines Säugetiers wäre in einer Welt ohne Wahrnehmung sinnlos. Wir aber leben in einer sinnlichen (wahrnehmenden) Welt, in der Winzigkeiten der Partner- und Nahrungswahl in manchen Fällen zu einer Frage von Leben und Tod, Fortpflanzung und Unfruchtbarkeit werden.

Eines der erhabenen Rätsel des Lebens – das durch seine bloße Existenz die Evolution allem Anschein nach in Frage stellt – ist das Auge. Darwin schrieb über dessen „grenzenlose Perfektion". Das Auge, mit dem Gehirn verbunden, scheint vielleicht so vollkommen, weil es das Hauptwerkzeug des Evolutionsbiologen ist. Doch wie mag sich das Auge, diese kunstvolle Quelle perspektivischer und reflektierender Geheimnisse, entwickelt haben?

Auf den ersten Blick wirkt das Problem unlösbar schwierig, aber nicht mehr, sobald wir uns den Mikroben zuwenden. Lichtsensitive Bakterien haben das Sehen vorweggenommen. Rhodopsin, der „Sehpurpur" der Säugerretina, ist ein gefärbter Proteinkomplex, der auch in dem pinkfarbenen, salzliebenden Archaebakterium *Halobacterium* vorkommt, wo er gleichermaßen auf Licht reagiert. Der gefärbte Pigmentanteil des Rhodopsins ist das Retinal, eine chemische Verbindung, die dem β-Caroten der Möhre ähnelt und durch die Oxidation von Vitamin A entsteht. Retinal, der lichtabsorbierende Bestandteil der Säugerretina hat eine 4 000 Millionen Jahre alte Geschichte.

Der Dinoflagellat *Erythrodinium* ist eine Art einzelliges Auge, und zwar mit Hilfe einer von einem cyanobakteriellen Vorfahren ererbten Plastide. Mit seiner linsen- und retinaartigen Struktur entwickelte dieser Protist einen lichtsensitiven, fokussierenden Apparat, der den Großteil seines winzigen Zellkörpers einnimmt. Insekten, Plattwürmer, Meeresschnecken und Frösche haben höchst unterschiedliche Augen, doch alle besitzen mit Carotenoiden ausgestattete, lichtempfindliche Membranen, Linsen und bewegliche Teile, welche über Lichtsignale lokomotorische Organellen (wie Wimpern) oder Organe (wie Muskeln) steuern. Kurz: Lichtwahrnehmung ist irgendwie an Bewegung gekoppelt, so daß der Organismus auf ein Signal hin reagieren kann.

Sehen und sein Organ, das Auge, mögen wundersam erscheinen. Und doch gibt es Augen von jedem nur denkbaren Grad an Komplexität. Einige sind den Säugeraugen weit unterlegen, andere, in jüngster Zeit entwickelte wie Infrarotdetektoren, Radioteleskope und Fernsehsatelliten noch leistungsfähiger. Lichtwahrnehmung im ursprünglichen Sinne ist sogar älter als Leben: Farbige Verbindungen reagieren auf sichtbare Sonneneinstrahlung in hochspezifischer Weise.

Das menschliche Auge trägt noch die Merkmale seiner mikrobiellen Vorfahren. Seine Stäbchen und Zapfen sind nicht mehr zu mitotischer Teilung fähig, aber sie gingen aus Kinetosomen, von protistischen Vorfahren ererbten Wimpern hervor. Die Knochenhülle, die das Auge schützt, entsprang der Notwendigkeit, Calciumrückstände in einem autopoietischen System erneut nutzbar zu machen. Mit der Zeit gewann das Leben an Komplexität, schloß chemische Verbindungen und sogar Abfälle zu Wesen von solchem Wahrnehmungsvermögen zusammen, daß diese schließlich begannen, ihre eigenen Zustand zu erfassen.

Boten

Die Evolution des Lebens fand im Wasser statt. Bakterien und Protoctisten lebten von Anbeginn an in Süß- und Salzwasser. Gegen Ende des Devons hatten sich in den drei Stämmen Arthropoden, Anneliden und Chordaten Vertreter entwickelt, die in der Lage waren, die rauhen Bedingungen an Land zu ertragen. Austrocknung war eine furchtbare Bedrohung, der jeder

Landpionier zu entgehen suchte. Die Evolution terrestrischer Formen war nicht einfach. Doch die Entwicklung von Landtieren wurde ein Triumph – nicht nur für einzelne Organismen und Arten, sondern ein Sieg für die gesamte Biosphäre.

Mit ihrer Beweglichkeit und Intelligenz wurden die Landtiere zu Vektoren und Boten, die sich in die entlegensten Regionen ausbreiteten. Zu Beginn des Tertiär hatten Vögel begonnen, die bis dahin limitierte Ressource Phosphor auch in nördliche Seen und alpine Bergeshöhen zu tragen – indem sie an einem Ort fraßen, und an einem anderen ihre Exkremente hinterließen. Rinderähnliche Tiere, die in ihren Pansen Archaebakterien, Ciliaten und andere Mikroben beherbergten, verdauten Gras und entließen dabei das Treibhausgas Methan in die Atmosphäre. Stickstoffreiche Tierexkremente beschleunigten das Wachstum von Algen und boten Nahrung für Fische und Copepoden (Springschwänze) in Kaltwasserökosystemen. Insbesondere im Laufe des Känozoikums, der letzten 65 Millionen Jahre, haben hohe Reaktionsgeschwindigkeiten, kontinentweite Wanderungsbewegungen und komplexe soziale Interaktionen die Abläufe in der Biosphäre sehr beschleunigt.

Doch schon lange vor dem Beginn des Känozoikums war Leben auch eine geologische Triebkraft. Photosynthetisch aktive blaugrüne Bakterien banden Wasser im Erdboden, begrünten das Festland mit Chlorophyll. Kohlenstoffbindendes Leben legte immer mehr Kohlenstoff als Kohle und Kalkstein fest und ließ den bis dahin gemäßigten Planeten Eiszeiten entgegengehen. Leben an Land ließ aus planetarem Schutt fruchtbaren Boden. Leben in den Meeren verwandelte Salze in Riffe und Atolle.

„Propriozeption“ ist der Begriff dafür, daß ein Tier die verschiedenen Teile seines eigenen Körpers wahrnimmt. Moderne Menschen, die vermutlich dichteste Säugerpopulation unserer Tage und mit Sicherheit die am weitesten verbreitete, benehmen sich wie planetare Propriozeptoren, die der Biosphäre Eigenwahrnehmung vermitteln. Die größte Vielfalt an Leben findet sich in tropischen Urwäldern wie den Regenwäldern Amazoniens. Wenn man bedenkt, daß verschiedene Arten von Bakterien verschmolzen, um eine Eukaryotenzelle entstehen zu lassen, und daß Kolonien von Eukaryotenzellen im Laufe der Evolution zu Tieren wurden, fragt man sich, zu was die Interaktion dichter tierreicher Lebensgemeinschaften führen wird.

So wie tierisches Fleisch über Äonen hinweg aus bakteriellem Rohmaterial entstand, schufen komplexe Wechselwirkungen überindividuelle Systeme. Ameisen, Termiten und Bienen bilden Lebensgemeinschaften, die sich ihren Aufgaben gemeinsam widmen. Menschlicher Zivilisation vergleichbar sorgen diese arbeitsamen Arthropoden methodisch für die Brut und teilen die Arbeit unter verschiedene Kasten wie Soldaten, Arbeiter und Gebärende auf. Doch während die menschliche Zivilisation nur wenige tausend Jahre alt ist, zeigen Fossilbefunde, daß Ameisen und Bienen seit mindestens 40 Millionen Jahren, Termiten seit möglicherweise 200 Millionen Jahren zu Kollektiven zusammengeschlossen sind.

Tiere wirken mit ihren Bewegungs- und Wahrnehmungsfähigkeiten gesamthaft auf die Biosphäre und machen sie zum größten organischen Wesen überhaupt. Die tierischen Akteure des globalen Bienenstocks sind mindestens 250 Millionen Jahre alt. Schlangen nehmen Infrarot wahr, Wale hören Ultraschall, Bienen erkennen die Polarisation von sichtbarem Licht, Wespen erkennen ultraviolette Muster auf Blüten, die für unser Auge einfarbig scheinen. Hunde ergötzen sich an „Ultraduft“, Haie orten eingegrabene Beute, weil sie das elektrische Potential verborgen schlagender Herzen wahrnehmen. Tiere signalisieren, nehmen wahr, verwickeln einander und ihre lebende Umgebung in sichtbare, hörbare, riechbare oder unsichtbare Wechselbeziehungen. Wahrnehmungsfähigkeit in einer solchen Verbreitung schärft die Wahrnehmung der gesamten Biosphäre.

Der Mensch hat eine Spielart tierischer Wahrnehmungen sogar in erdnahe Umlaufbahnen. Das Bild der Erde, vom Weltraum aus betrachtet, erhöht unsere Hellhörigkeit für globale Zusammenhänge. Aus rudimentärer tierischer Wahrnehmungsfähigkeit und Beweglichkeit erwuchs ein technologisches Instrumentarium, Fahrzeuge mit Rädern und Telekommunikation. In ihrer Gesamtheit bilden die Augen der Amseln, das Ultraschallsystem der Fledermäuse, die Wärmeabsorption der Würmer, die bakterienabhängige Biolumineszenz von Meeresfischen und die geballte Aufmerksamkeit ungezählter schreitender, kriechender, fliegender, grabender, denkender Wesen mehr als die bloße Summe ihrer Teile. Wahrnehmungen interagieren. Auf Reaktionen gibt es Antworten. Tierisches Wahrnehmungsvermögen ist aber nicht einfach eine schlichte Summierung aller Augen, Ohren, aller Tast- und anderen Sinne,

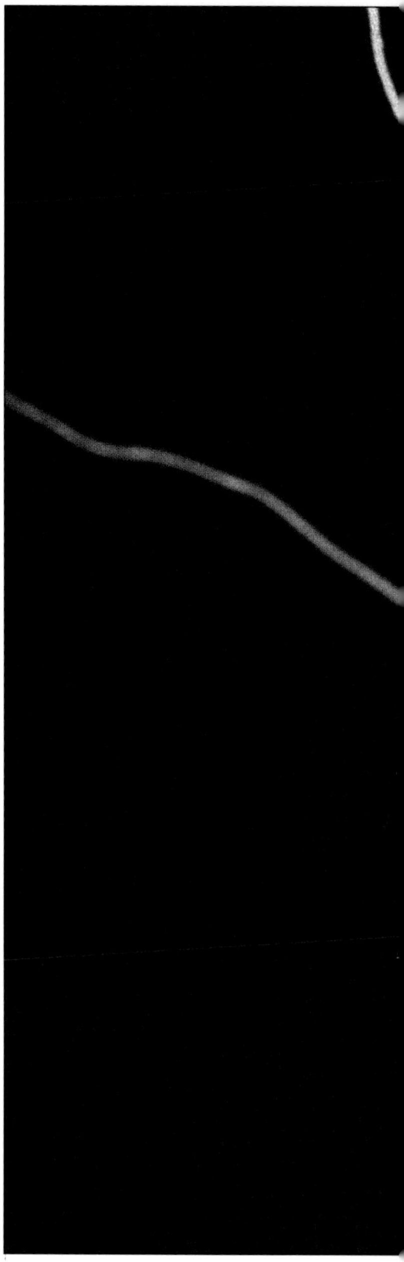

51
Eschiniscus blumi, ein Bärtierchen, Stamm Tardigrada, Reich Animalia. Diese mikroskopisch kleinen Tiere, die im Boden, in Moosrasen und Kleingewässer vorkommen, benannte der englische Naturforscher Thomas Huxley. Sie überleben das Austrocknen in Temperaturbereichen zwischen 150 und –270 °C. Diese Kleinsttierchen gibt es auf der ganzen Welt, doch weil das größte unter ihnen weniger als 1,2 mm lang ist, bleiben sie im Verborgenen. Die Spanne von einer Klaue zur anderen beträgt auf diesem Photo weniger als 0,5 mm.

sondern eine unberechenbare Synästhesie der Sinne, deren Gesamtheit das menschliche Bewußtsein, selbst nur ein kleiner Teil dieses Ganzen, bestenfalls erahnen kann (ABB. 51).

Sowohl der französische Paläontologe und Priester Pierre Teilhard de Chardin als auch der russische Atheist Vladimir Vernadsky sind sich einig, daß auf der Erde ein globaler Geist entsteht. Diese Gedankenschicht in Kugelgestalt nannten sie nach dem griechischen Wort für Geist, *noos*, Noosphäre. Das vernetzte Aggregat aus pulsierendem Leben, von eiligen Glühwürmchen bis hin zu menschlicher e-mail, formt den entstehenden planetaren Geist. Vielleicht befindet sich die Noosphäre noch im Säuglingsalter, einem Baby ähnlich, in dessen noch nicht ausgereiftem Gehirn es viele Synapsen gibt, die im Laufe der Zeit verschwinden. Polymorph, paranoid, verwirrt und doch ungeheuer phantasievoll, mag sich die denkende Schicht der Erde, das mehr oder weniger unerwartete Produkt tierischen Bewußtseins, vielleicht gerade jetzt in ihrem prägsamsten Stadium befinden.

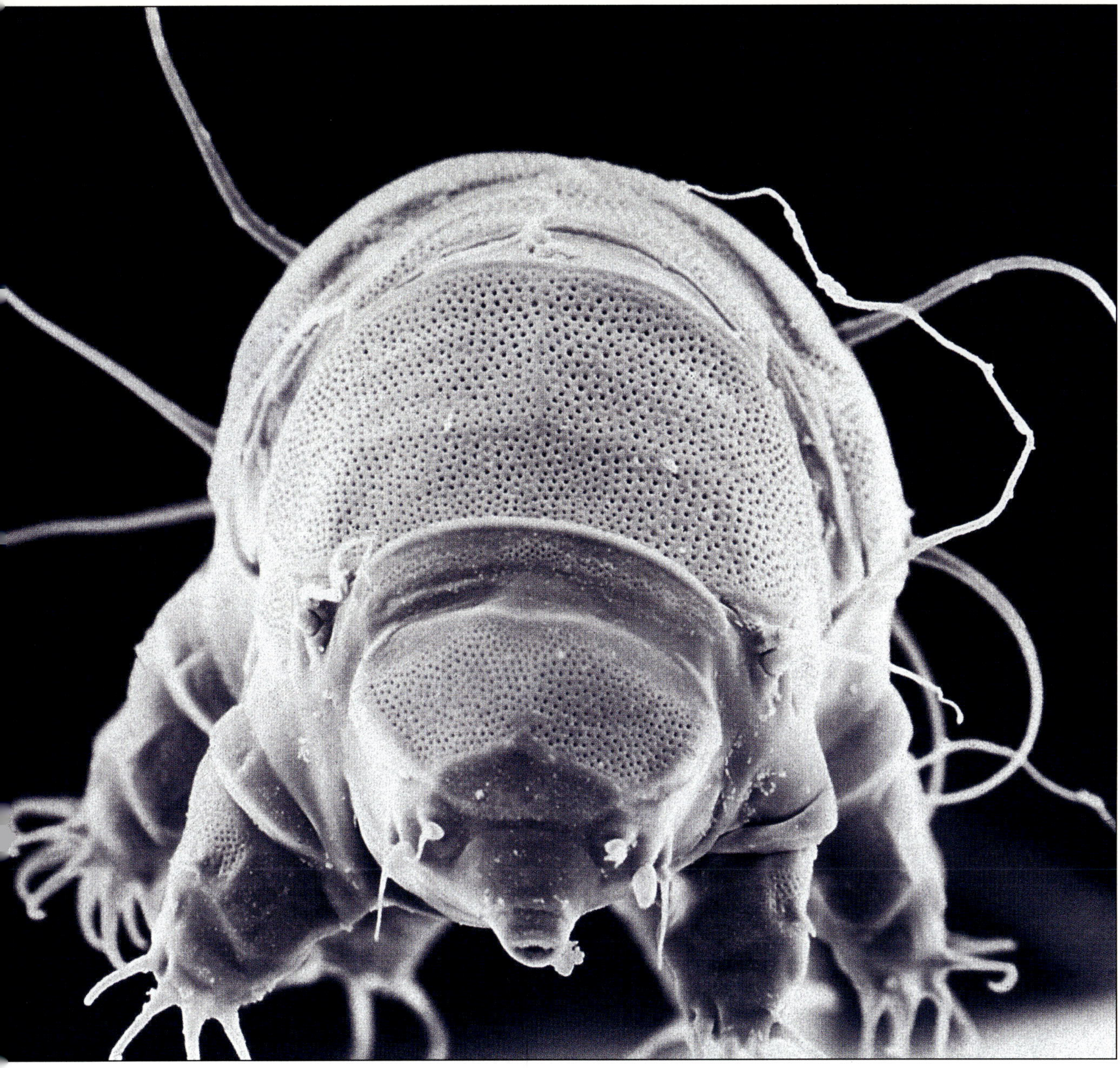

Was also ist Leben?

Leben ist evolutionäre Fülle. Es ist, was geschieht, wenn ständig wachsende Populationen wahrnehmungsfähiger, handelnder Organismen gegeneinander antreten und Entscheidungen suchen. Leben ist das Spiel der Tiere. Es ist ein Wunderwerk an Erfindungen zum Zwecke der Kühlung und Erwärmung, des Sammmelns und Verteilens, des Fressens und Entfliehens, der Werbung und der Täuschung. Leben ist Hellhörigkeit, Aufmerksamkeit und Reaktionsbereitschaft, Bewußtsein und Selbsterkenntnis. Leben, historischer Zufall und listige Neugier, ist die klatschende Flosse und die rauschende Schwinge tierischen Erfindungsreichtums, ist die in den Vertretern des Tierreiches verkörperte Avantgarde der vernetzten Biosphäre.

7
Fleisch der Erde

Ich behaupte, daß *Soma* die Frucht vom Baum der Erkenntnis des Guten und Bösen war, daß es *kakulj* war, *Amanita muscaria*, der namenlose Pilz englischsprechender Völker. Der Baum war vermutlich eine Konifere in Mesopotamien. Die unterirdische Schlange war der treue Diener der Frucht.

R. Gordon Wasson

Trüffel ... lassen sich sicher nicht anders nennen als Fleisch der Erde. Von besonderer Güte im Frühling und besonders häufig nach Gewittern, sagt man ihnen nach, daß sie ersterbende Liebe neu erwecken.

Franciscus Marius Grapaldus

Die Unterwelt

Die Wissenschaft unterteilt die Biologie noch immer häufig in Zoologie, das Studium der Tierwelt, und Botanik, das Studium der Pflanzenwelt. Was aber ist mit pinkfarbenem Schimmel, einzelliger Hefe, mit Morcheln, Bovisten und halluzinogenen Pilzen?

Weil Pilze keine Tiere sind, hat man sie den Pflanzen zugerechnet. Mittelalterliche Gelehrte, deren System nur drei Reiche umfaßte, schrieben ihnen ein zombieähnliches Wesen zu, als halbtote Formen zwischen Pflanzen- und Mineralreich angesiedelt. Bis vor nicht allzu langer Zeit lautete der wissenschaftliche Name für Pilze Mycophyta – vom griechischen *mykes* für „Pilz" und *phyton* für „Pflanze". Zwar gibt es keinen Pilz, der sich über Photosynthese ernährt, doch manche Pilze sind erdverbunden wie Pflanzen. Am besten klassifiziert man sie allerdings als eigene Gruppe, als Reich der Pilze: Mycota oder Fungi. »Und Pilze waren Pilze«, schrieb der japanische Dichter Jun Takami, »sie gleichen niemandem sonst auf der Erde.«[1]

In der englischsprechenden Welt ist der Prototyp des Pilzes eine dunkle, feuchte, giftige Existenz, bei der ein dunkler Zusammenhang zu Hexen, Fußgeruch und Kühlschränken besteht und die man besser meidet. »Pilze«, erklärte der französische Botaniker S. Veillard im 18. Jahrhundert, »sind ein verfluchter Stamm, eine Erfindung des Teufels, von diesem beauftragt, den Rest der von Gott geschaffenen Natur in Unruhe zu versetzen.«[2]

Zur Bildung von Fruchtkörpern wie Morcheln oder Champignons bedürfen Pilze der Sexualität, fortpflanzen können sie sich jedoch auch ohne sie. Da sie ohne Photosynthese auskommen, können sie in vollkommener Dunkelheit existieren. Ihre vampirische Existenz verlangt dies nicht selten von ihnen – oftmals stehen ihnen sogar kaum Wasser und Nährstoffe zur Verfügung. In Umkehrung der tierischen Methode, Nahrung aufzunehmen und im Inneren zu verdauen, zerlegen Pilze ihre Nahrung außerhalb ihres Körpers und absorbieren dann die Nährstoffe in gelöster Form durch ihre Membranen.

Pilze unterscheiden sich von allem übrigen Leben (ABB. 52). Anders als Pflanzen und Tiere bilden sie keine Embryonen. Sie wachsen aus winzigen Vermehrungspartikeln, die man Sporen nennt. Werden die Sporen befeuchtet, bilden sie Fäden, dünne Schläuche, die sogenannten Hyphen. Hefezellen (die man zum Bierbrauen und Brotbacken einsetzt) bilden Knospen aus einzelnen Zellen. Da ihnen Wimpern und Geißeln fehlen, können weder einzellige noch vielzellige Pilze schwimmen. Einige Pilze aus der Ordnung Laboulbeniales bedienen sich der Sexualität zur Bildung von Sporen, die sich über Insektenbeine ausbreiten. Die Sporen anderer heften sich an den Pelz von Säugern, lassen sich in die Welt niesen oder werden vom Winde verweht. Sobald die vagabundierenden Sporen sich festsetzen und Feuchtigkeit spüren, beginnen sie, auf allen Seiten Hyphen auszutreiben. Wie Pflanzen und Tiere bestehen auch Pilze aus Zellen mit Zellkern. Wie Pflanzen (und anders als Tiere) haben sie stabile Zellwände. Die Zellwände der Pilze bestehen aus Chitin, einem stickstoffhaltigen Kohlenhydrat; Pflanzenzellwände bestehen dagegen aus Cellulose. Viele Pilze verfügen über Durchlässe in den Zellwänden, so daß Kerne, Mitochondrien und andere Zellorganellen zwischen den Zellen wandern können. Manchen fehlen die Querwände, und die Hyphen ähneln eher einem wachsenden Röhrengewirr als vielzelligen Individuen.

Pilze bauen tote und manchmal auch lebende Substanz ab. Seit über 400 Millionen Jahren wachsen und gedeihen sie auf einer immensen Vielfalt von Nahrungstypen, die andere Organismen meiden. Einige wachsen im Meer oder im Süßwasser, aber im Grunde sind sie „Landratten". Pilze gehörten zu den ersten Organismen, die sich terrestrische Gebiete nutzbar machten und damit die Entwicklung vieler anderer Landbewohner ermöglichten. Daß Pilze das Leben an Land bevorzugen, erwies sich erst unlängst, als Wissenschaftler die „*Alvin*" bargen, ein kugelförmiges Forschungstauchboot, dessen Reise zum Meeresgrund endete, als die Versorgungsleine zum Mutterschiff riß. Zwei Jahre später fand man an Bord des gesunkenen Fahrzeugs eine Brotdose mit einem zwar pappigen, aber sonst intakten Sandwich. An Land hingegen wäre ein Sandwich, das man zwei Jahre lang auf irgendeinem Rastplatz hat liegenlassen, selbst im Innern einer Brotdose völlig zerstört worden. Pilzsporen sind in der Luft wirklich allgegenwärtig, aber am Meeresgrund können sie nicht wachsen.

Durch ihre Fähigkeit, Müll und Kadaver in mineralische Ressourcen umzuwandeln, sind Pilze für die globalen Stoffkreisläufe von unschätzbarem Wert. Pilze gedeihen in den formlosen Särgen der Natur als weitgehend undifferenzierte Biomasse. Jeder Pilzfaden ist begrenzt, doch der Organismus als ganzes – ein System aus Röhren – hat keine klaren Grenzen. Pilze, deren Fäden heute Lebensmittel durchdringen, morgen aber bereits schwankenden Umweltbedingungen zum Opfer fallen können, sind wahrhaft fraktale Organismen.

Ein charakteristisches Pilzmerkmal – der gemeinhin als Hut bezeichnete Fruchtkörper – ist in Wirklichkeit nur die kleine Spitze eines unterirdischen Geflechts aus lebendigen Fäden. Ein Schimmelpilz auf Brot oder Obst zeigt das charakteristische Fehlen regulärer Grenzen deutlich. Den Pilz-*Thallus*, ein altes Wort für einen Vegetationskörper, der nicht in Wurzel, Stiel oder Blatt differenziert ist, nennt man auch Myzelium oder Myzel. So wie das Wort Manuskript heutzutage in den wenigsten Fällen seinem tatsächlichen Sinn gerecht wird, denn die meisten *Manu*skripte entstehen nicht mehr *hand*schriftlich, sondern mit Hilfe irgendwelcher Maschinen, so überdauern auch die Pilzen einst zugeordneten botanischen Bezeichnungen – Fruchtkörper und Spore –, obwohl sie im Grunde unangemessen sind.

Pilzen fehlen feste Grenzen, sie wuchern. Betrachten wir den Baumwurzeln besiedelnden Hallimasch *Armillaria bulbosa*. Dieses Wesen erschließt neue Nahrungsquellen durch stetiges, sondierendes Wachstum. Als Pilzklon, der seine eigenen Hyphen von anderen unterirdisch wachsenden Pilzen unterscheiden kann, hat *Armillaria* die Unterwelt des Waldes mit einer solchen Konsequenz erobert, daß ein einzelnes Exemplar im einst jungfräulichen Kiefernwald von Crystal Falls, Michigan, heute nach 1 500 Jahren Wachstum mehr als 37 Hektar einnimmt. Dieser eine Organismus hat ein geschätztes Gewicht von über elf Tonnen – und ist nachweislich ein Einzelwesen, denn man hat zahlreiche Proben entnommen, seine Gene verglichen und festgestellt, daß sie an allen Entnahmestellen übereinstimmen. Seine genetische Stabilität ist beeindruckend. Feuer, die Vegetationsfolge des Waldes und Veränderungen der Nahrungsressourcen haben Teile des wuchernden Pilzes isoliert, und doch hat er seine genetische Integrität behalten (ABB. 53).

Sind die abgetrennte Teile einzelne Organismen? Oder muß man sie als verstreute Gliedmaßen eines einzelnen unterirdisch wachsenden Wesens betrachten? So wie in einem Roman von Stephen King wachsen große Brocken von Biomasse – unbeeindruckt von zahllosen Amputationen – immer weiter.

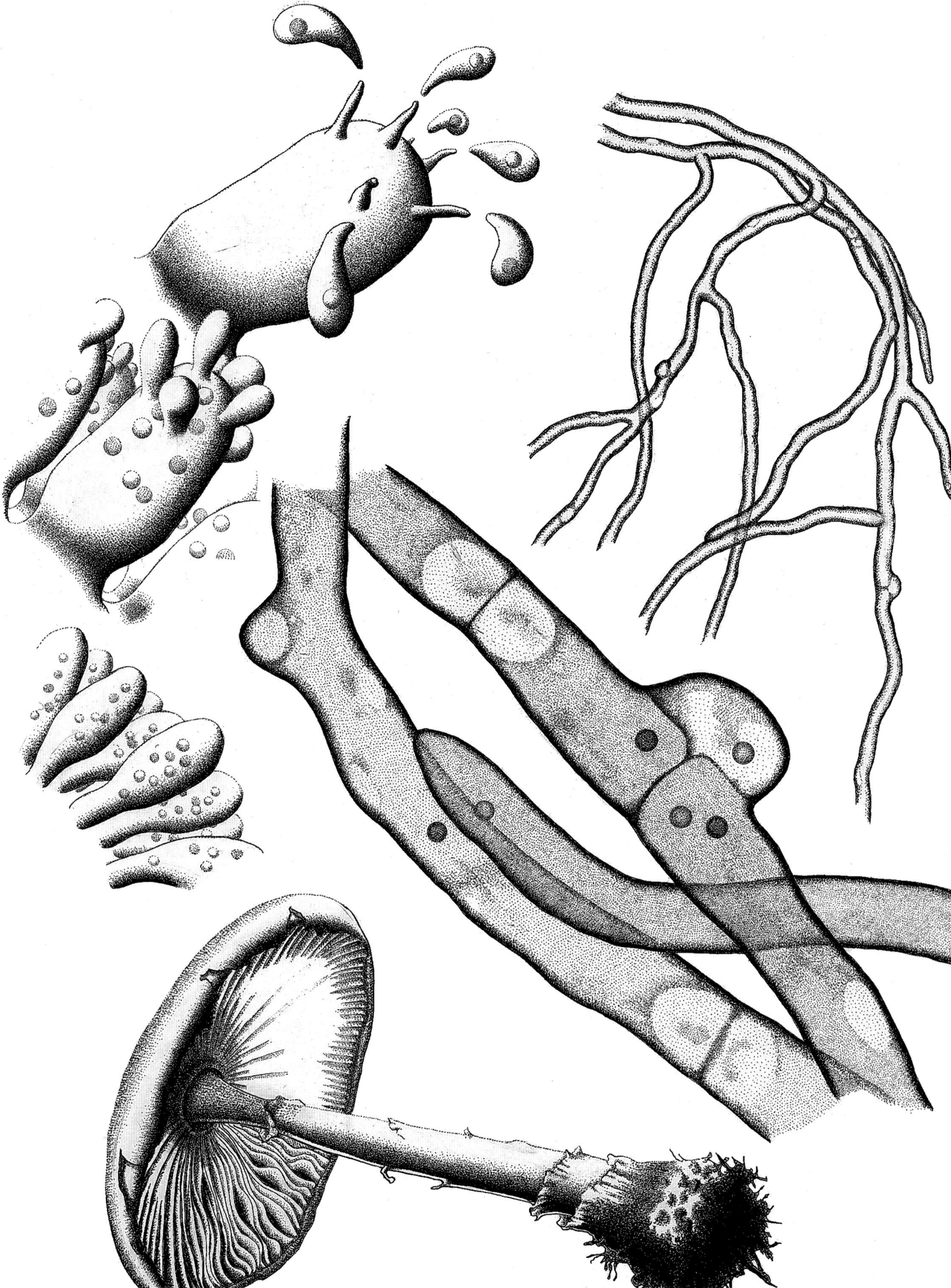

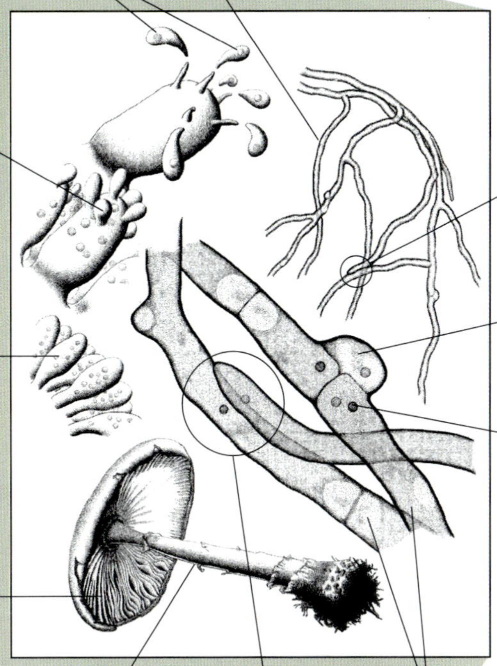

52
Verschiedene Lebensstadien des Knollenblätterpilzes *Amanita*. Im Uhrzeigersinn von unten beginnend: Pilzkörper, Vergrößerung der Basidien in den Lamellen, Basidien, die tröpfchenähnliche Basidiosporen entlassen, aus den Sporen keimende Hyphen, durch die Hyphenfäden wandernde Kerne im Verlauf der sexuellen Fortpflanzung, der sogenannten Somatogamie.

[redacted]

53
***Amarilla gallica* in einer Petrischale, auf malzextrakthaltigem Agar gewachsen. Die wurzelähnlichen Hyphenkomplexe des Pilzes (Rhizomorphe) sind in der Mitte als Knäuel zu erkennen.**

»Als Krankheitserreger und Produzenten von Halluzinogenen haben Pilze zwar einen gewissen Bekanntheitsgrad erreicht«, schreibt der Wissenschaftler Clive Brasier, »doch ihre vegetative Struktur, das Myzel beziehungsweise der Thallus, genießt weit weniger öffentliches Ansehen.«[3] Das minimale Ansehen ist durchaus wörtlich zu nehmen, denn der Großteil des Myzels liegt als ausgedehntes, unterirdisches Netzwerk außer Sichtweite. Unterhalb der Waldbäume sprießen große Myzelien mit nahrungssuchenden Hyphen. Diese lebenden Fäden können miteinander verschmelzen. Nach diesem Sexualakt, bilden sie schließlich Pilzfruchtkörper, in denen durch Meiose Sporen entstehen. Diese breiten sich in Wald und Flur aus, keimen und beginnen erneut, Verschmelzungspartner zu suchen.

Jedes vernetzte Myzel ist ein Pilzklon, der ausgedehnte Nachfahre einer einzigen genetischen Linie. Über der Erde produzieren Pilze Sporen, von denen Sie in diesem Augenblick zweifellos einige inhalieren. Sporen keimen, sobald sie landen, und wachsen, wohin sie können. Sie senden ihre Hyphen in feuchtes Substrat und produzieren erneut massenhaft Sporen, breiten ihr fremdartiges Fleisch im Boden aus, zu dessen Schaffung sie selbst beitragen.

Küssende Schimmel und kaiserliche Genüsse

Niemand weiß, wie viele Pilzarten es gibt. Manche meinen, es seien hunderttausend, anderen schätzten die Zahl auf anderthalb Millionen. Der Mykologe Bryce Kendrick von der Waterloo-Universität in Kanada behauptet, daß Pilze heutzutage von größerer Vielfalt seien als Pflanzen, wenn auch von geringerer Vielfalt als Tiere.

Wie bei den anderen vier Reichen – Monera (Bakterien), Protoctista, Animalia und Plantae – hat man auch die Pilze (Mycota oder Fungi) in Stämme gegliedert. Es gibt fünf Stämme: Den Zygomycota (nach dem griechischen *zygon*, „Zwilling“ oder „Paar“) oder Jochpilzen fehlen Querwände zur Abgrenzung ihrer Zellen. Mitochondrien und Kerne können sich in den offenen Hyphenschläuchen frei bewegen. Bei der Paarung der Zygomyceten wachsen zwei besondere Hyphen, die Gametangien, aufeinander zu und verschmelzen. Diese Gametangienverschmelzung endet mit der Bildung widerstandsfähiger Sporen. Sobald die Hyphenenden sich treffen, wandern Zellkerne durch die Schläuche und verschmelzen. Anschließend kommt es zur Meiose und zur Bildung dunkler Sporen im Kopf eines schwarzen Sporenträgers. Ein Beispiel für diese Pilzgruppe ist *Rhizopus stolonifer*, die häufigste unter den schwarzen Brotschimmelarten.

Die meisten Schimmelpilze (wie der pinkfarbene Brotschimmel *Neurospora* und der Mutterkornpilz *Claviceps*) und die meisten Hefen (wie *Rhodotorula* und *Saccharomyces*) gehören zu den Ascomycota. Diese bilden, wenn sich zwei Hyphen des passenden Paarungstyps „küssen“ und miteinander verschmelzen, Unmengen von Sporen in besonderen Sporenbehältern (Asci). Die asexuellen Teile des Pilzes, die Hyphen, sind mit bloßem Auge nicht zu erkennen, ihre Gesamtheit bildet den Schimmel im Käse oder in anderen Substraten.

Ascomyceten (Schlauchpilze) bauen auch widerstandsfähige pflanzliche und tierische Verbindungen wie Cellulose, das Lignin des Holzes, das Keratin der Fingernägel und das Kollagen aus Knochen und Bindegewebe ab. Durch den Abbau dieser Verbindungen entlassen die Pilze Wasser, Kohlendioxid, Ammoniak, Stickstoff und Phosphor in die übrige Biosphäre. Die Evolution von Holz schuf einen starken Selektionsdruck für landlebende Pilze, die nunmehr Wege erfinden mußten, Lignin abzubauen, und sorgte so für die Koevolution eines Materialkreislaufs in der Biosphäre. Einige Wissenschaftler sind der Ansicht, daß die Pilzevolution gegen Ende des Paläozoikums ins Stocken geraten sei und daß dieser Umstand zur damals weltweiten Anhäufung von Kohle geführt habe.

Die Vertreter des dritten Pilzstamms (ABB. 54) sind überall auf der Welt am populärsten. Die reproduktiven Strukturen der Basidiomyceten (Ständerpilze) sind die keulenförmigen Basidien (*basidion* ist das griechische Wort für Keule). Diese Basidien entwickeln sich auf der Hutunterseite der wohlvertrauten Lamellenpilze. Zu den Basidiomycota gehört der gewöhnliche Supermarktchampignon (*Agaricus*) ebenso wie der Weiße Knollenblätterpilz *Amanita virosa* oder sein Cousin, der Kaiserling (*Amanita caesarea*), Lieblingsspeise des römischen Kaisers Claudius. Hierher gehören die Riesenboviste (Durchmesser bis zu einem halben Meter), Konsolenpilze, Erdsterne, Brandpilze, Rostpilze und Gallertkäppchen.

Ein vierter Stamm, die Deuteromycota, enthält Pilze, die weder Asci noch Basidien bilden. Sie haben die Fähigkeit hierzu vermutlich gleichzeitig mit ihrer Sexualität verloren. Dennoch sind sie reproduktive Zauberer und in der Lage, unablässig spezielle Sporen in

54
Apfeltäubling (*Russula paludosa*), Stamm Basidiomycota, Reich Fungi. Dieser relativ häufige Waldpilz lebt in Symbiose mit den Wurzeln benachbarter Bäume.

55
Spaltblättling (*Schizophyllum commune*), Stamm Basidiomycota, Reich Fungi. Die Basidien dieses Pilzes entstehen in den weißen Doppellinien der auf dem Photo sichtbaren Lamellen.

die Luft zu entlassen. Man nennt sie auch Konidienpilze oder Fungi imperfecti. Ihre Reproduktion verläuft in vielen Fällen über Konidien, dünnwandige Zellen, die von den Spitzen gewöhnlicher Hyphen abbrechen. Anderen Deuteromycota fehlen spezielle Fortpflanzungsstrukturen: Jeder Teil ihres Organismus, jeder Hyphenfaden, jedes Stück Myzel kann sich abtrennen und verselbständigen.

Zum fünften Pilzstamm gehören sehr eigenartige photosynthetisch aktive Organismen, die Flechten. Sie stellen eines der verblüffendsten Beispiele für Symbiosen dar. Gleichzeitig gehören sie zu den erfolgreichsten Pilzen. Flechten sind Kombinationen aus Pilzen und Algen (manchmal auch von Pilzen und Cyanobakterien). Das Ergebnis ist eine gänzlich neue Lebensform, die zum einen die Fähigkeit der Algen nutzt, den eigenen Nahrungsbedarf photosynthetisch zu produzieren, sich zum anderen aber auch der Fähigkeit der Pilze bedient, Wasser zu speichern und den Widrigkeiten der Umwelt zu trotzen.

Allianz der Reiche

Sämtliche Flechten – schätzungsweise mehr als 25 000 verschiedene Arten – sind das Ergebnis einer grenzübergreifenden Allianz zwischen Pilzen und (Grün-)Algen oder Cyanobakterien. Viele Flechten beherbergen sogar beide Photosynthetiker gleichzeitig. Angesiedelt auf Baumrinden, Dachpfannen, Grab-

56
Becherflechte (*Cladonia cristatella*). Eine permanente Lebensgemeinschaft zwischen einem Vertreter des Pilzreichs und einem photosynthetisch aktiven Vertreter des Protoctistenreichs, in diesem Falle der Grünalge *Trebouxia*. Tausende verschiedener Pilzpartner verbinden sich mit einigen wenigen photosynthetischen Partnern zu einer immensen Flechtenvielfalt.

57
Isolierter Pilzanteil der oben abgebildeten Flechte *Cladonia cristatella*. Der Synergismus von Pilz und Alge ergibt eine Struktur, die man nicht durch eine bloße Addition der Fähigkeiten beider Partner ermessen kann.

58
***Trebouxia*, eine Grünalge, Abteilung Chlorophyta, Reich Protoctista, die photosynthetische Komponente der oben abgebildeten Flechte *Cladonia cristatella*.**

steinen, steilen Klippen und anderen sonnendurchtränkten Orten, die weniger waghalsigen Geschöpfen unerreichbar sind, haben Flechten sich eine zusagende Nische erobert. Im Laufe ihres Wachstums kehren sie das Innere eines Felsens nach außen, bilden es um zu lockerem Grund, zu lebender Erde.

Betrachtet man den grauen Pilz- und den grünen photosynthetischen Anteil der Becherflechte *Cladonia* (ABB. 56) getrennt voneinander, dann haben beide nichts miteinander gemeinsam. Keiner von beiden (ABB. 57, 58) ähnelt dem außergewöhnlichen Gemeinschaftswerk. Das Ergebnis der Symbiose läßt sich also nicht durch simples Addieren bestimmen, sondern bildet eine nichtkumulative Überraschung.

Angesichts der Vielfalt an Flechten, jede einzelne davon ein dauerhaftes Abkommen zwischen Pilz und photosynthetisch aktiver Lebensform, gewinnt der Ausdruck „langjährige Beziehung" ganz neue Dimensionen. Isoliert man die Flechtenalgen, so kommt deren Zuckerausscheidung zum Erliegen – auch Extrakte des Pilzpartners können diese nicht erneut in Gang bringen. Irgendwie nehmen Algen und Pilze die gegenseitige Unversehrtheit ihres Partners wahr, wenn sie ihr komplexes Gemeinschaftsunternehmen gründen, eine Partnerschaft, die auch von der jeweiligen Vergangenheit der Beziehung abhängt. Ähnlich wie Tierzellen kommunizieren auch Algen- und Pilzzellen in metabolischer Hinsicht. Anders als die meisten Tiere sind jedoch Größe und Form einer beliebigen Flechte nicht genau festgelegt. Ihre Komplexität ist auf eine oder wenige Myzelschichten beschränkt. Flechten übertreffen Tiere an Langlebigkeit, einzelne „Individuen" können bis zu 4 000 Jahre alt werden.

Der Inbegriff einer solchen Allianz ist wohl in der Antarktis zu finden. Über 70 Prozent des irdischen Süßwassers befindet sich in der Antarktis, gebunden als Eis. Die relative Luftfeuchtigkeit an diesen verlassenen Außenposten beträgt selten mehr als 30 Prozent. Die wenigen eisfreien Regionen der Antarktis sind somit Wüsten – und die trockensten Gegenden der Erde. Dennoch wachsen in der kargen Weite dieser Kältewüsten sogenannte endolithische Pilze im Inneren von Steinen in enger Gemeinschaft mit Algen. Sie beziehen ihr Wasser aus der gelegentlichen, aber ausreichenden

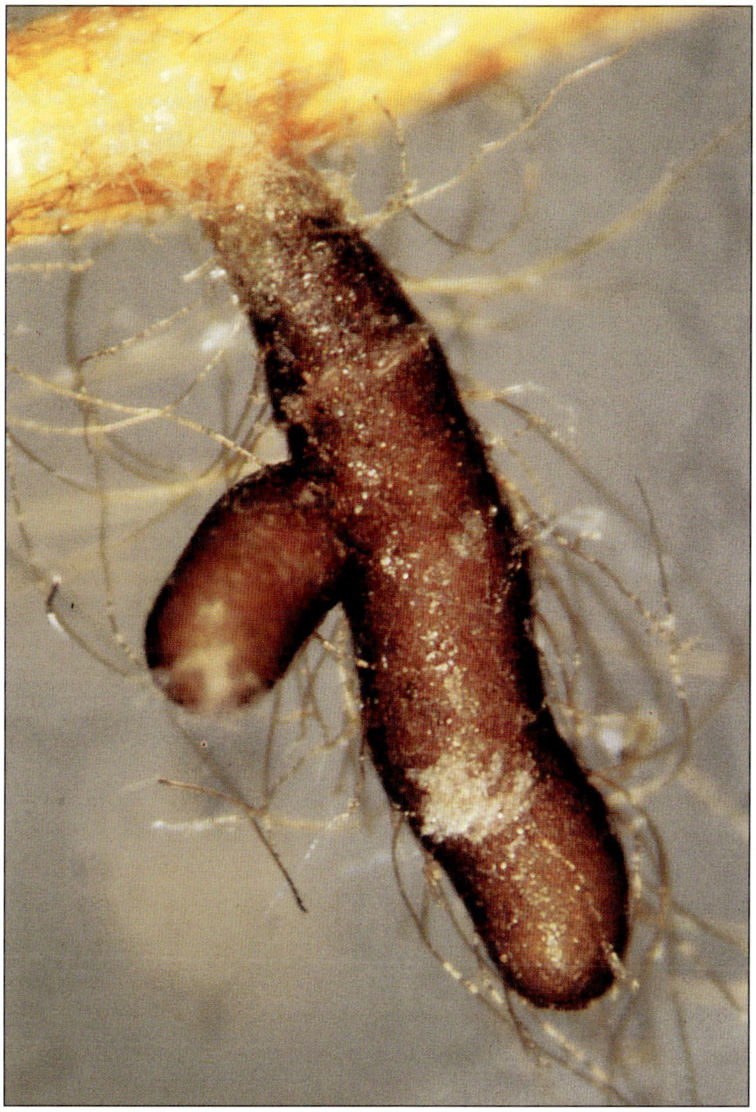

59
Mykorrhiza, eine synergistische Struktur, eine von Pflanze und Pilz gebildete symbiontische „Pilzwurzel", in diesem Falle aus dem Pilz *Genea hispidula* an den Wurzeln der Rot-Buche *Fagus sylvatica*.

Schneeschmelze und ihre organischen Nährstoffe aus der Photosynthese der Algen, die durch die transparenten Felskristalle hindurch genügend Sonnenlicht einfangen.

Bei der Evolution von Leben kann es zu plötzlichen, sprunghaften Veränderungen kommen, wenn getrennte Parteien sich vereinen. Grenzüberschreitende Allianzen zwischen Pilzen und Algen ergaben die Flechten; vielleicht war für die Entstehung der ersten Wälder eine ähnliche Allianz entscheidend.

Die sogenannte Mykorrhiza („Pilzwurzel") ist eine Lebensgemeinschaft aus Pilzen und Pflanzenwurzeln (ABB. 59). In den Mykorrhizen wird der autotrophe Pflanzenpartner mit mineralischen Nährstoffen versorgt, während der Pilzpartner organische Nahrung aus der Photosynthese erhält.

Mykorrhizen – kurze, verdickte, oft gefärbte Feinwurzelenden – sind Symbiosen, dynamische Strukturen, die von Pflanze und Pilz gebildet werden. Man kennt inzwischen über 5 000 verschiedene Mykorrhiza-Pilze. Die meisten beteiligten Pflanzen scheinen auf diese Symbiose zur Deckung ihres Phosphor- und

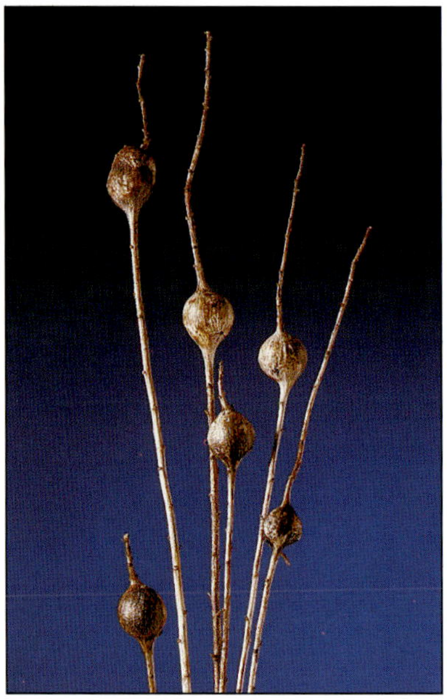

60
Gallen an den Stielen der Goldrute (*Solidago*). Gallen, „Krankheits"-Strukturen, sind möglicherweise frühe Entwicklungsstufen eines symbiontischen Organs. Zu solchem bulbösen Wachstum kommt es, wenn Pflanzengewebe mit Pilzen, Insekten und möglicherweise auch Bakterien interagiert. Es gibt die Theorie, daß Gallen möglicherweise die evolutionären Vorläufer der ersten Früchte gewesen sein könnten.

Stickstoffbedarfs angewiesen zu sein. Mykorrhizen sehen weder aus wie die Wurzelhärchen von Pflanzen noch wie das Myzelgeflecht eines Pilzes. Sie sind in Wechselwirkung miteinander gewachsene, synergistische Strukturen, unverzichtbar für Recyclingprozesse. Ein einziger großer Baum kann in seinem Wurzelraum über Hunderte von Mykorrhizen mit verschiedenen Pilzen begründen.

Von Anbeginn ihres Lebens an Land haben Pflanzen und Pilze ihre Kräfte vereint. Einige der ältesten pflanzlichen Fossilien der Welt enthalten Hinweise auf das Vorhandensein symbiontischer Pilze. Noch ohne Blätter waren diese ersten Landpflanzen einfache, aufrechte, gabelig verzweigte, grüne Stengel. Der Botaniker Peter Atsatt von der Universität von Kalifornien in Irvine und Kris Pirozynski, ehemals Mykologe am Naturmuseum in Ottawa, sind übereinstimmend der Ansicht, daß die Kolonisation terrestrischer Gebiete durch die Vorfahren moderner Landpflanzen ohne die Existenz von Wurzelpilzen unmöglich gewesen wäre. Bei über 95 Prozent der Pflanzenarten besteht auch heute noch eine synergistische Beziehung zwischen Wurzeln und Pilzen. Vielleicht wären die Algenahnen heutiger Pflanzen ohne nährstoffliefernde Pilze nicht in der Lage gewesen, an Land zu gehen. Die ersten flächendeckenden Baumbestände, die ersten Waldböden haben allem Anschein nach nicht allein die Pflanzen gebildet, sondern das Zusammenwirken von Pflanzen und Pilzen.

Das Pflanzenreich ist (und war immer) nahezu ausschließlich terrestrisch. Die Algenahnen dieses Reichs entstammen zwar wäßriger Umgebung, die meisten Nachkommen blieben jedoch an Land. Die frühen landbewohnenden Pflanzen hatten nahezu unüberwindliche Hindernisse zu bestehen. Das Land war gnadenlos der Strahlung ausgesetzt und arm an den für das Pflanzenwachstum unerläßlichen Stickstoff- und Phosphorsalzen. Darüber hinaus war und ist Land ein wenig verläßlicher Lieferant der unverzichtbaren Ressource Wasser. Bis zum Silur, als Pflanzen und Pilze das Land zu erobern begannen, hatten Cyanobakterien und viele andere Bakterienarten die öden Kontinente für sich.

Von Kris Pirozynski stammt die Hypothese, daß Früchte – deren Farben, Gerüche und Aromen unser Primatengehirn begeistern – durch Wechselbeziehungen zwischen dem Reich der Pilze und dem der Tiere entstanden seien. Seine Hypothese versucht die (zeitliche) Lücke zu erklären, die nach der fossilen Überlieferung zwischen der Ausbreitung von Blütenpflanzen und dem Auftreten fleischiger Früchte gut vierzig Millionen Jahre später besteht. Pirozynski stellt sich vor, daß die ersten Früchte entstanden, als Pilzgene in die DNA pflanzlicher Chromosomen gelangten, etwa so ähnlich wie bei der Entstehung von Pflanzengallen („Rosenäpfeln"). Gallen sind symbiontische Gewebe, die durch Insekten, Milben, Bakterien oder Pilze auf Pflanzen hervorgerufen werden (ABB. 60). Sie wachsen – vor allem auf Sträuchern und Bäumen – zu aufgeblähten, manchmal monströsen Tumoren heran – die Früchten manchmal bemerkenswert ähnlich sehen.

In vielen Pflanzen löst *Agrobacterium tumefaciens* die Bildung von Wurzelgallen aus. Dieses im Erdreich lebende Bakterium enthält Plasmide (kurze DNA-Stücke), die in Wurzel- oder Stielzellen empfänglicher Pflanzen eindringen und bakterielle Gene in den pflanzlichen Zellkern einschleusen können. Biotechnologen verwenden *Agrobacterium*, um erwünschte Gene in Nutzpflanzen einzubringen. Pirozynski mutmaßt, daß Pilzgene auf ganz ähnliche Weise in Pflanzen eingedrungen sein könnten. Daß es Pilzinfektionen gewesen sein sollen, die für das plötzliche und relativ späte Auftreten auffälliger Früchte bei vielen Blütenpflanzen der Kreidezeit verantwortlich waren, bleibt eine faszinierende Hypothese. Eine feststehende Tatsache ist, daß Gallen einen Synergismus von Pflanzen und Pilzen darstellen.

Plazenta der Biosphäre

Pilze ähneln Tieren insofern, als sie auf die Großzügigkeit anderer angewiesen sind, weil sie unfähig sind, Nahrung selbst zu produzieren. Vom ökologischen Standpunkt jedoch gibt es bemerkenswerte Unterschiede zwischen beiden Reichen. Pilze sind unentbehrlich zur Bildung von Erdreich, denn sie bauen auch Felsenfestes mit ab. Damit tragen sie dazu bei, den Boden für das sich ausbreitende Leben zu bereiten; sie sind die Plazenta der Biosphäre.

Ohne Pilze fehlte es Pflanzen und schließlich auch sämtlichen Tieren an Phosphor (der als essentieller Bestandteil von RNA, DNA und ATP für die Autopoiese unentbehrlich ist). Pilze überbrücken die Lücken im Nahrungsnetz. Die arabischen Gelehrten, die Pilze einen Platz auf halbem Weg zwischen Pflanzen- und Tierreich einräumten, hatten nicht so unrecht. Wenn Pilze sich über einen Körper hermachen, offenbart sich dessen materielle Natur rasch. Organische Substanz wird zu kohlenstoffreichem Humus. Pilze zersetzen Kadaver und ernähren sich auch von lebendem Gewebe, beispielsweise der Haut von Schweißfüßen. Seit über 400 Millionen Jahre lassen sich ihre Sporen nieder und durchziehen ein globales Büfett von Nährstoffen mit ihren Myzelgeflechten. Als Müllwerker der Biosphäre entsorgen sie jeglichen ökosystemaren Bestandsabfall.

Pilze zersetzen Brot, Obst, Rinde, die Exoskelette von Insekten, Haare, Horn, Haftmasse für Kameralinsen, Film, Haut, die Balken von Bauwerken, Baumwolle, Federn, das Keratin der Nägel und der Kopfhaut. In Form von Sporen werden sie wie Putzkolonnen auf der ganzen Welt herumtransportiert. Ihre gastronomische Fertigkeit macht vor fast nichts Halt. Sie sind von solchem Recyclingeifer, daß viele von ihnen ihr Werk schon beginnen, wenn der Organismus noch gar nicht tot ist. Fußpilz, Tinea, Hautflechten – Pilze wachsen über sich hinaus, wenn es darum geht, die Elemente der Biosphäre umzuschichten.

Ob sie nun auf menschlichen Epidermiszellen wachsen, Cellulosefasern von Stoffen mit Hilfe von Cellulasen zersetzen und Stockflecken schaffen oder als *Penicillium*-Schimmel graugrüne Sporenmassen bei der Besiedlung einer Pampelmuse produzieren – Pilze verdauen Substanzen, die andere übriggelassen haben. Was für uns wie „Zerfall" aussieht, ist für den Pilz die Aufzucht von gesundem Nachwuchs. Würden komplexe Makromoleküle nicht von Pilzen und Bakterien abgebaut, müßten sich die Kadaver von Pflanzen und Tieren anhäufen und würden damit dem Materialkreislauf Stickstoff entziehen.

An Land erledigen Pilze den größten Teil der Müllentsorgung für die Biosphäre. Im Gegensatz zum modernen Menschen, der schon seit seiner Nomadenzeit Unrat produziert, diesen irgendwo ablädt und gegebenenfalls weiterzieht, kann die Biosphäre ihren Müll nicht einfach vor die planetare Haustür stellen. Müll auf der Erde geht nicht aus, sondern im Kreis. Die Menschen erreichen erst jetzt allmählich das Niveau, das Pilze schon vor 400 Millionen Jahren erreicht hatten: Pilze werfen Müll nicht weg, sie recyclen ihn. Im Zusammenwirken mit Bakterien gewinnen sie daraus Kohlenstoff, Stickstoff, Phosphor und so weiter. In einer hauptsächlich von Pflanzen und Tieren bewohnten Landschaft dehnten sie so die Autopoiese des Planeten auch auf das Festland aus und veränderten damit das Antlitz der Erde.

Pilze per Anhalter, Etikettenschwindel und Aphrodisiaka

Als wirksame Müllumwandler vermitteln Pilze oft gemischte Gefühle. Sie wandeln auf dem schmalen Grat, wo Müll zu Nahrung und Kadaver zu Dünger werden, und kommen dabei gelegentlich auch dem tierischen Nervensystem ins Gehege.

Seit die ersten Amphibien mit ihren Nachfahren ans Land gekrochen sind, haben wir Tiere uns mit Pilzen abfinden müssen. Über Millionen von Jahren hinweg hat auf dem Planeten eine Koevolution stattgefunden. Die frühen Primaten unserer Ahnenlinie wohnten in Wäldern und probierten viele Nahrungsmittel aus. Manche davon waren giftig, andere bewußtseinsverändernd. Da Sporen und Hyphen der Verdauung widerstehen und ein Tier unversehrt passieren, ist es für sie unter Umständen von Vorteil, gefressen zu werden. Tiere, die Pilze mögen, bieten diesen ohne großen Umweg eine kostenlose Beförderung ins Erdreich. Selbst Tiere, die giftige Pilze erbrechen, dienen diesen als unfreiwillige Verbreiter.

Mit der Entwicklung von Sprache entstanden soziale Barrieren gegen den Verzehr gefährlicher Pilze, dazu auch geheiligte Riten, in denen man sich ihrer gezielt bediente. Die Versuche der Gesellschaft, sich von allgemein als gefährlich eingestuften Drogen zu befreien, erinnern an die autonome Reaktion des Körpers, der sich bestimmter „Pilzgerichte" erledigt. Da bestimmte Pilzarten bewußtseinsverändernde Trips ermöglichen, werden sie wohl nie von der Tagesordnung der Gesundheitspolitik gestrichen werden. Pilze sind im Seelenleben der Biosphäre fest verwurzelt.

Im Rahmen ihrer traditionellen Aufgabe als Hygieneingenieure haben Pilze einige sehr erstaunliche Beziehungen zu Mitgliedern anderer Reiche entwickelt. *Phallus* und *Mutinus* (Stinkmorchel und Hundsrute) sind stinkende, penisförmige Ascomyceten aus der Ordnung Phallales, deren Geruch an faules Fleisch erinnert und Fliegen anzieht. Fliegen, die sich auf ihnen niederlassen, tragen an ihren Füßen klebende Sporen mit sich und verbreiten die Art. *Pilobulus crystallinus* ist eine Art mit sexueller Vermehrung (ein „küssender" Pilz), der als Habitat Pferdemist bevorzugt. Hier findet er unverdaute Cellulose, Stickstoffverbindungen und andere von Tieren nicht verwertete Nährstoffe in Mengen. Mist ist für Pilze wie *Pilobulus* und andere Jochpilze so wertvoll, daß sie im Laufe der Evolution sogar eine besondere Strategie entwickelt haben, möglichst rasch an ihn heranzukommen: Sie sorgen dafür, daß sie gefressen werden, warten zwischen wohlschmeckenden Grashalmen auf ihre Chance. Einen reifen *Pilobulus* hält es nicht lange im Mist. Seine Sporangien absorbieren aus den Fäkalien Wasser und schaffen einen hohen Innendruck. Gespannt wachsen die Sporenköpfe, zwei bis vier Millimeter lange unverzweigte Strukturen, dem Licht entgegen. Sobald der Innendruck 700 Kilogramm pro Quadratzentimeter überschreitet, schnellen die Sporenköpfe aus dem Dung – und landen mehrere Meter entfernt im Weidegras. Hier können die Weitspringer erneut von friedlich grasenden Pferden gefressen werden.

Pilze haben noch ganz andere Tricks entwickelt. Der gelbe Rostpilz *Puccinia monoica*, ein Basidiomycet, erfand zur Täuschung von Insekten ein Verfahren, Blüten nachzuahmen. Er befällt *Arabis holboelli*, eine auf den Bergwiesen Colorados wachsende Gänsekresseart, und veranlaßt diese zum Umbau ihrer unauffälligen Blüten, so daß sie schließlich wie ein goldgelber Hahnenfuß aussieht. Gänsekresse hat hängende Blüten, nach der Pilzinfektion richten diese sich jedoch auf und bilden einem nektarreichen „Blütenkopf", der zahlreiche Bestäuber anzieht. Statt Pollen nehmen die Insekten Sporen von diesen falschen Blüten mit.

Über vierzig Pilzarten, darunter die zarten Knäuelinge (*Panellus*-Arten), leuchten im Dunkeln. Niemand weiß, weshalb sie über Biolumineszenz verfügen, aber die Vermutung liegt nahe, daß sie auf diese Weise Tiere anziehen – Nematoden beispielsweise, winzige durchsichtige Würmer. Die Würmer fressen den Pilz und verbreiten so dessen klebrige Pilzsporen.

Als urtümliche Pioniere des Landes arbeiten Pilze auch mit viel später angekommenen Siedlern, um sich und ihre Nachkommen auszubreiten. Das rastlose Bestreben von Pilzen, sich selbst mit allen Mitteln zu erhalten, findet einen seiner Höhepunkte in der Evolution der Pilz-Ameisen-Landwirtschaft. Den Pilzen, die sie zu ihrer Ernährung kultivieren, stets gewogen, haben Blattschneiderameisen der Gattung *Atta* sogar schubkarrenähnliche Kerben auf ihren Rücken entwickelt, in denen sie Sporen transportieren. Ihre Pilzgärten im Ameisennest düngen und füttern sie mit abgeknabberten Blatt- und Rindenstückchen oder anderem pflanzlichen Material (ABB. 61). Diese Insekten bewirtschaften die Pilze wie Feldfrüchte und jäten sorgfältig jedweden Unrat, der ihre unterirdischen Gärten verunreinigen könnte. Ähnlich wie die Geschichte der pilzinduzierten Blütennachbildung erinnert auch diese grenzübergreifende Allianz an Science-fiction-Darstellungen, in denen irgendwelche Wesen versklavt und einzig zu dem ermüdenden Zweck gehalten werden, andere Geschöpfe zu vermehren. In diesem Falle allerdings werden die Ameisen für ihre Bemühungen belohnt, ähnlich wie Erntearbeiter, die die Früchte ihrer Arbeit genießen.

Menschliche Landwirte haben Äpfel, Bananen und Erdbeeren inzwischen soweit gezüchtet, daß deren Samen oftmals steril sind. Damit sie überhaupt wachsen können, müssen sie vegetativ vermehrt werden. Ganz ähnlich hat die lange Assoziation mit den Ameisen der Gattung *Atta* auch die Sexualität der betreffenden Basidiomyceten unterdrückt. Ganz auf die Erhaltung ihrer Pilzgärten bedacht, haben die Ameisen die Pilzreproduktion soweit vereinfacht, daß basidientragende Pilzkörper, das normale Produkt sexueller Vorgänge bei Pilzen, nicht mehr entstehen können. Statt dessen

entstehen als Ergebnis ihrer gärtnerischen Hege und Pflege, knubbelige Strukturen, sogenannte Staphyla. Wie auf einem miniaturisierten Gemüsefeld erntet die Ameisenkolonie auch hier Reihen eßbarer Staphyla als Hauptnahrung.

Den Supermarktpilz *Agaricus brunescens* züchtet man heute, etwa im US-Bundesstaat Pennsylvania, in großen Kalksteinhöhlen. Er ist durch und durch domestiziert. (»Das ist wie bei jedem anderen Arbeitsverhältnis auch«, witzelte einer der versierten Pilzzüchter. »Du hältst sie im Dunkeln, gibst ihnen Mist zu fressen und wenn sie emporkommen, fallen die Köpfe«.) Um die Schwarzen Trüffel (*Tuber melanosporum*) des Perigord zu sammeln, läßt man die berühmten Schweine (heute allerdings eher Hunde) die duftenden Hügel der südfranzösischen Provençe und im italienischen Umbrien durchschnüffeln. Kein Bauer war bislang in der Lage, diese Delikatesse zu kultivieren, doch Liebhaber dieses wohlriechenden Pilzes streuen vor dem Pflanzen von Eichensetzlingen Trüffelsporen auf deren Wurzeln, um die Chance für spätere Trüffelernten zu erhöhen.

Selbst die größten Schwarzen Trüffel haben einen Durchmesser von unter acht Zentimetern und wiegen kaum mehr als 50 Gramm. Trüffel enthalten α-Androsteron, ein Steroid, das man im Atem männlicher Schweine findet, und das vielleicht der Grund ist, weshalb man traditionell Säue zur Trüffelsuche einsetzt. Diese Steroidverbindung hat man aus Körperausdünstungen von Männern und aus dem Urin von Frauen isoliert. Möglicherweise ist es nicht nur in Trüffeln vorhanden, sondern auch in dem natürlichen Parfüm, durch das sich die Geschlechter einander anziehen. Trüffel, ohnehin schon selten, wären noch rarer, wenn sie nicht in der Lage wären, die Sinne bestimmter Säugetiere zu verführen. Über Tausende von Jahren haben Schweine, Hunde, Eichhörnchen, Menschen und anderen Säugetiere Trüffel verspeist und deren Sporen über ihre Ausscheidungen in den Wäldern verbreitet. Wer weiß? Am Ende ist gar die menschliche Angewohnheit, Exkremente zu vergraben – ebenso wie das Beerdigen der Toten von potentiellem Nutzen für jene merkwürdigen Lebewesen –, ebenfalls nur eine bestimmte Form pilzlicher Machenschaften.

Halluzinogene und dionysische Freuden

Trüffel sind nicht die einzigen Vertreter des Pilzreichs, die dem anspruchsvollen menschlichen Geschmack entsprechen. Wir genießen Gorgonzola und andere Blauschimmelkäse, halbverdaut von Schimmelpilzen. Und doch rümpfen wir die Nase, sobald ein Pilz in unsere Milchprodukte gerät, und nennen diese „verdorben". Isobuttersäure, Stoffwechselprodukt der Pilze, verleiht verschiedenen Dingen einen charakteristischen Geruch nach ungewaschenen („Käse"-) Füßen. Diese spezifische Duftnote ist tatsächlich in vielen edlen Käsesorten enthalten.

Pilze sind ein facettenreicher, wilder Haufen. Vielen Speisepilzen haftet etwas Ominöses und Fremdartiges an; Sammler ignorieren sie häufig, weil es schwer ist, eßbare Pilze von giftigen Arten zu unterscheiden. Genau an dieser Grenze zwischen Eßbarkeit und Toxizität aber enthüllen Pilze ihre größten Leistungen: Halluzinationen.

Im geheiligten Buch der Hindu, der *Rig-Veda*, ist die Rede von einfüßigen Wesen, die verkehrt herum im Schatten leben und deren *Soma* (Saft) man trinken soll. Möglicherweise handelt es sich dabei um Pilze, die man im Rahmen religiöser Praktiken verzehrt hat. Die Eleusischen Mysterien der alten Griechen kannten ebenfalls den Genuß halluzinogener Pilze, vielleicht *Amanita* (Fliegenpilz), als Teil eines geheimen Drogenrituals.

In seinen geschriebenen Dialogen berichtet Platon, daß Sokrates, der selbst keine schriftlichen Aufzeichnungen hinterlassen hat, der Schriftstellerei die Bezeichnung *pharmakon* (im Griechischen sowohl „Medizin" als auch „Gift") gegeben hat. Er wollte mit dieser Metapher auf den pharmazeutischen Charakter des Schreibens hinweisen: Es erweitert das Gedächtnis, aber es erzeugt Abhängigkeit. Im selben Maß, in dem das Schreiben das Warenlager menschlichen Wissens erweiterte, schwächte es die traditionellen Fähigkeiten des Geschichtenerzählens. Sokrates' Argument gegen das Schreiben erinnert an das moderne Argument, daß Fernsehen einen drogenähnlichen Einfluß auf Kinder hat und daher deren Lern- (und wichtiger noch) Lese- und Schreibfertigkeiten beeinträchtigt. Oder ein anderes Beispiel: Im Vergleich von Schreiben und Droge schwingt etwas von dem Argument, daß Taschenrechner verboten gehören, weil sie Schüler darin hindern, Mathematik zu lernen. Halluzinogene Pilze aber sind weit ältere Versuchungen als Schreiben, Fernsehen oder Taschenrechner. Sie übten einen fremdartigen Zauber schon auf unsere früchteliebenden Primaten- und Vorprimatenahnen aus, bevor irgendwer imstande war, darüber zu diskutieren.

Halluzinogene Pilze wie *Psilocybe mexicana* werfen ein eigenartiges Licht auf die ursprüngliche Beziehung zwischen Säugern und Pilzen. Das katholische Ritual der Eucharistie, göttliches Fleisch in Gestalt der Hostie, hat möglicherweise seinen Ursprung in vorchristlichen Initiationszeremonien, bei denen halluzinogene Pilze verzehrt wurden. Der Börsianer Gordon Wasson (1898–1986) vertrat sogar die Ansicht, daß der „Apfel", den Eva im biblischen Garten Eden vom Baum der Erkenntnis pflückte, nichts anderes war als die falsche Übersetzung eines Worts für halluzinogene Pilze. Als international anerkannter Pionier auf dem Gebiet der Ethnomykologie suchte der gelehrte Wasson zusammen mit seiner Frau Valentina Mitte der fünfziger Jahre in entlegenen Dörfern Mexikos nach Pilzen. Sie beobachteten die geheiligten Rituale der Mazatec-Indianer und nahmen daran teil. Über ihre Erfahrungen berichtete 1957 das *Life*-Magazin. Ihre Veröffentlichungen über halluzinogene Pilze trugen dazu bei, die psychedelische Bewegung der sechziger Jahre zu entzünden.

Wasson prägte den Begriff „mykophil", um Kulturen (wie beispielsweise Rußland, die osteuropäischen Staaten, Katalanien im Nordosten von Spanien, Südwestfrankreich und der überwiegende Teil Koreas und Chinas), in denen die Menschen Pilze schätzen und mit ihrem Umgang vertraut sind, von „mykophoben" Kulturen zu unterscheiden, in denen die Menschen sich vor Pilzen fürchten. Die ambivalente Einstellung gegenüber Pilzen folgt grob dem früheren Verlauf des Eisernen Vorhangs. Mit Ausnahme von Morchelsuchern und Pfifferlingliebhabern in Michigan und Wisconsin bleibt der durchschnittliche amerikanische Stadtmensch eine ausgesprochen mykophobe Existenz, die Vertretern des Pilzreichs ebenso wenig Wertschätzung entgegenbringt, wie sie geneigt ist, sich selbst als symbiontische bakterielle Fortentwicklung zu sehen.

Pilze halten eine faszinierende Palette von Produkten bereit, einen wahrhaft dionysischen Garten der Freuden. In Champagner, Wein und Bier produzieren sie den Alkohol, sie lassen Brot aufgehen und geben ihm seine lockere Struktur. Sie lassen Brie und Camembert, Käse aus Troyes und der Vendôme reifen, geben Sojasauce und Miso Würze. Sie wachsen als delikate Trüffel, Pfifferlinge und Morcheln in Wäldern. Austernpilz und Edelreizker (den man bereits auf den Fresken von Pompeji findet), der scharfe Pfeffermilchling (den man häufig trocknet und als Gewürz verwendet) und der gefährlich aussehende Violette Rötelritterling (der etwa auf nordenglischen Märkten angeboten wird), Shiitake (*Lentinus edodes*), Enokitake oder Winterrübling, Nameko (*Pholiota nameko*), der teure Wintertrüffel (*Tuber bromale*) und *Boletus edulis* (den die Italiener Porcini, die Deutschen Steinpilz, die Spanier Seta und die Franzosen Cèpe nennen) – sie alle lassen sich mit Rabelaisschem Genuß verspeisen.

Materiewanderer

Das chinesische Judasohr, ein Pilz, der oft in sauerscharfer Suppe verwendet wird, soll Krebs vorbeugen und Herzerkrankungen in ihrem Verlauf bremsen. Unbestritten ist, daß Pilze Antibiotika produzieren. Der Engländer Alexander Fleming fand zufällig heraus, daß ein grünlicher Schimmelpilz, *Penicillium*, das Wachstum von Bakterien verhindert. Penicillin, der wirksame Bestandteil in diesem Ascomyceten, stört die Zellwandbildung bei Bakterien und wirkt so gegen Streptokokkenangina, bakterielle Lungenentzündung und andere einst unbehandelbare Infektionen. Ein anderer Schimmel, *Tolypocladium*, produziert Cyclosporin, eines der wirksamsten und gleichzeitig am wenigsten toxischen Immunsuppressiva, mit denen sich Infektionen nach Organtransplantationen verhindern lassen.

Für jedes pilzliche Übel – jedes verdorbene, vom Schimmel befallene Lebensmittel, jedes Erbrechen, das auf einen falsch identifizierten Pilz zurückzuführen ist, jede zu grünlichem Staub zerfallende Leckerei – gibt es ein äquivalentes oder gar höherwertiges pilzliches Plus. Ohne Pilze wäre selbst dieses Buch nicht möglich gewesen: Als Nähstofflieferanten verbinden und versorgen Pilze die Wurzeln von Bäumen, den Holz- und Zellstofflieferanten für diese Seite. »Ja, glücklicherweise ist Sprache ein Ding,« schreibt der französische Literaturkritiker Maurice Blanchot, »ein geschriebenes Ding, ein bißchen Rinde, ein Felsensplitter, ein Stückchen Lehm, in dem die Realität der Erde weiterexistiert.«[4] Aus Totem und Lebendem bestehend, ein Ort, an dem Schmutz gereinigt und Abfall von Hyphen und Sporen wiedergeboren wird, ist Boden ein weitgehend pilzliches Phänomen. Pilze sind Teil der

»Realität der Erde«. Von allen Eukaryoten des Landes sind sie die unverwüstlichsten, können mit einer großen Bandbreite von Verbindungen gedeihen, komplexe organische Moleküle abbauen und scheinbar so schwierige Lebensräume wie das Innere von Gletschern oder die extrem sauren Gewässer des Rio Tinto in Südwestspanien (ABB. 62–64) besiedeln.

Die Lebensart der Pilze macht einmal mehr die Willkür unserer Wahrnehmung von Individualität deutlich. Ohne feste Grenzen paaren sich Pilze in munterer Promiskuität mit anderen komplementären Partnern. Ihre winzigen befruchteten Fäden produzieren die unterschiedlichsten Vermehrungsorgane wie Pilzhüte, Boviste, konsolenartig wachsende Schwämme und ähnliches. Viele tun sich mit Pflanzen, andere mit Algen oder Cyanobakterien zu organischen Mischgeschöpfen (Mykorrhizen beziehungsweise Flechten) zusammen. Gaia, die planetare Physiologie, resultiert aus den Wechselbeziehungen zahlloser Wesen, Pilze eingeschlossen. Gaia ist Symbiose vom Weltraum aus betrachtet. Pilze verarbeiten Materie und verwandeln innerhalb einer symbiontisch integrierten Biosphäre Abfälle in verwertbare Nährstoffe.

Jeder auftretende Organismus, jede Art, die im Laufe der Evolution neu entsteht, bekommt eine Chance. Um aber zu bestehen, reicht es nicht, wenn Lebensformen allein überleben, sie müssen dies eingebettet in eine globale Umgebung leisten. Entweder lassen sie sich integrieren oder sie sterben aus. Wie Takami feststellt, haben Menschen die Neigung, Pilze als Laune der Natur zu sehen, als beängstigend und entbehrlich. Aus der planetaren Perspektive betrachtet haben sich Pilze jedoch schon vor langer Zeit bewiesen. Über 400 Millionen Jahre hinweg haben sie sich von den Tropen bis zu den Polen als nimmermüde Recycler betätigt. Über Sporen, die mit dem Wind reisen oder sich Mitglieder anderer Reiche bedienen, haben sich Pilze auf dem gesamten Planeten ausgebreitet, unerschrockene Pioniere und von beispielhafter Widerstandsfähigkeit gegenüber der Austrocknung.

Wenn Tiere sterben, geben Pilze ihnen ein natürliches Grab. Mit Hilfe von Pilzen ernähren Kadaver Gräser und Bäume. Zermahlen und zerstampft geben deren Cellulosefasern Papier, Bücher, unsterbliche Worte oder Wörter, die zu neuen Wörtern recycled werden. In Anlehnung an die östliche Lehre von der Seelenwanderung sind Pilze Materiewanderer.

62
Der Rio Tinto („Rotweinfluß") bei Huelva in Südwestspanien, hatte bereits vor dem Römischen Reich Berühmtheit erlangt, denn seine immer saurer werdenden Wasser enthalten riesige Mengen an Mineralien.

63
Die meisten Menschen sind der Ansicht, daß in den mineralienschweren Wassern des Rio Tinto kein Leben existiert.

64
Dem ist nicht so. Bizarre Lebensformen, von denen etliche diesem Pilz, *Hormonema pumonarum*, ähneln, überleben in den eisenreichen Wassern des Flusses.

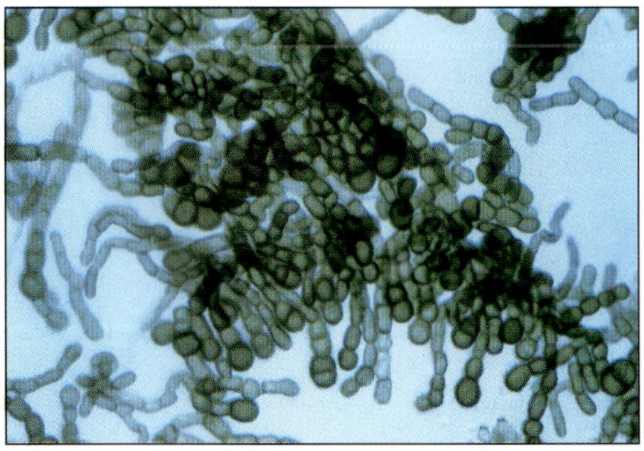

Leben ist schöpferisch. Gaia, die globale Autopoiese, läßt unaufhörlich Wesen von immer abenteuerlicherer Erscheinung entstehen. Für eine Weile, manchmal sogar jahrmillionenlang, wird die globale Umwelt groteske Spielarten, rasch verbreitete Pioniere, opportunistische Monster tolerieren. Auf lange Sicht stoßen Lebewesen jedoch an die Grenzen ihrer eigenen Vermehrung. Sie können nicht allein überleben, sondern nur im Kontext globalen Lebens. Gefräßige Heuschreckenschwärme fallen über Monokulturen her, Vögel scheiden Salze als Guano aus, verlagern so Stickstoff- und Phosphorverbindungen vom Meer aufs Land. Arten, die sich rasch fortpflanzen, kommen als Heimsuchung oder Infektion und werden schließlich gezähmt. Jede wuchernde Population des Planeten, jeder außer Kontrolle geratene „Tumor" findet sein Maß. Alle zunehmenden Populationen integrieren sich in die funktionierende Biosphäre oder sterben aus. Im Englischen ist das Wort Pilz fast ein Synonym für etwas Ungewolltes, eine zu entfernende Wucherung. Eine solche Bedeutung gebührte eher der raffenden, materialistischen Art, zu der wir uns entwickelt haben, statt jenen Organismen, die in der Biosphäre edel ihren Dienst als Bestatter versehen, tierischem Müll Leben einhauchen und Kadaver zu Erdreich werden lassen.

Einst mögen sich Pilzsporen den Luftraum über dem Land vor allem mit den Verbreitungseinheiten der sehr viel älteren Bazillen und Cyanobakterien geteilt haben. Auf lange Sicht aber sollten sie die Atmosphäre mit Amöben- und Algencysten, Bakterien- und Farnsporen, Pollen und Samen von Blütenpflanzen und fliegenden Insekten, Vögeln und Fledermäusen teilen. Sie verbreiten sich über Ascosporen, Konidiosporen, Basidiosporen, getrocknete Hefezellen und Flechtenfragmente (Soredien und Isidien). Sie besiedeln nicht nur, sondern sind hochselektive Demonteure, Recycler und Betreiber der planetarischen Umverteilung.

Jene von uns, die dem programmierten Tod anheimgegeben sind und deren Überreste nicht verbrannt werden, gelangen in die unterirdische Welt der Pilze. Die Substanzen unseres Körpers werden der Erde zurückgegeben. Pilze halten die Umschichtung der Lebensmaterie in Gang. Das Reich der Pilze arbeitet weltumspannend so reibungslos wie eine Niere oder eine Leber. Wir, Produkt unserer nomadischen Vergangenheit, versuchen noch, uns an die Idee zu gewöhnen, daß sich die Früchte unserer Arbeit und unserer Lenden in einem geschlossenen System nicht endlos anhäufen können. Sie müssen umgeschichtet und dem System, dem sie entstammen, wiedergegeben werden. Das ist eine herbe Erkenntnis: Die Materie unseres Körpers, unser Besitz, unser Wohlstand gehören uns nicht. Sie gehören der Erde, der Biosphäre und, ob es uns gefällt oder nicht, genau dahin steuern sie zurück. Pilze helfen ihnen, ihr Ziel zu erreichen.

Was also ist Leben?

Leben ist ein Netzwerk von Bündnissen zwischen verschiedenen Organismenreichen, in denen die Pilze bereitwillige und versierte Partner stellen. Leben ist eine Orgie der Attraktionen, von kunstfertigen falschen „Blüten" bis zu den eigentümlichen Verlockungen von Trüffeln und ungewöhnlich verpackten Halluzinogenen. In Gestalt der Pilze prägt Leben die Unterwelt von Mull und Moder nicht minder, als es in Gestalt photosynthetisch aktiver Wesen sonnendurchflutete Räume erobert. Leben erneuert sich aus sich, und Pilze tragen als Materieumwandler dazu bei, der gesamten Oberfläche des Planeten pulsierendes Leben zu erhalten. In der Umwandlung von Materie haben Schimmel und Myzelien ihre Berufung gefunden. Aufbauend und zerstörend, anziehend und abstoßend, begrabend und umschichtend sind sie wesentlicher Bestandteil einer *terra firma*.

8 Die Umwandlung des Sonnenlichtes

Tiger! Tiger! Helleuchtend
in nachtdunklem Wald,
Welch unsterbliche Hand oder Auge
könnte deine ängstigende Symmetrie fassen?

William Blake

Wenn man die Geduld und den Mut aufbringt, mein Buch zu lesen, wird man bemerken, daß es Studien enthält, die den Regeln eines unerbittlichen Grundes folgen ... aber man wird darin auch diese Bestätigung finden: Der Geschlechtsakt ist zeitlich, was ein Tiger räumlich darstellt. Dieser Vergleich ergibt sich aus Überlegungen zum Energiehaushalt, die poetischer Phantasie sicher keinen Raum geben, aber er fordert Nachdenken über ein Kräftespiel gegen alle Rechenregeln, ein Kräftespiel auf der Basis lenkender Gesetze. Kurz, die Perspektiven, in denen solche Wahrheiten zum Vorschein kommen, sind solche, in denen allgemeinere Einsichten ihre Bedeutung zeigen, Einsichten, wonach nicht die Notwendigkeit, sondern im Gegenteil die Verschwendung, die lebende Natur und die Menschheit mit fundamentalen Gaben beschenkt ... Selbst die Freiheit der Gedanken leitet sich von den globalen Lebensressourcen ab, eine Freiheit, für die alles sofort gelöst und reich ist.

Georges Bataille

Die Sonnenstrahlen legen die Hauptmerkmale der Biosphäre fest. Sie haben das Antlitz der Erde komplett gewandelt. Zu einem großen Teil ist die Biosphäre umgewandelte Sonnenenergie.
Ein planetarer Mechanismus, der die Strahlung in andere Energieformen umsetzt, wandelt Geschichte und Bestimmung unserer Erde.

Vladimir Vernadsky

Grünes Feuer

Letztlich ist nur die Sonne die einzige Energiequelle für alle Lebensprozesse einschließlich Wachstum und Verhalten. In kaltem, grünem Licht erstrahlend, wandeln die photosynthetisch aktiven Lebewesen die Sonnenstrahlung in eigene Körpersubstanz um (ABB. 65). Protoctisten (einzellige Algen wie Coccolithophoriden oder Diatomeen und Tange) sind die wichtigsten Energiewandler im Meer, höhere Pflanzen die wirksamsten Photosynthetiker an Land.

Pflanzen repräsentieren eigentlich nur eine besonders fortgeschrittene Form bakterieller Koevolution. Sie haben die Biosphäre auf neue Höhen gebracht – bis zu 100 Meter über dem Boden. Dennoch sind sie Neulinge unter den Photosynthetikern. Höhere Pflanzen besiedeln die Erdoberfläche erst seit etwa 450 Millionen Jahren. Nachdem sie aus wasserlebenden Algen hervorgingen, konnten die höheren Pflanzen die Kontinente begrünen.

Der Blauwal ist mit 26 Meter Länge und 180 000 Kilogramm Gewicht das größte Tier aller Zeiten und viel schwerer als der massigste Dinosaurier. Verglichen mit Mammutbäumen, den Riesen des Pflanzenreichs (sie können 2 000 000 Kilogramm wiegen), sind aber selbst die Wale Leichtgewichte. Ein Klon der nordamerikanischen Zitter-Pappel (*Populus tremuloides*) besteht aus schätzungsweise 47 000 Einzelstämmen. Nach Jeffry Milton von der Universität von Colorado ist dieser Gesamtbaum vermutlich das größte Individuum unseres Planeten; er überschattet in Utah eine Fläche von rund 43 Hektar, und sein Gewicht schätzt man auf 6 000 000 Kilogramm (ABB. 66).

Bücher macht man aus Pflanzen, ebenso Bretter und Latten, Möbel, Baumwollhemden, Kaugummi, Haschisch, Holzkohle, Weihrauch, Wohnhäuser oder Schokolade. Pflanzen liefern auch Morphin, Codein, Heroin und andere Drogen, die den Endorphinen – körpereigenen Stimulantien der Säugetiere – ähnlich sind. Weidenrinde enthält Salicylsäure, die chemische Vorstufe des Hauptwirkstoffs in Aspirin. Andere Pflanzen führen gerbende, pilzhemmende, krampflösende, ätzende, blutstillende, nieren- oder kreislaufwirksame Substanzen, ferner Farbstoffe, Hustenmittel, Insektengifte, Duftsubstanzen und Antiasthmatica.

Pflanzen sind auf derart vielfältige Weise Bestandteil der menschlichen Umwelt, daß man sie oft kaum noch als solche wahrnimmt. Wenn nicht gerade ein Strauß

65
Der Chloroplast ist die intrazelluläre Struktur, in der die Photosynthese abläuft. Diese elektronenmikroskopische Aufnahme zeigt ihn 45 000fach vergrößert. Als Kennzeichen pflanzlichen Lebens entwickelten sich Chloroplasten, wie kürzlich der molekulargenetische Vergleich „bewies", aus Cyanobakterien, welche die Welt schon lange vor den Pflanzen begrünten. Algen und höhere Pflanzen haben sich offenbar dadurch entwickelt, daß größere Zellen kleinere aufnahmen. Ursprünglich ernährten sich die größeren Zellen von den kleineren Cyanobakterien, konnten sie jedoch schließlich nicht mehr verdauen.

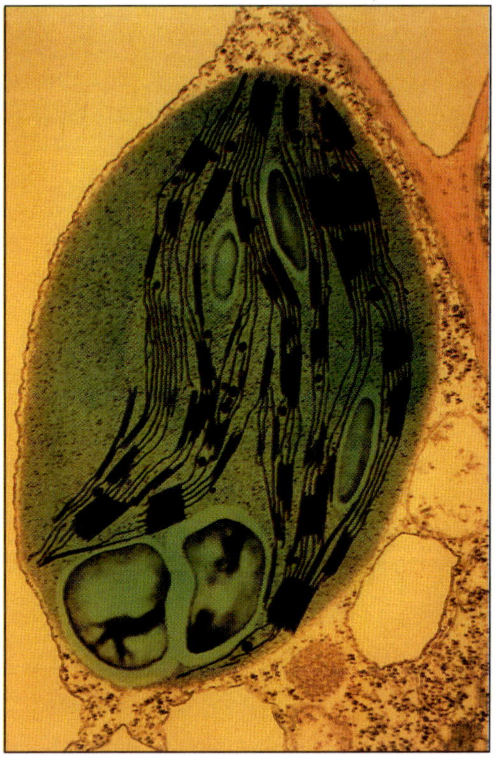

66
Amerikanische Zitter-Pappel (*Populus tremuloides*), Abteilung Angiospermophyta, Reich Plantae. Bestand in den San Juan-Bergen, Colorado. Einen ähnlichen Bestand in Utah deutet man als größten „Organismus" der Erde, weil die einzelnen Stämme genetisch identisch und offenbar Teile derselben Pflanze sind. Die Zitter-Pappeln dieser Aufnahme, die alle gleichzeitig umfärben, sind nicht so groß wie der 43 Hektar große und 6 000 000 Kilogramm schwere Bestand mit gemeinsamem Wurzelsystem in Utah.

langstieliger Edelrosen oder eine Schachtel Pralinen vor der Tür liegt, nimmt man Pflanzen meist als selbstverständliche Gabe. Und selbst dann bestimmt eher das pflanzliche Produkt Symbolwert oder Bedeutung des Geschenks als die Pflanze selbst. Pflanzen beschenken uns mit einer unglaublichen Fülle von Farben, Formen und Düften. Außerhalb der Tropen sind die jahreszeitlichen Blühwellen duftender Blumen geradezu Wohltaten von psychischer Wirksamkeit. Der bloße Anblick wogender Getreidefelder kann Gemüter besänftigen.

Von den neun heute unterschiedenen Abteilungen des Pflanzenreiches entwickelt nur eine blumige Blüten. Diese eine Abteilung ist jedoch so artenreich, daß sie fast die Hälfte aller bekannten Pflanzenarten stellt. Eine vollständige Dokumentation aller Arten der ungefähr dreihundert Blütenpflanzenfamilien ist eine so gewaltige Aufgabe, daß man sie bis jetzt noch nicht bewältigt hat. »Eine solche Zusammenstellung«, schrieb der Botaniker Frits Went, »müßte ungefähr eine Viertelmillion bekannter Pflanzenarten berücksichtigen. Dafür hätten alle Pflanzentaxonomen jahrelang zusammenzuarbeiten, und ihr fertiges Werk würde etwa eine halbe Million Seiten umfassen – der Bestand einer ganzen Bücherwand in einer Bibliothek.«[1]

Höhere Pflanzen waren jedoch nicht die ersten grün leuchtenden Landbewohner. Etwa 75 Kilometer südwestlich von Las Vegas ist im anstehenden Fels ein etwa 800 Millionen Jahre alter fossiler Boden erhalten. Sein Kohlenstoffgehalt deutet auf frühe Lebensformen mit der Fähigkeit zur Photosynthese. An einer anderen Stelle im nordamerikanischen Südwesten, etwa 120 Kilometer nordöstlich von Phoenix/Arizona, entdeckte man sogar noch ältere Spuren fossiler Böden, die eine Hypothese von Susan Campbell und Stjepko Golubic von der Universität Boston bestätigen, wonach das Leben auf dem Festland vor etwa 1,2 Milliarden Jahren oder früher mit Cyanobakterien begann. Der Paläontologe Robert Horodyski der Tulane-Universität in New Orleans und der Geologe L. Paul Knauth von der Universität von Arizona in Tempe behaupten sogar, daß die Landmasse bereits im späten Proterozoikum dicht mit photosynthetisch aktiven Mikroben bedeckt war.[2]

Erst als im oberen Silur echte Gefäßpflanzen mit Wechsel zwischen Sporen (durch Meiose entstandene Fortpflanzungsstadien) und Gameten (entstehen mitotisch in Geschlechtsorganen und verschmelzen zum Embryo) auftraten, emanzipierten sich die Pflanzen - anfangs vielleicht nur jahreszeitlich - vom ständigen Aufenthalt im Wasser (ABB. 67).

Der Ausstieg aus den Gewässern zur Eroberung des Festlandes erforderte im Unterschied zu den wasserlebenden Algen eine interne Wasserversorgung. Landpflanzen entwickelten zunächst ein druckfestes Stützsystem aus Cellulose, die auch bei Bakterien und Algen vorkommt. Später erfanden sie eine noch tauglichere Substanz, die - zusammen mit Cellulose – selbst bei Trockenheit elastisch, tragfähig und zugfest bleibt: Lignin, chemisch ein außerordentlich komplexes Polyphenol, ist der Stoff, aus dem (heute) die Bäume sind. Mit Lignin begann die Vertikalverlagerung der Biosphäre in die dritte Dimension hoch über dem Erdboden. Die Biologin Jennifer Robinson kommt zu der Einschätzung, daß die großen Kohlevorkommen der Erde aus einer Zeit stammen, als die Landpflanzen das Lignin erfunden, die Pilze aber noch keine Mittel hatten, diesen Naturstoff rasch wieder zu zersetzen.

Wie alle übrigen Lebensformen leiten sich auch die höheren Pflanzen von mikrobiellen Vorfahren ab. Ihr Erbe ist zwar die Photosynthese, aber sie müssen nicht allesamt photosynthetisch aktiv sein. Manche höheren Pflanzen, sogar solche mit Blättern und Früchten, haben den Weg des grünen Feuers verlassen. Vergleichbar den augenlosen, unterirdisch lebenden Mullen, die nicht sehen können, weil sie nicht sehen müssen, sind manche farblosen Pflanzen nicht mehr direkt abhängig von Licht. Sommerwurz (*Epifagus*) und Fichtenspargel (*Monotropa*) (ABB. 68) beschaffen sich ihre Nährstoffe aus bodenlebenden Pilzhyphen, die ihrerseits mit den Wurzeln grüner Waldbäume in Kontakt stehen.

Das wichtigste Kennzeichen der (höheren) Pflanzen ist nicht die Photosynthese als solche, sondern ein Entwicklungsmerkmal: sie alle keimen während eines bestimmten Stadiums ihres Lebenszyklus aus einer Spore und während eines anderen aus einem Embryo. Der Pflanzenembryo, tief geborgen in mütterlichem Gewebe, ist das diploide Ergebnis der sexuellen Gametenverschmelzung. Wie ein tierischer Embryo geht er aus der Vereinigung einer männlichen Fortpflanzungszelle (Androgamet) mit der im weiblichen Gametangium (Archegonium) verbleibenden Eizelle (Gynogamet) hervor. Im Unterschied zu den Tieren entstehen die pflanzlichen Gameten jedoch niemals auf meioti-

67
Die Kieselalge *Navicula cuspidata*, Abteilung Bacillariophyta, Reich Protoctista, während der Meiose vor der Gametenbildung. Algen bewohnen wie die meisten übrigen Protoctisten aquatische Lebensräume. Höhere Pflanzen konnten sich aus diesem Milieu lösen, weil sie wasserdichte Oberflächen aus wachsähnlichem Cutin und ein Stützsystem aus Holzsubstanz (Lignin) erfanden.

68
Fichtenspargel (*Monotropa* sp.), Abteilung Angiospermophyta, Reich Plantae: Alle höheren Pflanzen entwickeln sich aus Embryonen, aber nicht alle Pflanzen sind photosynthetisch aktiv. Der Fichtenspargel ist eine albinotische (chlorophyllfreie) Blütenpflanze, die jedoch noch Reste pigmentloser Plastiden enthält.

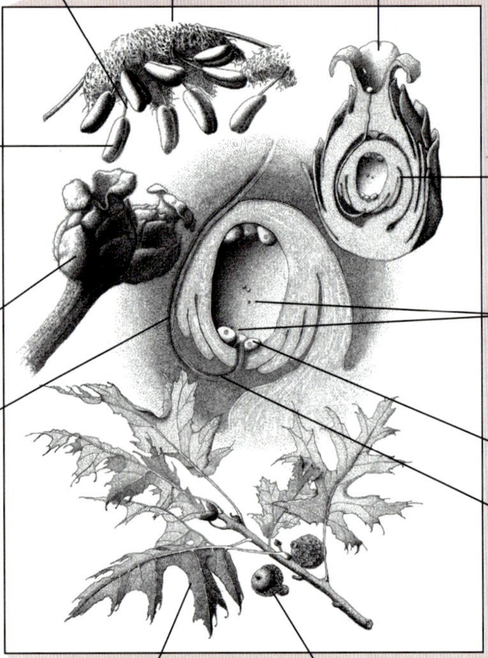

69
Aufeinanderfolgende Stadien aus der geschlechtlichen Vermehrung einer Eiche (Quercus). Unten ist ein Eichenzweig mit zwei reifen Früchten gezeigt, die den Samen (Eicheln) enthalten. Die weibliche Blüte (Mitte links) ist rechts oben vergrößert und im Längsschnitt dargestellt. Dieses Schnittbild durch die Samenanlage im Fruchtknoten zeigt den Embryosack mit seinen acht Kernen. Im mittleren Bild ist ein Pollenschlauch in den Embryosack eingedrungen und hat zwei kleine männliche Kerne (Spermakerne) entlassen. Einer davon verschmilzt mit dem weiblichen Eikern, der andere mit den zum sekundären Embryosackkern vereinigten Kernen in der Embysackmitte. Aus diesem dann triploiden (mit drei Chromosomensätzen ausgestatteten) Kern entwickelt sich das Nährgewebe (Endosperm) für den Embryo. Bei den Bedecktsamern läuft also eine „doppelte Befruchtung" ab.
Gestielte Staubblätter mit jeweils zwei Pollensäcken, in denen die Pollenkörner entstehen, zeigt die Zeichnung links oben. In der geöffneten weiblichen Blüte rechts oben erkennt man ein auf der Narbe ausgekeimtes Pollenkorn, dessen Pollenschlauch in der Samenanlage den Weg zum Embryosack sucht.

schem Wege. Die Gametenverschmelzung erfolgt bei Pflanzen, wenn männliche Pollenschlauchkerne (seltener begeißelte Androgameten) in die winzigen weiblichen Fortpflanzungsorgane eindringen. Diese sind haploid und entwickeln sich aus haploiden Sporen im haploiden mütterlichen Gewebe. Die aus dem Embryo heranwachsende Generation entwickelt keine Gameten (wie es bei erwachsenen Tieren der Fall ist), sondern meiotisch entstandene Sporen. Erst diese Sporen werden zu winzigen haploiden, männlichen oder weiblichen Pflänzchen, die Gameten durch Mitose bilden (ABB. 69).

Pflanzen sind sexuell differenzierte Lebewesen. Der eigentliche Geschlechtsvorgang ist die Befruchtung, und der daraus hervorgehende Embryo unterscheidet sie von Algen oder Vertretern anderer Abteilungen (beispielsweise Flechten), die man zeitweise ebenfalls als Pflanzen im engeren Sinne auffaßte. Pflanzliche Sexualität unterscheidet sich jedoch von derjenigen der Tiere. Obwohl die Befruchtung der pflanzlichen Eizelle durch den Gametenkern einen Embryo entstehen läßt, gehen bei den Pflanzen aus der Meiose keine Gameten (Eizellen und Spermatozoiden) hervor, sondern Sporen. Nur daraus keimen winzige Pflänzchen mit je einem Chromosomensatz. Man nennt sie Gametophyten. Sie wachsen, im Unterschied zu nicht verschmolzenen Gameten, ausschließlich durch mitotische Teilungen, die immer nur einen Chromosensatz weitergeben.

Bei den Nackt- und Bedecktsamern ist der männliche und weibliche Gametophyt ein winziges, unselb-

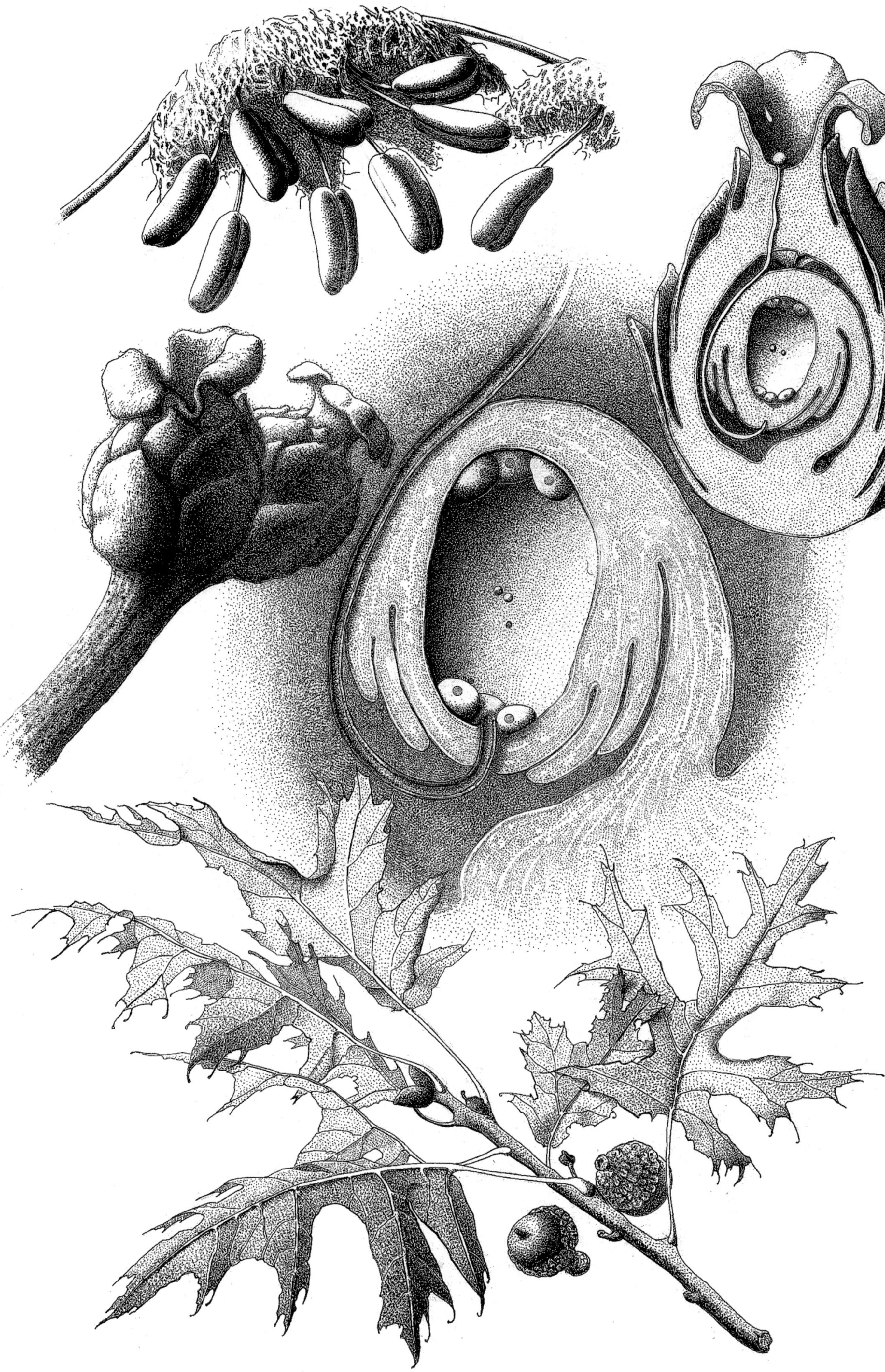

ständiges Gebilde. Er bildet sich innerhalb der Blüte nach vorangegangener Meiose und entwickelt Geschlechtsorgane bzw. Gameten nur durch mitotische Teilungen seiner Zellen. Weil diese nur einen Chromosomensatz enthalten, ändern sie ihre Chromosomenzahl bei der Gametenbildung nicht. Erst die Gametenverschmelzung führt je einen Chromosomensatz zur normalen Zweizahl zusammen, und der Zyklus beginnt von vorne.

Bei den Blütenpflanzen verlassen die Gametophyten gleichsam nicht mehr das Haus – entwicklungsgeschichtlich gesehen eine relativ junge Situation. Phylogenetisch ältere Pflanzen wie die Farne durchlaufen einen Generationswechsel mit sehr kleinen, freilebenden (haploiden) Gametophyten und großen, davon im Erscheinungsbild stark abweichenden (diploiden) Sporophyten.

Die Ähnlichkeit zwischen Pflanzen und Tieren mit sexueller Embryobildung ist untereinander größer als zu Vertretern der drei übrigen Organismenreiche (Bakterien, Protoctisten und Pilze). Bei Tieren beschränkt sich die haploide Phase auf das einzellige Gametenstadium, während Pflanzen einen vielzelligen Gametophyten besitzen. Außerdem enthalten alle Pflanzenzellen im Unterschied zu tierischen Zellen die Nachfahren von Cyanobakterien.

Die verfluchte Teilhabe

Im rätselhaften Eingangszitat zu diesem Kapitel verknüpft Georges Bataille den Tiger mit dem Startpunkt jedes Säugerlebens, dem Geschlechtsakt. Er versichert uns, daß dieser Vergleich logisch ist. Er ist es tatsächlich. Die gesamte evolutive Entfaltung ist eine Antwort auf nicht exportfähigen Überfluß, ein wachsender Zugewinn durch Sonnenenergie. Sowohl der Geschlechtsakt als auch der Tiger sind komplexe Folgen der Biosphäre.

Obwohl der Koitus ein Verhalten und der Tiger ein Wesen ist, verkörpern beide zwei Spätfolgen verschwenderischer pflanzlicher Reserven. Der Tiger besetzt die Spitze einer globalen Nahrungspyramide, deren energetische Basis die Sonne ist. Selbst während seiner Ruhezeit beweist der Tiger die Ressourcenabhängigkeit von Leben beziehungsweise dessen carnivore Begrenzung. Der helleuchtende Tiger aus Blakes Gedichtzeile verkörpert die Bündelung der Sonnenenergie zur hochspezifischen und mitunter gefährlichen Lebensform. Der Koitus nutzt sonnen- und pflanzenabhängige Versorgung, da Tiere zur Vermehrung der eigenen Art Energie umsetzen müssen. Bataille weist nachdrücklich darauf hin, daß die klassische Ökonomie einem Mißverständnis unterliegt: Nicht der Mensch, sondern die Sonne wirtschaftet. Sonnenproduzierte Nahrung, Fasern, Kohle, Öl und andere energiereiche Rohstoffe sind nicht nur die Grundlage tierischer Betriebsamkeit, sondern Voraussetzung für jegliche Industrie, Technologie und den Wohlstand der Nationen.

Jegliche Ökonomie leitet sich von der Photosynthese und somit von der Sonne ab. Nur Photosynthetiker bilden als Primärproduzenten aus Sonnenstrahlung die stoffliche Basis der Biosphäre. Wenn farbige Photobakterien, Protoctisten und Pflanzen lichtabhängig Stoffsynthesen betreiben, speichern sie Energie. Der Konsumentenstoffwechsel, der von der Biomasse der Photosynthetiker lebt, setzt die photosynthetisch angesammelte Energie wieder um oder speichert sie anteilig in Körpergewebe. Primärproduktion kann in Langzeitvorräte einmünden (oder verlorengehen), wenn Konsumenten eingebettet werden, ohne zu zerfallen.

Energieumsatz ist für das Leben immer eine kritische Größe gewesen. In der Biosphäre ist Erfolg eine Funktion der Fähigkeit, die Wohltaten der Photosynthese anzuhäufen. Das schafft Habgier. Batailles Tiger jagt erbarmungslos den pflanzenfressenden Wiederkäuer. In hochzivilisierten Ländern fällt man Bäume, um bunte Geldscheine zu drucken – oder um Papiergeld für das prächtige Streifenfell der hochgradig gefährdeten Spezies Tiger auszugeben. Die Photosynthese schafft Überfluß, Stoffreserven und Energievorräte, deren Nutzungsmöglichkeit ebenso vielfältig wie das Leben kreativ ist.

Bataille bemerkte, daß der Charakter einer Gesellschaft weniger durch ihre Bedürfnisse als durch ihre Verschwendung zu beschreiben ist. Wohlstand schafft Freiheit sowohl in der biologischen als auch in der kulturellen Dimension. Nostalgisches Schwärmen für Alteuropa, Respekt für die Bedürfnisse kontinentaler Ureinwohner, Bewunderung für die Opulenz im alten Ägypten – Gefühle auf der Basis der Einsicht, daß eine Kultur sich daraus definiert, wie sie mit ihren Gütern umgeht. Rom baute das Kolosseum und Basiliken, die Amerikaner ihr Disneyland und MacDonald's, Altägypten die Sphinx als Wache vor den Pyramiden.

70
Waldboden in Coos County, New Hampshire. Pilze bauen die Laubstreu, darin befindliche Tierleichen und weitere Bestandsabfälle ab, deren zeitweilig festgelegte, letztlich von der Sonne stammende Energie damit wieder anderen Organismen der Biosphäre zugänglich wird. Auf diese Weise bringen Bakterien und Pilze wertvolle Komponenten wie Kohlenstoff, Stickstoff, Sauerstoff, Wasserstoff, Phosphor und Schwefel zurück in den allgemeinen Stoffkreislauf und verteilen somit die Wohltaten der Solarökonomie.

Politiker schlagen sich häufig mit Steuererhöhung, Haushaltsdefizit, Neuverschuldung und öffentlichen Ausgaben herum. Die Regierung druckt Papiergeld, das Banken ausleihen, ohne es selbst in Händen zu halten. Investoren arbeiten mit Pfandbriefen, Schuldscheinen, Zertifikaten, Edelmetall und anderen Finanzierungsinstrumenten. Was heißt dabei „besitzen"? Die Menschheit besitzt nicht, was sie ausgibt; alles gehört der Biosphäre. Schecks, Kreditkarten, Papiergeld und Obligationen sind lediglich Symbole eines Wohlstands, dessen Quelle jenseits der Produktionsmittel der technologisch hochgerüsteten Menschheit liegt. Die Ökonomie des Geldes versucht, den solaren Energiefluß in der irdischen Wirtschaft festzuhalten. Geld steht für die Umnutzung der Photosynthese, des Lebens Energie, in etwas anderes - das der Mensch kontrollieren, manipulieren oder horten kann. Möglicherweise ist es kein Zufall, daß in den Vereinigten Staaten die Geldscheine grün sind.

Bleibt die Tatsache, daß ohne grüne Pflanzen der weitaus größte Teil der Tiere verhungern müßte. Aber selbst bei üppigstem Pflanzenwachstum müssen Menschen und Tiere sterben. Das Grab nivelliert und erinnert daran, daß wir ein Bestandteil dessen sind, was wir besitzen. Alle, vom Straßenkehrer bis zum Milliardär, zahlen ihre Rechnung: Die Bestandteile unseres Körpers kehren zu den Kreisläufen der Biosphäre zurück, aus denen sie stammen. In der eingeschränkten Ökonomie menschlicher Arroganz und Phantasie können Einzelne wohl großen Wohlstand und Macht anhäufen. Aber in der solaren Ökonomie biologischer Wirklichkeit wird jeder von uns seinen Platz für die nächste Generation räumen müssen. Kohlenstoff, Wasserstoff oder Stickstoff unseres Körpers sind zeitweilige Leihgaben. Wir müssen sie an die biosphärische Bank zurückzahlen.

Die Biosphäre unterscheidet sich von einem Organismus dadurch, daß sie ein geschlossenes System ohne Materialzu- oder -abfluß ist. Obwohl Meteoriten und Kometen, die die Erdatmosphäre durchdrangen, vom Leben nutzbaren Kohlenstoff mitbrachten, sind sie als externe Materialquelle unbedeutend. Im Gegensatz zum Organismus, der Stoffe aufnimmt und ausscheidet, ist die Biosphäre abgeschlossen; ihr Stoffbestand ist begrenzt, er wird ge-, aber nicht verbraucht. Zur verschwenderischen photosynthetischen Überproduktion eßbarer oder sonstwie nutzbarer Komponenten gehören auch Räuber und Aasfresser – Lebewesen, die zum eigenen Wachsen und Überleben töten oder aufräumen. Die begrenzten Materialreserven der Biosphäre schränken den Anteil solarer Strahlung ein, der in grünes Leben umzuwandeln ist (ABB. 70).

Photosynthetische Aktivität schafft einen Zugewinn energiereicher Stoffe, die gespeichert, für Wachstum und Entwicklung aufgezehrt oder vergeudet werden können. Der große planetare Reichtum ist zur Entnahme da. Aufgefüllt wird er durch die lebendige Umwandlung der Sonnenenergie. Es ist ein verständlicher, aber unerfüllbarer Wunsch, den Planeten in seinem „ursprünglichen" Zustand zu bewahren. Nicht die frühere Natur, zu der manche zurückfinden wollen, ist ewig, sondern eher die grüne Welt, die unsere Vorfahren so wirksam versorgte, daß sie sie übervölkerten. Die menschliche Zerstörung der Umwelt und der eigenen Lebensgrundlagen ist nicht unbedingt ein Anzeichen für die Fähigkeit zur Auslöschung des gesamten Lebens. Niemals hat eine einzelne Art in der Vergangenheit alle anderen bedroht. Jeglicher Versuch einer Art, alles zu überwuchern und zu zerstören, blieb unter der Kontrolle der übrigen. Das Wesen der „natürlichen Auslese" besteht darin, daß die nicht endende Wachstumsbereitschaft einer Population noch vor umweltwirksamer Zerstörung vom Wachstum anderer Population gebremst wird. Die Zunahme der Weltbevölkerung unterliegt denselben Regeln: Eine gestörte Umwelt erhöht Krankheitsanfälligkeit, Sterblickeit und das Risiko des Aussterbens.

Unsere Evolution ließ uns die in der Erde gehorteten organischen Schätze der Vergangenheit wie Kohle und Erdöl entdecken und nutzen, um Auto zu fahren und Wohnungen zu heizen. Wohlstand in der Biosphäre kommt letztlich immer von der Sonne. Organismen gehen zugrunde, Populationen brechen zusammen, und Arten sterben aus. Die Biosphäre wird dennoch reicher. Die Verbrennung fossiler Energieträger nutzt den Pflanzen. Sie bauen Kohlendioxid aus den Verbrennungsprozessen auf photosynthetischem Wege wieder in organische Moleküle ein. Das bedeutet indessen nicht, daß die Folgen der derzeitigen industriellen Zivilisation unproblematisch sind oder die globale Temperaturzunahme ausbleibt. Dennoch ist verschwenderischer Umgang einer Lebensform biosphärische Geschichte: Weit entfernt von der Verarmung des Planeten, hat die Verschwendung der einen den Wohlstand einer anderen gefördert.

In der seltsamen Solarökonomie sterben die Individuen und geben ihre Körpersubstanzen an die Kreisläufe der Biosphäre zurück. Vom Körper genutzte Stoffe gehen nicht verloren. Alle Lebewesen sehen sich jedoch der Schwierigkeit und der Versuchung ausgeliefert, aus diesem photosynthetisch betriebenen Überschuß ihren Nutzen zu ziehen, den Bataille als „verfluchte Teilhabe" bezeichnete.

Frühe Verwurzelung

Wahrscheinlich waren die ersten Landpflanzen den heutigen Moosen ähnlich. Leber- und Laubmoosen fehlt noch das aufrechte Wachstum der höheren Pflanzen, da sie kein leistungsfähiges System für Wassertransport und Hydrostatik entwickelt haben. Wenig mehr als Massen grüner Zellen mit gewisser Vorliebe für feuchte Oberflächen, fehlen den Moosen auch Blätter, Wurzeln und Sproßachsen.

Am Ende des Ordoviziums waren die Landoberflächen noch roh und allenfalls von Cyanobakterien oder Bodenalgen besiedelt, aber noch nicht von höheren Pflanzen. Wo Wasser reichlicher zur Verfügung stand wie in Flüssen und Stillgewässern oder an Meeresufern, waren die Mikrobenmatten aus Cyanobakterien dick. An trockenen Stellen bedeckte ein unebener, aber zäher Verbund aus schwarzgrünen Bodenpartikeln und kantigen Felsbrocken das Land. Ein modernes Beispiel solcher landlebenden Organismen im Vorfeld der Landpflanzen sind die Wüstenkrusten in Utah und Irak oder der Gobi. Diese Krusten bestehen aus Cyanobakterien und anderen bakteriellen Formen, gelegentlich auch aus Mikroalgen oder Flechten – allesamt kurzfristig bereit, das grüne Feuer der Photosynthese zu zünden, sobald genügend Feuchtigkeit sie erreicht.

Nach verbreiteter Ansicht sind einige moderne Grünalgen („Chlorophyta"), besonders die Vertreter der Ordnung Chaetophorales, offenbar den hypothetischen Vorläufern der höheren Pflanzen ähnlich. Ihre Chloroplasten enthalten Chlorophyll a und b – die gleiche Pigmentierung wie die Landpflanzen. Ähnlich wie die männlichen Gameten der Moose und Farne tragen auch die beweglichen Stadien der Chaetophoralen zwei Geißeln (Flagellen). Ferner stehen die Zellen dieser Algen über besondere Wandporen miteinander in Verbindung, die sehr den Plasmodesmen höherer Pflanzen gleichen. Dagegen findet der Kontakt tierischer Zellen über Verstärkungsstrukturen statt, die von den Plasmodesmen der Algen und höheren Pflanzen grundverschieden sind. Einzelheiten aus dem Mitoseablauf und der Zellwandaufbau aus pflanzentypischer Cellulose lassen in heutigen Fadenalgen der Gattung *Klebsormidium* die Grundzüge des Vorfahren der höheren Pflanzen erkennen.

Bei der sexuellen Fortpflanzung heutiger Farne, die zwischen drei Zentimeter und mehr als 20 Meter hoch sein können, nehmen die männlichen Gameten den Weg zur weiblichen Eizelle immer noch durch das Wasser. Selbst hochentwickelte Nacktsamer wie der Ginkgo (ein sehr dekorativer, in Ostasien heimischer Baum mit fächerförmigen Blättern und kirschähnlichen Samenmänteln) tragen das alte Erbe in Gestalt begeißelter männlicher Gameten in sich. Deren zahlreiche Geißeln zeigen im elektronenmikroskopischen Querschnittsbild dasselbe $9 \times 2+2$-Muster der Mikrotubulianordnung wie die Flagellen der Algen, die Cilien der Pantoffeltierchen, die Spermatozoiden der Säuger oder der feine Wimpernbesatz unserer Bronchien.

Eine der ältesten fossil erhaltenen Landpflanzen fand sich in den dunklen unterdevonischen Kieselschiefern des schottischen Dorfes Rhynie. Geologen sind der Ansicht, daß die Rhynie-Fossilien ihre vorzügliche Erhaltung der periodischen Überschwemmung durch eine nahegelegene, silikatreiche Quelle verdanken. Pflanzenfossilien wie die berühmte *Rhynia* besitzen verdickte Wurzelpartien, möglicherweise ein Anzeichen dafür, daß schon vor nahezu 400 Millionen Jahren bestimmte Pilze eine Symbiose mit den Wurzeln von Landpflanzen begründeten.

Eine Pflanzenart, die den ältesten Vertretern des jüngsten Organismenreiches im Aussehen außerordentlich ähnelt, lebt noch – es ist *Psilotum nudum*, ein blattloser, gabelig verzeigter Farn aus den Wäldern Floridas oder einiger pazifischer Inseln. Aus endständigen Sporangien entläßt er Sporen. Die männlichen Gameten schwimmen in dünnen Oberflächenfilmen oder durch Tümpel zur Eizelle. Der Embryo, Ergebnis erfolgreicher Befruchtung, streckt sich mit neuen Sproßachsen. Wurzeln und Samenbildung fehlen. Im Unterschied zu einem Moos besitzt *Psilotum* ein funktionstüchtiges und achsenstützendes Leitbündel. Da Blätter fehlen, läuft die Photosynthese im Achsengewebe ab.

Moderne Leber- und Laubmoose lassen vermuten, wie die ursprüngliche Begrünung des Festlandes ausgesehen haben mag. Im Unterschied zu den Algen lösen sich Moospflanzen aus der Abhängigkeit von Gewässern, indem sie selbst das benötigte Wasser mit an Land nehmen. Blattähnliche Anhänge gewähren ihnen einen winzigen Vorsprung vor den ursprünglichen Nacktfarnen vom Typ *Psilotum*, die in ihrer Fähigkeit zur Lichtnutzung wegen fehlender Auffangflächen klar im Nachteil waren. Im Gegensatz zu den Gefäßpflanzen entwickelten die Moospflanzen jedoch niemals stützende Leitbündel. Bis zum heutigen Tage werden Moose daher nur ein paar Zenti- oder allenfalls Dezimeter hoch. Daher unterliegen sie auch leicht der Beschattung durch raschwüchsigere „höhere“ Pflanzen, die ihnen das notwendige Sonnenlicht nehmen.

Obwohl man es nicht sicher weiß und der Fossilbericht dürftig ist, nehmen viele Botaniker an, daß die einfachen, eher dem Wasser verhafteten Moospflanzen sich früher entwickelten als die strukturell komplexeren und eher trockenheitsverträglichen Pflanzen. Moose bestehen nur aus weichen Geweben und bleiben daher kaum als Fossil erhalten. Moderne Moospflanzen sind von der Versorgung mit Oberflächenwasser abhängig; sie besitzen keine Wurzeln, mit denen sie Wasser aus der tieferen Bodenlösung aufnehmen könnten. Dennoch beschränken sich ihre Vorkommen nicht nur auf Moore, Sümpfe, Gewässerränder, überrieselte Felsen oder die Nähe von Wasserfällen. Manche bevorzugen Gebiete mit jahreszeitlicher Niederschlagsversorgung und wachsen nur in Feuchtperioden. Andere, darunter die raffiniert konstruierten Torfmoose, sind sozusagen die Schwämme des Festlandes. Sie verfügen über eine beachtliche Speicherkapazität und können in den Blättchen Wassermengen bis zum Tausendfachen ihres Trockengewichtes festhalten. Der weitaus größte Teil eines Torfmoos-Polsters ist tot. Vor allem dieser Bereich übernimmt die Aufgaben langfristiger Wasserspeicherung und -versorgung. Nur die Blättchen und Verzweigungen der Polsteroberfläche leben und wachsen.

Den größten Typenreichtum erreichten die Gefäßpflanzen mit leistungsfähigen Leitbündeln und kräftigeren Geweben. Diese Pflanzen gelang buchstäblich die Höherentwicklung. So gehörten beispielsweise die Schachtelhalme zu den ersten Landpflanzen, die auch in den Luftraum ragten. Die heutigen Schachtelhalme besitzen silikatverstärkte Achsengewebe. Man nennt sie auch Zinnkraut, weil man damit früher Zinngeschirr und anderen Hausrat polierte. In zurückliegenden Abschnitten der Erdgeschichte wuchsen die Schachtelhalme im Unterschied zu ihren wenigen heutigen Vertretern sogar baumförmig. Immerhin stellten sie seit dem Oberdevon und vor allem während des Karbons (Steinkohlenzeit) die ersten Wälder.

Die ersten Bäume

Von *Rhynia*-ähnlichen Pflanzen (Psilophyten) nahmen verschiedene und heute weitgehend ausgestorbene Pflanzentypen ihren Ausgang. Wahrscheinlich entwickelten sich aus diesen ältesten Gefäßpflanzen die Progymnospermen – eine frühe, nur fossil erhaltene Verwandtschaftslinie, aus der die tropischen Samenfarne im Vorfeld der Blütenpflanzen abzweigten. Aus einem anderen Ast des Stammbaums entwickelten sich die Nacktsamer, die *Brachiosaurus* und andere pflanzenfressende Dinosaurier abweideten und die sogar katastrophale Meteoritenfälle oder Eiszeiten überlebten. Aus der Gruppe der Psilophyten lösten sich also Pflanzen wie der heute noch lebende Nacktfarn *Psilotum*, die Schachtelhalme, Bärlappe und Wedelfarne sowie Nacktsamer wie beispielsweise die Palmfarne (Cycadeen) und die Ginkgo-Verwandtschaft. Die typenreiche Nachkommenschaft der ersten „stämmigen“ Landpflanzen verbuschte und überwaldete schließlich die Festländer.

Zahlreiche Verwandtschaftsgruppen der Gefäßpflanzen, die immerhin so bedeutsam sind wie die Dinosaurier im Tierreich, starben wieder (weitgehend) aus, darunter beispielsweise die Pteridospermen oder

71
Glossopteris scutum ist ein fossiler Samenfarn und Vertreter einer Verwandtschaftsgruppe, deren Bäume vor über 225 Millionen Jahren und damit noch vor der Dominanz der Dinosaurier die ersten flächendeckenden Wälder aufbauten. Diese Wälder des Erdaltertums gingen mit den driftenden Kontinentalplatten unter und wurden zu Steinkohle.

Samenfarne, die wie besonders üppig geratene Ananaspflanzen aussahen. Trotz ihrer Benennung gehörten sie nicht mehr zu den Farnen im engeren Sinne, weil sie im Unterschied dazu echte und zudem sehr große Samen entwickelten. Samen sind eine bemerkenswert innovative Leistung der Evolution – junge, in Nährgewebe eingebettete Pflanzen (Embryonen) im Ruhezustand. Sie können Trockenheits- und Kälteperioden ebenso überdauern wie lichtlose Zeiten. Für den Erfolg der Landpflanzen waren sie ebenso entscheidend wie wasserdichte Eier für die beachtliche Aufspaltung der Reptilien in verschiedene Verwandtschaftslinien. Die Samenfarne, die als erste zur Samenbildung befähigt waren, erlebten ihre Glanzzeit vor 345–225 Millionen Jahren, lange vor dem Zeitalter der Dinosaurier. Sie bildeten die ersten geschlossenen Wälder. Blätter der Gattung *Glossopteris* (aus dem Griechischen für zungenförmiges Blatt) sind häufige Fossilien in paläozoischen Schichtgesteinen des riesigen Südkontinents Gondwana (ABB. 71). Unter dem Einfluß gewaltiger tektonischer Schubkräfte zerbrach Gondwana, und die Bruchstücke drifteten vor 200 Millionen Jahren als eigene Kontinentalplatten auseinander. Wir nennen sie heute Südamerika, Afrika, Australien, Indien und Antarktis. *Glossopteris* ist ebenso ausgestorben wie die übrigen 99 Prozent fossil nachgewiesener Pflanzen- und Tierarten.

Weder *Glossopteris* noch irgendeiner seiner einst erfolgreichen Verwandten überlebte auf den heutigen südhemisphärischen Kontinentteilen, die aus Gondwana entstanden. Irgendwann in ferner Vorzeit haben die Samen der Gondwanawälder jedoch auch die Säume von Laurasia, des riesigen Nordkontinents, erreicht. Heute, Jahrmillionen später, kennen wir die Reste der Gondwanawälder als energiereiches, biogenes Gestein: Kohle.

Gegen Ende des Devons beziehungsweise Beginn des Karbons, vor etwa 360 Millionen Jahren, war die Erde weitgehend bewaldet. Überall in den Steinkohlevorkommen aus dieser Zeit (beispielsweise Rhode Island, Pennsylvania, Schottland, Wales, Ruhrgebiet) finden sich eindrucksvolle Pflanzenreste als Blattabdrücke, dicke Wurzeln oder Schuppenborke. Im Untergeschoß der Biologischen Institute der Harvard-Universität (Boston/Massachussetts) bewahrt man sogenannte Kohlenbälle von Fundorten in Illinois oder Kansas auf – mehr als mannshohe, kugelige Gebilde. Wenn man Stücke davon abtrennt und mit Säure behandelt, erkennt man Pflanzengewebe von Blättern, Rinde, Wurzeln und Blütenständen, trotz 290 Millionen Jahre Grabesruhe im Gestein.

Gemessen an der Anzahl ausgelöschter Gattungen und höherer Verwandtschaftsgruppen war der permotriassische Faunen- und Florenschnitt vor rund 245 Millionen Jahren gewaltiger als das besser bekannte Ende der Kreidezeit, das den Untergang der Dinosaurier besiegelte. Im Perm/Trias-Übergang kam es zu massiven Vergletscherungen oder Kälteperioden – möglicherweise als Folge eines Meteoriten-Falls (Impaktereignis), der riesige Staubmassen aufwirbelte und damit die Atmosphäre verdunkelte. Die Samenfarne waren tropische Pflanzen. Ihre Keimlinge und auch die Bäume selbst waren folglich kälteempfindlich. Bevor sie schließlich ausstarben, müssen sich mindestens aus einer Entwicklungslinie Pflanzen herausgelöst haben, die frostresistent waren – die nacktsamigen Koniferen.

Deren Fossilien sind älter als die der Bedecktsamer. Fossile Koniferensamen zeigen sich in Zapfen als Vorwölbungen auf der Unterseite der Samenschuppen. Fichte, Kiefer, Tanne, Zeder und viele andere zapfentragende Bäume sind heute immergrün. So hielten es mutmaßlich auch schon viele ihrer Ahnen und waren folglich bestens darauf vorbereitet, Trockenheit und Kälte zu überdauern. Nacktsamer- beziehungsweise Koniferenpollen werden vom Wind verbreitet. Nach der Befruchtung bilden sich im Schuppenschutz der weiblichen Zapfen die Samen (ABB. 72). Dieser beachtliche Wandel der ursprünglichen Methode, kleinste im Wasser verbreitete Gameten oder wie die Farne von der Wedelunterseite kurzlebige Sporen freizusetzen, ermöglichte es den immergrünen Koniferen, auch trockene Landgebiete und solche mit winterlicher Schnee- oder Eisbedeckung zu vereinnahmen. Heute sind Koniferenbestände weltweit die flächengrößten Waldgebiete.

Durch die Blume

Im Unterschied zu den zapfentragenden, nacktsamigen Pflanzen entwickeln die Bedecktsamer eingekapselte Samen – das Ergebnis der Umwandlung des Fruchtknotens zur Frucht. Mehr als eine Viertelmillion bedecktsamige Pflanzenarten (Angiospermen) kommen heute auf der Erde vor. Auch ihre Samen enthalten je einen Embryo, während die weiblichen Blütenteile sich

72
Pollenschläuche enthalten die männlichen Spermakerne der Pflanzen. Sie keimen und wachsen auf die Samenanlagen zu, um ihre Fracht dort in den „Embryosack" zu bringen. Bei allen Bedecktsamern (Angiospermen) findet hier eine doppelte Befruchtung statt: Ein Spermakern verschmilzt mit dem weiblichen Eikern, der andere mit dem diploiden sekundären Embryosackkern, woraus sich das triploide Nährgewebe für den Embryo entwickelt. Die Pollenkörner mit Cytoplasma und Zellkern erscheinen in dieser Fluoreszenzaufnahme orange, die Pollenschläuche weiß. Die keimenden Pollenkörner (männlich) und der Embryosack (weiblich) sind die Gametophytengeneration der Angiospermen. Vor der Befruchtung enthalten alle ihre Kerne daher nur je einen Chromosomensatz (sie sind „haploid"). Im menschlichen Körper sind nur die Spermatozoiden (männliche Gameten/Keimzellen) und die Eizellen haploid. Dagegen durchlaufen die Pflanzen in ihrem Entwicklungszyklus eine zusätzliche Zwischengeneration (Gametophyt), die nur aus haploiden Zellen besteht.

nach der Befruchtung umbilden, um die Samen zusätzlich zu umhüllen.

Die Menschen haben zu den Bedecktsamern eine besondere Beziehung. Unsere Primatenvorfahren lebten in Afrika auf bedecktsamigen Bäumen und ernährten sich, zumindest teilweise, von Früchten. Diese hatten leuchtende Farben, verführerische Düfte und andere hervorhebenswerte Qualitäten entwickelt, die schließlich zu einem festen Bestandteil der Vermehrungs- und Verbreitungsbiologie wurden. Säugetiere verbreiteten nach Fruchtverzehr die Samen und düngten mit ihren Ausscheidungen den Boden, womit sie neues Pflanzenwachstum förderten. Die unmittelbaren Vorfahren des Menschen waren keine Baumbewohner mehr. Sie nutzten ihre geschickten Hände und das räumliche Sehen vielmehr in einem neuen Landschaftstyp, den sie ebenfalls dem Pflanzenreich verdanken: Die Grasland-Savannen waren das Werk von Angiospermen, die eine Möglichkeit gefunden hatten, an der Sproßbasis und nicht mehr an den Zweigenden in die Länge zu wachsen. Die Savannen waren aber auch gleichermaßen das Werk der großen Pflanzenfresser, deren Freßgewohnheiten junge Bäume oder Stauden mit Spitzenwachstum zurückdrängten und durch „natürliche Auslese" die Gräser förderten. Schließlich hätten auch die Savannen nicht ohne Mikroorganismen entstehen können – Bakterien und Protoctisten im Verdauungssystem der Weidetiere, die bei der Celluloseverdauung helfen.

Selbst heute zeigt unsere Art ein besonderes Verhältnis zu Angiospermen. Samen, Früchte, Blätter, Stengel und Wurzeln stellen einen Großteil unserer Nahrung – entweder direkt oder auf dem Umweg über pflanzenfressende Nutztiere. Die einzige Ausnahme sind Gemeinschaften, die sich überwiegend vom Fischfang ernähren. Wir umgeben uns mit Möbeln, die aus dem Holz (Lignin) bedecktsamiger Waldbäume gefertigt wurden. Dekorative Angiospermen erfreuen uns in Blumengärten. Auch das Stammbaummodell zur Erläuterung phylogenetischer Abläufe ist uns vor allem deswegen vertraut, weil wir die Verzweigungsmuster bedecktsamiger Bäume kennen.

Charles Darwin bezeichnete die Entstehung der Angiospermenblüte als „großartiges Geheimnis" (ABB. 73). Hervorragend erhaltene Blüten- und Fruchtfossilien beweisen, daß die Angiospermen in Gebieten mittlerer Breite der Nordhemisphäre erstmals vor etwa 124 Millionen Jahren in der mittleren

73
Schlaf-Mohn (*Papaver somniferum*), Abteilung Angiospermophyta, Reich Plantae – eine „schlafbringende" Pflanze, weil der Milchsaft der unreifen Kapsel stark narkotisierende Stoffe enthält. Angiospermen, deren Evolution mit derjenigen der Säugetiere Schritt hielt, üben mit ihrem Blütendesign starken Einfluß auch auf menschliche Konsumenten aus. Die Biophilie-Theorie von E. O. Wilson behauptet, daß wir genetisch festgelegte Muster der Gefühlsreaktion gegenüber anderen Lebensformen besitzen. Farb-, Duft- und Geschmacksqualitäten der Blütenpflanzen bezaubern mit aller Kraft ihres 100 Millionen Jahre alten Vermächtnisses.

Kreidezeit auftauchten. Innerhalb von etwa 60 Millionen Jahren hatten sich inmitten der letzten riesenwüchsigen Nacktsamerbäume der Kohlensümpfe üppig blühende Bedecktsamer entwickelt und ausgebreitet. Borstenhirse, Philodendron, Bogenhanf, Mais, Grünlilie, Kürbis, Tulpen, Kokospalmen und Weiden gehören allesamt zur großen Klasse der Bedecktsamer. Obwohl der amazonische Regenwald die wohl meisten Blütenpflanzenarten der Welt umfaßt, nahm er noch vor etwa 10 000 Jahren eine deutlich kleinere Fläche als heute ein. Ähnlich wie die Säugetiere sind die bedecktsamigen Blütenpflanzen relative Neulinge der Evolution.

Einige Pflanzen sind vom Menschen sogar so abhängig geworden, daß sie ohne ihn nicht mehr überleben. Ein eindrucksvolles Beispiel dafür ist der Mais (ABB. 74). Hervorgegangen aus dem mittelamerikanischen Wildgras Teosinte, baut man heute in nahezu allen Regionen der Welt Kulturmais in zahlreichen Sorten an. Durch wiederholte Auslese der Körner der jeweils ertragreichsten Maiskolben wurde die Wildart zur abhängigen Kulturpflanze. Ohne gezielte Ernte und Aussaat von Hand oder Maschine könnte sich der Mais nicht mehr fortpflanzen. Bleibt diese Hilfe aus, sind die Maiskörner innerhalb der faserigen Kolbenhülle (Lieschen) eingesperrt und können nicht auskeimen.

Die „grüne Revolution" – die enorme Bevölkerungszunahme infolge verbesserter Landwirtschaft und die Entstehung von Städten – ist, unter biosphärischem Blickwinkel betrachtet, hauptsächlich eine Erfolgsgeschichte der bedecktsamigen Blütenpflanzen. Wie bei den Blattschneiderameisen, die ihre Pilzgärten in Reihe und Glied anlegen, galt menschlicher Erfindungsgeist vom Traktor über Kunstdünger und Bewässerungssystem bis hin zur Biotechnologie überwiegend dem Anbau einiger bevorzugter Pflanzen.

Unser Primatengehirn, das sich in einer Umwelt aus bedecktsamigen Blütenpflanzen entwickelte, widmet sich immer noch der Bewahrung und Erschließung dieser grünen, nahrhaften Welt. Unsere erklärte Neigung zu den Angiospermen ist so tief und instinktiv verwurzelt, daß ätherische Öle flaschenweise als Parfüm verkauft, Speisen und Getränke mit künstlichen Fruchtaromen versehen, Kleidung und Spielzeug in allen Schattierungen von Rot, Gelb und Orange gefärbt werden - in „warmen" Farbtönen, welche auch schon die natürlichen Werbekampagnen der Pflanzen verwendeten, um angelockte Tiere für Zwecke der Bestäubung einzusetzen.

Pflanzen setzen Tiere auch gezielt für ihre Verbreitung ein. Wir essen Trauben, spucken aber die Traubenkerne aus und verbreiten damit Pflanzensamen. Bittere Samen und hartschalige Früchte würden das Prädikat „einfallsreich" verdienen, wären sie das Entwicklungsprodukt eines fähigen Gehirns. Wie bunte Warenhausverpackungen verführen farbige, wohlschmeckende Früchte mit ungenießbaren oder unverdaulichen Samen Tiere dazu, die pflanzliche Nachkommenschaft zu sammeln und zu verbreiten.

Beispielhaft für das gewachsene Beziehungsgeflecht zwischen den zahlreichen Lebewesen der Biosphäre haben es die festsitzenden, muskel- und hirnlosen Pflanzen tatsächlich fertiggebracht, die Beweglichkeit

74
Mais (*Zea mays*), Abteilung Angiospermophyta, Reich Plantae mit farbigen Körnern im Fruchtstand (Kolben). Der Anbau der heutigen Kulturpflanze erfordert bestimmte Arbeitsschritte von Hand oder durch Maschinen - Beweis für eine jahrtausendelange Koevolution der Nutzpflanze und Mensch. Maiskörner moderner Anbausorten können ohne diese technische Hilfe durch den Menschen nicht mehr keimen und wachsen.

und Neugier von Organismen für sich in Anspruch zu nehmen, die im allgemeinen als höherentwickelt angesehen werden – der Tiere. Wie die Anastomosen im Stammbaum des Lebens ist die Kopplung der pflanzlichen Vermehrung mit den geschmacklichen Vorlieben der Tiere ein überzeugender Beweis für Synergismen und Konvergenz. Lebewesen kämpfen und konkurrieren nicht nur miteinander, sie schließen sich auch zusammen und kooperieren.

Solarökonomie

Wir zweifüßig laufenden Säugetiere halten uns gerne für die Krone der Schöpfung. Diese Einschätzung hätten aber auch ebenso gut die Pflanzen verdient. Sie haben weder Gehirn noch Sprache – aber sie brauchen beides auch nicht. Sie leihen sich einfach unsere aus.

Mit unserer prahlerischen Intelligenz sind wir wie Johnny Appleseed und verbreiten Obstbäume und Grassaat über die ganze Welt. Indem wir uns unmittelbarer als irgendein anderes Tier in die Vergangenheit und Gegenwart des Photosynthesebetriebs einschalten, setzen wir jedoch das Leben aufs Spiel. Denn, sehen wir es unmißverständlich, mit dem Menschen trat die Solarökonomie in eine neue Phase.

Peter Vitousek kam durch Auswertung von Satellitenbildern zu der Einschätzung, daß heute etwa 40 Prozent der eisfreien Landoberfläche der Erde landwirtschaftlich genutzt werden. Nur wenig nutzbares Land blieb bisher unberührt (ABB. 75). Die Menschheit verbraucht jährlich das Energieäquivalent von 18 Trillionen Kilogramm Steinkohle – etwa 3,6 Tonnen je Kopf der

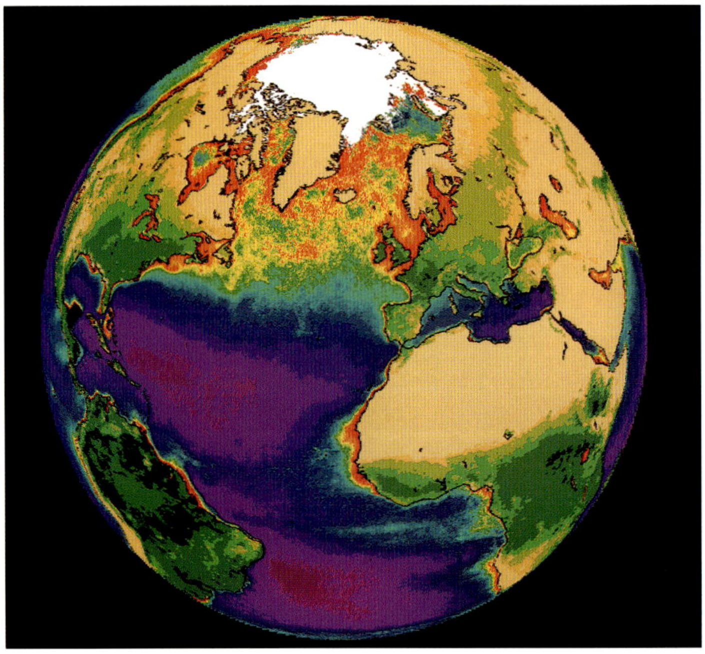

75
Das Satellitenbild der Erde aus dem Weltraum läßt mehrere hauptsächliche Vegetationsgebiete erkennen – Wälder, Wüsten, (Hoch-) Gebirge und andere Ökosysteme. Die Kontinente zeigen sich hier als hochragende Teile umherdriftender Platten, die ihre relative Position während der Erdgeschichte ständig veränderten. Die Evolutionsbiologie und das moderne geologische Konzept der Plattentektonik ergänzen sich gegenseitig und erweitern unsere Sicht des Planeten Erde und seiner Geschichte. Als zusammenhängende Biosphäre ist die Erdoberfläche das chemisch aktive Aggregat von Lebensformen, die Sonnenlicht wandeln, Gase austauschen, Gene weitergeben und ihre Umwelt gestalten.

Erdbevölkerung. Dieser Energieverbrauch dient teilweise zur Gewinnung von 27 Milliarden Kilogramm Eisen, 90 Milliarden Kilogramm Gips und ähnlichen Massengütern. Er dient aber auch der Erzeugung von schätzungsweise 540 Milliarden Kilogramm Weizen und 92 Milliarden Kilogramm Nahrung aus dem Meer.

Da fossile Brennstoffe und Solarenergie in Industrie und Maschinenproduktion ebenso einfließen wie in die globale Landwirtschaft, werden immer mehr Pflanzen, Tiere und Mikroorganismen von neuen technologischen Systemen abhängig. Der Verbrauch nicht erneuerbarer Ressourcen schafft bisher unbewältigten biosphärischen Abfall wie Insektizide, Polyvinylchlorid, Hartschäume, Kunstseide und Latexfarben. Die Abgase aus der Verbrennung langfristig festgelegter Energieträger stören oder verändern unwiderruflich das komplexe System der irdischen Physiologie.

Kohlendioxid reichert sich in der Atmosphäre an. Durchlässig für sichtbares Licht, aber undurchlässig für reflektierte Wärmestrahlung, erhöht dieses Treibhausgas die Weltdurchschnittstemperatur, so daß die polaren Eiskappen schmelzen und küstennahe Städte überschwemmt werden. Gegenwärtig vollzieht sich ein enormes Artensterben durch die großflächige Rodung von Wäldern. Kettensägen und Bulldozer töten manche Arten direkt und andere durch zerstörerische Eingriffe in deren Lebensraum. Selbst die Energie, die unsere Spezies zur Lebensraumverwüstung einsetzt, stammt letztlich aus der Photosynthese. Gut oder böse, neuartig oder überkommen – das solare Feuer treibt die Natur an. Sogar die Energie der Gewaltanwendung liefern letztlich nur die Pflanzen.

Seit sich die Spezies *Homo sapiens* entwickelte, haben uns die Pflanzen ernährt, gekleidet und geschützt. Von der Wiege bis zur Bahre begleiten sie uns auf unserer biosphärischen Reise. Zur Sonne gerichtete Blumen stehen symbolhaft für Frieden, Leben, Schönheit, Hoffnung, Weiblichkeit und Licht.

Blumen begeistern und beruhigen wie die bunten Tropenfische im Aquarium. Sie steigern die Biophilie, sind Medizin für den Geist und beflügeln unsere Gedanken. Aber Blütenpflanzen sind mehr als nur Dekorationsartikel. In einer Umwelt, in der Menschen leben wollen, sind sie einfach unentbehrlich. Ihre Nachkommen werden unseren Nachfahren Gesellschaft leisten. Grünlilien, so berichtet die NASA, binden im geschlossenen System einer Raumkapsel giftige Spurenstoffe. Seerosen reinigen das Trinkwasser. Lange Ausflüge in den Weltraum sind unvorstellbar ohne wachsende Pflanzen als Nahrungslieferanten. Vielleicht wird in sieben Generationen Ihr Urururururururenkel zu seinen Fußspitzen hinunterblicken und eine Blume entdecken, die aus einem Riß in der Marsoberfläche hervorbricht.

Was also ist Leben?

Leben ist die Umwandlung von Sonnenlicht. Es ist die Energie und die Materie der Sonne, die im grünen Feuer photosynthetisch aktiver Lebewesen Gestalt annimmt. Es ist die Körperwärme des Tigers, der im Dunkel der Nacht durch den Dschungel pirscht. Es ist der natürliche Charme der Blumen. Das grüne Feuer wandelt sich von selbst zum Rot, Orange, Gelb oder Purpur verführerischer Blütenpflanzen. Mit Wachstum und der Erfindung von Lignin verlagerten die grünen Lebewesen die Biosphäre über den Bodenhorizont. Als Fossilien bewahrten diese Lebewesen das Sonnengold, ehe es erst in jüngster Zeit der menschliche Schmelztiegel der Solarökonomie wieder aufbraucht. Die lineare Ausrichtung all dieser Umwandlungen müßte schließlich wieder zum Kreisprozeß zurückfinden wie in der zwanghaften Autopoiese der Pflanzen. Mögen wir auch eine intelligente Lebensform sein, so beruht doch ein großer Teil unserer Intelligenz auf dem, was wir heute Photosynthese nennen. Im Blick darauf, wie das Leben solares Feuer in alle Energie- und Stoffkreisläufe der Biosphäre umwandelt, bestaunen wir den einzigartigen Aufstieg lebender Pflanzen.

9

Die Symphonie des Bewußtseins

Wegen der Unvollkommenheit der Sprache nennt man den Nachkommen ein neues Tier, doch in Wahrheit ist er ein Zweig oder eine Verlängerung des Elternorganismus, und daher kann man strenggenommen nicht sagen, daß er zur Zeit seiner Zeugung gänzlich neu ist, und folglich mag er einige der Gewohnheiten des elterlichen Systems beibehalten.

Erasmus Darwin

Die Gewohnheit ist eine zweite Natur, welche die erste zerstört. ... Ich fürchte sehr, daß diese Natur selbst nur eine erste Gewohnheit sei.

Blaise Pascal

Denken und Sein sind ein und dasselbe.

Parmenides

Ein Doppelleben

Was ist Leben? Zwei wesentliche Merkmale des Lebens sind, daß es sich selbst hervorbringt (autopoietisch erhält) und reproduziert. Hinzu kommt der erbliche Wandel: DNA- und Chromosomenmutation, Symbiose und sexuelle Verschmelzung des wachsenden Lebens bedeuten in Verbindung mit der natürlichen Auslese evolutionären Wandel. Doch mit Autopoiese, Reproduktion und Evolution ist die Vielfalt des Lebens längst nicht erschöpft.

Wir haben gesehen, wie man das Leben charakterisieren kann: als materiellen Prozeß, der die Materie siebt und über sie hinwegrollt wie eine sonderbare, langsame Welle; als planetare Überschwenglichkeit und solares Phänomen, das astronomisch gesehen lokal das einfallende Sonnenlicht sowie Luft und Wasser der Erde in Zellen verwandelt. Man kann das Leben auch auffassen als ein verwickeltes Muster von Wachstum und Tod, Ausbreitung und Beschränkung, Verwandlung und Zerfall. Durch die Darwinsche Zeit mit den ersten Bakterien und durch Vernadskys Raum mit allen Bewohnern der Biosphäre verbunden, ist das Leben ein einziges, sich ausweitendes Netzwerk. Leben ist wildgewordene Materie, die ihre Richtung selbst wählen kann, um den unausweichlichen Moment des thermodynamischen Gleichgewichts – den Tod – endlos hinauszuschieben. Leben ist auch eine Frage, die das Universum in Gestalt des Menschen an sich selbst richtet.

Auf der Erde manifestiert sich das Leben in fünf Organismenreichen, die dieses Geheimnis aller Geheimnisse aus unterschiedlichem Blickwinkel aufdecken. Man kann durchaus sagen: Das Leben besteht aus Bakterien und ihren Nachkommen. Jeder Quadratzentimeter dieses Planeten ist heute besiedelt von Mitgliedern des Reiches Monera, findigen Produzenten, fleißigen tropischen Umwandlern und Eroberern polarer Gebiete. Das Leben ist zugleich die seltsame neue Frucht von Individuen, die sich durch Symbiose entwickelten. Verschiedene Arten von Bakterien verschmolzen zu Protoctisten. Als artgleiche Protoctisten verschmolzen, entstand die meiotische Sexualität. Es entwickelte sich der programmierte Tod. Vielzellige Verbände wurden zu Tier-, Pflanzen- und

Pilzindividuen. Das Leben ist also nicht bloß Verteilung und Zerstreuung, sondern auch der Zusammenschluß unterschiedlicher Ganzheiten zu neuen Wesen. Leben endete nicht bei komplexen Zellen und vielzelligen Wesen, sondern ging weiter und formte Gesellschaften, Gemeinschaften und die lebendige Biosphäre selbst.

Leben ist Materie, die sich bewegt und denkt, ist die Kraft wachsender Populationen. Leben ist die Verspieltheit, Präzision und Schläue des Tierreichs – eine Fülle phantastischer Erfindungen für das Kühlen und Warmhalten, für Fortbewegung und Beharrung, Pirschen und Flüchten, Werben und Täuschen. Es ist Wahrnehmen und Reagieren, es ist Bewußtsein und schließlich Selbstbewußtsein. Das Leben, geschichtliche Kontingenz und zugleich listige Neugier, ist die klatschende Flosse und die rauschende Schwinge tierischen Erfindungsreichtums, ist die in den Vertretern des Reiches Animalia verkörperte Avantgarde der vernetzten Biosphäre.

Leben ist ein Prozeß, den die Materie durchläuft, in dem Pilze durch die Verwertung der Überreste von Pflanzen und Tieren die Kreisläufe schließen. Es vollzieht sich in der Unterwelt des Bodens und der Verwesung ebenso wie in den durchlichteten Welten photosynthetisch aktiver Wesen. Leben ist ein Netzwerk von Bündnissen zwischen verschiedenen Reichen, an dem das Reich Fungi besonders wirksam und einfallsreich teilnimmt. Es ist eine Orgie der Attraktionen, von den kunstfertigen falschen „Blüten" der Pilze bis zu den Verlockungen von Trüffeln und Halluzinogenen.

Leben ist die Umwandlung von Energie und Materie. Aus dem Feuer der Sonne wird das grüne Feuer photosynthetisch aktiver Wesen. Das grüne Feuer wird zur sexuellen Farbenpracht von Blütenpflanzen, Spezialisten in der Verführung von Vertretern anderer Reiche. Fossiles grünes Feuer ist für den Menschen ein Speicher solarer Ökonomie. Leben ist unablässig dissipative Chemie.

Und Leben ist Erinnerung – Erinnerung in Aktion, die chemische Wiederholung des Vergangenen.

Diese unzulänglichen Beschreibungen kommen einer endgültigen Definition des Lebens zwar nahe, erreichen sie jedoch nicht. Ein letztes, abschließendes Wort versagen wir uns, weil das Leben sich immer wieder selbst transzendiert und sich jeglicher Definition entzieht. In kurzfristigem Anpassen und Lernen, in langfristiger Aktion und Evolution, in Interaktion und Koevolution gehen organische Wesen über sich hinaus, in dem Sinne, daß sie mehr werden, als sie anfangs waren. Leben steigt Leben zu immer neuen Höhen der Aktivität und Komplexität auf, indem es die Energien der Sonne speichert und umverteilt. Unvorstellbar, was das Leben noch aus sich machen wird, wenn es sich in weitere Bereiche des Universums ausbreitet und auch diese wieder zu seiner Heimstatt umgestaltet.

Jeder Organismus führt mehr als ein Leben. Ein Bakterium im Salzsumpf sorgt für sich selbst, formt aber zugleich seine Umwelt und verändert die Atmosphäre. Als Mitglied der Gemeinschaft beseitigt es den Abfall eines Nachbarn und gibt einem anderen Nahrung. In der Streuschicht des Waldes verrichtet ein Pilz seine Arbeit, wenn er sich in das Fallaub eines Baumes hineinfrißt, doch zugleich hilft er, den Kreislauf des Phosphors innerhalb der Biosphäre zu schließen. Wir Menschen sind einerseits gewöhnliche Säugetiere, andererseits eine neue planetarische Kraft.

Wir essen, scheiden aus und kopulieren wie andere Tiere, und wie sie stammen wir von fusionierten Bakterien und Protoctisten mit meiotischem Lebenszyklus ab. *Homo sapiens* hat, wie andere Säugerarten, vielleicht noch zwei Millionen Jahre vor sich, denn die mittlere Lebensspanne von Säugern im Känozoikum liegt unter drei Millionen Jahren. Alle Arten verschwinden irgendwann, sie sterben aus oder spalten sich in Folgearten auf. Es gibt keine Tierart aus dem Kambrium, die bis heute überlebt hat.

Vielleicht wird *Homo sapiens* sich in zwei Folgearten aufspalten, die von uns so verschieden sind wie wir heute vom Schimpansen (*Pan troglodytes*). Die Technik könnte eine solche Aufspaltung noch beschleunigen. Möglich, daß Nachfahren der Menschen, deren Nervensystem in das robuste Gehäuse von Robotern einbezogen ist, außerhalb von Raumfahrzeugen mit Teleskopaugen die Röntgenemissionen von Sternen beobachten werden. Denkbar, daß Ex-Menschen

Erbkrankheiten aus ihren Genen entfernen oder durch Genmanipulation über die normale Intelligenz hinauswachsen werden. Vorstellbar auch, daß sie auf Planeten mit größerer oder geringerer Schwerkraft dramatisch an Gewicht zu- beziehungsweise abnehmen, daß ihre Knochenmasse, ihr Atmungssystem sich ändern und ihre inneren Organe sich umlagern werden.

Man kann sich viele Szenarien vorstellen. Doch was immer aus uns werden mag – unsere Nachfolger werden Spuren der Vergangenheit beibehalten, die für uns Gegenwart ist. Clair Folsome hat sich ausgemalt, daß selbst dann, wenn eine neue biologische Waffe imstande wäre, alle Ihre animalischen Zellen zu verdampfen, „Sie" selbst nicht verschwinden würden:

> »Übrig bliebe ein geisterhaftes Bild, auf dem die Hautoberfläche umrissen würde durch einen Schimmer von Bakterien, Pilzen, Rundwürmern, Fadenwürmern und sonstigen mikrobiellen Bewohnern. Der Darm würde erscheinen als eine Röhre, die dicht mit aeroben und anaeroben Bakterien, Hefen und anderen Mikroorganismen besiedelt ist. Bei genauerem Hinsehen würde man in allen Geweben Hunderte Arten von Viren erkennen. Wir sind nicht die einmaligen Wesen, für die wir uns halten. Es würde sich zeigen, daß jedes Tier und jede Pflanze einen solchen wimmelnden Zoo von Mikroben bildet.«[1]

Wir haben mehr als 98 Prozent unserer Gene mit den Schimpansen gemein, wir schwitzen Flüssigkeiten aus, die dem Meerwasser ähneln, und wir gieren nach dem Zucker, der drei Milliarden Jahre, bevor die erste Raumstation entwickelt war, unsere Vorfahren mit Energie versorgte. Wir schleppen unsere Vergangenheit mit.

Doch nun, in elektronisch verdrahteten Städten zusammengeballt, haben Menschen damit begonnen, das Leben im planetaren Maßstab umzugestalten. Wir seien der rein animalischen Evolution enthoben, behaupten die Futuristen. Sind wir nicht doch mehr als eingebildete Affen in ausgefallenen Kleidern? Haben wir nicht Musik, Sprache, Kultur, Wissenschaft, Computertechnologie?

Von Katherine Hepburn in dem Film *The African Queen* wegen alkoholischer Exzesse abgewiesen, lehnt Humphrey Bogart die Verantwortung für sein Fehlverhalten ab. »Ein Mann trinkt schon mal einen über den Durst«, erklärt er, »das liegt in der menschlichen Natur.«

»Die Natur ist«, antwortet die Hepburn förmlich und schaut von ihrer Bibel auf, »worin wir gestellt wurden, um uns darüber zu *erheben*.«

Auch wenn es sich selbst transzendiert – seine Vergangenheit löscht das Leben niemals aus: Menschen sind Tiere sind Mikroben sind Chemikalien. Daß wir „mehr" seien als Tiere, ist kein Widerspruch zur materialistischen Grundauffassung der Wissenschaft. Einerseits ist das Leben nicht so mechanistisch, wie man uns früher gelehrt hat, andererseits ist es, da es kein Gesetz von Chemie und Physik verletzt, nicht vitalistisch. Wir glauben, ein großes Maß an Freiheit zu besitzen, aber auch alle anderen Wesen, die Bakterien eingeschlossen, treffen Entscheidungen, die sich auf ihre Umwelt auswirken. Lebendig gespeichert und umgewandelt, treibt die Energie des Sonnenlichts Zellwachstum, Sexualität und Vermehrung von weitgehend ähnlichen Lebensformen an. Es ist denkbar, daß alle Lebewesen unser Gefühl teilen, einen freien Willen zu besitzen.

Das Leben auf der Erde ist ein komplexes, auf Photosynthese beruhendes chemisches System, fraktal geordnet zu Individuen auf unterschiedlichen Stufen der Organisation. Wir könnnen uns nicht über die Natur erheben, denn die Natur transzendiert sich selbst.

Die Natur endet nicht mit uns, sondern schreitet unerbittlich fort, über Tiersozietäten hinaus. Globale Märkte und Satellitenkommunikation, Funktelefone, Kernspinresonanz-Bildgebungsverfahren, Computernetze, Kabelfernsehen und andere Technologien verbinden uns miteinander. Die Menschen bilden bereits ein übermenschliches Wesen, eine wechselseitig abhängige, technologisch unterstützte Übermenschheit. Wir gelangen durch unsere Aktivitäten zu einer Einheit, die über den einzelnen Menschen so weit hinausgeht wie jeder von uns über die Zellen, aus denen er besteht.

Nach den heißen und kalten Kriegen dieses Jahrhunderts kommunizieren wir heute per Telefon und Computer mit Lichtgeschwindigkeit über die Grenzen der Nationalstaaten hinweg. Blitzschnell verbreiten wir

Nachrichten in der Welt. Doch diese sozialen Veränderungen am Beginn des neuen Jahrtausends verblassen angesichts der dramatischen biologischen Veränderungen. Das Phanerozoikum, das vor über 500 Millionen Jahren weithin mit räuberischem Verhalten und seiner Abwehr in Gestalt schalenbewehrter Tiere begann, geht zu Ende. Evolutionäre Fortschritte, die aus Bakterien Eukaryoten und aus Protoctisten Tiere werden ließen, wiederholen sich jetzt im planetaren Maßstab. Die Menschheit wandelt sich von einer Gesellschaft zu einem organischen Wesen höherer Stufe. Die Völker beginnen sich wie das Gehirn oder das neurale Gewebe eines globalen Wesens zu verhalten. Unsere menschliche und technisch erweiterte Intelligenz wird mit zunehmender Bevölkerungsdichte und Seßhaftigkeit zum Bestandteil des planetaren Lebens insgesamt.

Die Tatsachen des Lebens, die geschichtlichen Zusammenhänge der Evolution, vermögen alle Völker zu einen. Die kulturelle Erfindung Wissenschaft, welche die Resultate von Tausenden von Wissenschaftlern zusammenfaßt sowie den Zweifel und die Skepsis als Inbegriff wissenschaftlichen Forschens pflegt, könnte eine überzeugendere, wenngleich immer wieder korrigierbare Weltbeschreibung liefern, als es engstirnige Mythen und entzweiende, Glauben fordernde religiöse Traditionen tun. Das heißt durchaus nicht, daß Wissenschaftler immer recht haben. Dennoch ist die bedeutsamste Daseinsbeschreibung für die künftige Menschheit wohl weniger von Hinduismus, Buddhismus, Judentum, Christentum und Islam zu erwarten als vom evolutionären Weltbild der Wissenschaft. Wissenschaftliche Forschung und Schöpfungsmythos, bisher getrennt, könnten zu einem einheitlichen Bild verschmelzen, einer wissenschaftlichen Erzählung, die verifizierbare Tatsachen und persönliche Sinngebung in sich vereint.

Wahlfreiheit

In einer wahrhaft evolutionären Psychologie ist der Geist nicht vom Himmel gefallen, sondern eine originäre Hervorbringung der lebenden Materie. Das Denken entstammt aus keiner anderen Welt als dieser – es entspringt der Aktivität von Zellen.

Wenn man ihnen unterschiedliche Nährstoffe darbietet, treffen schwimmende Bakterien, Ciliaten, Flagellaten und andere bewegliche Mikroben eine Auswahl. *Amoeba proteus*, die sich mit veränderlichen Pseudopodien fortbewegt, findet Geschmack an *Tetrahymena*, meidet dagegen *Copromonas*. *Paramecium* verschlingt am liebsten kleine Ciliaten, aber wenn diese und andere Protisten knapp sind, ernährt es sich widerstrebend auch von Aeromonaden und anderen Bakterien.

Die Foraminiferen (oder Kammerlinge, eine der vielfältigsten Gruppen fossilbildender Organismen) entwickeln, obwohl sie „bloß" Protoctisten sind, eine erstaunliche Fülle von herrlichen Schalen. Ohne ihre Schalen ähneln sie Amöben mit sehr langen, dünnen Plasmafortsätzen. Die Schalen bestehen aus Sand, Kalk, den Skelettnadeln von Schwämmen und sogar den Schalen anderer Kammerlinge. Die Foraminiferen bilden die Schalen, in denen sie hausen, indem sie umherschwebende Teilchen mit einem organischen Zement zusammenkleben. Manche Arten verwenden, was sich gerade an Bauteilen anbietet. Andere treffen aus verschiedenen Teilchen eine gezielte Auswahl hinsichtlich Form und Größe. So bildet *Spiculosiphon* seine Schale nur aus den Skelettnadeln von Schwämmen.[2] Ohne Gehirn und Hand wählen sich diese entschlossenen Protisten ihre Baumaterialien aus.

Noch kleinere, nur zwei Mikrometer lange chemotaktische Bakterien können stoffliche Unterschiede wahrnehmen. Auf Zucker schwimmen sie zu, von Säure entfernen sie sich. Ein chemotaktisches Bakterium kann schon ein Konzentrationsgefälle von 10 000 zu 10 001 entlang seiner Zellänge wahrnehmen.

Der Biochemiker Daniel Koshland erklärt die spirituellen Neigungen von Prokaryoten:

> »„Auswahl", „Unterscheidung", „Gedächtnis", „Lernen", „Instinkt", „Urteil" und „Anpassung" sind Wörter, die wir normalerweise höheren neuralen Prozessen zuweisen. Doch in gewissem Sinne kann man all diese Merkmale auch einem Bakterium zuschreiben ... Es wäre unklug, darin lediglich semantische Analogien zu sehen, weil zwischen

> molekularen Mechanismen und biologischen Funktionen offenbar Zusammenhänge bestehen. So beruht das Lernen bei höheren Arten zwar auf langfristigen Vorgängen und komplexen Wechselwirkungen, doch muß man die induzierte Enzymbildung vermutlich als einen der molekularen Mechanismen betrachten, die an der Festigung bestimmter neuronaler Verknüpfungen und der Beseitigung anderer beteiligt sind. Die Unterscheidung zwischen Instinkt und Lernen wäre demnach keine Grundsatzfrage, sondern eine des zeitlichen Maßstabs.«[3]

Mikroben nehmen Hitze wahr und meiden sie, bewegen sich auf Licht zu oder von ihm fort. Es gibt sogar Bakterien, die Magnetfelder wahrnehmen. Sie haben seriell angeordnete Magnete in ihren winzigen, stabförmigen Körpern (ABB. 76). Dafür, daß Bakterien bloß Maschinen ohne Empfinden oder Bewußtsein sind, spricht genausowenig wie für Descartes' Behauptung, daß Hunde keinen Schmerz spüren. Daß Bakterien empfinden und handeln, aber ohne Gefühl, ist möglich, aber letztlich solipsistisch. (Solipsismus ist die Idee, daß die ganze Außenwelt einschließlich anderer Menschen eine Projektion der eigenen Phantasie sei.) Vermutlich empfinden lebende Zellen etwas. Protisten verschmähen unverdauliche Pilzsporen und bestimmte Bakterien, verschlingen dagegen andere gierig. Leben scheint selbst auf der primitivsten Stufe mit Empfindung, Auswahl und Geist verbunden zu sein.

Darwin machte einen strengen Unterschied zwischen „natürlicher Auslese“ (Wechselwirkungen zwischen nichtmenschlichen Organismen und ihrer Umwelt) und „künstlicher Auslese“ durch Menschen (von Taubenliebhabern und Hunde- oder Viehzüchtern ästhetisch oder funktional begründete Wahl). Doch die „natürliche“ Auslese ist „künstlicher“ und weniger mechanisch, als Darwin meinte. Die Umwelt ist nicht tatenlos. Selbstbewußtsein ist nicht auf Menschen beschränkt. Nichtmenschliche Wesen treffen eine Wahl, und alle Wesen beeinflussen das Leben anderer.

Menschen sind angeblich etwas Besonderes. Wir haben den aufrechten Gang (deshalb glauben wir, buchstäblich „über“ anderen Arten zu stehen). Wir

76
Elektronenmikroskopische Darstellung magnetotaktischer Bakterien mit eingebauten Magnetitpartikeln. Diese Zellen, die sich magnetisch nach dem Nord- oder Südpol ausrichten können, belegen die Sensitivität der lebenden Substanz auf allen Stufen, in allen Größenordnungen und in allen Reichen. Wahrnehmung, Auswahl und Empfindung sind keineswegs nur auf Menschen anwendbar, sondern auf jegliches Leben auf der Erde.

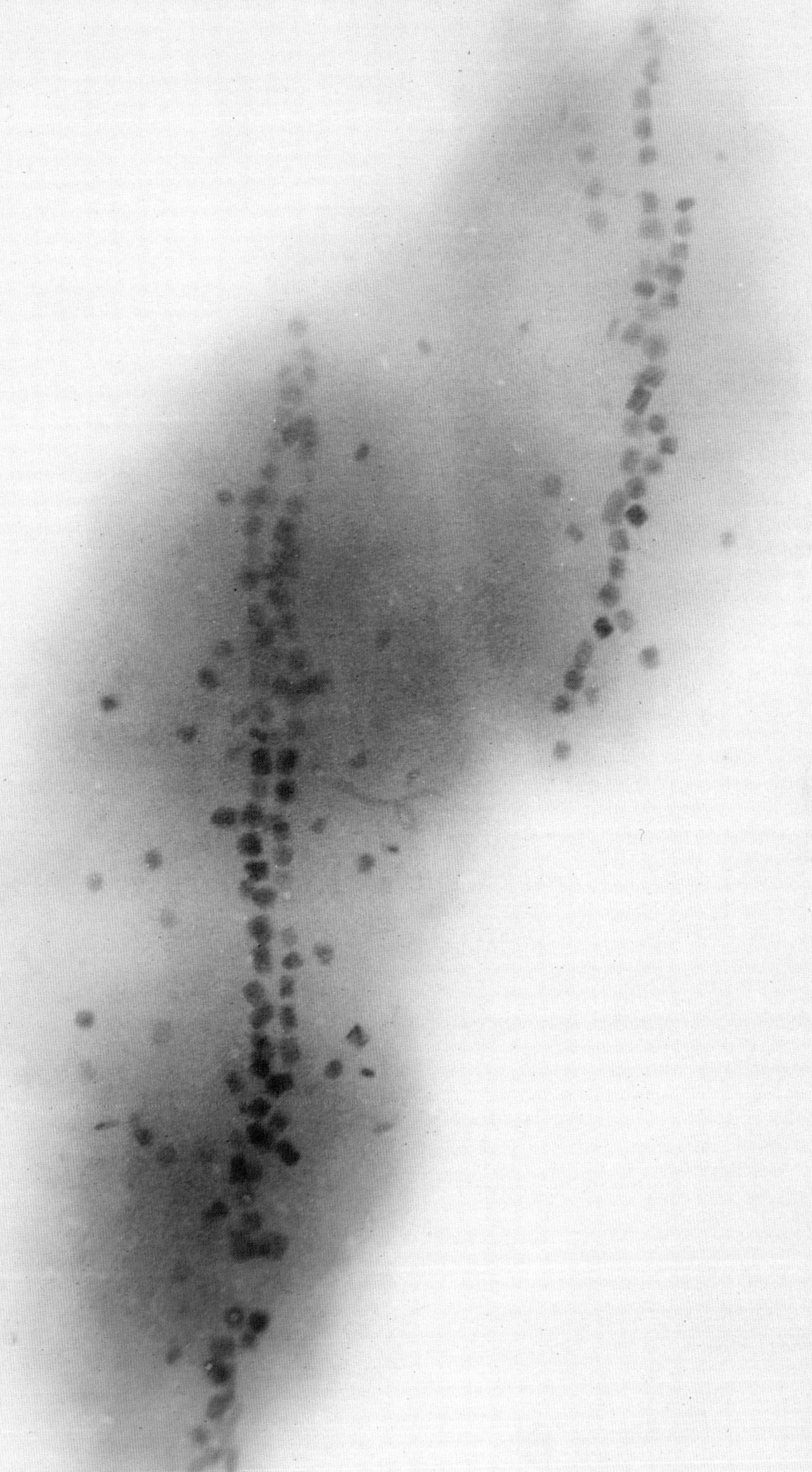

haben den opponierbaren Daumen (der Mensch als Werkzeugbenutzer), sprachliche Fähigkeiten (der Mensch als Geschichtenerzähler) und eine uns über die Tiere erhebende Seele (Descartes' Unterscheidung). Wir haben, jedenfalls in der westlichen Welt, eine kulturelle Tradition, uns in der moralischen Verantwortung für das übrige Leben zu sehen. Auch ohne Gott glauben wir, die unvergleichliche Fähigkeit zu besitzen, den Planeten (mit Atomwaffen) zu zerstören oder Atmosphäre und Klima rasch zu verändern.

Selbst ein so glühender Feind der Idee des Fortschritts in der Evolution wie Stephen Jay Gould (und nicht nur er) meint, der Mensch könne sich durch „kulturelle Auslcsc" rasch entwickeln, während alle übrigen irdischen Lebensformen an das alte, schwerfällige System der „natürlichen Auslese" gefesselt seien. Doch schon die Vielzahl der Merkmale, die angeführt werden, um die Einzigartigkeit des Menschen zu erklären, stimmt mißtrauisch. Unter den verblüffenden Begründungen für unsere Überlegenheit findet sich ein wissenschaftliches Argument, das merkwürdig von den übrigen absticht: Menschen seien die einzigen Wesen, die einer kompletten Selbsttäuschung fähig sind.

Diese Behauptung stützt sich auf den vermutlich irrigen Glauben der Frühmenschen an ein Leben nach dem Tode. Unsere vorgeschichtlichen Ahnen bestatteten ihre Toten mit Nahrung, Waffen und Heilkräutern, die den Leichen wenig nützen. Welche Ironie, daß wir uns auf der Suche nach Belegen für unsere Überlegenheit am Ende zu einem Merkmal gratulieren, das alle übrigen zu negieren droht! Auch bei anderen Arten kommt es vor, daß Individuen sich gegenseitig täuschen, doch wir Menschen sind meisterhaft in der Selbsttäuschung: Die Besten in der Benutzung von Symbolen, die intelligenteste Spezies und die einzige, die spricht, sind wir auch als einzige so weit gekommen, daß wir uns selbst vollkommen täuschen können.

Winzige Absichten

Freuds Deutung des Unbewußten als Verdrängung – schmerzliche Erinnerungen werden aus dem Bewußtsein verdrängt – hat davon abgelenkt, daß Handeln auch auf andere Weise unbewußt werden kann. Nicht Vermeidung, sondern konzentrierte Aufmerksamkeit kann Handeln zur automatisierten zweiten Natur werden lassen. Man lernt eine Rede „auswendig". Wer gekonnt Schreibmaschine schreibt, schaut nicht mehr auf die Tasten. Fast jede Tätigkeit, die man auswendig gelernt hat, entzieht sich der bewußten Kontrolle. Mit fast vollkommener Autonomie arbeiten Herz und Nieren. Das normalerweise automatische Atmen und Schlucken kann der Organismus nur zum Teil willentlich steuern und modulieren.

Vielleicht – ein seltsamer Gedanke – sind die physiologischen Vorgänge unserem Säugerbewußtsein entzogen, weil unsere Vorfahren, vom Überlebenskampf genötigt, ihre Fähigkeiten bewußt eingeübt haben, bis sie mit unbewußter Perfektion abliefen? Zwar kennt die Wissenschaft noch keinen Mechanismus, der erlernte Gewohnheiten der einen Generation in die Physiologie der nächsten umsetzt, doch kann, wie die Erfahrung lehrt, Bewußtes durch wiederholtes Tun unbewußt werden. Die Kluft, die uns von anderen organischen Wesen trennt, ist gradueller, nicht grundsätzlicher Natur. Unser gesteigertes Bewußtsein entspringt der Summe winziger Absichten, Wünsche und Ziele von ungezählten Billionen autopoietischer Vorgänger, die Entscheidungen trafen, welche ihre Evolution beeinflußten. Wenn wir unseren Vorfahren auch nur einen Bruchteil der Willensfreiheit, Bewußtheit und Kultur zugestehen, die wir Menschen genießen, ist leichter zu erklären, daß die Komplexität auf der Erde seit mehreren Jahrmilliarden zugenommen hat: Das Leben ist ein Produkt nicht nur blinder Naturkräfte, sondern auch einer Selektion in dem Sinne, daß Organismen eine Auswahl treffen. Alle autopoietischen Wesen haben zwei Leben, wie es in einem Volkslied heißt, das Leben, das uns geschenkt wird, und das Leben, das wir daraus machen.

Der englische Schriftsteller, Maler und Musiker Samuel Butler (1835–1902) hat Charles Darwins Erklärung der Evolution in Frage gestellt. Nachdem er seine Ausbildung in Shrewsbury und am St. John's College in Cambridge beendet hatte, ging Butler, der Auseinandersetzungen mit seinem Vater überdrüssig, nach Neuseeland, um Schafzüchter zu werden. Dort las er Darwins *Entstehung der Arten*, doch seine anfängliche

Begeisterung schlug bald in Enttäuschung um. Als wissenschaftlicher Aufrührer, der die Gesellschaft verspottete und die Ursprünge der Religion erforschte, nahm Butler die Evolution als Tatsache an, lehnte aber Darwins Darstellung ab. In der Entwicklung der Wissenschaft glaubte er einen Dogmatismus zu erkennen, der ebenso engstirnig, aber noch tückischer war als jener der Kirche. Nach der Lektüre früherer Verfechter der Evolution, darunter Darwins Großvater Erasmus, warf Butler dem jüngeren Darwin vor, seinen geistigen Vorläufern die schuldige Anerkennung zu versagen.

Darwin hatte in Shrewsbury das Internat des berühmten Dr. Butler, des Großvaters von Samuel, besucht. Er gab vor – so die Behauptung des jüngeren Butler –, kaum etwas von seinen Vorläufern zu wissen, und erweckte in den ersten Auflagen der *Entstehung der Arten* den Anschein, als sei ihm die Theorie der natürlichen Auslese nach der Rückkehr von seiner berühmten Reise zu den Galapagos-Inseln „von selbst eingefallen". Butler griff den „Geschichtlichen Überblick über die Entwicklung der Ansichten von der Entstehung der Arten" an, den Darwin in die zweite (1860), dritte (1861) und vierte (1866) Auflage der *Entstehung der Arten* aufnahm. Darwin bezeichnete diesen Überblick entschuldigend als »kurz, aber unvollkommen«. In der sechsten und letzten Auflage (1872) lautete die Einschränkung nur noch »kurz«, so als sei der Überblick in der Zwischenzeit der Vollkommenheit nähergekommen. Butler widersprach.

Was ihn am meisten reizte, war Darwins allzu mechanische Darstellung des Evolutionsverlaufs. Darwin, so Butler spöttisch, habe »das Leben aus der Biologie genommen«. Damit ein religiöses Publikum in der viktorianischen Ära an Darwins Evolution Gefallen finden konnte, mußte diese einen glaubhaften wissenschaftlichen Mechanismus aufweisen. Weil Isaac Newtons Physik damals höchstes Ansehen genoß, beschrieb Darwin die Evolution in derselben Weise, in der Newton die Gravitation beschrieben hatte – als Ergebnis abstrakter Prinzipien und mechanischer Wechselwirkungen.

Seinen Ruhm verdankte Butler vor allem *Erewhon* (deutsch: *Erewhon oder Jenseits der Berge*) und dem posthum erschienenen Roman *The Way of All Flesh* („Der Weg allen Fleisches"), einer einflußreichen Darstellung des Vater-Sohn-Konflikts, doch er selbst hielt seinen Beitrag zur Evolutionstheorie für bedeutsamer. Statt wie Darwin die organischen Wesen in neo-newtonianischer Manier als „Dinge" zu präsentieren, auf die „Kräfte" einwirken, beschrieb Butler, wie das bewußte Leben zahllose kleine Entscheidungen trifft und damit für seine eigene Evolution mitverantwortlich wird. Butlers Ansicht, daß sich viele winzige Absichten auswirken, entgeht der Mißbilligung heute nur dort, wo es um Menschen geht. Wir betrachten uns als vorausdenkende Kulturwesen – fähig, die Knochen der Phantasie mit dem Fleisch der Zukunft zu bekleiden. Wir glauben sogar, die Evolution lenken zu können. Dem übrigen Leben sprechen wir solchen prometheischen Weitblick ab. Andere organische Wesen werden als Resultat physikalisch-chemischer Kräfte oder unvermittelt wirkender Gene hingestellt, zu träge, um prägend an ihrer eigenen Entwicklung mitzuwirken. Butler erlaubte sich, anderer Meinung zu sein.

Mit geschliffenen Argumenten und blitzender Polemik verhöhnte Butler die dröge Wissenschaftsprosa der viktorianischen Zeit. Ein Gedanke ragt besonders heraus: Die lebende Materie hat ein Gedächtnis, sie erinnert sich ihrer Vergangenheit und verkörpert diese. Leben, so Buttler, ist mit Bewußtsein, Gedächtnis, Richtung und Zielsetzung ausgestattet. Jegliches Leben, nicht nur das menschliche, ist für ihn teleologisch, es strebt ein Ziel an. Die Darwinisten erkannten nach Butlers Ansicht nicht die Teleologie, die Zielgerichtetheit des für sich handelnden Lebens. Zusammen mit dem Badewasser der göttlichen Zweckbestimmung schüttete Darwin das Kind der Zweckgerichtetheit des Lebens aus.

Nicht, daß ein Photobakterium eines Tages beschlossen hätte, ein Weidenbaum zu werden. Es ist nicht so, daß *Amoeba proteus* heute darangeht, sich in eine Maus zu verwandeln; sie weiß nur, daß die schwimmende *Tetrahymena*, die sie unermüdlich verfolgt, wohlschmeckend ist. Das Amöbenwissen auf dieser Stufe der Wahrnehmung und Bewegung generiert Millionen solcher kleinen Willensakte. Sie genügen, damit die Evolution ihre Wunder wirken kann.

Nur in der Gesamtschau und im Rückblick haben die Absichten des Lebens etwas Grandioses. Aus der Nähe und im engen zeitlichen Rahmen betrachtet, haben sie etwas Gewöhnliches. Gleichwohl sind Lebewesen keine Billardkugeln, auf die äußere Kräfte einwirken. Sie alle haben Bewußtsein, besitzen die innere Teleologie des autopoietischen Imperativs. Jedes ist in unterschiedlichem Ausmaß fähig, selbständig zu agieren.

Butlers Blasphemie

Im zweiten von vier Büchern, die er auf eigene Kosten herausbrachte, diskutierte Samuel Butler die Evolutionstheorien von Erasmus Darwin, Jean-Baptiste de Lamarck, Georges Louis Leclerc Buffon und anderen. *Evolution, Old and New* („Evolution alt und neu") (erschienen 1879) war daher ein passender Titel. In vielen Briefen an Zeitungen und Essays unterzog Butler das Werk Darwins der Kritik. Er warf dem berühmten Mann vor zu verschweigen, was er seinem Großvater Erasmus verdankte, und das Leben mechanistisch darzustellen. Er zweifelte sogar Darwins Ehrlichkeit an. Butler versuchte, wieder Leben in die Biologie zu bringen, und hoffte, Darwin werde auf sein Buch von 1879 oder auf das bereits 1877 erschienene *Life and Habit* („Leben und Beschaffenheit") eingehen.

Butler richtete an Darwin die Frage, ob seine Gedanken zur Evolution eine präzedenzlose Inspiration seien, die ihm vom Himmel eingegeben worden sei. War er einfach darauf gekommen, indem er über eine Vielzahl von Fakten nachgedacht hatte? Butler meinte, auch die Aura von Großvater Erasmus, eines Poeten und Evolutionisten, dazu die ausgedehnte Lektüre von Evolutionsideen müßten zu Darwins geistiger Entwicklung beigetragen haben. Ob Darwin nun ein gerissener Meister der Selbstdarstellung war oder Butler ein Paranoiker mit wissenschaftlicher Ausdauer, ist wohl nie zu klären. Butler war jedoch aufgrund seines rebellischen Wesens und der Tatsache, daß Darwin immer mehr zu einer geistigen Ikone wurde, von vornherein geneigt, eine gewisse Enttäuschung über den großen Mann zu empfinden. Über Darwins Großvater Erasmus war eine aus dem Deutschen übersetzte Biographie erschienen, und Darwin hatte der Übersetzung Sorgfalt bescheinigt. Als Butler sie las, stellte er beunruhigt fest, daß die englische Übersetzung des frühen französischen Evolutionisten Lamarck sich derselben Worte bediente, mit denen er dessen Gedanken in seinem Buch *Evolution, Old and New* wiedergegeben hatte. In einer Bemerkung hieß es, daß diejenigen, die das Evolutionsdenken aus der Zeit vor Charles Darwin wiederzubeleben wünschten, »eine Schwäche des Denkens und eine geistige Rückständigkeit beweisen, um die sie nicht zu beneiden sind«. Butler sah darin einen verdeckten Angriff auf sich selbst, der eine offene Auseinandersetzung unmöglich machte; er glaubte, Darwin selbst sei möglicherweise dafür verantwortlich, daß die angeblich überholten Evolutionsideen abgetan wurden. Er stellte Darwin zuerst brieflich und dann in der Zeitung zur Rede. Darwin erklärte ihm in einem Brief, daß Veränderungen bei der Übersetzung, wie sie im Buch über seinen Großvater enthalten seien, etwas so Gewöhnliches seien, daß »es mir nie in den Sinn gekommen ist zu erklären, daß der Artikel verändert worden ist«.

Darwins Familie und Thomas Huxley drängten ihn, auf Butlers Kritik oder auf persönliche Briefe von ihm nicht einzugehen. Er tat es auch nicht, doch geht aus biographischen Notizen hervor, daß er zwei nie abgeschickte Antworten entwarf. In der zweiten schrieb Darwin, daß er »genau erklären könne, wie es zu dem Versehen kam, doch scheint es mir nicht lohnend, die Erklärung zu liefern. Diese Auslassung bedaure ich, wie gesagt, sehr«.[4] Faszinierend, daß Darwin auch hier zwischen den zwei Erklärungsmöglichkeiten schwankt, die Butler in einem seiner Bücher treffend als *Luck, or Cunning* („Zufall oder List") charakterisieren sollte: Einerseits war etwas vergessen worden, gab es eine Gedächtnislücke, andererseits war die Rede von einem »Versehen«, war etwas »versehentlich ausgelassen« worden. Auch hier sehen wir, daß Darwin sich nicht festlegen will, daß er nicht sagen kann, ob ein Vorgang, sogar einer, an dem er selbst beteiligt war, auf Zufall (das »Versehen«) oder auf List (Auswahl und Absicht) beruht – genau die Theorie, die zu ignorieren Butler ihm vorwarf.

Wir teilen Butlers Ansicht, daß Leben Materie ist, die Auswahl trifft. Jedes Lebewesen reagiert bewußt auf eine sich wandelnde Umwelt und versucht sich zu ändern, solange es lebt. Doch Lebewesen sind nicht sonderlich geschickt darin, Veränderungen zu bewirken. Es war nicht so, daß eines Tages ein Licht über einem Säuger aufging und er beschloß, ein Mensch zu werden. Vielmehr haben sich lebende Systeme mit unveräußerlichen Bedürfnissen nach Nahrung, Wasser und Energie allmählich, in winzigen Schritten, auf listige und nachhaltige Weise verändert.

Was Theologen als Zweck oder Absicht bezeichnet und im Jenseits angesiedelt haben, war für Butler teilweise das Ergebnis von irdischer denkender Materie. Hier drängt sich ein Vergleich mit einer Schriftstellerin auf: Sie ist blockiert, hat nur eine verschwommene Vorstellung von dem, was sie schreiben will. Dennoch entsteht, indem sie den Regeln von Grammatik, Rechtschreibung und Syntax folgt, Wort für Wort zusammenfügt, etwas Sinnvolles. Was herauskommt, ist nicht ausschließlich ihr eigenes Werk, weil sie den Regeln der Sprache gehorcht. Auch das Leben beachtet die Gesetze von Physik, Chemie und Thermodynamik. So wie die Entscheidungen von Schriftstellern in der lexikalischen Welt existieren, wählen die Lebewesen in der materiellen Welt aus. Beide Prozesse sind nicht absolut, doch die tieferen Regeln der Materie beziehungsweise der Sprache schreiben Strukturen vor, die die Entstehung von Gesamtplänen zulassen, von Plänen, die nicht gleich vollständig sind, sondern durch die Akkumulation von vielen kleinen Einzelentscheidungen zustande kommen.

Butler glaubte, daß geringfügige Veränderungen, die Organismen an ihrer Umwelt bewirken, als bewußte Bestrebungen beginnen und als unbewußte Gewohnheiten enden. Für Butler haben auch Amöben ihre kleinen Wünsche, ihre kleinen Einflußbereiche, ihre kleinen „Werkzeugkästen", mit denen sie materiell ihre Umwelt verändern, ihre kleinen Ziele verfolgen und ihre kleinen Häuser bauen. Die moderne Wissenschaft schließt diese Möglichkeit nicht aus. Der dänische Physiker und Nobelpreisträger Niels Bohr (1885–1962) hat davon gesprochen, daß Organismen unübersehbar »ihre frühere Erfahrung für Reaktionen auf künftige Reize« nutzen, und behauptet, daß man ungeachtet der Erfolge einer auf die Physik gestützten, mechanistischen Biologie eine Beschreibung benötige, die die „Zweckmäßigkeit" einbezieht.

»Wir müssen erkennen, daß die Beschreibung und das Verständnis der geschlossenen Quantenphänomene nichts zutage fördern, was darauf hindeuten würde, daß eine Organisition von Atomen imstande ist, sich an die Umgebung in der Weise anzupassen, die wir bei der Selbsterhaltung und Evolution von lebenden Organismen beobachten. Außerdem muß hervorgehoben werden, daß eine im Sinne der Quantenphysik erschöpfende Erklärung aller beständig im Organismus ausgetauschten Atome nicht nur undurchführbar ist, sondern offenkundig Beobachtungsbedingungen erfordern würde, die mit der Entfaltung des Lebens unvereinbar sind ... Es ist offensichtlich, daß die als mechanistisch und finalistisch [das heißt, zweckmäßig] bezeichneten Einstellungen nicht einander widersprechende Auffassungen biologischer Probleme darstellen, sondern vielmehr den sich gegenseitig ausschließenden Charakter von Beobachtungsbedingungen betonen, die bei unserer Suche nach einer immer reicheren Beschreibung des Lebendigen gleichermaßen unverzichtbar sind.«[5]

Nach Butler kann sich lebende Materie ihr Verhalten nicht nur auf der ontogenetischen Ebene individueller Erfahrung „merken", sondern auch auf der phylogenetischen Ebene der Geschichte der Art. Der Übergang zwischen Ontogenie (der Entwicklung des individuellen Lebens) und Phylogenie (der Erhaltung und Veränderung vieler Individuen in der Zeit) ist relativ. Der Unterschied zwischen einem Individuum zum Zeitpunkt der Geburt und im Alter von achtzig Jahren ist, so Butler, größer als der zwischen einem Neugeborenen der einen und einem der nächsten Generation.

Reptilien häuten sich; Insekten bauen im Puppenstadium ihre Proteine um. Die Leiche wird mit zeitlicher Verzögerung durch ihren Enkel ersetzt. Wir Modernen akzeptieren, daß eine Raupe sich in einen Schmetterling „verwandelt", doch bezeichnen wir das, was mit dem Körper des Großvaters geschieht, als

„Tod". Dabei taucht im sich verwandelnden Insekt ebenso wie bei dem sterbenden Großvater der frische Körper der Jugend wieder auf. Wir dürfen nach Butler zwar denken, daß wir sterben, doch ist die Abgrenzung ganz willkürlich: Der Elternteil, der zum Fleisch eines Kindes beiträgt, ist eine Fortsetzung und nicht ein abruptes Ende der biologischen Kontinuität. Das „Individuum" ist im Zeitverlauf nicht so vollständig, wie man uns beigebracht hat.

Das Unbewußte gibt es nach Butlers Ansicht nicht nur bei erwachsenen Menschen, sondern auf allen Organisationsstufen des Lebendigen. Die wichtigsten Aufgaben, die sich am häufigsten wiederholen, sind im Höchstmaß unbewußt, „physiologisch", geworden. Der Herzschlag ist zu alt und zu wichtig, als daß er verlernt oder durch bloße Mattigkeit oder durch Willensakt leicht beeinflußt werden könnte. Die Trennung vom verspielten Bewußtsein sorgt dafür, daß routinemäßige, aber lebenswichtige Aktivitäten zuverlässig werden. Wichtige physiologische Vorgänge, als Arbeit regelmäßig und automatisch erledigt, sind dem Experimentieren entzogen, das sie zerstören könnte. Das Lenken eines Autos, zunächst ein bewußter Vorgang, tritt zurück ins Unbewußte, und die Aufmerksamkeit wendet sich anderen Dingen zu.

Ein Konzertpianist bemüht sich nicht, die Tasten in der richtigen Reihenfolge anzuschlagen. Das Wissen ist ihm durch langes Üben in Fleisch und Blut übergegangen, genauer: in die Finger. Tänzer sprechen vom „Muskelgedächtnis". Bewußte Entscheidung und Übung werden zur eingeschliffenen Gewohnheit.

Zellen, seit Ewigkeiten geübt, treffen nicht die bewußte Entscheidung, Sauerstoff zu atmen oder sich durch Mitose zu vermehren. Aber es ist denkbar, daß sie oder die Überbleibsel von Bakterien, aus denen sie bestehen, sich einst darum bemüht haben. Je jünger eine ins physiologische Repertoire des Lebens aufgenommene Gewohnheit ist, desto eher ist sie bewußt oder doch dem bewußten Eingriff zugänglich. Die Stoffwechselprozesse, die durch Umsetzung von Sauerstoff mit dem Wasserstoff der Nahrung Energie gewinnen, sind dem Bewußtsein, das Tiere, Pflanzen und Pilze in unterschiedlichem Maße besitzen, vermutlich ganz verschlossen. Von Mitochondrien ausgeführt, die einst freilebende Bakterien waren, ist diese chemische Glanzleistung seit zwei Milliarden Jahren ununterbrochen im Gange, seit die ersten Aerobier auf eine Umwelt reagierten, die sauerstofferzeugende Cyanobakterien verändert hatten. Dagegen hat sich die Peristaltik des Verdauungstrakts – ebenfalls ein unbewußtes Phänomen, das aber von Säugern wahrgenommen werden kann – erst lange nach dem Mikrobenstadium bei Urformen der Tiere entwickelt. Schlucken, Kauen und Sprechen sind Vorgänge, die in weit jüngerer Zeit und in dieser Reihenfolge erlernt wurden.

Nach Butlers Theorie des unbewußten Gedächtnisses können alle Wesen Gewohnheiten entwickeln, von denen einige nach vielfacher Wiederholung im Laufe der Evolution zum physiologischen Automatismus werden. Wir erinnern uns nicht mehr, schreibt Butler, wann uns zum ersten Mal ein Auge gewachsen ist. Irgendwann, spekuliert er, werden so viele von uns so oft Lesen und Schreiben gelernt haben, daß wir mit dieser Fähigkeit geboren werden. Es wird vielleicht eines künftigen William Harvey bedürfen, um im einzelnen aufzuzeigen, wie das Lesenlernen zur physiologischen Eigenschaft wird, so wie der echte William Harvey den Blutkreislauf entdeckte. Hier teilen wir Butlers Ansicht nicht. Es erscheint uns fraglich, daß es jemals Kinder mit der angeborenen Fähigkeit des Lesens und Schreibens geben wird. Ersetzt man das Schreiben jedoch durchs Fernsehen, sieht man, daß Butler schon auf dem richtigen Weg ist: Kinder sind fast von Geburt an Fernsehzuschauer; und das Fernsehen, durch technische Produkte aus aller Herren Länder ermöglicht, ist mittlerweile so kompliziert, daß kaum ein Mensch es genau versteht.

Gewohnheiten und Gedächtnis

Der Physiker Howard Pattee beklagt, daß die deterministische Physik fälschlich und vereinfacht auf die Biologie übertragen wird. Er setzt sich mit Biologen auseinander, die ohne Überlegung zur klassischen Physik greifen, um zu rechtfertigen, daß sie das Leben als ein mechanisches Phänomen begreifen. Eine allgemeine Eigenschaft, die das Leben von der unbelebten Materie unterscheidet, ist der historische Zusammenhang, der sich in der Fähigkeit zur Evolution äußert. »Wir verstehen zwar den Mechanismus nicht«, schreibt Pattee, »doch die einzige begründbare Schlußfolgerung besteht für mich darin, daß die lebende Materie sich von der unbelebten durch ihre Fähigkeit unterschied, in der molekularen Speicherung des Erbguts und den Übertragungsprozessen eine größere Verläßlichkeit zu erreichen, als sie in einem thermodynamischen oder klassischen System erreichbar ist.«[6] Die Andeutungen und Ahnungen sind noch durch eindeutige Fakten zu ersetzen, doch könnte es sein, daß die von Pattee erwähnten außergewöhnlichen Speicher- und Übertragungsvorgänge der molekularen Vererbung robust genug sind, um auch das von Butler postulierte Phänomen zu umfassen: das phylogenetische „Auswendiglernen", die Umwandlung der bewußten Bestrebungen einer Generation in die Aktivitäten und schließlich die Physiologie der nächsten.

Noch ist für uns nicht erkennbar, wie die willkürlichen Gewohnheiten eines Organismus oder gar einer Art auf einer materiellen, erblichen Basis zum physiologischen Bestand einer künftigen Generation werden können, aber wir finden Butlers Ansatz faszinierend. Wir wissen beispielsweise, daß viele organische Wesen neue erbliche Merkmale durch Symbiogenese erwerben und daß ungeheuer viele – nicht nur der Mensch – lernfähig sind. Ökosysteme werden immer komplexer und empfindlicher; Vorgänge, die von einer Generation in ihnen wiederholt praktiziert werden, können für die nächste leichter werden. Man muß unvoreingenommener an die Sache herangehen. Es lassen sich Einwände gegen Butlers Ideen erheben, doch kann man ihm nicht das atavistische Denken vorwerfen, das sich mit der Sonderstellung der Menschheit verbindet. Wir, die wir uns unter dem wissenschaftlichen Rubrum der „kulturellen Evolution" oder mit einem anderen verzweifelten Euphemismus, unseren „großen Gehirnen", insgeheim als göttlich betrachten, sind heute ökologisch vermutlich stärker verarmt, als wir es wären, wenn wir uns vor hundert Jahren Butlers Vorstellung zu eigen gemacht hätten, daß alles Lebendige ein Kontinuum des Bewußten bildet.

Butler erhebt keinen Einspruch gegen die Evolution, wohl aber gegen den Verlust des Reichtums der älteren, lebendigeren Auffassungen, in denen die Lebewesen selbst an der natürlichen Auslese beteiligt waren:

»Nach Ansicht der Herren Darwin und Wallace mögen wir Evolution haben, sie darf aber unter keinen Umständen auf intelligentem Bemühen beruhen, geleitet durch ... Empfindungen, Wahrnehmungen, Ideen. Wir sollen sie dem Mischen von Spielkarten zuschreiben ... Nach Ansicht der älteren Herren waren die Karten sehr wohl von großer Bedeutung, doch von größerer Bedeutung war das Spiel. Sie leugneten die Teleologie der Zeit, also jene Teleologie, die alle Anpassungen an die Umgebung als Teil eines Plans verstand, der vor Ewigkeiten von einem quasi-anthropomorphen planenden Wesen erdacht wurde ... Sie machten die Entwicklung des Menschen aus der Amöbe zum wesentlichen Bestandteil der Geschichte, die man, wenngleich in einem unendlich viel kleineren Maßstab, in der Entwicklung unserer mächtigsten Schiffsmaschinen aus dem gewöhnlichen Kessel oder unserer feinsten Mikroskope aus dem Tautropfen erkennen kann. Die Entwicklung der Dampfmaschine und des Mikroskops beruht auf Intelligenz und Zielstrebigkeit, die sich zufällige Anregungen zwar zunutze machten, diese aber übertrafen und jeden Schritt der Sammlung solcher Anregungen leiteten, wenngleich sie nie mehr als einen oder zwei Schritte voraussahen und oft nicht einmal das.«[7]

Feier des Daseins

Für englische Wissenschaftler des 19. Jahrhunderts war es naheliegend und zweckmäßig, sich auf Newtons Mechanik zu berufen und das Leben als Newtonsche Materie aufzufassen: blinde Partikel, die in vorhersagbarer Weise auf Kräfte und Naturgesetze reagieren. Die Welt war, einem gutkonstruierten Uhrwerk vergleichbar, das Geschenk eines transzendenten Gottes, der den Mechanismus angefertigt hatte und dann aus seiner Schöpfung herausgetreten war.

Die Evolutionstheorie brachte eine neue Sicht: Gott war, falls er existiert, Newtons Gott. Er greift nicht aktiv in die menschlichen Angelegenheiten ein, sondern ist der Gott der Mathematiker, der Geometer Gott, der die Gesetze schuf und dann untätig zuschaut, wie diese Gesetze wirken. Doch eine ältere Ansicht ließ ebenfalls Raum für einen Gott, einen aktiveren Gott. Diese Ansicht versuchte Samuel Butler wiederzubeleben: daß das Leben selbst göttlich sei. Es gab keinen umfassenden Schöpfungsplan, sondern Millionen von kleinen Absichten, jeweils an eine Zelle oder einen Organismus in seinem Habitat geknüpft.

Für die Neo-Newtonianer, die Darwinisten, war die Willensfreiheit praktisch aus der Welt verbannt, weil die Welt als ein Mechanismus aufgefaßt wurde und Mechanismen kein Bewußtsein haben. Für Descartes hatte Gott weiterhin Bewußtsein, und der Mensch hatte es in dem Maße, wie er mit Gott in Verbindung stand. Als Darwin dann aber sorgfältig nachwies, daß der Mensch sich ebenfalls durch den Mechanismus der natürlichen Auslese erklären läßt, wurde das Bewußtsein plötzlich auch in der Menschenwelt überflüssig. Butler brachte das Bewußtsein wieder hinein mit der Behauptung, daß das Leben geformt worden sei vom freien Willen, von Verhaltensweisen, die zur Gewohnheit wurden, von der Einbeziehung der Materie in die Lebensprozesse, von der Summe der vielen Entscheidungen darüber, wo, wie und mit wem oder was ein Organismus leben wollte, und daß so im Laufe von Äonen makroskopische Organismen entstanden seien, darunter die Zellkolonien, die wir Menschen nennen. Energie und Bewußtsein pflanzen sich in Form von Organismen fort. Butlers Gott ist ein unvollkommener, verteilter Gott.

Wir finden Butlers Ansicht, nach der es einen einzigen, universalen Schöpfer nicht gibt, reizvoll. Das Leben ist physisch und moralisch mit solchen Mängeln behaftet, daß es unmöglich das Produkt eines unfehlbaren Meisters sein kann. Dennoch ist es beeindruckender und unberechenbarer als jedes „Ding", dessen Natur sich ausschließlich mit deterministisch wirkenden „Kräften" erklären läßt. Zu den göttlichen Qualitäten des Lebens auf der Erde gehört weder Allwissenheit noch Allmacht, doch spricht einiges für seine irdische Allgegenwart.

Leben findet sich in Gestalt von Myriaden Zellen fast überall auf dem dritten Planeten, vom Leuchtbakterium bis zum Grasfrosch. Alle Lebensformen sind durch die Darwinsche Zeit und den Vernadskyschen Raum miteinander verbunden. Die Evolution rückt uns in den öden, aber faszinierenden Kontext des Kosmos. Es mag sein, daß sich hinter und vor diesem Kosmos etwas Unerklärliches versteckt hält, doch läßt sich seine Existenz nicht beweisen. Der Kosmos, betörender als der Gott irgendeiner Sekte, reicht völlig aus. Das Leben ist die Feier des Daseins.

Butlers vergessene Theorie fasziniert uns. Geist und Körper sind nicht getrennt, sondern Teile des einheitlichen Lebensprozesses. Das Leben, empfindungsfähig von Anbeginn, ist fähig zu denken. Die „Gedanken", ob verschwommen oder klar, sind physischer Natur, stecken in unseren Körperzellen und denen anderer Tiere.

Beim Lesen dieser Sätze setzen bestimmte Schnörkel aus Druckerschwärze Assoziationen in Gang, elektrochemische Verbindungen der Hirnzellen. Glucose wird durch Reaktion ihrer Bestandteile mit Sauerstoff chemisch verändert, und die Abbauprodukte, Wasser und Kohlendioxid, treten in winzige Blutgefäße über. Natrium- und Calciumionen, zunächst herausgepumpt, wandern durch die Membranen des Neurons zurück. Nervenzellen verstärken, wie Sie sich erinnern werden, ihre Verbindungen, bilden neue Zelladhäsionsproteine, dissipieren Wärme. Denken ist, wie das Leben, Materie und Energie im Fluß; der Körper ist seine „Kehrseite". Denken und Sein sind dasselbe.

Akzeptiert man diese grundlegende Kontinuität zwischen Körper und Geist, so geht jeglicher Wesensunterschied zwischen dem Denken und anderen Erscheinungen der Physiologie und des Verhaltens verloren. Das Denken entspringt – wie die Ausscheidung und die Nahrungsaufnahme – den Wechselwirkungen der Chemie eines lebenden Wesens. Das Denken des Organismus ist eine emergente Eigenschaft von Zellhunger, Zellbewegung, Zellwachstum, Zellassoziation, programmiertem Zelltod und zellulärer Befriedigung. Beschränkte, aber gesunde einstige Mikroben finden Bündnisse, die sie eingehen, und Verhaltensweisen, die sie üben können. Wenn das, was wir Denken nennen, auf solchen Interaktionen zwischen Zellen beruht, kann die Kommunikation zwischen denkenden Organismen vielleicht zu einem Prozeß führen, der über das individulle Denken hinausgeht. Vielleicht war es das, was Vladimir Vernadsky unter der Noosphäre verstanden hat.

Gerald Edelman und William Calvin, beide Neurowissenschaftler, vertreten eine Art „neuronalen Darwinismus". Wenn unsere Gehirne sich nach Regeln der natürlichen Auslese entwickeln, werden sie zu Geist.[8] Diese Idee könnte eine physiologische Basis für Butlers Einsichten liefern. Im sich entwickelnden Gehirn eines Säugerfötus werden rund 10^{12} Neuronen auf 10^4 Arten miteinander verknüpft, indem eine Zelle sich mit Synapsen direkt an der Außenmembran einer anderen Zelle anheftet. Während das Gehirn reift, gehen über 90 Prozent der Zellen zugrunde! Verbindungen werden durch programmierten Zelltod und vorhersagbare Proteinsynthese selektiv zum Verkümmern gebracht oder verstärkt. Die dauernde dynamische Selektion führt zu Auswahl und Lernen, da die verbleibenden neuronalen Verbindungen verstärkt werden. Zelladhäsionsmoleküle werden synthetisiert, und neue Synapsen werden gebildet und verstärkt, wenn Nervenzellen sich selektiv anheften und aus Übung Gewohnheit wird. Die meisten Nervenzellen und ihre Verbindungen fallen der Auslese zum Opfer, doch einigen wenigen kommt sie zugute. Natürlich muß noch mehr geforscht werden, bis man die physische Basis von Denken und Vorstellungsvermögen verstanden hat, aber das selektive Sterben in einem weiten Bereich wuchernder biochemischer Möglichkeiten könnte, so wie es sich in der Evolution vollzieht, auch Modell für den Bereich des Geistes sein.

Zwischen den eigentümlich zusammengekrümmten frühen Embryos von Vögeln, Alligatoren, Schweinen und Menschen besteht eine auffällige Ähnlichkeit. In einem bestimmten Entwicklungsstadium weisen sie alle Kiemenspalten auf, gleich, ob das fertige Tier seinen Sauerstoff dem Wasser oder der Luft entnimmt. Die Spalten hinter dem Ohr, die sich beim menschlichen Fötus wieder schließen, belegen, daß wir mit den Fischen, wo die Kiemenspalten beim erwachsenen Tier eine Funktion haben, eine gemeinsame Abstammung teilen. Menschliche Embryos haben Schwänze. Die lebende Materie „erinnert sich" und wiederholt ihre Anfänge, bevor sie in der Gegenwart ankommt. In einer Butlerschen Welt werden die Baumaterialien von Lebewesen über Millionen von Generationen hinweg immer wieder vom Leben geformt. Der Embryo repräsentiert einen einst unbewußten Prozeß, der, ein Déjà-vu-Gefühl erzeugend, jetzt wieder auf einer anderen Ebene zu Bewußtsein kommt.

Übermenschheit

Langsam taucht ein transhumanes Wesen auf, die Übermenschheit, und wird zum Element der Symphonie des Bewußtseins. Es besteht nicht nur aus Menschen, sondern auch aus Transportsystemen für Materialien, Energie und Informationen, aus globalen Märkten und wissenschaftlichen Instrumenten. Die Übermenschheit nimmt nicht nur Nahrung auf, sondern auch Kohle, Öl, Eisen, Silizium.

Das globale Netzwerk, das Städte, Straßen und Glasfaserkabel errichtet und erhält, wächst sprunghaft. So soll die Bevölkerungszahl von Nigeria bis zum Jahr 2010 auf 216 Millionen anwachsen, doppelt soviel wie 1988. Wird dieses Wachstum nicht gebremst, würde die Zahl der Nigerianer bis zum Jahr 2110 auf über zehn Milliarden anwachsen, das Doppelte der heutigen Erdbevölkerung. Die gewaltig angewachsene Menschheit zapft einen erheblichen Teil der auf die Erdoberfläche treffenden Sonnenenergie an. Die Rohenergie der Photosynthese, Vergangenheit und Gegenwart zusammengenommen und umgewandelt in Nahrungspflanzen, Tierfutter, Bodenschätze sowie Muskeln und Hirne der Menschheit, unterstützt die massive Konstruktion des transkontinentalen städtischen Ökosystems und sogar, „den eigenen Ast absägend", das Abholzen von Wäldern, die Sonnenenergie einfangen und umwandeln (ABB. 77). In dem Maße, wie das System die Gen- und Atomtechnologie nutzt, verfeinern und verflechten sich seine Operationen. Zugleich wächst die Gefahr von Katastrophen.

Die Übermenschheit ist keine bloße Ansammlung von Menschen, sondern die Zusammenfassung aller Menschen und ihrer Hilfsmittel. Rohrleitungen, Tunnel, Wasserleitungen, Stromleitungen, Lüftungs-

77
Biologie verschmilzt mit Technologie. Die Transalaska-Pipeline, die sich von der Prudhoe Bay bis zum Hafen Valdez durch Alaska zieht, ist ein eindrucksvolles Beispiel. Klares Beispiel der „Verrohrung“ des externen, ölverbrauchenden Kreislaufsystems der Übermenschheit – der weltweit verbundenen, von Industrie geformten, Güter und Dienstleistungen austauschenden, telekommunizierenden Menschheit, als globales Ganzes verstanden. In seiner Spekulation über die Biosphäre postulierte Vladimir Vernadsky die Entwicklung einer globalen Schicht des Denkens und der Technologie, die er Noosphäre nannte. Das Photo zeigt eine der sich entwickelnden Leitungen von Vernadskys Noosphäre.

schächte, Gasleitungen, Klimatisierungskanäle, Aufzugschächte, Telefonleitungen, Glasfaserkabel und andere Verbindungen schließen die Menschen in ein rasch wachsendes Netz ein. Das Verhalten der Übermenschheit wird teilweise von den unzähligen und unerklärlichen wirtschaftlichen Entscheidungen abhängen, die Menschen individuell und in Gruppen im Rahmen eines zunehmend planetaren Kapitalismus treffen. In einem neueren Film sagt jemand: »Das Problem mit dem Geld ist, daß es uns dazu bringt, etwas zu machen, was wir nicht wollen.«

Auch wenn unklar ist, ob die Bestrebungen der Übermenschheit von einem Bewußtsein getragen werden, das wir nicht erfassen können – es sollte niemanden individuell überraschen, wenn die Weltbevölkerung als Ganzes unerwartete, emergente, scheinbar zielgerichtete Verhaltensweisen zeigt. Wenn durch die Verschmelzung hirnloser Bakterien zu Protisten und deren Klonierung und Umwandlung im Laufe der Evolution die Zivilisation entstanden ist, was wird sich dann aus der weltweiten Aggregation der Menschen ergeben? Die Existenz der Übermenschheit zu leugnen und darauf zu pochen, daß sie nicht mehr sei als die Summe menschlicher Handlungen, kommt der Behauptung gleich, eine Person sei nicht mehr als die Summe der Mikroben und Zellen, aus denen der Körper besteht.[9]

Expandierendes Leben

Das Leben ist heute ein autopoietisches, photosynthetisches Phänomen von planetaren Ausmaßen. Als chemische Umwandlung von Sonnenlicht, ist es rastlos bestrebt, sich auszubreiten und über sich hinauszuwachsen. Doch auch in diesem Wachstum erhält es sich selbst und seine Vergangenheit.
Es wandelt sich, um mit den unvorhersehbaren Zufällen seiner sich verändernden Umwelt fertig zu werden, und verändert dadurch diese Umwelt. Schrittweise wird die Umwelt in die Lebensprozesse hineingezogen, wird aus einem starren, unbelebten Hintergrund zunehmend zu einem Haus, einem Nest, einer Schale – zu einem integralen, konstruktiven Teil eines organischen Wesens. Die Vertreter von 30 Millionen Arten, die auf der Erdoberfläche interagieren, verändern die Welt auch weiterhin.

Mit einem neuen Verständnis des Lebens entdecken wir, daß Organismen sich in neue Arten aufspalten, ältere Muster aber nicht gänzlich verschwinden. Alte Lebensformen, wie die für die Ökologie des Planeten verantwortlichen Bakterien, werden ergänzt, aber nicht verdrängt. Zwar geht jede Spielart von eukaryotischen Wesen – jede Art von Pflanzen, Tieren, Protoctisten und Pilzen – irgendwann unter, doch entwickeln sich daraus ähnliche neue Taxa. Die allem zugrundeliegenden Bakterien setzen derweil ihren symbiogenetischen Vormarsch fort.

Die Natur ist, wie wir finden, nicht immer „halsbrecherisch" oder, um den Dichter Alfred Tennyson zu zitieren, »rot an Zähnen und Klauen«. Lebewesen sind amoralisch und opportunistisch, entsprechend ihrem Bedarf an Wasser, Kohlenstoff, Wasserstoff und sonstigem. Sie sind fraktal sich wiederholende Strukturen von Materie, Energie und Information mit einer sehr langen Geschichte. Doch an sich sind sie genauso blutrünstig, rivalisierend und carnivor, wie sie friedlich, kooperativ und träge sind. Lord Tennyson hätte die Natur ebensogut als »grün an Stiel und Blatt« beschreiben können.

Zu den erfolgreichsten – das heißt, zahlreichsten – Lebewesen auf der Erde gehören solche, die sich zusammengetan haben. Die Cyanobakterien, die in eine andere Zelle einwanderten (oder mit Gewalt hineingezogen wurden) und zu den Chloroplasten in Protoctisten- und Pflanzenzellen wurden, sind nicht untergegangen – sie wurden verwandelt. Das gilt auch für die Mitochondrien, einst atmende Bakterien, die Ihren Fingermuskeln die Energie liefern, um diese Seite umzublättern. Ehemalige Bakterien sind, sei es selbständig oder als Teil größerer Zellen, immer noch die zahlreichsten Lebensformen auf der Erde.

Daß die Symbiose eine treibende Kraft der Evolution ist, untergräbt die verbreitete Vorstellung, die Individualität sei etwas Feststehendes, Gesichertes und Unantastbares. Gerade der Mensch ist nicht homogen, sondern zusammengesetzt. Jeder von uns liefert eine prächtige Umwelt für Bakterien, Pilze, Rundwürmer, Milben und andere, die in und auf uns leben. Unser Darm ist dicht besiedelt mit Bakterien und Hefen, die für uns Vitamine herstellen und uns die Nahrung verdauen helfen. Die aufdringlichen Mikroben unserer Mundhöhle erinnern an Kaufhauskunden vor einem Feiertag. Unsere mit Mitochondrien besetzten Zellen entwickelten sich aus einer Fusion von fermentierenden und atmenden Bakterien. Vielleicht krümmen sich Spirochäten, symbiontisch bis an die Grenze der Erkennbarkeit geschwunden, noch immer als Undulipodien in unseren Eileitern und Spermienschwänzen. Ihre Überreste bewegen sich möglicherweise kaum merklich, wenn unser mit Mikrotubuli bestücktes Gehirn wächst. „Unser" Körper ist in Wirklichkeit das gemeinsame Eigentum der Nachfahren unterschiedlicher Vorfahren.

Individualität ist nicht an eine bestimmte Ebene gebunden, sei es die unserer eigenen Art oder die der Amöbe in der Pfütze. Bakterien bilden den größten Teil unseres Trockengewichts, doch als Bürger, die durch überfüllte Straßen und Bürogebäude wimmeln, fernsehen, Auto fahren und per Handy oder Fax kommunizieren, verschwinden die Menschen in einem umfassenden Wirbel von Aktivität, erdrückt von emergenten Strukturen und Fähigkeiten, die von Individuen oder selbst Stämmen der Vorläufer des Menschen nie hätten verwirklicht können. Ein einzelner Mensch ist außerstande, in Echtzeit mit einem anderen, tausend Kilometer entfernten Menschen zu sprechen oder auf dem Mond zu landen. Das sind emergente Fähigkeiten der Übermenschheit. Unsere globalen Aktivitäten lassen an soziale Insekten denken, nur daß unser „Stock" fast die ganze Biosphäre ist (ABB. 78).

Unentwirrbar in die Biosphäre eingebettet, ist diese übermenschliche Gesellschaft nicht unabhängig. In diesem weitesten Maßstab ist das Leben auf der Erde – Fauna, Flora und Mikroben – ein einziges, in Gas verschanztes, meeresverbundenes planetares System, das größte organische Wesen im Sonnensystem. Der obere Mantel, die Kruste, die Hydrosphäre und die Atmosphäre der Erde befinden sich in einem organisierten Zustand, der stark von dem auf der Oberfläche unserer Nachbarplaneten abweicht. Photosynthese, Atmung, Gärung, Biomineralisierung, Bevölkerungswachstum, Samenkeimung, Massenpaniken in Rinderherden, Vogelzüge, Bergbau, Verkehr und Industrie bewegen und verändern Materie im globalen Maßstab.

Das Leben wirkt sich einschneidend auf die Umwelt aus, indem es Skelette und Schalen aus Calciumphosphat und Carbonat produziert und ablagert oder Pflanzenreste als Kohle und abgestorbene Algen als Erdöl speichert. Mächtige Mineralschichten – Sulfide von Eisen, Blei, Zink, oder Silber und Gold – befinden sich noch immer dort, wo sie von wasserstofferzeugenden Bakterien abgeschieden wurden.

Mineralien, die man gewöhnlich nicht mit Leben assoziiert – Aragonit, Baryt, Calcit, Frankolit, Fluorit –, werden als Kristalle und Skelette innerhalb und als Exoskelett oder Schale außerhalb lebender Organismen gebildet. Pflanzen und Mikroben induzieren die Bildung von „leblosen“ Substanzen wie Nickel, Eisenoxiden, Bleiglanz (Bleisulfid) und Pyrit (Eisensulfid oder Eisenkies). Die Kulturen der Menschheit werden eingeteilt in eine Stein-, Eisen- und Bronzezeit. Manche sagen, mit dem Aufkommen des Computers sei die Erde in eine „Siliziumzeit“ eingetreten. Doch Metallurgen gab es schon vor uns; Bakterien benutzten seit drei Milliarden Jahren Magnetit als eingebaute Kompasse, bevor der Mensch das Metall bearbeitete. Man nimmt an, daß *Pedomicrobium*, ein in fossilen Goldbrocken gefundenes Bodenbakterium, Goldionen ausfällt und auf diese Weise Goldteilchen in seiner Hülle ansammelt. Neben Millionen Kubikkilometern tropischer Riffe, die Korallen aufgebaut haben, und ganzen Kreidefelsen, die von Foraminiferen und Coccolithophoriden abgelagert wurden, nimmt sich die menschliche Technologie nicht gar so großartig aus.

Unser Schicksal ist an das anderer Arten geknüpft. Wenn unser Leben mit Wesen aus anderen Organismenreichen – blüten- und fruchttragenden Pflanzen, Recycling betreibenden und manchmal halluzinogen wirkenden Pilzen, Nutz- und Haustieren, gesunderhaltenden und wetterverändernden Mikroben – in Berührung kommt, spüren wir am stärksten, was es heißt, lebendig zu sein. Das Überleben erfordert offenbar noch immer, daß wir die Vernetzung, die Interaktion mit anderen Arten, verstärken, was uns noch fester in die globale Physiologie einbindet. Ungeachtet der apokalyptischen Töne mancher Umweltschützer ist unsere Art im Begriff, sich besser in das globale Funktionieren zu integrieren. Dieselbe Technologie, die jetzt noch Fische und andere Organismen vergiftet, ihr Wachstum hemmt und dieselben Wirkungen bei uns zeigt, könnte den nächsten großen Wandel in der Organisation der Biosphäre einleiten.

Anaerobe Mikroben haben sich zu den schwimmenden Vorfahren protistischer Kolonisten zusammengetan, Flagellaten jene Mitochondrien verschlungen, aber nicht verdaut, dank derer sie sauerstoffreiche Nischen der Erdoberfläche erobern konnten, Pilze und Algen sich zu Flechten verbunden, die den nackten Fels des Festlands besiedelten. Auch die Verpflanzung des Lebens auf andere Planeten wird Teamwork erfordern. Raumfahrt, Computertechnik, Genetik, Biosphärik, Telekommunikation und andere Formen der photosynthesegestützten, vom Menschen geschaffenen Technologie werden mit der älteren Technologie anderer Mitgeschöpfe zusammenwirken müssen. Wenn das Leben seine nächste Grenze, die des Weltalls, nehmen will, bedarf es dazu der neuen Technologie des Lebens selbst. Der Mensch allein ist nicht imstande, fremde Planeten zu beleben. Irgendwann wird es recycelnde Ökosysteme in Raumfahrzeugen geben, von denen Menschen sich auf der Reise zu anderen Planeten ernähren werden. Wenn Menschen sich im All aufhalten oder das engere Umfeld der Erde verlassen sollen, brauchen sie Pflanzen, die sie ernähren, Bakterien, die für sie verdauen, Pilze und andere Mikroben, die ihren Abfall wiederverwerten, und eine Technologie, die sie am Leben erhält. Damit wir unser lokales thermodynamisches Ungleichgewicht in den Weltraum erweitern können, brauchen wir neue Ökosysteme mit Vertretern aller fünf Reiche, die abseits des Mutterplaneten, der wie bisher funktionierenden Biosphäre der Erde, Energie übertragen und Materie transportieren.

Der Unterschied zwischen einer Besiedlung des Alls allein durch Maschinen oder durch Leben in Verbindung mit Maschinen spiegelt sich in einer Zeitungsdiskussion, die Samuel Butler mit sich selbst führte. Im Jahre 1862 schickte Butler der Zeitung *The Press* in Christchurch, Neuseeland, einen anonymen Beitrag. Damals lebte er als Schafzüchter in der Provinz Canterbury. Unter dem Titel *Darwin on the Origin of Species, a Dialogue* veröffentlicht, löste der Artikel lebhaften Protest aus. Butler schloß sich an und kritisierte sowohl sich selbst als auch andere. Unter verschiedenen Namen trat er für zwei diametral entgegengesetzte Interpretationen von Maschinen ein.

Am 13. Juni 1863 brachte *The Press* einen mit Cellarius unterzeichneten Brief unter dem Titel *Darwin among the Machines*. Die Maschinen, von Butler als die jüngste Lebensform auf der Erde bezeichnet, seien im Begriff, ihre menschlichen Gebieter zu knechten, ihre Evolutions- und Vermehrungsrate sei gewaltig, und wenn nicht sofort ein »Krieg bis zur Vernichtung« gegen sie geführt werde, sei ihre Weltherrschaft nicht mehr zu verhindern. Der Auffassung des Cellarius trat Butler am 29. Juli 1865 unter dem Titel *Lucubratio Ebria* (wörtlich: „Trunkene Nachtarbeit") entgegen. Ohne Kleider, Werkzeuge und sonstige mechanische Hilfsmittel seien die Menschen gar nicht menschlich. Maschinen seien keine Gefahr für das menschliche Leben, sondern seine unverzichtbare natürliche Erweiterung.[10]

Cellarius und andere Maschinenstürmer bekämen recht, wenn Raumfahrzeuge, dem menschlichen Einfluß entzogen, durch das All fliegen und sich dabei selbst reproduzieren würden. Sollten Maschinen im All aber nur als intelligente Hüllen für eine Vielfalt anderer Lebensformen Erfolg haben, hätte der Verfasser von *Lucubratio Ebria* recht behalten.

Wir setzen auf den letzteren. Maschinen werden sich in enger Vernetzung mit dem Leben durchsetzen, nicht nur menschlichem Leben, sondern einem reichen Sortiment von Lebensformen, die das Sternenlicht nutzen. Um den Export von Leben in die phantastische Nacht überhaupt erst zu ermöglichen, bedarf es des Menschen. Doch wie die Geißel vom Spermium abbricht, wenn die genetische Botschaft in das Ei eingedrungen ist, werden Menschen am Ende entbehrlich sein. Nochmals hundert Millionen Jahre sonnengetriebener irdischer Fülle sollten auch ohne uns ausreichen, um das Leben von unserem Planeten zu den Sternen zu tragen. Andere technologische Spezies könnten sich entwickeln. Keineswegs hat bislang nur der Mensch mit der Erkundung des Weltraums begonnen.

Als Neil Armstrong den Boden des Mondes betrat, sagte er. »Ein kleiner Schritt für einen Menschen, aber ein großer Sprung für die Menschheit.« So wahr dieser Satz in gewissem Sinne ist, sein Sprecher hat allerdings die unzähligen Bakterien auf seiner Haut und in seinem Darm unterschlagen. Von Anfang an ist das Leben expansionistisch gewesen. Sobald es im All Fuß gefaßt hat, wird es seine menschlichen Schuhe abwerfen und sich selbstständig ausbreiten.

Rhythmen und Zyklen

Wir teilen mit vielen Tieren einen Schlaf- und Wachzyklus, der sich alle vierundzwanzig Stunden wiederholt. Die Dinoflagellaten, marine Protisten, beginnen bei Eintritt der Dämmerung für zwei Stunden zu leuchten. Sie hängen dermaßen am kosmischen Rhythmus der Erde, daß sie auch im Labor, weit vom Meer entfernt, wissen, wann die Sonne untergegangen ist. Es gibt eine Fülle ähnlicher Beispiele, weil die lebende Materie keine Insel ist, sondern Teil der sie umgebenden kosmischen Materie, und im Takt des Universums tanzt.

Das Leben ist als materielles Phänomen äußerst fein auf sein kosmisches Domizil abgestimmt; die geringfügige Winkelverschiebung und Temperaturänderung, die die gegen die Ekliptik geneigte Erde bei der Umkreisung der Sonne erfährt, reicht aus, um die Stimmung des Lebens zu verändern, um Vögel, Ochsenfrösche, Grillen und Zikaden singen oder schweigen zu lassen. Doch der stetige Hintergrundtakt, den die Erde mit ihrer Umdrehung und dem Sonnenumlauf vorgibt, ist mehr als nur ein Metronom für die täglichen und jahreszeitlichen Abläufe. Auch größere, nicht leicht erkennbare Rhythmen sind zu vernehmen.

Viele Lebensformen bilden feste Hüllen aus, die sie vor zeitweiligen Umweltgefahren schützen. Verbreitungseinheiten (Propagulae) in reicher Formenvielfalt sind miniaturisierte, lebensfähige Vertreter von reifen organischen Wesen. Sie reichen von den Bakterien- und Pilzsporen zu den Cysten der Protisten, von den Pflanzensporen, Pollen, Samen und Früchten bis zu den trockenen Eiern gewisser Crustaceen, Insekten und Reptilien. Die Propagulae unterliegen einer strengen natürlichen Auslese: Viele gehen ein oder entwickeln sich nicht.

Austrocknungs- und strahlungsresistent, haben die meisten Propagulae eine äußerst niedrige Stoffwechselrate. Sporen von Bakterien können hundert Jahre überdauern – bis Regen fällt oder genügend Phosphor da ist oder die Verhältnisse allgemein feuchter und freundlicher werden. Die Menschen überleben ohne Ruhekeime oder resistente Sporen ungewöhnliche Umweltgefahren. Häuser, Kleidung, Eisenbahnen und Autos ermöglichen, daß wir uns aus unserer subtropischen Heimat in kältere Klimazonen ausbreiteten. Diese schützenden Hüllen, vergleichbar mit Sporen, Cysten und Samen, bewahren uns vor unwirtlichen Bedingungen (ABB. 79, 80).

Recyclende Gewächshäuser sind geschlossene Einheiten, die eine repräsentative Auswahl der irdischen Lebensformen enthalten. Gifte werden unschädlich gemacht, Abfälle in Nahrung verwandelt und umgekehrt. Santiago Calatrava plant ein solches Gewächshaus, das die gesamte Dachfläche der Kirche Saint John the Divine in New York überspannen wird. In solchen „künstlichen Biosphären" laufen wichtige Prozesse der Autopoiese des globalen Ökosystems im Kleinen ab.

Das globale Ökosystem ist kein gewöhnliches organisches Wesen. Das globale System ist wie alle Lebewesen energetisch offen: Sonnenstrahlung fließt ständig ein, dissipierte Energie fließt ständig ab. Doch bezüglich des Stoffaustauschs ist das globale System im Unterschied zu anderen Systemen geschlossen. Außer gelegentlichen Meteoriten oder Kometen kommt nichts herein. Abgesehen von gelegentlichen geologischen Erschütterungen, die hier und da Sedimente in eine neue Kruste verwandeln, und von kochenden Gasen geht nichts heraus. Die gesamte Materie, die das Leben verwendet, ist Recyclingmaterie, die immer wieder auftaucht und nie verbraucht wird.

Keine Zelle, kein Organismus lebt von dem, was er selbst ausscheidet. Künstliche Ökosysteme haben daher eine über die Architektur und andere menschliche Anliegen hinausgehende biologische Bedeutung. Erstmals in der Geschichte der Evolution wurde die Biosphäre reproduziert, oder genauer: hat sie begonnen, sich dank der Menschheit und der Technik selbst zu reproduzieren. Die Erzeugung neuer „Knospen", materiell geschlossener Systeme, innerhalb der „Mutter-Biosphäre" erinnert an die Struktur eines Fraktals.

79 und 80
Affenbrotbäume, *Adansonia*, auf Madagaskar und ihre riesigen, schwimmfähigen Propagulae (Samen). Das Auftauchen und die Evolution von strapazierfähigen, austrocknungsresistenten Strukturen erscheint „fraktal" auf vielen Ebenen, von Bakteriensporen über die Cysten von Protisten und die Steinfrüchte von Obstbäumen bis zu geschlossenen ökologischen Systemen, die Menschen demnächst bauen werden, die aber letztlich eine seltsame neue Frucht der Biosphäre sind.

Aus einer „grünen“ oder „radikalökologischen“ Sicht sind die Menschen nicht dominant, sondern tief in die Natur eingebettet. Künstliche Biosphären sind die ersten Knospen eines planetaren organischen Wesens, da vom Menschen erzeugte Biosphären die lichtabhängige Autarkie der Biosphäre nachzuahmen vermögen. Bei der NASA, der Europäischen Raumfahrbehörde, bei Regierungsstellen, in der Industrie und der Forschung denkt man über diese austrocknungsresistenten Strukturen nach, die, einer neuen Arche Noah vergleichbar, Muster der verschiedensten Lebensformen beherbergen – nicht in einem Museum, sondern in einer lebendigen, sich selbst erhaltenden Form. Die größte derartige Struktur ist „Biosphere 2“ in der Sonora-Wüste bei Oracle, Arizona. Geschlossene Ökosysteme sind letztlich gar nicht künstlich, sondern Teil der natürlichen Prozesse der Selbsterhaltung, Reproduktion und Evolution in einem dissipierenden Universum.

Damit ein organisches Wesen im All überleben kann, muß es mit Nahrung versorgt und von Abfällen entsorgt werden. Die Photosynthese hat Sonnenenergie in Gestalt von Ölschiefer-, Erdöl-, Erdgas-, Eisensulfid-, Kohle- und sonstigen Bodenschätzen gespeichert. Die verschwenderische Art Mensch verbraucht jetzt diese Vorräte, um sich mit ihrer Energie zu vermehren. *Homo sapiens* verausgabt die Schätze von Äonen, während die Rhythmen der Erde, die sich von Zeitalter zu Zeitalter steigern, sich einem Crescendo nähern. Doch die Natur ist nicht am Ende, und der Planet muß nicht gerettet werden. Die technologische Dissonanz bedeutet kein Ende, sondern eine Flaute, ein Kräftesammeln.

Das globale Leben ist ein System, das reicher ist als jede seiner Komponenten. Von allen Tieren bauen nur wir riesige Teleskope und graben Diamanten aus dem Archaikum aus. Zwar ist unsere Stellung nicht so bald und nicht so leicht anzufechten, doch den Gesamtprozeß haben wir nicht in der Hand. Die Diamanten sind aus Kohlenstoff, einem Hauptelement des Lebens, seit es vor vier Milliarden Jahren begann, und Teleskope sind Linsen, Teile des Netzauges eines metamenschlichen Wesens, das seinerseits ein Organ der Biosphäre ist.

Die unablässige Metamorphose des Planeten ist das kumulative Ergebnis unzähliger Wesen. Dirigent der Symphonie des Bewußtsein ist nicht die Menschheit – das Leben wird mit ihr oder ohne sie weitergehen. Doch jenseits des verwirrenden Getöses der Gegenwart kann man, wie von mittelalterlichen Minnesängern, die einen fernen Hügel besteigen, eine neue Pastorale vernehmen. Die Melodie verheißt eine zweite Natur, wenn Technologie und Leben gemeinsam die Keime der vielfältigen Arten der Erde zu anderen Planeten und in ferne Sonnensysteme tragen werden. Aus einer grünen Perspektive ist es durchaus sinnvoll, sich für High-Tech und die veränderte globale Umwelt zu interessieren. Die Menschheit steht vor einer Wende. Die Erde wird Samen aussäen.

Epilogue

Epilog

Es geht weniger um das Leben, sondern um Reden über das Leben im allgemeinen. Würden wir die Definition des Lebens auch nur andeutungsweise kennen, würden selbst die Ruhigsten unter uns wahnsinnig!

Emily Dickinson

Vor einem halben Jahrhundert ging der überragende Physiker Erwin Schrödinger, ein humaner und nachdenklicher Physiker, wissenschaftlich an die Frage heran, was Leben ist. Die DNA war noch nicht entdeckt, und man wußte noch nicht, wie Enzymproteine und chemischer Transport zum Metabolismus des Lebens werden. Dennoch gab Schrödinger den Anstoß zu jener Suche, die zu einer materialistischen Erklärung von Lebensprozessen führte. Wir freuen uns, Schrödingers Tradition nach weiteren fünfzig Jahren wissenschaftlicher Forschung aufzugreifen.

Die Biosphäre ist, um zu funktionieren, auf die Vielfalt der Mikroben angewiesen; die meisten von uns brauchen, um sich heil und heimisch zu fühlen, die Mannigfaltigkeit der Natur. Wir machen uns heute vielleicht mehr Sorgen um die Zukunft der Menschheit als Schrödinger, weil die Weltbevölkerung seither gewachsen ist. Daß so viele unserer Mitgeschöpfe aussterben, noch ehe die Wissenschaft sie beschrieben hat, wächst sich offenkundig zu einer Gefahr für die Menschen aus. Plastik ist allgegenwärtig, tropische Regenwälder sterben aus, Korallenriffe kollabieren. Das Verständnis der auf Expansion und Kontrolle gerichteten autopoietischen Tendenzen des Lebens wächst, immer besser verstehen wir, wie der Planet sich nach der raschen Ausbreitung von Lebensformen im Laufe der Evolution verändert hat. Wir haben dennoch Zweifel, ob das den Einzelnen veranlassen wird, auf den Kauf von verpackten Plastikerzeugnissen, auf Reisen, die fossile Treibstoffe verbrauchen, auf den Fleischverzehr und andere umweltschädliche Dinge zu verzichten.

Vielleicht gibt es Anstöße, wenn wir die Mannigfaltigkeit des Lebens auf der Erde kennenlernen, die vom Algenteppich des Tümpels bis zur Tigerin reicht und mit der wir in Zeit und Raum verbunden sind. Daß Maßlosigkeit natürlich, aber gefährlich ist, lernen wir von den photosynthetisch aktiven Vorläufern der Pflanzen. Daß Bewegung und Empfindung faszinierend sind, erleben wir selbst als Tiere. Daß Wasser Leben bedeutet und sein Ausbleiben eine Katastrophe, zeigen uns die Pilze. Daß Gene gebündelt sind, lernen wir von den Bakterien. Moderne Versionen unserer aquatischen Urahnen, die Protoctisten, zeigen Spielarten des Paarungstriebs und unserer Fähigkeit, eine Auswahl zu treffen. Die Menschen sind nicht herausgehoben und unabhängig, sondern Teil eines den ganzen Globus umfassenden lebendigen Kontinuums.

Homo sapiens hat die Neigung, Energie zu dissipieren und die Organisation von Materie zu beschleunigen. Unsere Art kann, wie alle anderen Lebensformen, ihre Expansion nicht unbegrenzt fortsetzen. Wir können auch nicht weiter wie bisher die Wesen, von denen wir abhängen, zerstören. Wir müssen anfangen, wirklich auf die anderen Lebewesen zu hören. In der Oper des Lebens sind wir bloß eine Melodie, die sich hartnäckig wiederholt. Wenn wir uns auch für kreativ und originell halten, so sind wir doch nicht die einzigen mit diesen Talenten. Ob wir es zugeben oder nicht: Wir sind bloß ein Thema des orchestrierten Lebens. Dieses Leben, unser Leben mit seiner grandiosen nichtmenschlichen Vergangenheit und seiner ungewissen, aber herausfordernden Zukunft ist und war immer eingebettet in den Rest der irdischen Symphonie des Bewußtseins. Seine Energie erhält das Leben wie eh und je von der Sonne. Es ist nicht nur ein molekulares, sondern auch ein astronomisches Phänomen. Es ist offen für das Universum und offen für sich selbst. In der Tradition von Charles Darwin, Samuel Butler, Vladimir Vernadsky und Erwin Schrödinger können wir die Frage, was Leben ist, voller Neugier stellen, aber nur zögernd und voll Demut beantworten, mit Ihnen hoffend, daß die Suche weitergeht. ■

Anmerkungen

1 · Leben: Das ewige Geheimnis
(Seiten 12–33)

Eingangszitate: Das Zitat von James E. Lovelock stammt aus Lovelock, J. E. *The Ages of Gaia*. New York (W. W. Norton) 1988. S. 16. [Deutsche Ausgabe: *Das GAIA-Prinzip*. Zürich (Artemis & Winkler) 1991.] Das Zitat von Robert Morison steht in *Death: Process or Event*. In: *Science* (20. August 1970) S. 694–698.

1. Schrödinger, E. *My View of the World*. Cambridge (Cambridge University Press) 1967. S. 5. [Deutsche Ausgabe: *Mein Leben, meine Weltansicht*. Wien (Zsolnay) 1989.]

2. Mann, T. *Der Zauberberg*. Frankfurt (S. Fischer) 1991. S. 377–379.

3. Koestler, A. *Janus: A Summing Up*. New York (Random House) 1978.

4. Cernan, E., zitiert in: White, F. *The Overview Effect: Space Exploration and Human Evolution*. Boston (Houghton Mifflin) 1986. S. 206–207.

5. Lacan, J. *Die Familie*. In: *Schriften*, Bd. 3, 3. korr. Aufl., Weinheim (Quadriga) 1994.

6. Prigogine, I.; Stengers, I. *Order Out of Chaos*, New York (Bantam) 1984. [Deutsche Ausgabe: *Die Gesetze des Chaos*. Frankfurt (Campus) 1995.] (vgl. Prigogine, I.; Stengers, I. *Dialog mit der Natur*. München (Piper) 1981.)

7. Swenson, R.; Turvey, M. T. *Thermodynamic Reasons for Perception-Action Cycles*. In: *Ecological Psychology* 3 (4) (1991) S. 317–348; Schneider, E. D; Sagan, D. *Into the Cool: The New Thermodynamics of Creative Destruction*. New York (Henry Holt) (in Vorbereitung).

8. Maturana, H. R.; Varela, F. J. *Autopoiesis and Cognition: The Realization of the Living*. In: *Boston Studies in the Philosophy of Science*. Bd. 42. Boston (D. Reidel) 1981.

9. Aristoteles. *Die Geschichte der Tiere*. Bd. VIII: 1. Zitiert nach Durant, W. *The Life of Greece*. New York (Simon & Schuster) 1939. S. 530.

10. Kooning, W. de, zitiert in: Marshall, R.; Mapplethorpe, R. *Fifty New York Artists*. San Francisco (Chronicle Books) 1986.

11. Lovelock, J. E. *Life Span of the Atmosphere*. In: *Nature* 296 (1982) S. 561–563.

2 · Verlorene Seelen (Seiten 34–49)

Eingangszitate: Das erste Zitat stammt von William Shakespeare, *Maß für Maß*, in: *Werke in vier Bänden*. Salzburg (Caesar Verlag) 1983. Bd. 4. S. 181 (3. Aufzug, 1. Szene), das zweite von Algernon Swinburne, *Atalanta in Calydon* (1904). In: *The Poems of Algernon Charles Swinburne*. New York (Harper & Brothers). Bd. IV. S. 283.

1. Für die Ansicht, daß die Menschheit durch sich selbst täuschende Beerdigungsriten und Friedhofsmystizismus gekennzeichnet ist, siehe Sussman, R. W.; Barlett, T. *Deception in Primates*. In: *Abstracts of the AAAS Annual Meeting* Washington, D. C. (AAAS Publication) 1991. S. 91–102.

2. Fernel zitiert nach: Jacob, F. *Die Logik des Lebenden*. Frankfurt (Fischer) 1971. S. 33.

3. Deutsche Übersetzung aus dem Französischen. Descartes' Brief an Marin Mersenne, Leyden, 30. Juli 1640. In: Bridoux, A. (Hrsg.) *Descartes Oeuvres et lettres*. Paris (Gallimard) 1952. S. 1076. »Pour les betes brutes, nous sommes si accoutumés à nous persuader qu'elles sentent ainsi que nous, qu'il est malaisé de nous défaire de cette opinion. Mais si nous étions aussi accoutumés à voir des automates, qui imitassent parfaitement toutes celles de nos actions qu'ils peuvent imiter, et à ne les prendre que pour les automates, nous ne douterions aucunement que tous les animaux sans raison ne fussent aussi des automates ...«

4. Deutsche Übersetzung aus dem Französischen. Descartes' Brief an Marin Mersenne, Amsterdam, 15. April 1630. In: Bridoux, A. (Hrsg.) *Descartes Oeuvres et lettres*. Paris (Gallimard) 1952. S. 933. » ... c'est Dieu qui a établi ces lois en la nature, ainsi qu'un roi établit ces lois en son royaume.«

5. Galilei zitiert nach: Jacob, F. *Die Logik des Lebenden*. Frankfurt (Fischer) 1972. S. 37.

6. Watts zitiert nach: Dowd, M. *The Big Picture; or the Larger Context for All Human Activities*. Woodsfield, Ohio (Living Earth Institute) 1993.

7. Goethe, J. W. von *Goethes Werke*. 7. Aufl. Hamburg (Christian Wegner) 1964. Teil 1 (*Gedichte und Epen I*) der Hamburger Ausgabe in 14 Bänden, S. 176.

8. Haeckel, E. *Die Welträtsel. Gemeinverständliche Studien über monistische Philosophie*. Stuttgart (Alfred Kröner) 1984. S. 31.

9. Haeckel-Zitat übersetzt aus: Wallace, A. R. *The World of Life: A Manifestation of Creative Power, Directive Mind and Ultimate Purpose*. London (Chapman & Hall) 1914. S. 6.

10. Lyell, C. *The Principles of Geology: An Attempt to Explain the Former Changes of the Earth's Surface*. London (John Murray) 1832. Bd. 2, 1. Ausg., S. 185.

11. Asimov, I. *Asimov's Biographical Encyclopedia of Science and Technology*. 2. überarb. Ausg., Garden City, New York (Doubleday) 1982. S. 267.

12. Humboldt, A. von *Kosmos. Entwurf einer physischen Weltbeschreibung*. Stuttgart, Tübingen (Cotta) 1845. Bd. 1, S. 371f, 488.

13. Dobzhansky, T. *Nothing in Biology Makes Sense Except in the Light of Evolution*. In: *American Biology Teacher* 35 (1973) S. 125–129.

14. Lapo, A. P. *Traces of Bygone Biospheres*. Oracle, Arizona (Synergetic Press) 1987.

15. Vernadsky, V. I. *The Biosphere*. Oracle, Arizona (Synergetic Press, Inc.) 1986. S. 8, 19. Siehe auch: Vernadsky, V. I. *The Biosphere and the Noosphere*. In: *American Scientist* 33 (1945) S. 1–12.

16. Die drei Bücher, die James E. Lovelock über Gaia geschrieben hat, sind: *Gaia: A New Look at Life on Earth*. Oxford (University Press) 1979. [Deutsche Ausgabe: *Unsere Erde wird überleben. GAIA – eine optimistische Ökologie*. München 1982.]; *The Ages of Gaia*. New York (Norton) 1988; [Deutsche Ausgabe: *Das Gaia-Prinzip*. München, Zürich (Artemis & Winkler) 1991.]; *Healing Gaia*. (Crown) 1988 [Deutsche Ausgabe: *Gaia. Die Erde ist ein Lebewesen*. München (Scherz) 1992.].

17. Krumbein, W. E. (Hrsg.) *Biogeochemistry of Earth, Phoebus and Titan*. Oxford (Blackwell) 1983. S. 93.

3 · Einstmals auf diesem Planeten
(Seiten 50–67)

Eingangszitate: Das Zitat von Jean Baptiste van Helmont ist entnommen aus Ponnamperuma, C. *The Origins of Life*. New York (Dutton) 1972. S. 16. Das Zitat von François Jacob stammt aus Jacob, F. *The Logic of Life: A History of Heredity*. New York (Pantheon) 1973. S. 305. [Deutsche Ausgabe: *Die Logik des Lebenden*. Frankfurt (Fischer) 1972.]. Das Zitat von Stanley Miller und Leslie Orgel ist entnommen aus Miller, S. L.; Orgel, L. E. *The Origins of Life on Earth*. Englewood Cliffs, New Jersey (Prentice-Hall) 1974.

1. Crick, F. *Life Itself: Its Origin and Nature*. New York (Simon & Schuster) 1981.

2. Aristoteles. *Parts of Animals*. Cambridge, Mass. (Harvard University Press) 1968. Buch 1, Kapitel 5. Zitiert auf der Copyright-Seite von Singer, C. *A History of Biology*. London (Abelard-Schumann) 1962.

3. Zitiert aus Jacob, F. *The Logic of Life: A History of Heredity*. New York (Pantheon) 1973. S. 53. [Deutsche Ausgabe: *Die Logik des Lebenden*. Frankfurt (Fischer) 1972.].

4. Redi, F. *Esperienze intorno all generazione degli insettis*. 1668. Zitiert in: Singer, C. *A History of Biology*. London (Abelard-Schumann) 1962. S. 440.

5. Zitat von Redi aus: Taylor, G. R. *The Science of Life: A Picture History of Biology*. New York (McGraw-Hill) 1963. S. 113.

6. Darwin, C. *Life and Letters*. London (John Murray) 1888. Bd. 3, S. 18.

7. Oparin, A. I. *The Origin of Life*. New York (Macmillan) 1929/1938. S. 247–250.

8. Haldane, J. B. S. *The Rationalist Annual*. 1929. Neudruck in: Deamer, D. W.; Fleischaker, G. R. (Hrsg.) *Origins of Life: The Central Concepts*. Boston (Jones & Bartlett) 1994. S. 73–81.

9. Ponnamperuma, C. *The Origins of Life*. New York (Dutton) 1972. S. 21.

10. Cairns-Smith, A. G. *Genetic Takeover and the Mineral Origins of Life*. Cambridge (Cambridge University Press) 1982.

11. Dyson, F. *Origins of Life*. Cambridge (Cambridge University Press) 1985.

12. Jantsch, E. *The Self-Organizing Universe: Scientific and Human Implications of the Emerging Paradigm of Evolution*. New York (Pergamon) 1980. S. 31. [Deutsche Ausgabe: *Die Selbstorganisation des Universums. Vom Urknall zum menschlichen Geist*. München (dtv) 1982.]

13. Ellington, A. D.; Szostak, J. W. *Selection in vitro of Single-Stranded DNA Molecules that Fold into Specific Ligand-Binding Structures*. In: *Nature* 335 (1992) S. 850–852.

14. Gilbert, W. *The RNA World*. In: *Nature* 319 (1986) S. 618.

15. Morowitz, H. J. *Beginnings of Cellular Life: Metabolism Recapitulates Biogenesis*. New Haven (Yale University Press) 1992. S. 8.

4 · Herrscher der Biosphäre (Seiten 68–89)

Eingangszitate: Das erste Zitat findet sich auf Seite 1 von Sonea, S.; Panisset, M. *A New Bacteriology*. Boston (Jones and Bartlett) 1983. Bossi ist zitiert nach Seite 221 von Taylor, G. R. *The Science of Life: A Picture History of Biology*. New York (McGraw-Hill) 1963.

1. Über die Mikrofossilien von Barghoorn und Walsh sowie über die Stromatolithen des Präphanerozoikums und die Weisheit der Mikroben kann man mehr nachlesen in den Kapiteln 5 und 6 von Margulis, L. *Symbiosis in Cell Evolution*. New York (Freeman) 1993.

2. Giordano Bruno ist zitiert nach Seite 145 von Krumbein, W. E.; Dyer, B. *This Planet is Alive: Weathering and Biology, a Multi-Faceted Problem*. In: Drever, J. (Hrsg.) *The Chemistry of Weathering*. Dordrecht und Boston (D. Reidel) 1985.

5 · Dauerhafte Verschmelzungen (Seiten 90–117)

Eingangszitate: Das Zitat von Antoni van Leeuwenhoek (1681) stammt aus Dobell, C. *Antony van Leeuwenhoek and His „Little Animals"*. New York (Russel & Russel) 1958. Das Zitat von Charles Darwin stammt aus Darwin, C. *The Variation of Animals and Plants Under Domestication*. New York (Organe Judd) 1868. Bd. 2, S. 204. Das Zitat von Stephen Jay Gould stammt aus seinem Geleitwort zur ersten Auflage von Margulis, L.; Schwartz, K. V. *Five Kingdoms: An Illustrated Guide to the Phyla of Life on Earth*. 2. Aufl. New York (Freeman) 1988. [Zitiert nach der deutschen Ausgabe: *Die fünf Reiche der Organismen*. Heidelberg (Spektrum der Wissenschaft) 1989.]. Das Zitat von Lewis Thomas erschien in Margulis, L.; McKhann, H. I.; Olendzenski, L. *Illustrated Glossary of Protoctista*. New York (Jones & Bartlett) 1993. S. IX–X.

1. Hogg, J. *On the Distinctions of a Plant and an Animal, and on a Fourth Kingdom of Nature*. In: *Edinburgh New Philosophical Journal* 12 (1861) S. 216–225.

2. Haeckel, E. *History of Creation*. New York (D. Appleton) 1889. 1. amerikanische Aufl., Bd. 2, S. 45. [Deutsche Originalausgabe: *Natürliche Schöpfungsgeschichte*. Berlin 1888]

3. Haeckel, E. *Evolution of Man*. New York (D. Appleton) 1887. Bd. 1, S. 180. [Deutsche Originalausgabe: *Anthropogenie oder Entwicklungsgeschichte des Menschen*. Leipzig 1874.]

4. Smith, D. C. *From Extracellular to Intracellular: The Establishment of a Symbiosis*. In: *Proceedings of the Royal Society* 204 (1979) S. 115–130.

5. Wallin, I. E. *Symbionticism and the Origin of Species*. Baltimore (Williams & Wilkins) 1927. S. 8.

6 · Faszinierende Tiere (Seiten 118–139)

Eingangszitate: Das Zitat von Charles Darwin ist dem Kapitel „Difficulties on Theory" in der Erstausgabe von *The Origin of Species*. (New York (Penguin Books) Nachdruck 1985. S. 205) entnommen. Das deutsche Zitat entstammt der Übersetzung von Carl W. Neumann, erschienen bei Philipp Reclam, Stuttgart, 1963 (Neuauflage 1989), S. 229–230. Das Shakespearezitat stammt aus *The Tempest*, erster Akt, zweite Szene; (deutsche Übersetzung von Gerd Stratmann, *Der Sturm*. erschienen bei Philipp Reclam, Stuttgart, 1982). Das Zitat von Ralph Waldo Emerson findet sich in seinem Gedicht *May-Day*, deutsch als *Natur 1849* (Übersetzung von Harald Kiczka: Ralph Waldo Emerson, *Natur*. erschienen bei Diogenes, 1988).

1. Griffin, D. R. *Animal Minds*. Chicago (University of Chicago Press) 1992. S. 253.

2. Fischer, A. G. *Fossils, Early Life and Atmospheric History*. In: *Proceedings of the National Academy of Sciences* 53 (1965) S. 1205–1215.

3. Whittington, H. B. *The Burgess Shale*. New Haven, Conn. (Yale University Press) 1985. S. 130.

4. McMenamin, M.; Schulte McMenamin, D. *Hypersea: Life on Land*. New York (Columbia University Press) 1994.

7 · Fleisch der Erde (Seiten 140–157)

Eingangszitate: Das Zitat von R. Gordon Wasson entstammt seinem 1986 erschienenen Buch *Persephones Quest: Entheogens and the Origins of Religion*, New Haven, Connecticut (Yale University Press) S. 75. (Entheogen ist Wassons Ausdruck für Halluzinogen.) Das Zitat von Franziscus Marius Grapaldus entstammt Buch II, Kapitel 3 seines 1492 verfaßten Werks *De Partibus Aedium*.

1. Takami, J. Zitiert von Lapo, A. V. *Traces of Bygone Biosperes*, Oracle, Arizona (Synergetic Press) 1987. S. 129.

2. Veillard, S. Zitat ebenda.

3. Brasier, C. A *Champion Thallus*. In: *Nature* 356 (1992) S. 382.

4. Blanchot, M. *Literature and the right to death*. In: P. Adam Sydney (Hrsg.) *The Gaze of Orpheus and Other Literary Essays* (Lydia Davis, Üb.). Barrytown, New York (Station Hill Press) 1981. S. 46.

8 · Die Umwandlung des Sonnenlichtes (Seiten 158–175)

Eingangszitate: Das Zitat von Georges Bataille entstammt den Seiten 12–13 seines 1988 erschienenen Buches *The Accursed Share*. (Robert Hurley, jr.), New York (Zone Books). Kursivierungen wie im Original. Das Zitat von William Blake ist entnommen Blake, W. *Songs of Innocence and of Experience: Shewing the Two Contrary States of the Human Soul*. Slough (University Tutorial Press of London) 1958. S. 21–22. Das Zitat von Vladimir Vernadsky ist aus Vernadsky, V. I. *The Biosphere*. Oracle, Arizona (Synergetic Press) 1986. S. 1.

1. Went, F. W. *The Plants*. New York (Time Inc.) 1963. S. 16.

2. Eine umfassendere Darstellung des Lebens im Proterozoikum findet sich in Bengston, S. (Hrsg.) *Early Life on Earth*. New York (Columbia University Press) 1995.

9 · Die Symphonie des Bewußtseins (Seiten 176–197)

Eingangszitate: Das Zitat von Erasmus Darwin stammt aus seiner *Zoonomia; or, the Laws of Organic Life* (1794). Das Zitat von Blaise Pascal ist seinen *Pensées* entnommen. Das Parmenides-Zitat ist ein berühmtes Fragment der vorsokratischen Philosophie; für andere Übersetzungen siehe Tarán, Leonardo, *Parmenides: A Text with Translation, Commentary, and Critical Essays*. Princeton, New Jersey (Princeton University Press) 1965. S. XX–XXI.

1. Folsome, C. *Microbes*. In: Snyder, T. P. (Hrsg.) *The Biosphere Catalogue*. Oracle, Arizona (Synergetic Press) 1985. S. 51–56.

2. Culver, S. J. *Foraminifera*. In: Lipps, J. H. (Hrsg.) *Fossil Prokaryotes and Protists*. Boston (Blackwell Scientific Publications) 1993. S. 224.

3. Koshland, D. E. jr. *A Response-Regulated Model in a Simple Sensory System*. In: *Science* 196 (1992) S. 1055–1063.

4. Die erschöpfendste Quelle für diese wenig bekannten Vorgänge ist Jones, H. F., *The Butler-Darwin Quarrel*. Anhang C in *Samuel Butler, Author of Erewhon (1835–1902), A Memoir*. London (Macmillan and Co. Limited) 1919. Bd. II, S. 446–467. Die »geistige Rückständigkeit« findet man auf S. 447, die Formulierung »es ist mir nie in den Sinn gekommen« auf S. 448, und »wie es zu dem Versehen kam« auf S. 453. Butlers faszinierende, aber schwer zu findende „Evolutionsbücher" – *Life and Habit; Evolution, Old and New* und *Luck, or Cunning* – bilden die Bände 4, 5 und 8 von Jones, H. F.; Bartholomew A. T. (Hrsg.) *The Shrewsbury Edition of the Works of Samuel Butler*. New York (E. P. Dutton and Co.) 1924.

5. Bohr, N. *Physical Science and the Problem of Life*. New York (Wiley) 1958. S. 100.

6. Pattee, H. *Physical Basis for Coding and Reliability in Biological Evolution*. In: Waddington, C. H. (Hrsg.) *Toward a Theoretical Biology*. Chicago (Aldine) 1967. S. 71.

7. Butler, S. *The Deadlock in Darwinism*. In: Streatfeild, R. A. (Hrsg.) *The Humour of Homer and Other Essays*. Freeport, New York (Books for Libraries Press) 1967. S. 253–254.

8. Calvin, W. *Die Symphonie des Denkens*. München (Hanser) 1993. Siehe auch Edelman, G. M. *Unser Gehirn – ein dynamisches System*. München (Piper) 1993.

9. Mehr über die Emergenz einer Übermenschheit bei Gregory Stock *Metaman: Humans, Machines, and the Birth of a Global Superorganism*. London (Bantam) 1993. Zum Verhältnis zwischen immer lebensähnlicheren Maschinen und zunehmend technisiertem Leben oder, wie der Verfasser sagt, zwischen „dem Geborenen und dem Gemachten" siehe Kelly K. *Out of Control: The Rise of Neo-Biological Civilization*. Reading, Massachusetts (Addison-Wesley) 1994.

10. Butler, S. *Darwin among the Machines. und Lucubratio Ebria*. 1863, 1865. Abgedruckt in Jones, H. F. (Hrsg.) *The Note-Books of Samuel Butler, Author of „Erewhon"*. New York (Dutton) 1917. S. 46–53.

Epilog (Seiten 198–199)

Eingangszitat: Das Zitat von Emily Dickinson ist ihrem Brief an Mrs. Holland (ca. 1881) entnommen, angeführt in Sewall, R. B. *The Life of Emily Dickinson*. New York (Farrar Straus und Giroux) 1980. S. 624.

Danksagung

Die Wiederaufnahme von Erwin Schrödingers Frage *What Is Life?* (so auch der Titel der amerikanischen Originalausgabe) war Peter N. Nevraumonts Idee. Wir sind ihm für jeden Aspekt dieses Projekts vom Titelvorschlag bis zum fertigen Buch dankbar. Sein bibliophiles Interesse, selten genug im überwiegend kaufmännisch orientierten Verlagswesen, war der Motor für die Fertigstellung des Werkes.

Michael Dolan sammelte Abbildungen und kritische Kommentare, stellte die Zeitleiste zusammen, überprüfte Daten und Zitate und half in vielerlei sonstiger Hinsicht bei der Manuskripterstellung. Connie Barlow lektorierte, José Conde gestaltete das Buch, beide mit ungewöhnlicher Kompetenz. Wir danken Curt Staeger vom Paul Smith's College of Arts and Sciences in New York für die Überlassung eines Sendemitschnitts zu diesem Thema und seiner Studentin Deborah Smith für ihre statistische Übersicht. (»Ich wollte diesen Gegenstand näher kennenlernen, weil ich wissen wollte, was Leben ist. Meine Informationen erhielt ich, indem ich an Wissenschaftler schrieb. ... Aus dem Rücklauf konnte ich schließen, daß tatsächlich niemand genau zu wissen schien, was Leben wirklich ist. Vielmehr erläuterten die Forscher mir die physikalischen Grundlagen des Lebens oder sie boten mir Analogien oder Metaphern an. Viele grenzten den Menschen ausdrücklich aus.«) Wir danken David Abram für seine steten Ermunterungen und die gründliche Lektüre des Manuskripts, Connie Barlow für zahlreiche Ratschläge, darunter den Hinweis auf Rod Swensons Verknüpfung von Thermodynamik und Geist. Osborn Segerberg jr. sind wir zu Dank dafür verpflichtet, daß er uns an seiner Forschung und Erfahrung teilhaben ließ. (Die Sekretärin von James Watson, dem Mitentdecker der DNA-Struktur, antwortete Segerberg mit unfreiwilligem trockenen Humor: »Wir bedauern außerordentlich, daß Dr. Watson Ihnen die Frage „Was ist Leben?" nicht beantworten kann: Da gerade unsere Sommerkurse laufen, ist sein Leben zur Zeit sehr hektisch, und er hat für nichts anderes Zeit.«) Wir danken David Bermudes für sein Interesse an RNA (noch vor seiner exotischen Küche), Oona West für ihren vorzüglichen Kaffee und die jederzeit abrufbaren Fakten über Foraminiferen, Ann J. Perrini für ihr kompetentes Management von Nevraumont Publishing Co., weiterhin Seth! Leary, Bob Hanie und seinen Studenten für Begeisterung und Gastfreundschaft, Landi und Rufus Stone für unterhaltsame Gesellschaft, Greg Hinkle für die Wendung „Symbiose vom Weltall betrachtet", Tobi Delbruck für die Manuskriptbegutachtung und die typische Skepsis eines Caltech-Wissenschaftlers sowie Emil Ansarov für die Anregung, auch den Schatten des Lebens, den Tod, in die Betrachtung einzubeziehen. Wir danken ganz besonders David Bermudes, Mary Catherine Bateson, Ann Druyan, Freeman Dyson, Ricardo Guerrero, Donna Haraway, Brice Kendrick, Steven Rose, Michael Rothschild, Jan Sapp, Carl Sagan und E. O. Wilson, die alle hervorragende Verbesserungsvorschläge unterbreiteten.

Wir danken den großen Denkern, die das Feld vor uns beackert haben und uns ihr Werkzeug hinterließen, und würden ihnen, entsprechend unserem poststrukturalistischen Allgemeinplagiat, zweifellos gerne gänzlich die Ehre geben, wäre da nicht unser Hang zur Selbstübersteigerung, der seinerseits vermutlich ein Vermächtnis der Evolution ist. Hans Jonas' brilliante Geschichte des Materialismus, *Das Prinzip Leben*; beeinflußte uns beispielsweise sehr. Wir sind dankbar für Eileen Crists Überprüfung der Butler-Manuskripte sowie Carl Sagans und Ann Druyans Kritik und Ermunterung in letzter Minute. Wir anerkennen den Charme von Christie Lyons' Illustrationen, die nach mikroskopischen Aufnahmen von David G. Chase, William Ormerod, Lorraine Olendzenski und anderen angefertigt wurden. Den Nashornkäfer lieh uns freundlicherweise die Abteilung für Entomologie der Universität von Massachusetts in Amherst.

Wir danken den zahlreichen Kollegen (die auf S. 203 aufgelistet sind) für die Überlassung von Abbildungen. Fern Serna (Newell Color Lab) und Steve Gerard (Photo Researchers) scheuten keine Mühe, um für uns die besten Aufnahmen zu bekommen. Wir schätzten die Mithilfe von Donna Reppard, Karen Harney, Thomas Teal, Linda Ward und Lorraine Olendzenski bei der Fertigstellung des Manuskripts. Ohne die exzellenten Schreibkünste von Karen Nelson wären wir nie rechtzeitig zum Abschluß gekommen. Wir danken auch für die Unterstützung durch den Drucker Victor Cavelli, einen wahren Gentleman. Finanzielle Unterstützung für die Forschung zu diesem Projekt erhielten wir von der Richard Lounsbery Foundation in New York. Die Abteilung für Lebenswissenschaften der NASA und Dean Frederick L. Byron vom College of Natural Sciences and Mathematics der Universität von Massachusetts in Amherst unterstützten uns ebenfalls. Wir danken Carolyn Reidy, Dominick Anfuso, Patricia Leasure, Linda Cunningham und William Rosen (Simon & Schuster) ebenso wie Anthony Cheetham, Michael Dover und Lucas Dietrich (Weidenfeld and Nicolson) für die begeisterte Unterstützung dieses Buches.

Jeder Kommentar oder jede Anregung aus der Leserschaft sollte uns über die Adresse unseres Verlegers Peter N. Nevraumont erreichen (Nevraumont Publishing Company, 16 East 23rd Street, New York, New York 10010). Ihre schriftlichen Darlegungen zu unseren Texten und Abbildungen nehmen wir gerne entgegen, denn der Dialog zur Frage „Was ist Leben?" geht weiter.

Lynn Margulis und Dorion Sagan
Frühjahr 1995

Bildnachweise

(Farbtafeln) 1. NASA **2.** CNRI/Science Photo Library **3.** UPI/ Bettman Archives **4.** Peter F. Allport **5.** Prof. Woodruff T. Sullivan III, University of Washington, Seattle **6.** NASA **7.** Dr. Johannes H. P. Hackstein, University of Nijmegen, Holland **8.** Prof. Mary Beth Saffo, Arizona State University, Tempe **9.** Nancy Sefton/Science Photo Library **10.** Prof. Bernard Vandermeersch, Université de Bordeaux **11.** NASA **12.** NASA/ Science Photo Library **13.** Pro.f Peter Westbroek, University of Leiden, Holland **14.** Dr. Patrick Holligan, Marine Biological Association, Plymouth, England **15.** Prof. David Deamer, university of California, Santa Cruz **16.** NASA **17.** Prof. James A. Shapiro, University of Chicago **18.** Prof. Arthur Winnfree, University of Arizona, Phoenix **19.** Prof. Oscar Miller/Science Photo Library **20.** Hans Reichenbach, Braunschweig, Deutschland **21.** Dr. L. Card/Science Photo Library **22.** Prof. Euan Nisbet, Royal Holloway and Bedford New College, University of London **23.** Prof. Dennis Searcy, University of Massachusetts **24.** Prof. Norbert Pfennig, Universität Konstanz **25.** Prof. Andrew Knoll, Harvard University **26.** Prof. Stjepko Golubic, Boston University **27.** Prof. Lynn Margulis, University of Massachusetts **28.** Elso S. Barghoorn (verstorben) **29.** oben: Prof. Stanley Awramik, University of California, Santa Barbara; unten: Prof. Peter Westbroek **30.** Christie Lyons **31.** Prof. Tore Lindholm, Åbo Akademi, Finnland **32.** David Chase (verstorben) **33.–34.** Christie Lyons **35.** Prof. Lynn Margulis **36.** Dr. Heinz Stolp, Bayreuth **37.** François Gohier/Science Photo Library **38.** Brian Duval, University of Massachusetts **39.** Walker/PHoto Researchers **40.** Walker/Science Photo Library **41.** Prof. David John, Oral Roberts Medical School **42.** Prof. Frank E. Round, University of Bristol, England **43.** Christie Lyons **44.** Prof. Charles Cuttress **45.** Prof. Vivian Budnik, University of Massachusetts **46.** EM von Prof. Richard Linck, University of Minnesota; Falschfarben von David Gray, Woods Hole Oceanographic Institution **47.–48.** Prof. Gonzalo Vidal, Uppsala University **49.–50.** Prof. J. Woodland Hastings, Harvard University **51.** R. O. Schuster **52.** Christie Lyons **53.** Dr. Johan Bruhn, University of Missouri **54.** Jukka Vauras **55.** William Ormerod **56.** James G. Schaadt **57.–58.** Prof. Vernon Ahmadjian, Clark University **59.** Prof. Reinhard Agerer, Universität München **60.** Prof. Lynn Margulis **61.** Prof. Barbara Thorne, University of Maryland **62.–64.** Anabel Lopez, Autonomous University of Madrid **65.** Biophoto Assoc./Photo Researchers **66.** Connie Barlow **67.** Prof. Jeremy Pickett Heaps, University of Melbourne, Australien **68.** Michael Dolan, University of Massachusetts **69.** Christie Lyons **70.** Brian Duval, University of Massachusetts **71.** Jim Frazier, aus: The Flowering of Gondwana von Mary White **72.** Prof. David Mulcahy, University of Massachusetts **73.** William Ormerod **74.** Prof. James A. Shapiro, University of Chicago **75.** NASA **76.** Prof. John F. Stolz, Duquesne University, Pittsburgh **77.** Bryan and Cherry Alexander **78.** Kenneth Lorenzen **79.–80.** Prof. David Baum, Harvard University.
(Graphiken) A. Jeremy Sagan, Cornell University
B. Charles Keeling, University of Hawaii, und Lloyd Simpson, Center for the Study of the Environment, Santa Barbara
C. Prof. Lynn Margulis.

Index

Zum Design dieses Buches

Zwar lag mir die Imitation fern, doch ließ ich mich bei der Gestaltung des vorliegenden Buches von frühen wissenschaftlichen Werken inspirieren, vor allem jenen, die Erhart Ratdolt gedruckt hat (beispielsweise die Ausgabe der *Geometriae elementa* des Euklid aus dem Jahre 1482). Das Ergebnis ist der Versuch, die typographische Klarheit und Schönheit dieser Titel mit einer zeitgemäßeren Sensibilität zu kombinieren. Als Grundschrift wählte ich die Minion, die im Jahre 1990 von Robert Slimbach für die Adobe Corporation entwickelt wurde und die auf romanischen Buchstaben alten Stils aus dem späten 15. und dem 16. Jahrhunderten fußt. Die nach einem Entwurf von Hans Eduard Meier im Jahre 1968 entwickelte Syntax-Schrift der Legenden und Überschriften ist ebenfalls humanistischen Ursprungs.

José Conde / Studio Pepin / Tokio, Japan

▪

Zeichnungen von Christie Lyons

Entworfen und produziert von

Nevraumont Publishing Co., New York.

Präsidentin: Ann J. Perrini